**教育中国·畅销精品系列**

高等学校规划教材

荣获中国石油和化学工业优秀出版物奖（教材类）一等奖

# ENVIRONMENTAL
# IMPACT
# ASSESSMENT

# 环境影响评价
## 第三版

李淑芹　孟宪林　主编

化学工业出版社
·北 京·

## 内容简介

《环境影响评价》（第三版）共分为11章，主要内容包括环境影响评价概论、环境保护法律法规与标准、环境影响评价程序与方法、建设项目工程分析、大气环境影响评价、地表水环境影响评价、土壤环境影响评价、声环境影响评价、生态影响评价、环境风险评价、规划环境影响评价。以生态文明建设引领高质量发展为指引，引导学生树立和践行绿水青山就是金山银山的理念。

《环境影响评价》（第三版）可作为高等学校环境科学、环境工程、环境生态工程、资源循环科学与工程专业的教材，也可供从事环境影响评价及相关领域的技术人员、管理人员参考使用。

## 图书在版编目（CIP）数据

环境影响评价 / 李淑芹，孟宪林主编. —3版. —北京：化学工业出版社，2021.9（2023.9重印）
高等学校规划教材
ISBN 978-7-122-39567-2

Ⅰ.①环… Ⅱ.①李… ②孟… Ⅲ.①环境影响-评价-高等学校-教材 Ⅳ.①X820.3

中国版本图书馆CIP数据核字（2021）第143122号

责任编辑：满悦芝
文字编辑：杨振美　陈小滔
责任校对：王素芹
装帧设计：李子姮

出版发行：化学工业出版社
　　　　　（北京市东城区青年湖南街13号　邮政编码100011）
印　　装：大厂聚鑫印刷有限责任公司
880mm×1230mm　1/16　印张17　字数604千字
2023年9月北京第3版第6次印刷

购书咨询：010-64518888
售后服务：010-64518899
网　　址：http://www.cip.com.cn
凡购买本书，如有缺损质量问题，本社销售中心负责调换。

定　　价：54.90元

# 《环境影响评价》
## （第三版）
### 编写人员

主　　编　李淑芹　孟宪林

副 主 编　闫　雷　杨海波　吴明作

编写人员　李淑芹　东北农业大学

　　　　　孟宪林　哈尔滨工业大学

　　　　　闫　雷　东北农业大学

　　　　　杨海波　大连大学

　　　　　吴明作　河南农业大学

　　　　　吴德东　东北林业大学

　　　　　单德臣　黑龙江东方学院

　　　　　郑丽娜　大连海洋大学

前言

自 2015 年 1 月 1 日《中华人民共和国环境保护法》（修正版）开始实施以来，环境影响评价工作又迈上了一个新台阶。特别是 2018 年以来，生态环境部陆续修订与发布了《环境影响评价技术导则　大气环境》（HJ 2.2—2018）、《环境影响评价技术导则　地表水环境》（HJ 2.3—2018）、《规划环境影响评价技术导则　总纲》（HJ 130—2019）以及《建设项目竣工环境保护验收技术指南　污染影响类》等技术与管理性文件，这些文件无论是对于规划或具体建设项目环境影响的分析、预测与评估，还是对于为避免或减轻其实施可能产生的不良环境影响而提出的针对性对策与措施，均具有指导性作用，使得环境影响评价制度更加完善，环境影响评价方法更具有可操作性和实践性。

教育部在 2018 年 8 月 22 日发布了《关于狠抓新时代全国高等学校本科教育工作会议精神落实的通知》（教高函〔2018〕8 号），明确要求"各高校要全面梳理各门课程的教学内容，淘汰'水课'、打造'金课'，合理提升学业挑战度、增加课程难度、拓展课程深度，切实提高课程教学质量"。而"两性一度"是衡量"建设中国金课"的最好尺度。"两性一度"就是高阶性、创新性、挑战度。所谓"高阶性"，就是知识能力素质的有机融合，目的是要培养学生解决复杂问题的综合能力和高级思维。所谓"创新性"，是课程内容反映前沿性和时代性，教学形式呈现先进性和互动性，学习效果具有探究性和个性化。所谓"挑战度"，是指课程有一定难度，需要跳一跳才能够得着，对教师备课和学生课外学习提出了较高要求。

我们编写的《环境影响评价》第一版于 2011 年 2 月出版，在内容上力求全面、精炼，突出重点，注重知识性和实用性的有机融合，准确完整、与时俱进反映技术导则，章内精选例题与课后练习题源于实践、高于实践、指导实践，并在重要章节后面附有精选的环境影响评价案例，有利于教师的讲授和学生对知识的理解与运用，出版以来被不少高校选作教材，并于 2012 年被评选为中国石油和化学工业优秀出版物奖（教材类）一等奖。根据《建设项目环境影响评价技术导则　总纲》（HJ 2.1—2016，2017 年 1 月 1 日起实施）等技术导则修订的《环境影响评价》第二版于 2018 年出版，在继续保持第一版注重知识性与实用性相结合编写原则的基础上，吸纳了 2011 年至 2017 年间环境保护部修订与颁布的有关环境影响评价技术导则。随着 2018 年以来环境影响评价技术导则的修订和发布，有关环境管理要求的提高，以及教育部提出的切实提高课程教学质量的教学发展要求，《环境影响评价》（第二版）在内容上已不能充分反映学科的发展水平，也难以满足新时代教学要求。

党的二十大报告指出，我们坚持绿水青山就是金山银山的理念，坚持山水林田湖草沙一体化保护和系统治理，全方位、全地域、全过程加强生态环境保护，生态文明制度体系更加健全，污染防治攻坚向纵深推进，绿色、循环、低碳发展迈出坚实步伐，生态环境保护发生历史性、转折性、全局性变化，我们的祖国天更蓝、山更绿、水更清。《环境影响评价》（第三版）编写组一直跟进自 2018 年以来国家新修订或发布的关于环境保护的法律法规、环境影响评价技术导则，并在此基础上修改和完善本书内容。一方面，本书继续保持了注重知识性与实用性的编写原则，对原书中陈旧内容进行了更新，增加了与土壤环境影响评价有关的内容；由于固体废物环境影响评价还没有相应的技术导则，将其删除；在工程分析、环境要素及专题环境影响评价章节后面均附有精选的环境影响评价案例，并按照新导则的要求进行了解析。另一方面，本书按照"金课"要求进行章节及内容上的设计，以期实现与"两性一度"教学培养目标的有机衔接。本书在每章正文内容前增加了案例引导和学习目标。案例引导通过对与本章内容密切相关的典型案例的介绍，引导学生思考"为什么学、学什么、我能做什么？"，以此激发学生的学习动力和专业志趣。每章的课后练习则是对"提升学业挑战度、增加课程难度、拓展课程深度"的进一步实践与检验。"正误判断题"是对本章基本内容掌握程度的检验；"不定项选择题"要求对问题的认知要准确，对学生的解题分析能力提出更高要求；而"案例分析题"则着重培养学生的综合分析能力，"案例"中的部分信息超出了课程的基本内容，体现了对"课程深度"的拓展，而"案例"问题的解决过程就是挑战能力的培养过程。

本书由李淑芹、孟宪林任主编，闫雷、杨海波、吴明作任副主编。各章节具体编写分工如下：第 1 章由李淑芹编写，第 2 章由杨海波编写，第 3 章、第 4 章由闫雷编写，第 5 章由孟宪林、单德臣编写，第 6 章由李淑芹、单德臣编写，第 7 章由单德臣编写，第 8 章由杨海波编写，第 9 章由吴明作编写，第 10 章由郑丽娜编写，第 11 章由吴德东编写。主编、副主编参与了全书的审阅、统稿，本书最后由主编李淑芹定稿。

在本书编写过程中，李晓亮提供了重要资料，并对部分案例提出了修改建议。本书参考了许多专家学者的著作和研究成果，在此一并表示感谢。

本书配有电子课件和习题答案，选用本书作教材的教师可发邮件到2248531889@qq.com 免费索取。

由于编者时间和水平所限，书中疏漏在所难免，敬请各位读者给予批评指正。

编　者
2023 年 6 月

第一版前言

环境影响评价作为环境保护的一项法律制度，经过数十年的发展，已经形成了较为完整的技术导则、评价标准和管理体系，对于有效控制环境污染和生态破坏、促进人类与环境的和谐共存及经济社会的可持续发展，发挥了巨大作用。2002 年 10 月颁布的《中华人民共和国环境影响评价法》，以及 2004 年确立的环境影响评价工程师职业资格制度，对我国高等院校环境影响评价人才的培养提出了更高的要求。

同时，环境影响评价涉及的标准、法规、技术导则更新很快，如《环境影响评价技术导则　大气环境》《环境影响评价技术导则　声环境》分别于 2008 年 12 月和 2009 年 12 月重新进行了修订，内容较之前版本有了较大变动。此外，2009 年 8 月国务院公布的《规划环境影响评价条例》，对规划环境影响评价提出了新的要求。现有的教材已不能体现环境影响评价的最新进展。为了适应社会发展需要，我们组织编写了普通高等教育"十二五"规划教材《环境影响评价》，纳入了当前最新的环境影响评价内容体系，在内容上力求全面、精炼，突出重点，注重知识性和实用性。并在重要章节后面均附有精选的环境影响评价案例，利于教师的讲授和学生对知识的理解与运用。

本书由李淑芹和孟宪林主编，各章节具体编者分工如下：第 1 章由李淑芹、吴德东编写；第 2 章、第 7 章由杨海波编写；第 3 章、第 4 章由闫雷编写；第 5 章、第 10 章由孟宪林编写；第 6 章由李淑芹、吴明作编写；第 8 章由杜青林编写；第 9 章由吴明作编写；第 11 章由吴德东编写。所有编者均参与全书的统稿，最后由李淑芹、孟宪林、闫雷定稿。

在本书编写过程中，东北农业大学曹知平、王磊、白钰、单艾娜、韦微、闫璐等硕士研究生参与了资料收集和文字处理等工作。本书在编写过程中引用了许多专家学者的著作和研究成果，在此一并表示感谢。

由于编者时间和水平有限，书中不妥之处在所难免，敬请各位读者批评指正。

编　者
2011 年 1 月

环境影响评价是一门理论与实践联系非常密切的学科。由于《环境影响评价》(第一版)"在内容上力求全面、精炼,突出重点,注重知识性和实用性。并在重要章节后面均附有精选的环境影响评价案例,利于教师的讲授和学生对知识的理解与运用",因此,自 2011 年 2 月出版以来,被不少高校选作教材,并于 2012 年被评选为中国石油和化学工业优秀出版物奖(教材类)一等奖。

2014 年以来,《中华人民共和国环境保护法》《中华人民共和国环境影响评价法》《建设项目环境保护管理条例》《规划环境影响评价技术导则　总纲》《建设项目环境影响评价技术导则　总纲》等法律法规及重要技术导则相继进行了修订。环境影响评价作为环境领域一门重要的学科,无论是在理论方法学上,还是在法规与管理体制上都有了长足的进步,因此,环境影响评价的教学内容也随之发生了较大的变化。相比较而言,2011 年出版的《环境影响评价》在内容上已显陈旧,不能反映学科的发展水平,也难以满足当前环境管理的要求以及我国环境影响评价实际工作的需要。

本书作者多为大学环境科学、环境工程、环境规划与管理专业的本科生、研究生的"环境影响评价""环境规划与管理"等课程的主讲教师,同时还有一些作者为环境影响评价机构的主要骨干,承担规划与建设项目环境影响评价工作以及相关的科研工作。教学、科研和环境影响评价的实践表明:高校"环境影响评价"的教学活动需要一本理论与实际密切结合、方法学与应用紧密联系的教学用书。

据此要求,《环境影响评价》编写组收集近年来国家关于环境保护的相关法律法规,环境影响评价最新修订的技术导则,同时吸纳了国际上先进的方法和发展趋势方面的内容,经过一年多的努力,编写完成此书,奉献给读者。本书继续保持了注重知识性与实用性的编写原则。在内容上,依据全新颁布修订的法律法规以及环境影响评价技术导则提出的评价方法对原书中陈旧内容进行了更新,同时,对于重要章节后面的环境影响评价案例进行了精选,并按照新导则的要求进行了解析。

本书由李淑芹、孟宪林主编。各章节具体编者如下:第 1 章由李淑芹编写;第 2 章由杨海波编写;第 3、4 章由闫雷编写;第 5 章由孟宪林、姚旭编写;第 6 章由李淑芹、姚旭编写;第 7 章由杨海波编写;第 8 章由杜青林编写;第 9 章由吴明作编写;第 10 章由孟宪林、吴德东、杜青林编写;第 11 章由吴德东编写。主编、副主编参与全书的统稿,最后由李淑芹定稿。

本书在编写过程中引用了许多专家学者的著作和研究成果,在此一并表示感谢。

本书配有电子课件,选用本书作教材的教师可发邮件到 2248531889@qq.com 免费索取。

由于编者水平所限,书中缺点和疏漏在所难免,敬请各位读者给予批评指正。

编　者
2018 年 4 月

目录

# 1 环境影响评价概论 001

# 2 环境保护法律法规与标准 015

# 3 环境影响评价程序与方法 035

# 4 建设项目工程分析 053

# 5 大气环境影响评价 075

# 8　声环境影响评价　173

# 9　生态影响评价　199

# 10 环境风险评价 217

# 11 规划环境影响评价 241

# 1  环境影响评价概论

○○ ——— ○○ ○ ○○ ———

 **案例引导**

经济发展是人类社会永恒的主题。人与自然从远古时期的天然和谐，到近代工业革命时期的征服与对抗，再到当代的自觉调整、努力建立与自然和谐相处的现代文明，是经济发展与环境保护这一矛盾对立统一规律的客观反映。

有些传统观点认为，经济发展必然导致污染，经济发展与环境保护是相克的、矛盾的，环境污染与生态恶化是人类发展经济的必然结果，要发展经济就必须承受环境污染的代价，否则经济就失去了发展的空间。在经济增长成为各国重要宏观经济目标的条件下，这种观点一度成为破坏环境的正当理由。许多国家，尤其是部分发达国家的经济发展历程也印证了这一点，几乎都是先发展经济后治理环境。

现在先发展经济后治理环境的道路已走不通了，不保护环境资源，经济根本无法实现可持续发展。美国率先实施环境影响评价制度，使环境保护和经济建设协调发展，为我们提供了很好的可以借鉴的范例。

1969年4月16日在由美国杰克逊参议员主持的《国家环境政策法》（草案）的内政委员会的听证会上，印第安纳大学的政治科学家林顿·戈维尔教授就法案的内容提出：应当包含要求联邦机构"断定"其行政行为对环境影响的建议。他说："国会确实应该也有责任清晰地阐述（一项国家环境）政策。但是除此之外，我强烈主张在形成这样一个政策的过程中，应在具体操作方面有一个强制执行力。……它是一个能对所有这类事情起强制执行、强化或帮助作用的声明，尤其是对执行机构，乃至对作为一个整体的国家。采取这样的方式，可以保护和强化我所说的国家生态命脉。"这个大胆的提议出人意料地得到了杰克逊的认可和采纳，并最后反映在《国家环境政策法》中。杰克逊说："我同意你这样的观点，在这个问题上，对政府进行重构的现实需要是，在立法上创建能使各部门都必须遵守的强制执行程序的局面。否则这些崇高的宣言除了是宣言外什么也不是……"林顿·戈维尔教授的建议就是建立环境影响评价制度。

1969年12月31日美国经参议院和众议院协商通过《国家环境政策法》，1970年1月1日由尼克松总统签署生效并施行。该法律将原议案由要求联邦机构"断定"环境影响改为要求其对环境影响予以"详细说明"，以强化行政机关说明和报告其行为可能造成的环境影响的法律义务。《国家环境政策法》的内容表述相当精辟，充分体现了18年后国际社会提出的、直到1992年才得到公认的"可持续发展"的思想。这部法律的核心——环境影响评价制度风行世界，已经被美国超过25个州及全球超过80个国家效仿，且被1992年的联合国环境与发展大会的《里约环境与发展宣言》所确认，也被世界银行和亚洲发展银行以及其他国际机构所采用，成为全球环境法律中最核心的制度。世界各国从本国实际出发，将环境影响评价制度不断完善，使其各具特色。

我国于1979年建立环境影响评价制度，是最早实施建设项目环境影响评价制度的发展中国家之一。2003年《中华人民共和国环境影响评价法》的首次颁布实施，使我国的环境影响评价制度有了突破性进展，评价对象由建设项目扩大到具有更大影响范围的规划。经过 40 多年的实践和发展，我国环境影响评价制度已形成以《中华人民共和国环境影响评价法》为核心的一系列相关法律、法规、技术导则和标准共同构成的体系。环境影响评价最重要的作用就是把关——想过这道坎，必须先把环境保护措施做好。

保护环境就是保护生产力，改善环境就是发展生产力。促进经济建设与环境保护协调发展，实现人与自然和谐相处的现代文明，离不开环境影响评价。

### ◉ 学习目标

○ 掌握环境影响评价的基本概念、分类。
○ 熟悉环境影响评价的由来、重要性和原则。
○ 掌握我国环境影响评价制度的形成与发展过程。
○ 重点掌握我国环境影响评价制度的特点。

## 1.1 概述

### 1.1.1 基本概念

#### 1.1.1.1 环境

环境是一个相对的概念，它是相对于主体（中心事物）而言的，因主体（中心事物）的不同而异。环境科学中的环境，是以人为主体的环境。

《中华人民共和国环境保护法》第二条规定："本法所称环境，是指影响人类生存和发展的各种天然的和经过人工改造的自然因素的总体，包括大气、水、海洋、土地、矿藏、森林、草原、湿地、野生生物、自然遗迹、人文遗迹、自然保护区、风景名胜区、城市和乡村等。"这里的环境是以人类为主体的，既包括天然的自然环境，也包括人工改造后的自然环境，但不含社会环境如文化环境、治安环境、法律环境等。

#### 1.1.1.2 环境质量

环境质量表述环境优劣的程度，指一个具体环境中，环境的总体或某些要素对于人群健康、生存和繁衍以及社会经济发展的适宜程度，是反映人群对环境的具体要求而形成的评定环境的一种概念。

#### 1.1.1.3 环境容量

环境容量是指在确保人类生存发展不受危害、自然生态平衡不受破坏的前提下，某一环境所能容纳污染物的最大负荷。一个特定环境（如一个自然区域）对污染物的容量是有限的。

#### 1.1.1.4 环境影响

环境影响是指人类活动（经济活动和社会活动）对环境的作用和导致的环境变化，以及由此引起的对人类社会和经济的效应。它包括人类活动对环境的作用和环境对人类社会的反作用，这两个方面的作用可能是有益的，也可能是有害的。

环境影响按来源可分为直接影响、间接影响和累积影响；按影响效果可分为有利影响和不利影响；按影响性质可分为可恢复影响和不可恢复影响。另外环境影响还可分为短期影响和长期影响，地方影响、区域影响、国家影响和全球影响，建设阶段影响和运行阶段影响，单项影响和综合影响，等等。

### 1.1.1.5　环境影响评价

《中华人民共和国环境影响评价法》第二条规定："本法所称环境影响评价，是指对规划和建设项目实施后可能造成的环境影响进行分析、预测和评估，提出预防或者减轻不良环境影响的对策和措施，进行跟踪监测的方法与制度。"

环境影响评价（Environmental Impact Assessment，EIA）包含两个层面的含义：一个层面指的是技术方法，涉及物理学、化学、生态学、文化与社会经济等领域；另一个层面指的是管理制度，以法律形式将环境影响评价作为环境管理中的一项制度规定下来。

环境影响评价按照评价对象可分为规划环境影响评价和建设项目环境影响评价；按照环境要素可分为大气环境影响评价、地表水环境影响评价、土壤环境影响评价、声环境影响评价、生态影响评价等；按照专题可分为建设项目环境风险评价、人群健康风险评价、固体废物环境影响评价等；按照行业可分为水利水电、采掘、交通等建设项目环境影响评价；按照时间顺序可分为环境质量现状评价、环境影响预测评价、建设项目环境影响后评价和规划环境影响跟踪评价。

环境质量现状评价一般是根据近 2～3 年的环境监测或现场实地调查资料，对环境质量现状进行的评价。通过现状评价，可以阐明环境的污染现状及其存在的问题，为环境影响的预测与评价、环境保护措施的制定提供基础与依据。

环境影响预测评价，即环境影响评价，通过预测与评价规划或建设项目可能对环境产生的影响，提出预防或者减轻不良环境影响的对策和措施，为决策部门提供依据。

建设项目环境影响后评价是指编制环境影响报告书的建设项目在通过环境保护设施竣工验收且稳定运行一定时期后，对其实际产生的环境影响以及污染防治、生态保护和风险防范措施的有效性进行跟踪监测和验证评价，并提出补救方案或者改进措施，提高环境影响评价有效性的方法与制度。

规划环境影响跟踪评价是指规划编制机关在规划实施过程中，对已经产生或正在产生的环境影响进行监测、分析和评价的过程，用以检验规划实施的实际环境影响以及不良环境影响减缓措施的有效性，并根据评价结果，完善环境管理方案，或者对正在实施的规划方案进行修订。规划环境影响跟踪评价是应对规划不确定性的有效手段之一。

从广义上讲，我国环境保护工作中执行的"三同时"制度和建设项目竣工环境保护验收制度也属于环境影响评价范畴。这两项制度是对环境影响评价中提出的预防和减轻不良环境影响对策和措施的具体落实和检查，是环境影响评价的延续。其中"三同时"制度是指建设项目中防治污染的设施，必须与主体工程同时设计、同时施工、同时投产使用。

## 1.1.2　环境影响评价的由来

环境影响评价的概念于 1964 年在加拿大召开的"国际环境质量评价会议"上首次提出。

环境影响评价作为一项正式的法律制度，在 1969 年美国国会通过的《国家环境政策法》中首次出现。该法案在随后的发展过程中积累了许多宝贵的成功经验和失败教训，为其他国家提供了极富价值的参考。

继美国环境影响评价制度确立之后，很多国家都建立了环境影响评价制度，先是发达国家，如瑞典（1970年）、苏联（1972年）、日本（1972年）、新西兰（1973年）、加拿大（1973年）、澳大利亚（1974年）、德国（1976年）、法国（1976年）等，继而发展中国家也建立了环境影响评价制度，如马来西亚（1974年）、印度（1978年）、中国（1979年）、泰国（1979年）、印度尼西亚（1979年）等，到了20世纪90年代初期，非洲和南美洲的一些国家也先后制定了环境影响评价政策、法规。同时，一些国际组织和机构也纷纷制定了环境影响评价制度，如 1970 年世界银行设立环境与健康事务办公室，对其每一个投资项目的环境影响作出审查和评价。

1974 年联合国环境规划署与加拿大联合召开了第一次环境影响评价会议；1984 年联合国环境规划署理事会第 12 届会议建议组织各国环境影响评价专家进行环境影响评价研究，为各国开展环境影响评价提供了方法和理论基础；1987 年联合国环境规划署理事会作出了"关于环境影响评价的目标和原则"的第 14/25 号决议；1992 年联合国环境与发展大会在里约热内卢召开，会议通过的《里约环境与发展宣言》第 17 条原则宣告，对于拟议中可能对环境产生重大不利影响的活动，应进行环境影响评价，并由国家相关主管部门作出决策；1994 年加拿大和国际环境影响评价学会在魁北克市联合召开了第一届国际环境影响评价部长级会议，52 个国家和组织机构参加了会议，会议作出了进行环境影响评价有效性研究的决定。许多国际环境条约如《联合国气候变化框架公约》《生物多样性公约》等也对环境影响评价制度作了相应规定。

经过 50 多年的发展，全球大多数国家和地区都建立、健全了环境影响评价制度，标志着环境影响评价已作为一项成熟的制度在全球范围内普及开来。

### 1.1.3　环境影响评价的重要性

环境影响评价的重要性主要表现在以下五个方面：

（1）保证建设项目选址和布局的合理性　合理的经济布局是保证环境与经济持续发展的前提条件，而不合理的布局则是造成环境污染的重要原因。环境影响评价是从开发活动所在地区的整体出发，考察建设项目的不同选址和布局对区域整体的不同影响，并进行比较和取舍，选择最有利的方案，保证建设项目选址和布局的合理性。

（2）指导环境保护措施的设计　一般建设项目的开发建设活动和生产活动都要消耗一定的资源，给环境带来一定的污染与破坏，因此必须采取相应的环境保护措施。环境影响评价是针对具体的开发建设活动或生产活动，综合考虑活动特点和环境特征，通过对污染治理措施的技术、经济和环境论证，可以得到相对合理的环境保护对策和措施，指导环境保护措施的设计，强化环境管理，把因人类活动而产生的环境污染或生态破坏限制在最小范围。

（3）为制定区域社会经济发展规划提供依据　通过环境影响评价，特别是规划环境影响评价，对区域的自然条件、资源条件、社会条件和经济发展状况等进行综合分析，并依据该地区的资源、环境和社会承受能力，为制定区域发展总体规划，确定适宜的经济发展方向、建设规模、产业结构和布局等提供科学依据。同时，通过环境影响评价，还可以掌握区域环境状况，预测和评价开发建设活动对环境的影响，为制定区域环境保护目标、计划和措施提供科学依据，从而达到宏观调控和全过程污染防控的目的。

（4）提供最佳环境管理手段　环境管理的目的是在保证环境质量的前提下发展经济、提高经济效益；反之，环境管理也必须讲求经济效益，要把经济发展和环境效益两者统一起来，选择它们之间最佳的"结合点"，即以最小的环境代价取得最大的经济效益。环境影响评价就是找出这个最佳"结合点"的环境管理手段。

（5）促进相关环境科学技术的发展　环境影响评价涉及自然科学和社会科学的众多领域，包括基础理论研究和应用技术开发。环境影响评价工作中遇到的问题，必然是对相关环境科学技术的挑战，进而推动相关环境科学技术的发展。

### 1.1.4　环境影响评价的原则

《中华人民共和国环境影响评价法》第四条规定："环境影响评价必须客观、公开、公正，综合考虑规划或者建设项目实施后对各种环境因素及其所构成的生态系统可能造成的影响，为决策提供科学依据。"这是环境影响评价的基本原则。

《建设项目环境影响评价技术导则　总纲》（HJ 2.1—2016）按照突出环境影响评价的源头预防作用，坚持保护和改善环境质量的要求，提出在建设项目环境影响评价中应遵循的工作原则如下：

（1）依法评价原则　应贯彻执行我国环境保护相关法律法规、标准、政策和规划等，优化项目建设，服务环境管理。

（2）科学评价原则　应规范环境影响评价方法，科学分析项目建设对环境质量的影响。

（3）突出重点原则　应根据建设项目的工程内容及其特点，明确与环境要素间的作用效应关系，根据规划环境影响评价结论和审查意见，充分利用符合时效的数据资料及成果，对建设项目主要环境影响予以重点分析和评价。

# 1.2　我国环境影响评价制度的形成与发展

我国环境保护工作开始于 20 世纪 70 年代，作为环境保护工作中重要组成部分的环境影响评价也随之发展起来。我国环境影响评价的发展历程大致分为六个阶段。

## 1.2.1　引入和确立阶段（1973～1979 年）

1973 年 8 月，在北京召开的第一次全国环境保护会议，揭开了我国环境保护工作的序幕，环境影响评价的概念开始引入我国。我国先期以环境质量评价为主，如"北京西郊环境质量评价研究""官厅水系水源保护的研究"。1977 年中国科学院召开的"区域环境保护学术交流研讨会议"推动了大中城市和重要水域的环境质量现状评价。同期，高等院校和科研单位的一些专家、学者开始在报刊和学术会议上宣传和倡导环境影响评价。

1978 年底，国务院环境保护领导小组首次在《环境保护法工作汇报要点》中提出环境影响评价的意向。1979 年 4 月，在《关于全国环境保护工作会议情况的报告》中正式提出将环境影响评价作为一项环境保护方针政策。在国家的支持下，北京师范大学等单位率先在江西永平铜矿开展了我国第一个建设项目的环境影响评价工作。

1979 年 9 月全国人大常委会通过了《中华人民共和国环境保护法（试行）》，其中第六条规定："一切企业、事业单位的选址、设计、建设和生产，都必须充分注意防止对环境的污染和破坏。在进行新建、改建和扩建工程时，必须提出对环境影响的报告书，经环境保护部门和其他有关部门审查批准后才能进行设计。"

至此，我国的环境影响评价制度正式确立。

## 1.2.2　规范和建设阶段（1980～1989 年）

《中华人民共和国环境保护法（试行）》实施后，国家相继颁布了多项环境保护法律、法规和部门行政规章，促使环境影响评价工作不断规范。

1981 年国家计划委员会、国家基本建设委员会、国家经济委员会和国务院环境保护领导小组联合发布了《基本建设项目环境保护管理办法》，将环境影响评价纳入基本建设项目审批程序中。

此后，我国陆续颁布的一些环境保护法律和条例等都对环境影响评价作出了相关规定，如 1982 年颁布的《中华人民共和国海洋环境保护法》第六条、第九条和第十条，1984 年颁布的《中华人民共和国水污染防治法》第十三条，1987 年颁布的《中华人民共和国大气污染防治法》和 1989 年颁布的《中华人民共和国环境噪声污染防治条例》。

1986 年 3 月国家计划委员会、国家经济委员会和国务院环境保护委员会联合颁布的《建设项目环境保护管理办法》对建设项目环境影响评价的范围、内容、审批和环境影响报告书（表）编制格式作了明确规定。同年国家环境保护局颁布《建设项目环境影响评价证书管理办法（试行）》，我国开始实行环境影响评价单位的资质管理。

1989 年颁布的《中华人民共和国环境保护法》第十三条规定："建设污染环境的项目，必须遵守国家有关建设项目环境保护管理的规定。建设项目的环境影响报告书，必须对建设项目产生的污染和对环境的影响作出评价，规定防治措施，经项目主管部门预审并依照规定的程序报环境保护行政主管部门批准。环境影响报告书经批准后，计划部门方可批准建设项目设计任务书。"该规定为具体规范环境影响评价提供了法律依据。

同时，各地方也根据《建设项目环境保护管理办法》制定了适用于本地的建设项目环境影响评价地方性法规和地方政府规章，各行业主管部门也陆续制定了建设项目环境保护管理的行业行政规章，初步形成了国家、地方、行业相配套的建设项目环境影响评价的多层次法规体系。

### 1.2.3 强化和完善阶段（1990～2002年）

20世纪90年代，随着我国改革开放的不断深入，我国完善了建设项目环境影响评价的相关法规和评价方法，健全了评价队伍，拓展了评价内容，使环境影响评价制度得以逐步强化与完善。

1990年6月国家环境保护局颁布的《建设项目环境保护管理程序》明确了建设项目环境影响评价的管理程序和审批资格。与此同时加强了对建设项目环境影响评价单位人员的资质管理，从1990年开始对环境影响评价人员进行培训，实行环境影响评价人员持证上岗制度。

1993年起，国家环境保护局陆续发布了《环境影响评价技术导则 总纲》（1993年）、《环境影响评价技术导则 大气环境》（1993年）、《环境影响评价技术导则 地面水环境》（1993年）、《环境影响评价技术导则 声环境》（1995年）、《电磁辐射环境影响评价方法与标准》（1996年）、《火电厂建设项目环境影响报告书编制规范》（1996年）以及《环境影响评价技术导则 非污染生态影响》（1997年）等，从技术上规范了环境影响评价工作，使环境影响报告书的编制有章可循。

1998年11月29日，国务院颁布实施了《建设项目环境保护管理条例》，这是建设项目环境管理的第一个行政法规，提升了我国环境影响评价制度的法律地位，进一步对环境影响评价作出了明确规定。

1999年3月国家环境保护总局公布了《建设项目环境影响评价资格证书管理办法》，对评价单位的资质进行了规定；随后在《建设项目环境保护分类管理名录（试行）》中公布了分类管理名录，从此建设项目按照分类管理名录编制环境影响评价文件。

2002年10月28日，第九届全国人民代表大会常务委员会通过了《中华人民共和国环境影响评价法》，标志着我国的环境影响评价制度的法律地位进一步提高。

### 1.2.4 提高和拓展阶段（2003～2015年）

2003年9月1日起实施的《中华人民共和国环境影响评价法》使环境影响评价从建设项目环境影响评价扩展到规划环境影响评价，是我国环境影响评价制度的重大进步。

随后，国家环境保护总局发布了《规划环境影响评价技术导则（试行）》，明确了规划环境影响评价的基本内容、工作程序、指标体系以及评价方法等，同时制定了《编制环境影响报告书的规划的具体范围（试行）》《编制环境影响篇章或说明的规划的具体范围（试行）》和《专项规划环境影响报告书审查办法》。

2003年，国家环境保护总局初步建立了环境影响评价基础数据库，有效管理环境影响评价数据与文件，促进各部门、各单位之间在环境影响评价方面的信息交流与共享，推进环境影响评价制度的健康发展。同时建立了国家环境影响评价审查专家库，保证环境影响评价审查的公正性。

2004年2月16日人事部、国家环境保护总局决定在全国环境影响评价行业建立环境影响评价工程师职业资格制度，发布了《环境影响评价工程师职业资格制度暂行规定》《环境影响评价工程师职业资格考试实施办法》《环境影响评价工程师职业资格考核认定办法》等文件，并于2004年4月1日起实施，旨在进一步加强对环境影响评价专业技术人员的管理，规范环境影响评价的行为，提高环境影响评价专业技术人员的素质和业务水平，保证环境影响评价工作的质量，维护国家环境安全和公众利益。

2004年，国家环境保护总局首次发布《建设项目环境风险评价技术导则》，开启了建设项目环境风险评价工作。

2008年起，环境保护部相继修订并颁布了《环境影响评价技术导则 大气环境》（HJ 2.2—2008）、《环境影响评价技术导则 声环境》（HJ 2.4—2009）等。

2009年8月17日国务院颁布《规划环境影响评价条例》，自2009年10月1日起施行。这是我国环境立法的重大进展，标志着环境保护参与综合决策进入新阶段。

随后，国家环境保护标准的修订与制定与时俱进，取得了突飞猛进的发展，为环境影响评价工作提供了大量的技术依据。如《环境影响评价技术导则　生态影响》（HJ 19—2011）、《环境影响评价技术导则　总纲》（HJ 2.1—2011）、《环境影响评价技术导则　地下水环境》（HJ 610—2011）、《规划环境影响评价技术导则　总纲》（HJ 130—2014）等。

2014 年 4 月 24 日全国人大常委会通过了修订的《中华人民共和国环境保护法》，于 2015 年 1 月 1 日施行，标志着我国环境保护管理进入了新的阶段。

2015 年 12 月 30 日环境保护部发布了《关于加强规划环境影响评价与建设项目环境影响评价联动工作的意见》（环发〔2015〕178 号），对加强规划环境影响评价与建设项目环境影响评价联动工作提出要求，并进一步阐明了建设项目环境影响评价与规划环境影响评价的相互联系。规划环境影响评价对建设项目环境影响评价具有指导和约束作用，建设项目环境保护管理中应落实规划环境影响评价的成果。

## 1.2.5　改革和优化阶段（2016～2018 年）

2016 年 7 月 2 日全国人大常委会通过了《中华人民共和国环境影响评价法》的第一次修正。随后，环境保护部印发了《"十三五"环境影响评价改革实施方案》（环环评〔2016〕95 号）。从此，我国环境影响评价进入了改革和优化阶段。

2016 年 12 月 8 日环境保护部发布了修订的《建设项目环境影响评价技术导则　总纲》（HJ 2.1—2016），于 2017 年 1 月 1 日起实施；随后发布了《排污许可证管理暂行规定》和修订的《建设项目环境影响评价分类管理名录》（于 2017 年 9 月 1 日起施行）。

2017 年 6 月 21 日国务院常务会议通过了《国务院关于修改〈建设项目环境保护管理条例〉的决定》，于 2017 年 10 月 1 日起施行。与原条例相比，该条例删除了有关行政审批事项；取消了对环境影响评价单位的资质管理；将环境影响登记表由审批制改为备案制；将建设项目环境保护设施竣工验收由环境保护部门验收改为建设单位自主验收；简化了环境影响评价程序；将环境影响报告书（表）的报批时间由可行性研究阶段调整为开工建设前；细化了审批要求；强化了事中事后监管；加大了处罚力度；强化了信息公开和公众参与。2018 年 1 月 26 日环境保护部发布了《关于强化建设项目环境影响评价事中事后监管的实施意见》（环环评〔2018〕11 号）。

为落实《"十三五"环境影响评价改革实施方案》和《建设项目环境保护管理条例》，进一步完善环境影响评价导则体系，生态环境部陆续修订和发布了《环境影响评价技术导则　大气环境》（HJ 2.2—2018）、《环境影响评价技术导则　地表水环境》（HJ 2.3—2018）、《环境影响评价技术导则　城市轨道交通》（HJ 453—2018）、《建设项目环境风险评价技术导则》（HJ 169—2018）等。

2018 年 8 月 31 日第十三届全国人民代表大会常务委员会第五次会议通过了《中华人民共和国土壤污染防治法》，并自 2019 年 1 月 1 日起施行。这是我国首次制定专门的法律来规范土壤污染防治。随后生态环境部首次发布了《环境影响评价技术导则　土壤环境（试行）》（HJ 964—2018），在环境要素环境影响评价中增加了非常重要的土壤要素。

## 1.2.6　全面深化改革阶段（2019 年至今）

在全面深化"简政放权、放管结合、优化服务"（即"放管服"）改革的新形势下，随着环境影响评价技术校核等事中事后监管力度逐渐加大，放开事前准入的条件逐步成熟，环境影响评价资质管理的改革迫在眉睫。2018 年 12 月 29 日全国人民代表大会常务委员会通过了《中华人民共和国环境影响评价法》第二次修正。修正后的《中华人民共和国环境影响评价法》取消了建设项目环境影响评价资质行政许可事项，不再强调要求由具有资质的环境影响评价机构编制建设项目环境影响报告书（表），规定：建设单位可以委托技术单位为其编制建设项目环境影响报告书（表），如果自身具备相应技术能力也可以自行编制；接受委托为建设单位编制建设项目环境影响报告书（表）的技术单位，不得与负责审批建设项目环境影响报告书（表）的生态环境主管部门或者其他有关审批部门存在任何利益关系。

2019 年 9 月生态环境部发布《建设项目环境影响报告书（表）编制监督管理办法》，随后又发布了《关于发布〈建设项目环境影响报告书（表）编制监督管理办法〉配套文件的公告》，至此，环境影响评价制度改革后的相关监督管理要求正式落地。

2019 年 10 月 9 日生态环境部对《环境影响评价技术导则　生态影响》《环境影响评价技术导则　声环境》《环境影响评价技术导则　陆地石油天然气开发建设项目》等五项国家环境保护标准（征求意见稿）发布征求意见。

2019 年 12 月 13 日生态环境部发布了《规划环境影响评价技术导则　总纲》（HJ 130—2019）。该导则全过程衔接了"生态保护红线、环境质量底线、资源利用上线和生态环境准入清单"（简称"三线一单"）制度、技术、成果等要求，与旧导则（HJ 130—2014）相比更具指导性和可操作性，为指导规划编制机关更好地开展规划环境影响评价工作提供了有力的保证。

2020 年 11 月 5 日生态环境部部务会议审议通过了《生态环境部建设项目环境影响报告书（表）审批程序规定》《国家危险废物名录（2021 年版）》《建设项目环境影响评价分类管理名录（2021 年版）》，均自 2021 年 1 月 1 日起施行。这是贯彻落实习近平总书记关于精准治污、科学治污、依法治污的重要指示精神的具体行动，对加强污染防治、保障人民群众身体健康具有重要意义。

生态环境部为优化和规范环境影响报告表编制，提高环境影响评价制度的有效性，修订了《建设项目环境影响报告表》内容及格式，并于 2020 年 12 月 24 日发布。根据建设项目环境影响特点将报告表分为污染影响类和生态影响类，配套制定了《建设项目环境影响报告表编制技术指南（污染影响类）（试行）》和《建设项目环境影响报告表编制技术指南（生态影响类）（试行）》。《建设项目环境影响报告表》内容、格式及编制技术指南自 2021 年 4 月 1 日起实施。

2021 年 9 月 8 日生态环境部发布了《规划环境影响评价技术导则　产业园区》（HJ 131—2021），并于 2021 年 12 月 1 日起实施。该导则规定了产业园区规划环境影响评价的基本任务、重点内容、工作程序、主要方法和要求，是对《开发区区域环境影响评价技术导则》（HJ/T 131—2003）的第一次修订。与旧导则相比，修订的主要内容如下：调整、完善了导则结构、技术要求等；增加了规划与区域生态环境分区管控体系的符合性分析，强化产业园区环境准入、入园建设项目环境影响评价要求相关内容，与区域空间生态环境评价、建设项目环境影响评价联动衔接；等等。

2021 年 12 月 24 日，全国人民代表大会常务委员会通过了修改的《中华人民共和国噪声污染防治法》（于 2022 年 6 月 5 日起施行）。与原《中华人民共和国环境噪声污染防治法》相比，新法确立了新时期噪声污染防治工作的总要求，并重新界定了噪声污染的内涵，针对有些产生噪声的领域没有噪声排放标准的情况，在"超标 + 扰民"基础上，将"未依法采取防控措施"产生噪声干扰他人正常生活、工作和学习的现象界定为噪声污染。

# 1.3　我国环境影响评价制度的特点

自 1979 年确立以来，经过 40 多年的发展，我国的环境影响评价制度不断完善，逐步形成了自己独有的特点。

## 1.3.1　具有法律强制性

我国的环境影响评价制度是《中华人民共和国环境保护法》和《中华人民共和国环境影响评价法》明确规定的一项法律制度，是为了防止造成环境污染与生态破坏而约束人们在制定规划和从事建设活动时必须遵照执行的工作准则，所以这项制度与其他法律制度一样具有不可违抗的强制性。

## 1.3.2　纳入基本建设程序

我国的建设项目环境影响评价工作开展的时间较长，建设项目环境管理程序通过法律规定纳入基本建设程序中，对建设项目实行统一管理，这是我国独有的管理模式。

《中华人民共和国环境保护法》《中华人民共和国环境影响评价法》和《建设项目环境保护管理条例》均明

确规定，依法编制环境影响报告书（表）的建设单位应当在建设项目开工建设前，将环境影响报告书（表）报有审批权的生态环境主管部门审批。建设项目的环境影响报告书（表）未依法经审批部门审查或者审查后未予批准的，建设单位不得开工建设。

### 1.3.3　分类管理

建设项目对环境的影响千差万别，不同行业、不同产品、不同规模、不同工艺、不同原材料产生的污染物种类和污染强度不同，对环境的影响也不同。即使是相同类型的企业，在不同地点、区域，对环境的影响也不一样。

《中华人民共和国环境影响评价法》第十六条和《建设项目环境保护管理条例》规定了国家根据建设项目对环境的影响程度对建设项目环境影响评价实行分类管理。建设单位应当按照下列规定组织编制环境影响评价文件：可能造成重大环境影响的建设项目，应当编制环境影响报告书，对产生的环境影响进行全面评价；可能造成轻度环境影响的建设项目，应当编制环境影响报告表，对产生的环境影响进行分析或者专项评价；对环境影响很小、不需要进行环境影响评价的建设项目，应当填报环境影响登记表。

建设单位应当按照《建设项目环境影响评价分类管理名录》的规定，分别组织编制环境影响报告书、环境影响报告表或填报环境影响登记表。

为落实国务院深化"放管服"改革、优化营商环境要求，加强环境影响评价与排污许可证制度衔接，生态环境部于 2020 年 11 月 5 日发布了《建设项目环境影响评价分类管理名录（2021 年版）》。该名录将建设项目分成具体的 55 个大类 173 项。名录规定，根据建设项目特征和所在区域的环境敏感程度，综合考虑建设项目可能对环境产生的影响，对建设项目的环境影响评价实行分类管理。环境影响报告书（表）应当重点分析建设项目对环境敏感区的影响。

该名录所称环境敏感区是指依法设立的各级各类保护区域和对建设项目产生的环境影响特别敏感的区域，主要包括下列区域：①国家公园、自然保护区、风景名胜区、世界文化和自然遗产地、海洋特别保护区、饮用水水源保护区；②除①外的生态保护红线管控范围，永久基本农田、基本草原、自然公园（森林公园、地质公园、海洋公园等）、重要湿地、天然林，重点保护野生动物栖息地，重点保护野生植物生长繁殖地，重要水生生物的自然产卵场、索饵场、越冬场和洄游通道，天然渔场，水土流失重点预防区和重点治理区、沙化土地封禁保护区、封闭及半封闭海域；③以居住、医疗卫生、文化教育、科研、行政办公为主要功能的区域，以及文物保护单位。

建设项目所处环境的敏感性质和敏感程度是确定建设项目环境影响评价类别的重要依据。建设单位应当严格按照名录确定建设项目环境影响评价类别，不得擅自改变环境影响评价类别。建设内容涉及名录中两个及以上项目类别的建设项目，其环境影响评价类别按照其中单项等级最高的确定。建设内容不涉及主体工程的改建、扩建项目，其环境影响评价类别按照改建、扩建的工程内容确定。

该名录未作规定的建设项目，不纳入建设项目环境影响评价管理；省级生态环境主管部门对该名录未作规定的建设项目，认为确有必要纳入建设项目环境影响评价管理的，可以根据建设项目的污染因子、生态影响因子特征及其所处环境的敏感性质和敏感程度等，提出环境影响评价分类管理的建议，报生态环境部认定后实施。

《中华人民共和国环境影响评价法》规定，对需要进行环境影响评价的规划也实行分类管理，明确要求对"一地三域"规划及"十专项"规划中的指导性规划应当编制有关环境影响的篇章或说明，对"十专项"规划中的非指导性规划应当编制环境影响报告书。其中，"一地三域"规划指土地利用的有关规划和区域、流域、海域的建设、开发利用规划，"十专项"规划指工业、农业、畜牧业、林业、能源、水利、交通、城市建设、旅游、自然资源开发的有关专项规划。

### 1.3.4　分级审批

分级审批是指建设对环境有影响的项目，不论投资主体、资金来源、项目性质和投资规模，其环境影响报告书（表）均按照规定确定分级审批权限，由生态环境部、省（自治区、直辖市）、市、县等不同级别生态环境主管部门负责审批。

国务院生态环境主管部门负责审批环境影响报告书（表）的建设项目包括：①核设施、绝密工程等特殊性质的建设项目；②跨省、自治区、直辖市行政区域的建设项目；③由国务院审批的或者国务院授权有关部门审批的建设项目。前款规定以外的建设项目的环境影响报告书（表）的审批权限，由省、自治区、直辖市人民政府规定。

《生态环境部审批环境影响评价文件的建设项目目录（2019年本）》中规定了由生态环境部审批的8类项目。①水利项目。包括：在跨界河流、跨省（自治区、直辖市）河流上建设的水库项目；涉及跨界河流、跨省（自治区、直辖市）水资源配置调整的其他水事工程项目。②能源项目。包括：在跨界河流、跨省（自治区、直辖市）河流上建设的单站总装机容量50万千瓦及以上水电站项目；全部核电厂（包括核电厂范围内的有关配套设施，但不包括核电厂控制区范围内新增的不带放射性的实验室、试验装置、维修车间、仓库、办公设施等项目）；跨境、跨省（自治区、直辖市）（±）500千伏及以上交直流输变电电网工程项目；国务院有关部门核准的煤炭开发项目；跨境、跨省（自治区、直辖市）输油（气）干线管网项目（不含油田、油气田集输管网项目）。③交通运输项目。包括：跨省（自治区、直辖市）新建（含增建）铁路项目；在沿海（含长江南京及以下）新建年吞吐能力1000万吨及以上煤炭、矿石、油气专用泊位项目；跨省（自治区、直辖市）内河高等级航道的千吨级及以上的航电枢纽项目。④原材料项目。包括：新建炼油及扩建一次炼油项目（不包括列入国务院批准的国家能源发展规划、石化产业规划布局方案的扩建项目）；年产超过20亿立方米的煤制天然气项目，年产超过100万吨的煤制油项目，年产超过100万吨的煤制甲醇项目，年产超过50万吨的煤经甲醇制烯烃项目。⑤核与辐射项目。包括：除核电厂外的全部核设施（不包括核设施控制区范围内新增的不带放射性的实验室、试验装置、维修车间、仓库、办公设施等项目）；放射性铀（钍）矿；由国务院或国务院有关部门审批的电磁辐射设施及工程。⑥海洋项目。包括：全部涉及国家海洋权益、国防安全等特殊性质的海洋工程；全部海洋矿产资源勘探开发及其附属工程（不包括海砂开采项目）；50公顷以上的填海工程，100公顷以上的围海工程；潮汐电站、波浪电站、温差电站等海洋能源开发利用项目（不包括海上风电项目）。⑦全部绝密工程项目。⑧其他由国务院或国务院授权有关部门审批的应编制环境影响报告书的项目（不包括不含水库的防洪治涝工程，不含水库的灌区工程，研究和试验发展项目，卫生项目）。

建设项目可能造成跨行政区域的不良环境影响，有关生态环境主管部门对该项目的环境影响评价结论有争议的，其环境影响报告书（表）由共同的上一级生态环境主管部门审批。

海洋工程建设项目的海洋环境影响报告书的审批，依照《中华人民共和国海洋环境保护法》的规定办理。

## 1.3.5　环境影响评价工程师职业资格制度

我国从2004年4月1日开始实施环境影响评价工程师职业资格制度。环境影响评价工程师职业资格制度纳入全国专业技术人员职业资格证书制度统一管理。

### 1.3.5.1　环境影响评价工程师职业资格考试及报考条件

环境影响评价工程师职业资格考试是国家为选拔环境影响评价工程师而组织的考试。参加考试人员考试合格后，取得"中华人民共和国环境影响评价工程师职业资格证书"，并经登记后，可以从事环境影响评价工作。环境影响评价工程师职业资格考试实行全国统一大纲、统一命题、统一组织。考试设"环境影响评价相关法律法规""环境影响评价技术导则与标准""环境影响评价技术方法"和"环境影响评价案例分析"4个科目，各科考试均为3小时，采用闭卷笔答方式，考试时间为每年的第二季度。

考试成绩实行两年为一周期的滚动管理办法。参加全部4个科目的考试人员必须在连续的两个考试年度内通过全部科目。

凡遵守国家法律、法规，恪守职业道德，并具备表1-1中条件之一者，可申请参加环境影响评价工程师职业资格考试。

**表1-1** 环境影响评价工程师职业资格考试报考条件

| 学历/学位 | 专业要求 | 从事环境影响评价工作年限/年 |
|---|---|---|
| 大专 | 环境保护相关专业 | ≥7 |
| | 其他专业 | ≥8 |
| 学士 | 环境保护相关专业 | ≥5 |
| | 其他专业 | ≥6 |
| 硕士 | 环境保护相关专业 | ≥2 |
| | 其他专业 | ≥3 |
| 博士 | 环境保护相关专业 | ≥1 |
| | 其他专业 | ≥2 |

#### 1.3.5.2 环境影响评价工程师从业情况管理

为了规范环境影响评价工程师从业情况申报管理工作，环境保护部于2015年10月29日发布了《环境影响评价工程师从业情况管理规定》，对环境影响评价工程师从业情况申报制度、申报条件、提交材料、申报程序、资格注销申报等进行了规定。

环境影响评价工程师的专业类别分为11类，包括轻工纺织化纤、化工石化医药、冶金机电、建材火电、农林水利、采掘、交通运输、社会服务、海洋工程、输变电及广电通讯、核工业。环境影响评价工程师可根据自身专业能力和特长，选择确定其中1个类别作为本人的专业类别。

环境影响评价工程师职业资格实行从业情况申报制度。环境影响评价工程师应当申报从业情况，主要包括本人全日制专职工作的机构名称和专业类别。环境保护部建立环境影响评价工程师从业情况信息管理系统，记录环境影响评价工程师申报信息，为其核发登记编号，并及时向社会公开。

环境影响评价工程师从业机构和专业类别发生变更的，应当及时申报相应变更情况。

环境影响评价工程师申报满3年后仍需在环评机构全日制专职工作的，应当于有效期届满30个工作日前再次申报从业情况，并需要提交3年内接受继续教育的证明。

环境影响评价工程师专业类别申报累计满3年可进行变更。

取得职业资格证书3年后首次申报从业情况的，还应当提交近3年接受继续教育的证明。

环境影响评价工程师接受继续教育的时间年均不少于16学时，不满1年按1年计，同一申报有效期内的继续教育学时可累计。

#### 1.3.5.3 环境影响评价工程师的职责

环境影响评价工程师在进行环境影响评价业务活动时，应严格遵守2010年环境保护部制定并发布的《环境影响评价从业人员职业道德规范（试行）》，应当自觉践行社会主义核心价值体系，遵行职业操守，规范日常行为，坚持做到依法遵规、公正诚信、忠于职守、服务社会、廉洁自律。

环境影响评价工程师可主持环境影响评价、环境影响后评价、环境影响技术评估或环境保护设施验收工作，并在主持编制的相关技术文件上签字，对其主持完成的相关技术文件承担相应责任，并纳入信用管理。环境影响评价工程师主持的相关业务领域应与从业申报类别一致。承担编制项目的主持人应当全过程组织参与环境影响报告书（表）编制工作，并加强统筹协调。

### 1.3.6 强化建设项目环境影响评价事中事后监管

依据《建设项目环境保护事中事后监督管理办法（试行）》，生态环境部和省级生态环境部门负责对下级生态环境部门的事中事后监督管理工作进行监督和指导，对生态环境部和省级生态环境部门审批的跨流域、跨区域等重大建设项目可直接进行监督检查。市、县级生态环境部门按照属地管理的原则负责本行政区域内所有建设项目的事中事后监督管理。实行省级以下生态环境机构监测监察执法垂直管理试点的地区，按照试点方案调整后的职责实施监督管理。生态环境部的地区核与辐射安全监督站和省级生态环境部门负责生态环境部审批的核设施、核技术利用和铀矿冶炼建设项目的事中事后监督管理。

　　事中监督管理是指生态环境部门对本行政区域内的建设项目自办理环境影响评价手续后到正式投入生产或使用期间，落实经批准的环境影响评价文件及批复要求的监督管理。事后监督管理是指生态环境部门对本行政区域内的建设项目正式投入生产或使用后，遵守环境保护法律法规情况，以及按照相关要求开展环境影响后评价情况的监督管理。

　　事中监督管理的主要依据是经批准的环境影响评价文件及批复文件、环境保护有关法律法规的要求和技术标准规范。事后监督管理的主要依据是依法取得的排污许可证、经批准的环境影响评价文件及批复文件、环境影响后评价提出的改进措施、环境保护有关法律法规的要求和技术标准规范。

　　2018年1月26日《关于强化建设项目环境影响评价事中事后监管的实施意见》（环环评〔2018〕11号）发布，内容包括总体要求、做好监管保障、创新监管方式、强化技术机构管理、加大惩戒问责力度、形成社会共治、强化组织实施七部分，共二十二条。根据党中央、国务院简政放权、转变政府职能改革的有关要求，各级生态环境部门持续推进环境影响评价制度改革，在简化、下放、取消环境影响评价相关行政许可事项的同时，强化环境影响评价事中事后监管，切实保障环境影响评价制度发挥效力。

## ✏ 课后练习

### 一、正误判断题

1. 建设项目环境影响评价文件由评价单位按照国务院的规定报有审批权的生态环境部门审批。（　　　）
2. 《中华人民共和国环境保护法》中的环境是指影响人类生存和发展的各种自然因素和社会因素的总体。（　　　）
3. 环境影响评价必须客观、公开、公平，综合考虑规划或者建设项目实施后对各种环境因素及其所构成的生态系统可能造成的影响，为决策提供科学依据。（　　　）
4. 某市人民政府编制了土地资源开发整理规划，该规划的环境影响评价文件的形式应当是环境影响报告书。（　　　）
5. 需要进行可行性研究的建设项目，建设单位应当在建设项目开工前报批环境影响报告书（表）。（　　　）

### 二、不定项选择题（每题的备选项中，至少有一个符合题意）

1. 关于依法进行环境影响评价的有关规定，下列说法正确的是（　　　）。
　　A. 未依法进行环境影响评价的建设项目，不得开工建设
　　B. 编制有关开发利用规划，可根据具体情况决定是否进行环境影响评价
　　C. 只有建设对环境有重大影响的项目，才依法进行环境影响评价
　　D. 未依法进行环境影响评价的战略发展规划，不得组织实施
2. 《建设项目环境影响评价分类管理名录》所称环境敏感区，是指依法设立的各级各类保护区域和对建设项目产生的环境影响特别敏感的区域，主要包括（　　　）。
　　A. 天然湿地　　　　　　　　　　　　　　　B. 野生植物生长繁殖地
　　C. 水生生物洄游通道　　　　　　　　　　　D. 海洋特别保护区
3. 下列做法中，未违反环境影响评价工程师职业道德的是（　　　）。
　　A. 利用工作中知悉的信息谋取不正当利益
　　B. 为工作业绩，在未参加编制的环境影响评价文件上署名
　　C. 建设项目存在违反国家产业政策、环保准入规定等情形，及时通告建设单位
　　D. 选择性采用环境现状监测数据

4. 建设项目需要配套建设的环境保护设施，必须与（　　　）同时设计、同时施工、同时投产使用。

  A. 核心工程　　　　　　　　B. 主要工程　　　　　　　C. 主体工程　　　　　　　D. 重要工程

5. 下列环境因素中不属于人工改造的自然因素的是（　　　）。

  A. 城市　　　　　　　　　　B. 名胜古迹　　　　　　　C. 农村　　　　　　　　　D. 湿地

6. 关于依法进行环境影响评价的有关规定，下列说法错误的是（　　　）。

  A. 编制有关开发利用规划，应当依法进行环境影响评价

  B. 建设对环境有影响的项目，应当依法进行环境影响评价

  C. 未依法进行环境影响评价的开发利用规划，可以组织实施

  D. 未依法进行环境影响评价的建设项目，不得开工建设

7. 国务院有关部门、设区的市级以上地方人民政府及其有关部门，对其组织编制的（　　　），应当在规划编制过程中，组织进行环境影响评价，编写该规划有关环境影响的篇章或者说明。

  A. 海域的建设、开发利用规划　　　　　　　　B. 经济技术开发区有关专项规划

  C. 农业专项规划　　　　　　　　　　　　　　D. 环境保护规划

8. 对可能造成重大环境影响的建设项目，应当编制（　　　），对产生的环境影响进行（　　　）评价。

  A. 环境影响报告书　全面　　　　　　　　　　B. 环境影响报告表　全面

  C. 环境影响登记表　全面　　　　　　　　　　D. 环境影响报告书　部分

9. 《生态环境部审批环境影响评价文件的建设项目目录（2019年本）》中规定，由生态环境部审批的项目有（　　　）。

  A. 在跨界河流、跨省（自治区、直辖市）河流上建设的单站总装机容量75万千瓦水电站项目

  B. 年产15亿立方米的煤制天然气项目

  C. 由国务院或国务院有关部门审批的电磁辐射设施及工程

  D. 全部绝密工程项目

10. 生态环境主管部门应当对建设项目环境影响报告书（表）作出不予批准决定的情形有（　　　）。

  A. 建设项目的环境影响报告书（表）的基础资料数据明显不实

  B. 所在区域环境质量未达到国家或者地方环境质量标准，且建设项目拟采取的措施不能满足区域环境质量改善目标管理要求

  C. 建设项目的环境影响报告书（表）的内容存在重大缺陷、遗漏

  D. 改建、扩建和技术改造项目，未针对项目原有环境污染和生态破坏提出有效防治措施

## 三、问答题

1. 简述环境影响评价的工作原则。

2. 简述环境影响评价的重要性。

3. 我国环境影响评价制度的特点有哪些？

4. 简述环境影响评价的由来。

5. 建设项目环境影响评价事后监督管理的主要依据是什么？

## ⚡ 设计问题

1. 从评价对象的角度，阐述我国与美国环境影响评价适用范围的区别。

2. 简述我国环境影响评价制度各发展阶段及其标志性的会议和环境保护法律法规。

# 2 环境保护法律法规与标准

○○ ── ○○ ○ ○○ ──────

## 案例引导

法是国之权衡、时之准绳。《逸周书·大聚解》记载："禹之禁，春三月，山林不登斧，以成草木之长；夏三月，川泽不入网罟，以成鱼鳖之长。"西周时期颁布的《伐崇令》中涉及对水源、森林和动物保护的规定。战国时期的《韩非子》中记载"殷之法，刑弃灰于公道者断其手。"唐朝在其封建法典《唐律》中设有"杂律"一章，比较具体、详细地对保护自然环境和生活环境作了规定，并被《明律》《清律》沿用。虽然这些规定在现在社会不尽合理，但从中足以看出中华民族的环境保护意识源远流长。

人类进入 20 世纪 50 年代以来，随着工业化进程的迅猛发展，以及世界人口的急剧膨胀，对自然资源的过度开采所导致的环境破坏和向环境排放的过量废物所导致的环境污染已经严重威胁到人类的可持续发展。1972 年联合国召开"第一届联合国人类环境会议"，包括中国在内的 113 个国家正式走上环境保护的征程。

2014 年全国人民代表大会常务委员会修订了《中华人民共和国环境保护法》，明确了新世纪环境保护工作的指导思想，强化了环境保护的战略地位。2018 年全国人民代表大会常务委员会第五次修正了《中华人民共和国宪法》，明确指出"推动物质文明、政治文明、精神文明、社会文明、生态文明协调发展"。同年，全国人民代表大会常务委员会第三次修正了《中华人民共和国环境影响评价法》，在原有的对所有规划和建设项目开展环境影响评价的基础上，进一步明确了建设单位和设计单位以及编制人员的相关责任，保证了环境影响评价真正起到预防或者减轻不良环境影响的作用。

为了更好地贯彻和落实环境保护法律法规，国务院、生态环境部及其他行政管理部门、地方政府等不断地制定和完善了一系列环境保护标准，作为环境执法和环境管理工作的技术依据。近 50 年来，以《中华人民共和国宪法》和《中华人民共和国环境保护法》为基础，以环境保护标准为具体工作的执行依据，我国建立了比较完整的环境保护法律法规体系。

对规划和建设项目进行环境影响评价，只有明确环境保护法律法规的规定以及相关环境保护标准中的具体要求，才能更加准确地评价规划和建设项目对环境的影响程度，为制定预防或减轻不良环境影响的措施和方法提供依据，达到保护祖国的绿水青山、保护生态环境、保障人类可持续发展的目的。

---

◉ **学习目标**

○ 熟悉环境保护法律法规体系和环境保护标准体系的组成及其相互关系。

○ 掌握我国环境影响评价中常用的重要法律法规和条例。

○ 熟悉环境影响评价中常用的环境质量标准和污染物排放标准。

○ 了解查询环境保护法律法规和环境保护标准的途径。

---

# 2.1 环境保护法律法规

## 2.1.1 环境保护法律法规体系的构成

目前，我国建立了以法律、国务院行政法规、政府部门规章、地方性法规和地方政府规章、环境保护标准、环境保护国际公约组成的完整的环境保护法律法规体系。

### 2.1.1.1 法律

我国有关环境保护的法律包括宪法、环境保护综合法、环境保护单行法和环境保护相关法。

（1）宪法　《中华人民共和国宪法》中对环境保护的规定是环境保护法律法规体系的基础。1982 年通过的宪法中第九条第二款规定："国家保障自然资源的合理利用，保护珍贵的动物和植物。禁止任何组织或者个人用任何手段侵占或者破坏自然资源。"第二十六条第一款规定："国家保护和改善生活环境和生态环境，防治污染和其他公害。"自 1982 年以来《中华人民共和国宪法》经过五次修正，在 2018 年《中华人民共和国宪法修正案》中明确指出要"推动物质文明、政治文明、精神文明、社会文明、生态文明协调发展"。这些规定为我国环境保护的立法提供了依据和指导原则。

（2）环境保护综合法　《中华人民共和国环境保护法》是我国环境保护的综合法，也是环境保护具体工作中遵照执行的基本法。该法由第十二届全国人民代表大会常务委员会第八次会议通过修订，于 2015 年 1 月 1 日起施行。该法共七章七十条，分为总则、监督管理、保护和改善环境、防治污染和其他公害、信息公开和公众参与、法律责任和附则。与修订前相比，进一步明确了 21 世纪环境保护工作的指导思想，规定了环境影响评价制度的具体要求。例如，第十九条规定："编制有关开发利用规划，建设对环境有影响的项目，应当依法进行环境影响评价。未依法进行环境影响评价的开发利用规划，不得组织实施；未依法进行环境影响评价的建设项目，不得开工建设。"再如，第五十六条规定："对依法应当编制环境影响报告书的建设项目，建设单位应当在编制时向可能受影响的公众说明情况，充分征求意见。负责审批建设项目环境影响评价文件的部门在收到建设项目环境影响报告书后，除涉及国家秘密和商业秘密的事项外，应当全文公开；发现建设项目未充分征求公众意见的，应当责成建设单位征求公众意见。"

（3）环境保护单行法　环境保护单行法是指除《中华人民共和国环境保护法》之外，针对特定的环境保护对象、领域或特定的环境管理制度而进行的专门立法，是宪法和环境保护综合法的具体体现，是实施环境管理、处理环境问题的直接法律依据。随着我国社会经济发展和环境保护形势的变化，全国人民代表大会常务委员会近几年陆续审议通过了新的环境保护单行法和原有环境保护单行法的修改或修订内容，如：首次发布的《中华人民共和国土壤污染防治法》（2019 年 1 月 1 日起施行）；第二次修订的《中华人民共和国固体废物污染环境防治法》（2020 年 9 月 1 日起施行）、《中华人民共和国环境影响评价法》（2018 年 12 月 29 日起施行）、《中华人民共和国大气污染防治法》（2018 年 10 月 26 日起施行）、《中华人民共和国水污染防治法》（2018 年 1 月

1 日起施行）；第三次修改的《中华人民共和国噪声污染防治法》（2022 年 6 月 5 日起施行）、《中华人民共和国海洋环境保护法》（2017 年 11 月 5 日起施行）等。这些法律中都规定了环境影响评价的内容，使环境保护落实到具体的环境影响评价工作中更具有针对性和可行性，在环境保护法律法规体系中占有重要的地位。

（4）环境保护相关法　环境保护相关法指一些自然资源保护法和其他相关法律，如《中华人民共和国城乡规划法》（2019 年 4 月 23 日起施行）、《中华人民共和国水法》（2016 年 7 月 2 日起施行）和《中华人民共和国节约能源法》（2016 年 7 月 2 日起施行）等，其中都涉及了环境保护的有关要求，成为环境保护法律法规体系的重要组成部分。

### 2.1.1.2　国务院行政法规

国务院行政法规是指由国务院制定并公布或经国务院批准有关主管部门公布的环境保护规范性文件。具体分为两类：一是根据法律授权制定的环境保护法的实施细则或条例，二是针对环境保护的某个领域而制定的条例、规定和办法。环境保护行政法规的效力仅低于环境保护法律，在实际工作中起到解释法律、规定环境执法的行政程序等作用。如《建设项目环境保护管理条例》（2017 年 10 月 1 日起施行）、《规划环境影响评价条例》（2009 年 10 月 1 日起施行）等。

### 2.1.1.3　政府部门规章

政府部门规章是指由国务院生态环境主管部门单独发布或与国务院有关部门联合发布的以及政府其他有关行政主管部门依法制定的环境保护规范性文件。政府部门规章依据环境保护法律和行政法规制定，或者针对某些尚未有法律和行政法规的领域作出相应的规定，在具体环境保护和环境管理工作中针对性和可操作性强。如《固定污染源排污许可分类管理名录（2019 年版）》《建设项目环境影响评价分类管理名录（2021 年版）》。

### 2.1.1.4　地方性法规和地方政府规章

地方性法规和地方政府规章是指由享有立法权的地方权力机关和地方政府机关依据《中华人民共和国宪法》和相关法律制定的环境保护规范性文件。地方性法规及地方政府规章根据本地实际情况和特定环境问题制定，不能与法律、国务院行政法规相抵触，只在本行政管辖地区内实施，具有较强的可操作性。目前我国各地都存在着大量的环境保护地方性法规及地方政府规章，如《辽宁省水污染防治条例》（2019 年 2 月 1 日起施行）、《大连市环境保护条例》（2019 年 6 月 1 日起施行）、《河南省水污染防治条例》（2019 年 10 月 1 日起施行）、《郑州市城市生活垃圾分类管理办法》（2019 年 12 月 1 日起施行）、《黑龙江省环境保护条例》（2019 年 3 月 15 日起施行）、《哈尔滨市机动车排气污染防治条例》（2019 年 12 月 18 日起施行）等。

### 2.1.1.5　环境保护标准

环境保护标准是国家为了维护环境质量、实施污染控制，按照法定程序制定的各种技术规范和要求，是具有法律性质的技术标准。如《环境空气质量标准》（GB 3095—2012）、《声环境功能区划分技术规范》（GB/T 15190—2014）、《石油炼制工业污染物排放标准》（GB 31570—2015）、《生态环境状况评价技术规范》（HJ 192—2015）、《建设项目环境影响评价技术导则　总纲》（HJ 2.1—2016）等。环境保护法律法规中都规定了实施环境标准的条款，使其成为环境执法必不可少的依据和环境保护法律法规的重要组成部分。

### 2.1.1.6　环境保护国际公约

为解决突出的全球性环境问题，在联合国环境规划署牵头组织下，各国经过艰苦谈判达成了一系列环境公约，并以法律制度的形式确定各方的权利和义务，以推动国际社会采取共同行动，使环境问题得到解决或改善。截止到 2021 年 3 月 30 日，我国已签署 40 多个环境保护国际公约和条约，其中由我国牵头的有《保护臭氧层维也纳公约》（1989 年 12 月 10 日起对中国生效）、《生物多样性公约》（1993 年 12 月 29 日起生效）、《关于持久性有机污染物的斯德哥尔摩公约》（2004 年 11 月 11 日起对中国生效）等。

## 2.1.2　环境保护法律法规的相互关系

（1）法律层次上效力等同　《中华人民共和国宪法》是环境保护法律法规体系的基础，是制定其他各种环境保护法律、法规、规章的依据。在法律层次上，无论是综合法、单行法还是相关法，其中有关环境保护要求的法律效力是等同的。

（2）后法大于先法　如果法律规定中出现不一致的内容，按照发布时间的先后顺序，遵循后颁布法律的效力大于先前颁布法律的效力这一原则。

（3）行政法规的效力次于法律　国务院行政法规的地位仅次于法律，政府部门规章、地方性环境法规和地方政府环境规章均不得违背法律和国务院行政法规的规定，且只在制定本法规、规章的管辖范围内有效。

（4）国际公约优先　我国的环境保护法律法规如与参加和签署的国际公约有不同规定时，优先适用国际公约的规定，但我国声明保留的条款除外。

## 2.1.3　环境影响评价的重要法律法规

### 2.1.3.1　《中华人民共和国环境影响评价法》

该法作为一部环境保护单行法，具体规定了规划和建设项目环境影响评价的相关法律要求，是我国环境影响评价工作的直接法律依据。第十三届全国人民代表大会常务委员会第七次会议通过了对该法的第二次修订，共五章三十七条。修订后的该法内容包括总则、规划的环境影响评价、建设项目的环境影响评价、法律责任和附则。

（1）总则　规定了立法目的、法律定义、适用范围、基本原则、公众参与等。

（2）规划的环境影响评价　规定了规划环境影响评价的类别、范围及评价要求；规定了专项规划环境影响报告书的主要内容、报审时限、审查程序和审查时限、报告书结论和审查意见；规定了规划有关环境影响的篇章或说明的主要内容和报送要求等内容。

（3）建设项目的环境影响评价　规定了建设项目环境影响评价的分类管理和分级审批制度；规定了建设项目的环境影响报告书的编写内容；规定了建设单位或技术单位编制环境影响评价文件应遵守的规定、指南等。

（4）法律责任　规定了规划编制机关、规划审批机关、项目建设单位、技术单位、生态环境主管部门或者其他部门及其直接负责的主管人员和其他直接责任人员违反本法规定所必须承担的法律责任。

（5）附则　规定了省级人民政府可根据本地的实际情况，要求对本辖区的县级人民政府编制的规划进行环境影响评价，具体办法由省级人民政府参照本法"规划的环境影响评价"的规定制定；规定了中央军事委员会按本法原则制定军事设施建设项目的环境影响评价办法。

### 2.1.3.2　《建设项目环境保护管理条例》

该条例是国务院于 1998 年 11 月发布并施行的关于建设项目环境管理的第一个行政法规。为防止、减少建设项目环境污染和生态破坏，建立健全环境影响评价制度和"三同时"制度，强化制度的有效性，2017 年 7 月 16 日国务院发布《关于修改〈建设项目环境保护管理条例〉的决定》，2017 年 10 月 1 日起施行。修订后的条例内容包括总则、环境影响评价、环境保护设施建设、法律责任和附则，共五章三十条。

### 2.1.3.3　《规划环境影响评价条例》

该条例由国务院在 2009 年 8 月发布，于 2009 年 10 月 1 日起施行。为了加强规划的环境影响评价工作，提高规划的科学性，从源头预防环境污染和生态破坏，促进经济、社会和环境的全面协调可持续发展，该条例对规划环境影响评价进行了全面、详细、具体、系统的规定。该条例具体内容包括总则、评价、审查、跟踪评价、法律责任和附则，共六章三十六条。

# 2.2 环境保护标准

## 2.2.1 环境保护标准的概念及作用

环境保护标准是国家为了防治环境污染，保障公众健康，促进生态良性循环，实现社会经济发展目标，在综合考虑本国自然环境特征、社会经济条件和科学技术水平的基础上，由国务院生态环境主管部门和省级人民政府依据国家有关法律法规及环境政策，规定的环境中的污染物或其他有害因素的允许含量（浓度）和污染源排放污染物或其他有害因素的种类、数量、浓度、排放方式，以及监测方法和其他有关技术规范。

环境保护标准的作用如下：

（1）国家环境保护法规的重要组成部分　我国环境保护标准是依据国家有关法律规定制定的，绝大多数环境保护标准是法律规定必须严格贯彻执行的强制性标准，具有法律约束性，因而成为环境保护法规的重要组成部分。

（2）环境保护规划的具体体现　环境保护规划的核心是对一定区域在一定时期内采取合理有效的环境保护和预防措施以达到预期的环境目标，此环境目标主要通过量化的环境标准来体现。

（3）生态环境主管部门依法行政的依据　环境管理要求在污染源控制与环境目标管理之间建立定量评价关系，并通过综合分析控制污染物排放量，确保环境质量状况。环境保护标准为这种定量评价关系的建立提供了统一的技术参数和技术方法，成为环境管理和环境执法的技术依据。如环境质量标准用于确认环境是否被污染，为衡量环境质量状况提供依据；污染物排放标准用于确认排污行为是否合法，为衡量污染源是否超标排放提供依据。

（4）推动环境保护科技进步的动力　环境保护标准是以相关领域科学技术和生产实践的综合成果为依据制定的，具有科学性、先进性，体现了今后一段时期内科学技术的发展方向。环境保护标准的实施使一些先进的环境保护科技成果得到强制推广和使用，引导了环境科学与技术的进步，促进了污染防治新技术、新工艺、新设备的研发和应用。

（5）进行环境影响评价的准绳　无论是环境质量现状评价还是环境影响预测评价，均需要依据具体的环境保护标准给出定量的比较和分析，才能正确判断环境质量状况优劣和环境影响大小，提高环境评价的准确性、公正性和可信性。

（6）引导投资的方向　环境保护标准中的具体指标数据是确定治理污染源所需投入资金的技术依据。无论是新建项目还是改建、扩建或技术改造项目，均需依据环境保护标准中的指标值确定满足标准的治理程度，并由此确定污染防治所需的资金，故环境保护标准能引导投资方向。

## 2.2.2 环境保护标准体系的组成和相互关系

环境保护标准体系是指各种不同环境保护标准依据其性质、功能及客观的内在联系，相互依存、相互衔接、相互补充、相互制约所构成的一个有机整体。环境保护标准体系依据国际或国家不同时期的社会经济状况和科学技术发展水平而不断修订、补充和发展。

### 2.2.2.1 环境保护标准体系的组成

我国目前已形成两级五类的环境保护标准体系。两级指国家环境保护标准和地方环境保护标准，五类指环境质量标准、污染物排放（控制）标准、环境监测类标准、环境管理规范类标准和环境基础类标准。

国家环境保护标准是国务院生态环境主管部门依据有关法律法规，对全国环境保护工作范围内需要统一的各项技术规范和技术要求所作的规定，包括上述五类标准。

地方环境保护标准由省、自治区、直辖市人民政府制定，并报国务院生态环境主管部门备案。国家环境质量标准和国家污染物排放（控制）标准中未作出规定的项目，可以制定地方环境质量标准和地方污染物排放（控制）标准；国家环境质量标准和国家污染物排放（控制）标准已作规定的项目，可以制定严于国家环境保护标准的地方环境质量标准和地方污染物排放（控制）标准。

（1）环境质量标准　为了保障公众健康、维护生态环境和保障社会物质财富，并考虑社会经济发展阶段，对环境中有害物质和有害因素所作的限制性规定。环境质量标准用于衡量一定时期内环境质量的优劣程度，是为保护人体健康和生态环境而规定的具体的、明确的环境保护目标。如《农田灌溉水质标准》（GB 5084—2021）、《土壤环境质量　农用地土壤污染风险管控标准（试行）》（GB 15618—2018）、《环境空气质量标准》（GB 3095—2012）及其修改单、《声环境质量标准》（GB 3096—2008）、《地表水环境质量标准》（GB 3838—2002）等。

（2）污染物排放（控制）标准　根据环境质量标准以及适用的污染控制技术，并考虑经济承受能力，对排入环境的有害物质和产生污染的各种因素所作的限制性规定。如《电子工业水污染物排放标准》（GB 39731—2020）、《无机化学工业污染物排放标准》（GB 31573—2015）、《北京市锅炉大气污染物排放标准》（DB 11/139—2015）、《工业企业厂界环境噪声排放标准》（GB 12348—2008）、《污水综合排放标准》（GB 8978—1996）、《大气污染物综合排放标准》（GB 16297—1996）等。

（3）环境监测类标准　为监测环境质量和污染物排放，对规范采样、分析、测试及数据处理等所作的统一规定。此类标准主要包括环境监测分析方法标准、环境监测技术规范、环境监测仪器技术要求和环境标准样品。如《水质　亚硝胺类化合物的测定　气相色谱法》（HJ 809—2016）、《恶臭污染物环境监测技术规范》（HJ 905—2017）、《汞水质自动在线监测仪技术要求及检测方法》（HJ 926—2017）、甲醛溶液标准样品（GSB 07—3141—2014）。

（4）环境管理规范类标准　为提高环境管理的科学性和规范性，对环境影响评价、排污许可、污染预防、生态保护、环境监测、监督执法、环境统计与信息等各项环境管理工作中需要统一的技术要求、管理要求所作的规定。如《建设项目环境影响评价技术导则　总纲》（HJ 2.1—2016）、《排污许可证申请与核发技术规范　制药工业 - 原料药制造》（HJ 858.1—2017）、《生态保护红线划定技术指南》（环发〔2015〕56号）等。

（5）环境基础类标准　对环境保护标准工作中需要统一的技术术语、符号、代号（代码）、图形、指南、量纲单位及信息编码等所作的规定。如《排污单位编码规则》（HJ 608—2017）。

### 2.2.2.2　环境保护标准的权限和法律效力

国家环境保护标准在全国范围内执行，地方环境保护标准在颁布该标准的省、自治区、直辖市辖区范围内执行。具体执行中，地方环境保护标准优于国家环境保护标准，如北京市执行《北京市锅炉大气污染物排放标准》（DB 11/139—2015），而不执行《锅炉大气污染物排放标准》（GB 13271—2014）。

国家环境保护标准分为强制性标准和推荐性标准（以 T 表示）。国家环境保护质量标准、国家环境保护污染物排放（控制）标准、法律和行政法规规定必须执行的其他环境保护标准为强制性标准。强制性环境保护标准必须执行，超标即违法。推荐性环境保护标准被强制性标准引用时，也必须强制执行。

### 2.2.2.3　环境保护标准之间的关系

环境质量标准和污染物排放（控制）标准是环境保护标准体系的主体和核心，是实现环境保护标准体系目标的基本途径和表现。前者为后者的制定提供依据，后者是保证实现前者的手段和措施。环境基础类标准对统一、规范环境保护标准的制定和执行具有指导作用，是环境保护标准体系的基石。环境监测类标准、环境管理规范类标准是环境保护标准体系的支持系统，是环境质量标准和污染物排放（控制）标准有效执行的技术保证。

国家环境保护污染物排放（控制）标准分为跨行业的综合性排放标准和行业性排放标准，两者不交叉执行，有行业性排放标准的项目执行行业性排放标准，没有行业性排放标准的项目执行综合性排放标准，如城镇污水处理厂排放污水执行《城镇污水处理厂污染物排放标准》（GB 18918—2002），而不执行《污水综合排放标准》（GB 8978—1996）。随着国民经济的迅速发展和环境保护形势的变化，行业性排放标准不断完善，综合性排放标准适用范围不断缩小。

## 2.2.3　常用环境保护标准

### 2.2.3.1　环境质量标准

一个国家或地区通常依据本国或本地区的社会经济发展需要，根据环境结构、状态和使用功能的差异，对不同区域进行合理划分，形成不同类别的环境功能区。环境质量标准与环境功能区类别一一对应，功能区类别高的区域所执行的浓度限值严于功能区类别低的区域。

（1）《环境空气质量标准》（GB 3095—2012）及其修改单　依据环境空气的功能和保护目标，将环境空气质量分为两类，分别执行相应的环境质量标准。一类区为自然保护区、风景名胜区和其他需特殊保护的区域，适用一级浓度限值。二类区为居住区、商业交通居民混合区、文化区、工业区和农村地区，适用二级浓度限值。

《环境空气质量标准》（GB 3095—2012）及其修改单中的环境空气污染物项目在不同取值时间的各级别的浓度限值见表2-1。

**表2-1**　环境空气污染物浓度限值

| 序号 | 污染物类别 | 污染物名称 | 取值时间 | 浓度限值 一级 | 浓度限值 二级 | 单位 |
|---|---|---|---|---|---|---|
| 1 | 基本污染物 | 二氧化硫（$SO_2$） | 年平均 | 20 | 60 | $\mu g/m^3$ |
| | | | 24小时平均 | 50 | 150 | |
| | | | 1小时平均 | 150 | 500 | |
| 2 | | 二氧化氮（$NO_2$） | 年平均 | 40 | 40 | |
| | | | 24小时平均 | 80 | 80 | |
| | | | 1小时平均 | 200 | 200 | |
| 3 | | 一氧化碳（CO） | 24小时平均 | 4 | 4 | $mg/m^3$ |
| | | | 1小时平均 | 10 | 10 | |
| 4 | | 臭氧（$O_3$） | 日最大8小时平均 | 100 | 160 | $\mu g/m^3$ |
| | | | 1小时平均 | 160 | 200 | |
| 5 | | 颗粒物（粒径≤10μm） | 年平均 | 40 | 70 | |
| | | | 24小时平均 | 50 | 150 | |
| 6 | | 颗粒物（粒径≤2.5μm） | 年平均 | 15 | 35 | |
| | | | 24小时平均 | 35 | 75 | |
| 7 | 其他污染物 | 总悬浮颗粒物（TSP） | 年平均 | 80 | 200 | |
| | | | 24小时平均 | 120 | 300 | |
| 8 | | 氮氧化物（$NO_x$） | 年平均 | 50 | 50 | |
| | | | 24小时平均 | 100 | 100 | |
| | | | 1小时平均 | 250 | 250 | |
| 9 | | 铅（Pb） | 年平均 | 0.5 | 0.5 | |
| | | | 季平均 | 1 | 1 | |
| 10 | | 苯并[a]芘（BaP） | 年平均 | 0.001 | 0.001 | |
| | | | 24小时平均 | 0.0025 | 0.0025 | |

注：表中$SO_2$、$NO_2$、CO、$O_3$、$NO_x$是大气温度为298.15 K、大气压力为1013.25 hPa时的浓度。三项颗粒物及其组分铅、苯并[a]芘为监测时大气温度和大气压力下的浓度。

（2）《地表水环境质量标准》（GB 3838—2002） 依据地表水水域环境功能和保护目标，按功能高低依次划分为五类，分别对应五类质量标准。

Ⅰ类主要适用于源头水、国家自然保护区，执行Ⅰ类标准；

Ⅱ类主要适用于集中式生活饮用水地表水源地一级保护区、珍稀水生生物栖息地、鱼虾类产卵场、仔稚幼鱼的索饵场等，执行Ⅱ类标准；

Ⅲ类主要适用于集中式生活饮用水地表水源地二级保护区、鱼虾类越冬场、洄游通道、水产养殖区等渔业水域及游泳区，执行Ⅲ类标准；

Ⅳ类主要适用于一般工业用水区及人体非直接接触的娱乐用水区，执行Ⅳ类标准；

Ⅴ类主要适用于农业用水区及一般景观要求水域，执行Ⅴ类标准。

该标准规定了109个项目的标准限值，分为基本项目、集中式生活饮用水地表水源地补充项目和特定项目的标准限值三大类，其中24个基本项目的标准限值见表2-2。

**表2-2** 《地表水环境质量标准》中基本项目的标准限值

| 序号 | 项目 | 标准分类 | | | | |
|---|---|---|---|---|---|---|
| | | Ⅰ类 | Ⅱ类 | Ⅲ类 | Ⅳ类 | Ⅴ类 |
| 1 | 水温 /℃ | 人为造成的环境水温变化应限制在：周平均最大温升≤1℃；周平均最大温降≤2℃ | | | | |
| 2 | pH 值（无量纲） | 6~9 | | | | |
| 3 | 溶解氧 /（mg/L） | 饱和率≥90%（或≥7.5） | ≥6 | ≥5 | ≥3 | ≥2 |
| 4 | 高锰酸盐指数 /（mg/L） | ≤2 | ≤4 | ≤6 | ≤10 | ≤15 |
| 5 | 化学需氧量（COD）/（mg/L） | ≤15 | ≤15 | ≤20 | ≤30 | ≤40 |
| 6 | 五日生化需氧量（BOD₅）/（mg/L） | ≤3 | ≤3 | ≤4 | ≤6 | ≤10 |
| 7 | 氨氮（$NH_3$-N）/（mg/L） | ≤0.15 | ≤0.5 | ≤1.0 | ≤1.5 | ≤2.0 |
| 8 | 总磷（以 P 计）/（mg/L） | ≤0.02（湖、库≤0.01） | ≤0.1（湖、库≤0.025） | ≤0.2（湖、库≤0.05） | ≤0.3（湖、库≤0.1） | ≤0.4（湖、库≤0.2） |
| 9 | 总氮（湖、库，以 N 计）/（mg/L） | ≤0.2 | ≤0.5 | ≤1.0 | ≤1.5 | ≤2.0 |
| 10 | 铜 /（mg/L） | ≤0.01 | ≤1.0 | ≤1.0 | ≤1.0 | ≤1.0 |
| 11 | 锌 /（mg/L） | ≤0.05 | ≤1.0 | ≤1.0 | ≤2.0 | ≤2.0 |
| 12 | 氟化物（以 F⁻ 计）/（mg/L） | ≤1.0 | ≤1.0 | ≤1.0 | ≤1.5 | ≤1.5 |
| 13 | 硒 /（mg/L） | ≤0.01 | ≤0.01 | ≤0.01 | ≤0.02 | ≤0.02 |
| 14 | 砷 /（mg/L） | ≤0.05 | ≤0.05 | ≤0.05 | ≤0.1 | ≤0.1 |
| 15 | 汞 /（mg/L） | ≤0.00005 | ≤0.00005 | ≤0.0001 | ≤0.001 | ≤0.001 |
| 16 | 镉 /（mg/L） | ≤0.001 | ≤0.005 | ≤0.005 | ≤0.005 | ≤0.01 |
| 17 | 铬（六价）/（mg/L） | ≤0.01 | ≤0.05 | ≤0.05 | ≤0.05 | ≤0.1 |
| 18 | 铅 /（mg/L） | ≤0.01 | ≤0.01 | ≤0.05 | ≤0.05 | ≤0.1 |
| 19 | 氰化物 /（mg/L） | ≤0.005 | ≤0.05 | ≤0.2 | ≤0.2 | ≤0.2 |
| 20 | 挥发酚 /（mg/L） | ≤0.002 | ≤0.002 | ≤0.005 | ≤0.01 | ≤0.1 |
| 21 | 石油类 /（mg/L） | ≤0.05 | ≤0.05 | ≤0.05 | ≤0.5 | ≤1.0 |
| 22 | 阴离子表面活性剂 /（mg/L） | ≤0.2 | ≤0.2 | ≤0.2 | ≤0.3 | ≤0.3 |
| 23 | 硫化物 /（mg/L） | ≤0.05 | ≤0.1 | ≤0.2 | ≤0.5 | ≤1.0 |
| 24 | 粪大肠菌群 /（个 /L） | ≤200 | ≤2000 | ≤10000 | ≤20000 | ≤40000 |

若同一水域兼有多类使用功能时，执行最高功能类别对应的标准限值。

（3）《地下水质量标准》（GB/T 14848—2017） 依据我国地下水质量状况和人体健康风险，参照生活饮用水、工业、农业等用水质量要求，依据各组分含量高低（pH 值除外），分为五类。

Ⅰ类：地下水化学组分含量低，适用于各种用途，执行Ⅰ类标准；

Ⅱ类：地下水化学组分含量较低，适用于各种用途，执行Ⅱ类标准；

Ⅲ类：地下水化学组分含量中等，以《生活饮用水卫生标准》（GB 5749—2006）为依据，主要适用于集中式生活饮用水水源及工农业用水，执行Ⅲ类标准；

Ⅳ类：地下水化学组分含量较高，以农业和工业用水质量要求以及一定水平的人体健康风险为依据，适用于农业和部分工业用水，适当处理后可作生活饮用水，执行Ⅳ类标准；

Ⅴ类：地下水化学组分含量高，不宜作为生活饮用水水源，其他用水可根据使用目的选用，执行Ⅴ类标准。

该标准规定了93项指标，包括39项常规指标和54项非常规指标。部分常规指标不同类别的标准限值见表2-3，其他指标的标准限值在具体应用时可直接到生态环境部官网查阅该标准。

**表2-3** 《地下水质量标准》中部分常规指标的标准限值　　　　　　　　　　　　　　　　　　单位：mg/L

| 序号 | 项目 | 标准分类 | | | | |
| --- | --- | --- | --- | --- | --- | --- |
| | | Ⅰ类 | Ⅱ类 | Ⅲ类 | Ⅳ类 | Ⅴ类 |
| 1 | pH值（无量纲） | $6.5 \leq pH \leq 8.5$ | | | $5.5 \leq pH < 6.5$ 或 $8.5 < pH \leq 9.0$ | $pH < 5.5$ 或 $pH > 9.0$ |
| 2 | 总硬度（以$CaCO_3$计） | ≤150 | ≤300 | ≤450 | ≤650 | >650 |
| 3 | 溶解性总固体 | ≤300 | ≤500 | ≤1000 | ≤2000 | >2000 |
| 4 | 硫酸盐 | ≤50 | ≤150 | ≤250 | ≤350 | >350 |
| 5 | 氯化物 | ≤50 | ≤150 | ≤250 | ≤350 | >350 |
| 6 | 铁（Fe） | ≤0.10 | ≤0.20 | ≤0.30 | ≤2.00 | >2.00 |
| 7 | 铜（Cu） | ≤0.01 | ≤0.05 | ≤1.00 | ≤1.50 | >1.50 |
| 8 | 锌（Zn） | ≤0.05 | ≤0.5 | ≤1.00 | ≤5.00 | >5.00 |
| 9 | 耗氧量（$COD_{Mn}$法，以$O_2$计） | ≤1.0 | ≤2.0 | ≤3.0 | ≤10.0 | >10.0 |
| 10 | 硝酸盐（以N计） | ≤2.0 | ≤5.0 | ≤20.0 | ≤30.0 | >30.0 |
| 11 | 亚硝酸盐（以N计） | ≤0.01 | ≤0.1 | ≤1.0 | ≤4.80 | >4.80 |
| 12 | 氨氮（以N计） | ≤0.02 | ≤0.10 | ≤0.50 | ≤1.50 | >1.50 |
| 13 | 氰化物 | ≤0.001 | ≤0.01 | ≤0.05 | ≤0.10 | >0.10 |
| 14 | 汞（Hg） | ≤0.0001 | ≤0.0001 | ≤0.001 | ≤0.002 | >0.002 |
| 15 | 砷（As） | ≤0.001 | ≤0.001 | ≤0.01 | ≤0.05 | >0.05 |
| 16 | 镉（Cd） | ≤0.0001 | ≤0.001 | ≤0.005 | ≤0.01 | >0.01 |
| 17 | 铬（六价，Cr） | ≤0.005 | ≤0.01 | ≤0.05 | ≤0.10 | >0.10 |
| 18 | 铅（Pb） | ≤0.005 | ≤0.005 | ≤0.01 | ≤0.10 | >0.10 |
| 19 | 挥发性酚类（以苯酚计） | ≤0.001 | ≤0.001 | ≤0.002 | ≤0.01 | >0.01 |
| 20 | 阴离子表面活性剂 | 不得检出 | ≤0.10 | ≤0.30 | ≤0.30 | >0.30 |

（4）《海水水质标准》（GB 3097—1997）　海水水质按照海域的不同使用功能和保护目标分为四类，分别对应四类质量标准。

第一类适用于海洋渔业水域、海上自然保护区和珍稀濒危海洋生物保护区，执行第一类标准。

第二类适用于水产养殖区、海水浴场、人体直接接触海水的海上运动或娱乐区、与人类食用直接有关的工业用水区，执行第二类标准。

第三类适用于一般工业用水区、滨海风景旅游区，执行第三类标准。

第四类适用于海洋港口水域、海洋开发作业区，执行第四类标准。

该标准规定了35项指标的不同类别的标准限值，部分常见项目的标准限值见表2-4，其他项目的标准限值在具体应用时可直接查阅该标准。

**表2-4**　《海水水质标准》中部分常见项目的标准限值

| 序号 | 项目 | 海水水质类别 | | | |
|---|---|---|---|---|---|
| | | 第一类 | 第二类 | 第三类 | 第四类 |
| 1 | pH 值（无量纲） | 7.8～8.5<br>同时不超出该海域正常变动范围的 0.2 pH 单位 | | 6.8～8.8<br>同时不超出该海域正常变动范围的 0.5 pH 单位 | |
| 2 | 水温 /℃ | 人为造成的海水温升夏季不超过当时当地 1℃，<br>其他季节不超过 2℃ | | 人为造成的海水温升不超过当时当地 4℃ | |
| 3 | 溶解氧 /（mg/L） | >6 | >5 | >4 | >3 |
| 4 | 化学需氧量（COD）/（mg/L） | ≤2 | ≤3 | ≤4 | ≤5 |
| 5 | 生化需氧量（$BOD_5$）/（mg/L） | ≤1 | ≤3 | ≤4 | ≤5 |
| 6 | 无机氮（以 N 计）/（mg/L） | ≤0.20 | ≤0.30 | ≤0.40 | ≤0.50 |
| 7 | 非离子氨（以 N 计）/（mg/L） | ≤0.020 | | | |
| 8 | 活性磷酸盐（以 P 计）/（mg/L） | ≤0.015 | ≤0.030 | | ≤0.045 |

（5）《声环境质量标准》（GB 3096—2008）　依据区域的使用功能特点和环境质量要求，声环境功能区分为五类，分别对应五类质量标准。

0 类指康复疗养区等特别需要安静的区域，执行 0 类标准。

1 类指以居民住宅、医疗卫生、文化教育、科研设计、行政办公为主要功能，需要保持安静的区域，执行1 类标准。

2 类指以商业金融、集市贸易为主要功能，或者居住、商业、工业混杂，需要维护住宅安静的区域，执行2 类标准。

3 类指以工业生产、仓储物流为主要功能，需要防止工业噪声对周围环境产生严重影响的区域，执行 3 类标准。

4 类指交通干线两侧一定距离内，需要防止交通噪声对周围环境产生严重影响的区域。其中，4a 类指高速公路、一级和二级公路、城市快速路、城市主干路、城市次干路、城市轨道交通（地面段）、内河航道两侧区域，执行 4a 类标准；4b 类指铁路干线两侧区域，执行 4b 类标准。

《声环境质量标准》的环境噪声限值见表 2-5。

**表2-5**　《声环境质量标准》的环境噪声限值　　　　　　　　　　　　　　　　　　　　　单位：dB(A)

| 声环境功能区类别 | | 昼间 | 夜间 |
|---|---|---|---|
| 0 类 | | 50 | 40 |
| 1 类 | | 55 | 45 |
| 2 类 | | 60 | 50 |
| 3 类 | | 65 | 55 |
| 4 类 | 4a 类 | 70 | 55 |
| | 4b 类[①] | 70 | 60 |

① 适用于2011年1月1日起通过审批的新建铁路（含新开廊道的增建铁路）干线建设项目两侧区域。

（6）《土壤环境质量　农用地土壤污染风险管控标准（试行）》（GB 15618—2018）　该标准规定了农用地土壤污染风险筛选值和管制值，以及监测、实施和监督要求，适用于耕地（水田、水浇地、旱地）土壤污染风险的筛查和分类，园地（果园、茶园）和草地（天然牧草地、人工牧草地）参照执行。

该标准中的农用地土壤污染风险筛选值包括 8 个基本项目（表 2-6）和 3 个其他项目，风险管制值包含 5 个项目（表 2-7）。当土壤中污染物的含量等于或低于标准中规定的风险筛选值时，农用地土壤污染风险低，一般情况下可忽略；反之，则可能存在污染风险，应加强土壤环境监测和农产品协同监测。

**表2-6**　农用地土壤污染基本项目的风险筛选值　　　　　　　　　　　　　　　　单位：mg/kg

| 序号 | 污染物项目 | | 风险筛选值 | | | |
|---|---|---|---|---|---|---|
| | | | pH≤5.5 | 5.5＜pH≤6.5 | 6.5＜pH≤7.5 | pH＞7.5 |
| 1 | 镉 | 水田 | 0.3 | 0.4 | 0.6 | 0.8 |
| | | 其他 | 0.3 | 0.3 | 0.3 | 0.6 |
| 2 | 汞 | 水田 | 0.5 | 0.5 | 0.6 | 1.0 |
| | | 其他 | 1.3 | 1.8 | 2.4 | 3.4 |
| 3 | 砷 | 水田 | 30 | 30 | 25 | 20 |
| | | 其他 | 40 | 40 | 30 | 25 |
| 4 | 铅 | 水田 | 80 | 100 | 140 | 240 |
| | | 其他 | 70 | 90 | 120 | 170 |
| 5 | 铬 | 水田 | 250 | 250 | 300 | 350 |
| | | 其他 | 150 | 150 | 200 | 250 |
| 6 | 铜 | 果园 | 150 | 150 | 200 | 200 |
| | | 其他 | 50 | 50 | 100 | 100 |
| 7 | 镍 | | 60 | 70 | 100 | 190 |
| 8 | 锌 | | 200 | 200 | 250 | 300 |

注：表中重金属和类金属砷均按元素总量计；对水旱轮作地，采用表中较严格的风险筛选值。

**表2-7**　农用地土壤污染风险管制值　　　　　　　　　　　　　　　　　　　　单位：mg/kg

| 序号 | 污染物项目 | 风险管制值 | | | |
|---|---|---|---|---|---|
| | | pH≤5.5 | 5.5＜pH≤6.5 | 6.5＜pH≤7.5 | pH＞7.5 |
| 1 | 镉 | 1.5 | 2.0 | 3.0 | 4.0 |
| 2 | 汞 | 2.0 | 2.5 | 4.0 | 6.0 |
| 3 | 砷 | 200 | 150 | 120 | 100 |
| 4 | 铅 | 400 | 500 | 700 | 1000 |
| 5 | 铬 | 800 | 850 | 1000 | 1300 |

　　当土壤中镉、汞、砷、铅、铬五种元素的含量高于表2-6中规定的风险筛选值，同时等于或低于表2-7中规定的风险管制值时，可能存在食用农产品不符合质量安全标准等土壤污染风险，应采取农艺调控、替代种植等安全利用措施；当土壤中这五种元素的含量高于表2-7中规定的风险管制值时，食用农产品不符合质量安全标准，土壤污染风险高，应当采取禁止种植食用农产品、实施退耕还林等严格管控措施。

　　(7)《土壤环境质量　建设用地土壤污染风险管控标准（试行）》（GB 36600—2018）　该标准规定了保护人体健康的建设用地土壤污染风险筛选值和管制值，以及监测、实施与监督要求，适用于城乡住宅和公共设施用地、工矿用地、交通水利设施用地、旅游用地、军事设施用地等的土壤污染风险筛查和风险管制。

　　对建设用地中的城市建设用地，根据保护对象的暴露情况分为两类：第一类用地包括居住用地、公共管理与公共服务用地中的中小学用地、医疗卫生用地和社会福利设施用地，以及公园绿地中的社区公园或儿童公园用地等；第二类用地包括工业用地、物流仓储用地、商业服务业设施用地、道路与交通设施用地、公共设施用地、公共管理与公共服务用地（一类用地中的中小学用地、医疗卫生用地和社会福利设施用地除外），以及绿地与广场用地（一类用地中的社区公园或儿童公园用地除外）等。

　　针对上述两类用地，该标准分别规定了包括重金属和无机物、挥发性有机物、半挥发性有机物等在内的45

项基本项目和 40 项其他项目的土壤污染风险筛选值和管制值。当两类用地的土壤污染物含量等于或低于标准中规定的风险筛选值时，建设用地土壤污染对人体健康的风险可忽略；反之，对人体健康可能存在风险，应依据相关标准及相关技术要求，开展详细调查。当通过详细调查确定建设用地土壤中污染物含量高于标准中规定的风险筛选值，同时等于或低于标准中规定的风险管制值时，应依据相关标准及技术要求，开展风险评估，确定风险水平，判断是否需要采取风险管控或修复措施；当土壤污染物含量高于该标准中规定的风险管制值时，对人体健康通常存在不可接受风险，应当采取风险管控或修复措施。对规划用途不明确的建设用地，适用第一类用地的土壤污染风险筛选值和管制值。建设用地中第一类和第二类用地的必测基本项目中重金属和无机物的土壤污染风险筛选值和管制值见表 2-8。

**表 2-8**　建设用地中重金属和无机物的土壤污染风险筛选值和管制值　　　　　　　　　　　单位：mg/kg

| 序号 | 污染物项目 | CAS 编号 | 筛选值 | | 管制值 | |
| --- | --- | --- | --- | --- | --- | --- |
| | | | 第一类用地 | 第二类用地 | 第一类用地 | 第二类用地 |
| 1 | 砷 | 7440-38-2 | 20[①] | 60[①] | 120 | 140 |
| 2 | 镉 | 7440-43-9 | 20 | 65 | 47 | 172 |
| 3 | 铬（六价） | 18540-29-9 | 3.0 | 5.7 | 30 | 78 |
| 4 | 铜 | 7440-50-8 | 2000 | 18000 | 8000 | 36000 |
| 5 | 铅 | 7439-92-1 | 400 | 800 | 800 | 2500 |
| 6 | 汞 | 7439-97-6 | 8 | 38 | 33 | 82 |
| 7 | 镍 | 7440-02-0 | 150 | 900 | 600 | 2000 |

① 具体地块土壤中污染物检测含量超过筛选值，但等于或低于土壤环境背景值水平的，不纳入污染地块管理。

### 2.2.3.2　污染物排放标准

目前，大部分污染物排放标准分级别对应于相应的环境功能区，处于环境质量标准高的功能区内的污染源执行相对严格的污染物排放限值，处于环境质量标准低的功能区内的污染源执行相对宽松的污染物排放限值。

由于单个排放源与环境质量不具有一一对应的因果关系，一个地方的环境质量受到诸如污染源数量、种类、分布，人口密度，经济水平，环境背景及环境容量等众多因素的制约，因此，国家正在逐步改变排放标准与环境质量功能区的这种对应关系，按项目的建设时间分段执行不同限值的排放标准。

（1）《大气污染物综合排放标准》（GB 16297—1996）　该标准规定了 33 种大气污染物的最高允许排放浓度和依排气筒高度限定的最高允许排放速率。适用于尚没有行业排放标准的现有污染源大气污染物的排放管理，以及建设项目的环境影响评价、设计、环境保护设施竣工验收及投产后的大气污染物排放管理。随着国民经济的迅速发展和当前大气环境问题的日益严峻，针对大气污染物排放的行业性标准不断增多和完善，按照综合性排放标准与行业性排放标准不交叉执行的原则，该标准的使用范围逐渐缩小。

（2）《锅炉大气污染物排放标准》（GB 13271—2014）　经过三次修订后，该标准规定了锅炉大气污染物浓度排放限值、监测和监控要求。该标准适用于以燃煤、燃油和燃气为燃料的单台出力 65t/h（45.5MW）及以下蒸汽锅炉、各种容量的热水锅炉及有机热载体锅炉、各种容量的层燃炉及抛煤机炉。该标准适用于在用锅炉的大气污染物排放管理，以及锅炉建设项目环境影响评价、环境保护设施设计、竣工环境保护验收及其投产后的大气污染物排放管理。在用锅炉和新建锅炉（2014 年 7 月 1 日起建设）的大气污染物排放浓度限值分别见表 2-9 和表 2-10。重点地区锅炉执行大气污染物特别排放限值，其地域范围和时间由国务院生态环境主管部门或者省级人民政府规定。2016 年 8 月 22 日环境保护部发函（环大气函〔2016〕172 号），规定：对于新建锅炉，必须满足《锅炉大气污染物排放标准》（GB 13271—2014）中烟囱最低允许高度限值要求；对于在用锅炉烟囱高度达不到规定的情形，仍应按照《锅炉大气污染物排放标准》（GB 13271—2014）规定的污染物排放限值执行，地方有更严格要求的，按地方标准执行。

表2-9 在用锅炉大气污染物排放浓度限值

| 污染物项目 | 限值 | | | 污染物排放监控位置 |
| --- | --- | --- | --- | --- |
| | 燃煤锅炉 | 燃油锅炉 | 燃气锅炉 | |
| 颗粒物 / （mg/m³） | 80 | 60 | 30 | 烟囱或烟道 |
| 二氧化硫 / （mg/m³） | 400 | 300 | 100 | |
| | 550① | | | |
| 氮氧化物 / （mg/m³） | 400 | 400 | 400 | |
| 汞及其化合物 / （mg/m³） | 0.05 | — | — | |
| 烟气黑度（林格曼黑度）/ 级 | ≤1 | | | 烟囱排气口 |

① 位于广西壮族自治区、重庆市、四川省和贵州省的燃煤锅炉执行该限值。

表2-10 新建锅炉大气污染物排放浓度限值

| 污染物项目 | 限值 | | | 污染物排放监控位置 |
| --- | --- | --- | --- | --- |
| | 燃煤锅炉 | 燃油锅炉 | 燃气锅炉 | |
| 颗粒物 / （mg/m³） | 50 | 30 | 20 | 烟囱或烟道 |
| 二氧化硫 / （mg/m³） | 300 | 200 | 50 | |
| 氮氧化物 / （mg/m³） | 300 | 250 | 200 | |
| 汞及其化合物 / （mg/m³） | 0.05 | — | — | |
| 烟气黑度（林格曼黑度）/ 级 | ≤1 | | | 烟囱排气口 |

（3）《污水综合排放标准》（GB 8978—1996） 按照污水排放去向，该标准以 1997 年 12 月 31 日为界，按年限规定了第一类污染物（共 13 种）和第二类污染物（共 69 种）的最高允许排放浓度及部分行业最高允许排水量。第一类污染物，不分行业和污水排放方式，不分受纳水体的功能类别，不分年限，一律在车间或车间处理设施排放口采样，其最高允许排放浓度见表 2-11。第二类污染物，在排污单位排放口采样，其最高允许排放浓度及部分行业最高允许排水量按年限分别执行该标准的相应要求。1998 年 1 月 1 日后建设（包括改、扩建）项目的部分第二类污染物的最高允许排放浓度和部分行业最高允许排水量分别见表 2-12 和表 2-13。

表2-11 第一类污染物最高允许排放浓度

| 序号 | 污染物 | 最高允许排放浓度 | 序号 | 污染物 | 最高允许排放浓度 |
| --- | --- | --- | --- | --- | --- |
| 1 | 总汞 / （mg/L） | 0.05 | 8 | 总镍 / （mg/L） | 1.0 |
| 2 | 烷基汞 / （mg/L） | 不得检出 | 9 | 苯并 [a] 芘 / （mg/L） | 0.00003 |
| 3 | 总镉 / （mg/L） | 0.1 | 10 | 总铍 / （mg/L） | 0.005 |
| 4 | 总铬 / （mg/L） | 1.5 | 11 | 总银 / （mg/L） | 0.5 |
| 5 | 六价铬 / （mg/L） | 0.5 | 12 | 总 α 放射性 / （Bq/L） | 1 |
| 6 | 总砷 / （mg/L） | 0.5 | 13 | 总 β 放射性 / （Bq/L） | 10 |
| 7 | 总铅 / （mg/L） | 1.0 | | | |

表2-12 部分第二类污染物最高允许排放浓度

| 序号 | 污染物 | 适用范围 | 一级标准 | 二级标准 | 三级标准 |
| --- | --- | --- | --- | --- | --- |
| 1 | pH（无量纲） | 一切排污单位 | 6～9 | | |
| 2 | 色度（稀释倍数）/ 倍 | 一切排污单位 | 50 | 80 | — |
| 3 | 悬浮物（SS）/ （mg/L） | 采矿、选矿、选煤工业 | 70 | 300 | — |
| | | 脉金选矿 | 70 | 400 | — |
| | | 边远地区砂金选矿 | 70 | 800 | — |
| | | 城镇二级污水处理厂 | 20 | 30 | — |
| | | 其他排污单位 | 70 | 150 | 400 |

续表

| 序号 | 污染物 | 适用范围 | 一级标准 | 二级标准 | 三级标准 |
|---|---|---|---|---|---|
| 4 | 五日生化需氧量（BOD₅）/（mg/L） | 甘蔗制糖、苎麻脱胶、染料、湿法纤维板、洗毛工业 | 20 | 60 | 600 |
| | | 甜菜制糖、酒精、味精、皮革、化纤浆粕工业 | 20 | 100 | 600 |
| | | 城镇二级污水处理厂 | 20 | 30 | — |
| | | 其他排污单位 | 20 | 30 | 300 |
| 5 | 化学需氧量（COD）/（mg/L） | 甜菜制糖、合成脂肪酸、染料、湿法纤维板、洗毛、有机磷农药工业 | 100 | 200 | 1000 |
| | | 味精、酒精、医药原料药、生物制药、苎麻脱胶、皮革、化纤浆粕工业 | 100 | 300 | 1000 |
| | | 石油化工工业（包括石油炼制） | 60 | 120 | 500 |
| | | 城镇二级污水处理厂 | 60 | 120 | — |
| | | 其他排污单位 | 100 | 150 | 500 |
| 6 | 石油类/（mg/L） | 一切排污单位 | 5 | 10 | 20 |
| 7 | 动植物油/（mg/L） | 一切排污单位 | 10 | 15 | 100 |
| 8 | 挥发酚/（mg/L） | 一切排污单位 | 0.5 | 0.5 | 2.0 |
| 9 | 总氰化合物/（mg/L） | 一切排污单位 | 0.5 | 0.5 | 1.0 |
| 10 | 硫化物/（mg/L） | 一切排污单位 | 1.0 | 1.0 | 1.0 |
| 11 | 氨氮/（mg/L） | 医药原料药、染料、石油化工工业 | 15 | 50 | — |
| | | 其他排污单位 | 15 | 25 | — |
| 12 | 磷酸盐（以P计）/（mg/L） | 一切排污单位 | 0.5 | 1.0 | — |

注：1. 排入GB 3838—2002中Ⅲ类水域（划定的保护区和游泳区除外）和排入GB 3097—1997中二类海域的污水，执行一级标准。

2. 排入GB 3838—2002中Ⅳ、Ⅴ类水域和排入GB 3097—1997中三类、四类海域的污水，执行二级标准。

3. 排入设置二级污水处理厂的城镇排水系统的污水，执行三级标准。

**表2-13** 部分行业第二类污染物最高允许排水量

| 序号 | 行业类别 | | | 最高允许排水量或最低允许排水重复利用率 |
|---|---|---|---|---|
| 1 | 矿山工业 | 有色金属系统选矿 | | 水重复利用率75% |
| | | 其他矿山工业采矿、选矿、选煤等 | | 水重复利用率90%（选煤） |
| | | 脉金选矿（以单位质量矿石计） | 重选 | 16.0m³/t |
| | | | 浮选 | 9.0m³/t |
| | | | 氰化 | 8.0m³/t |
| | | | 碳浆 | 8.0m³/t |
| 2 | 焦化企业（煤气厂）（以单位质量焦炭计） | | | 1.2m³/t |
| 3 | 有色金属冶炼及金属加工 | | | 水重复利用率80% |
| 4 | 石油炼制工业（不包括直排水炼油厂）（以单位质量原油计） | A. 燃料型炼油厂 | | >500万吨，1.0m³/t |
| | | | | 250万～500万吨，1.2m³/t |
| | | | | <250万吨，1.5m³/t |
| | | B. 燃料＋润滑油型炼油厂 | | >500万吨，1.5m³/t |
| | | | | 250万～500万吨，2.0m³/t |
| | | | | <250万吨，2.0m³/t |
| | | C. 燃料＋润滑油型＋炼油化工型炼油厂（包括加工高含硫原油页岩油和石油添加剂生产基地的炼油厂） | | >500万吨，2.0m³/t |
| | | | | 250万～500万吨，2.5m³/t |
| | | | | <250万吨，2.5m³/t |
| 5 | 合成洗涤剂工业 | 氯化法生产烷基苯（以单位质量烷基苯计） | | 200.0m³/t |

续表

| 序号 | 行业类别 | | 最高允许排水量或最低允许排水重复利用率 |
|---|---|---|---|
| 5 | 合成洗涤剂工业 | 裂解法生产烷基苯（以单位质量烷基苯计） | 70.0m³/t |
| | | 烷基苯生产合成洗涤剂（以单位质量产品计） | 10.0m³/t |
| 6 | 合成脂肪酸工业（以单位质量产品计） | | 200.0m³/t |
| 7 | 湿法生产纤维板工业（以单位质量板计） | | 30.0m³/t |
| 8 | 制糖工业 | 甘蔗制糖（以单位质量甘蔗计） | 10.0m³/t |
| | | 甜菜制糖（以单位质量甜菜计） | 4.0m³/t |
| 9 | 皮革工业（以单位质量原皮计） | 猪盐湿皮 | 60.0m³/t |
| | | 牛干皮 | 100.0m³/t |
| | | 羊干皮 | 150.0m³/t |
| 10 | 发酵、酿造工业 | 酒精工业（以单位质量酒精计）　以玉米为原料 | 100.0m³/t |
| | | 以薯类为原料 | 80.0m³/t |
| | | 以糖蜜为原料 | 70.0m³/t |
| | | 味精工业（以单位质量味精计） | 600.0m³/t |
| | | 啤酒行业（排水量不包括麦芽水部分）（以单位质量啤酒计） | 16.0m³/t |

（4）《城镇污水处理厂污染物排放标准》（GB 18918—2002）及其修改单　该标准规定了城镇污水处理厂出水、废气排放和污泥处置（控制）的污染物浓度限值，其中基本控制项目主要包括影响水环境和城镇污水处理厂一般处理工艺可以去除的常规污染物和部分第一类污染物，共 19 项，必须执行。水污染物基本控制项目常规污染物的不同级别的日均最高允许排放浓度、部分第一类污染物的日均最高允许排放浓度和城镇污水处理厂废气的排放标准限值分别见表 2-14、表 2-15 和表 2-16。

表2-14　基本控制项目最高允许排放浓度（日均值）

| 序号 | 基本控制项目 | | 一级标准 | | 二级标准 | 三级标准 |
|---|---|---|---|---|---|---|
| | | | A | B | | |
| 1 | 化学需氧量（COD）/（mg/L） | | 50 | 60 | 100 | 120[①] |
| 2 | 生化需氧量（BOD₅）/（mg/L） | | 10 | 20 | 30 | 60[①] |
| 3 | 悬浮物（SS）/（mg/L） | | 10 | 20 | 30 | 50 |
| 4 | 动植物油/（mg/L） | | 1 | 3 | 5 | 20 |
| 5 | 石油类/（mg/L） | | 1 | 3 | 5 | 15 |
| 6 | 阴离子表面活性剂/（mg/L） | | 0.5 | 1 | 2 | 5 |
| 7 | 总氮（以氮计）/（mg/L） | | 15 | 20 | — | — |
| 8 | 氨氮（以氮计）[②]/（mg/L） | | 5（8） | 8（15） | 25（30） | — |
| 9 | 总磷（以P计）/（mg/L） | 2005 年 12 月 31 日前建设的 | 1 | 1.5 | 3 | 5 |
| | | 2006 年 1 月 1 日后建设的 | 0.5 | 1 | 3 | 5 |
| 10 | 色度（稀释倍数）/倍 | | 30 | 30 | 40 | 50 |
| 11 | pH（无量纲） | | 6～9 | | | |
| 12 | 粪大肠菌群数（个/L） | | 10³ | 10⁴ | 10⁴ | — |

①下列情况下按去除率指标执行：当进水COD＞350mg/L时，去除率应大于60%；BOD₅＞160mg/L时，去除率应大于50%。②括号外数值为水温＞12℃时的控制指标，括号内数值为水温≤12℃时的控制指标。

表 2-14 中执行的三类标准的具体情况是指：当城镇污水处理厂出水引入稀释能力较小的河湖作为城镇景观用水和一般回用水等用途，或者出水排入国家和省确定的重点流域及湖泊、水库等封闭、半封闭水域时，执行一级标准的 A 标准；当城镇污水处理厂出水排入 GB 3838 地表水Ⅲ类功能水域（划定的饮用水水源保护

区和游泳区除外）、GB 3097 海水二类功能水域时，执行一级标准的 B 标准。当城镇污水处理厂出水排入 GB 3838 地表水Ⅳ、Ⅴ类功能水域或 GB 3097 海水三、四类功能海域时，执行二级标准。非重点控制流域和非水源保护区的建制镇的污水处理厂，根据当地经济条件和水污染控制要求，采用一级强化处理工艺时，执行三级标准，但必须预留二级处理设施的位置，分期达到二级标准。值得注意的是，按照行业标准与跨行业综合排放标准不交叉执行的原则，城镇污水处理厂排水不再执行《污水综合排放标准》。

**表2-15**　部分第一类污染物最高允许排放浓度（日均值）

单位：mg/L

| 序号 | 项目 | 标准值 | 序号 | 项目 | 标准值 |
|------|------|--------|------|------|--------|
| 1 | 总汞 | 0.001 | 5 | 六价铬 | 0.05 |
| 2 | 烷基汞 | 不得检出 | 6 | 总砷 | 0.1 |
| 3 | 总镉 | 0.01 | 7 | 总铅 | 0.1 |
| 4 | 总铬 | 0.1 | | | |

**表2-16**　厂界（防护带边缘）废气排放最高允许浓度

| 序号 | 控制项目 | 一级标准 | 二级标准 |
|------|----------|----------|----------|
| 1 | 氨 /（mg/m³） | 1.0 | 1.5 |
| 2 | 硫化氢 /（mg/m³） | 0.03 | 0.06 |
| 3 | 臭气浓度（无量纲） | 10 | 20 |
| 4 | 甲烷（厂区最高体积浓度）/% | 0.5 | 1 |

表 2-16 中执行的两级标准是根据城镇污水处理厂所在地区的大气环境质量要求和大气污染物治理技术及设施条件划分的。位于 GB 3095 一类区的所有（包括现有和新建、改建、扩建）城镇污水处理厂，执行一级标准。位于 GB 3095 二类区的城镇污水处理厂，执行二级标准。

（5）《工业企业厂界环境噪声排放标准》（GB 12348—2008）　该标准适用于工业及企事业等单位噪声排放的管理、评价及控制。该标准规定了厂界环境噪声排放限值及其测量方法。表 2-17 列出了工业企业厂界环境噪声排放限值。

**表2-17**　工业企业厂界环境噪声排放限值

单位：dB(A)

| 厂界外声环境功能区类别 | 时段 | |
|------------------------|------|------|
| | 昼间 | 夜间 |
| 0 类 | 50 | 40 |
| 1 类 | 55 | 45 |
| 2 类 | 60 | 50 |
| 3 类 | 65 | 55 |
| 4 类 | 70 | 55 |

注：1. 当厂界与噪声敏感建筑物距离小于1m时，厂界环境噪声应在噪声敏感建筑物的室内测量，并将表中相应的限值减10dB(A)。

2. 夜间频发噪声的最大声级不得高于限值10dB(A)。

3. 夜间偶发噪声的最大声级不得高于限值15dB(A)。

（6）《建筑施工场界环境噪声排放标准》（GB 12523—2011）　该标准适用于周围有噪声敏感建筑物的建筑施工噪声排放的管理、评价及控制。市政、通信、交通、水利等其他类型的施工噪声排放参照该标准执行。该标准规定建筑施工场界昼间和夜间的噪声排放限值分别为70dB(A)、55dB(A)。

### 2.2.3.3　环境影响评价技术导则体系

为贯彻《中华人民共和国环境保护法》《中华人民共和国环境影响评价法》《建设项目环境保护管理条例》《规划环境影响评价条例》，指导环境影响评价工作，生态环境部制定了由总纲、污染源源强核算技术指南、环境要素环境影响评价技术导则、专题环境影响评价技术导则和行业建设项目环境影响评价技术导则等构成的环境影响评价技术导则体系。

1994 年 4 月 1 日我国实施了第一个环境影响评价技术导则《环境影响评价技术导则　总纲》（HJ/T 2.1—93），其中规定了建设项目环境影响评价的一般性原则、内容、工作程序、方法及要求。2016 年将该导则第二次修订为《建设项目环境影响评价技术导则　总纲》（HJ 2.1—2016），2017 年 1 月 1 日起实施。修订后的导则对增强环境影响评价的针对性和科学性、指导建设项目环境影响评价工作及优化环境影响评价文件编制内容具有明确的指导性和适用性。

2003 年 9 月 1 日我国实施了第一个规划环境影响评价技术导则《规划环境影响评价技术导则（试行）》（HJ/T 130—2003），2019 年将其第二次修订为《规划环境影响评价技术导则　总纲》（HJ 130—2019），2020 年 3 月 1 日起实施。修订后的导则除了规定规划环境影响评价的一般性原则、内容、工作程序、方法及要求外，进一步提高了实际工作中的可操作性，新增了与"生态保护红线、环境质量底线、资源利用上线和生态环境准入清单"工作的衔接，加强了规划环境影响评价对建设项目环境影响评价的指导。

2018 年 3 月 27 日生态环境部发布了《污染源源强核算技术指南　准则》（HJ 884—2018）、《污染源源强核算技术指南　钢铁工业》（HJ 885—2018）、《污染源源强核算技术指南　水泥工业》（HJ 886—2018）、《污染源源强核算技术指南　制浆造纸》（HJ 887—2018）、《污染源源强核算技术指南　火电》（HJ 888—2018），2018 年 5 月 16 日生态环境部发布了《建设项目竣工环境保护验收技术指南　污染影响类》。

截至目前，已经发布或修订的环境影响评价技术导则超过 50 个，其中常用的环境影响评价技术导则见表 2-18。正在修订中的导则仍执行现行有效版本。

表2-18　我国常用的环境影响评价技术导则

| 序号 | 导则名称 | 标准号/索引号 | 备注 |
|---|---|---|---|
| 1 | 环境影响评价技术导则　生态影响（征求意见稿） | HJ 19—20□□ | 拟代替 HJ 19—2011 |
| 2 | 环境影响评价技术导则　声环境（征求意见稿） | HJ 2.4—20□□ | 拟代替 HJ 2.4—2009 |
| 3 | 环境影响评价技术导则　广播电视 | HJ 1112—2020 | |
| 4 | 规划环境影响评价技术导则　总纲 | HJ 130—2019 | 代替 HJ 130—2014 |
| 5 | 规划环境影响评价技术导则　产业园区 | HJ 131—2021 | 代替 HJ/T 131—2003 |
| 6 | 环境影响评价技术导则　大气环境 | HJ 2.2—2018 | 代替 HJ 2.2—2008 |
| 7 | 环境影响评价技术导则　城市轨道交通 | HJ 453—2018 | 代替 HJ 453—2008 |
| 8 | 环境影响评价技术导则　土壤环境（试行） | HJ 964—2018 | |
| 9 | 建设项目环境风险评价技术导则 | HJ 169—2018 | 代替 HJ/T 169—2004 |
| 10 | 环境影响评价技术导则　地表水环境 | HJ 2.3—2018 | 代替 HJ/T 2.3—93 |
| 11 | 建设项目竣工环境保护验收技术指南　污染影响类 | 000014672/2018—00631 | |
| 12 | 环境影响评价技术导则　地下水环境 | HJ 610—2016 | 代替 HJ 610—2011 |
| 13 | 建设项目环境影响评价技术导则　总纲 | HJ 2.1—2016 | 代替 HJ 2.1—2011 |
| 14 | 建设项目竣工环境保护验收技术规范　医疗机构 | HJ 794—2016 | |
| 15 | 建设项目竣工环境保护验收技术规范　制药 | HJ 792—2016 | |
| 16 | 环境噪声与振动控制工程技术导则 | HJ 2034—2013 | |
| 17 | 建设项目环境影响技术评估导则 | HJ 616—2011 | |
| 18 | 建设项目竣工环境保护验收技术规范　公路 | HJ 552—2010 | |
| 19 | 建设项目竣工环境保护验收技术规范　生态影响类 | HJ/T 394—2007 | |

## 课后练习

一、正误判断题

1.我国的环境保护法律法规如与参加和签署的国际公约有不同规定时，均优先适用国际公约的规定。（　　）

2. 一类环境空气质量功能区可以执行 GB 3095—2012 二级质量标准。（        ）

3. 集中式生活饮用水地表水源地二级保护区，可以执行 GB 3038—2002 Ⅱ级地表水环境质量标准。（        ）

4. 国家环境保护污染物排放（控制）标准分为跨行业的综合性排放标准和行业性排放标准，优先执行行业性污染物排放标准。（        ）

5. 国家环境质量标准和国家污染物排放（控制）标准中未作出规定的项目，可以制定地方环境质量标准和地方污染物排放（控制）标准。（        ）

## 二、不定项选择题（每题的备选项中，至少有一个符合题意）

1. 按照环境保护标准体系的构成，环境标准可分为（        ）。

A. 国家级和地方级标准
B. 综合性和行业性标准
C. 国际、国家和地方标准
D. 海域和陆域标准

2. 下列环境功能区类别划为四类的是（        ）。

A. 地表水环境
B. 地下水环境
C. 海水环境
D. 声环境

3. 国家环境基础标准包括（        ）。

A. 环境标准中需要统一的技术术语
B. 编制环境质量标准及排放标准的基础数据
C. 环境标准中需要统一的符号和图形
D. 环境标准中需要统一的信息编码

4. 《环境空气质量标准》（GB 3095—2012）中环境空气功能区分为（        ）。

A. 一类
B. 二类
C. 三类
D. 四类

5. 根据《锅炉大气污染物排放标准》，对燃煤锅炉未作出规定的污染物项目是（        ）。

A. 氟化物
B. 二氧化硫
C. 烟气高度
D. 汞及其化合物

6. 根据《地表水环境质量标准》，Ⅳ类水域功能适用于（        ）。

A. 游泳区
B. 集中式生活饮用水地表水源地
C. 一般工业用水
D. 人体非直接接触的娱乐用水

7. 《地表水环境质量标准》中的基本项目适用的地表水域有（        ）。

A. 江河
B. 湖泊、水库
C. 近海水域
D. 运河、渠道

8. 《污水综合排放标准》中规定的第一类污染物有（        ）。

A. 总铜
B. 总锰
C. 总镉
D. 总铅

9. 根据《污水综合排放标准》，以下水域中禁止新建排污口的有（        ）。

A. GB 3838 中 Ⅱ 类水域
B. GB 3838 中 Ⅲ 类水域
C. GB 3097 中一类海域
D. GB 3097 中三类海域

10. 第 4 类声环境质量标准适用的区域包括（        ）。

A. 城市规划区
B. 乡村
C. 铁路干线两侧
D. 内河航道两侧

## 三、问答题

1. 我国环境标准体系是如何构成的？其各组成部分相互之间的关系如何？

2. 常用的环境质量标准和污染物排放标准有哪些？

3. 我国环境保护法律法规体系是如何构成的？其各组成部分相互间的关系如何？

4. 某机场建设项目位于环境空气质量二类、声环境功能2类地区，所在地区地表水环境功能区划为Ⅲ类水体。说明该机场地区环境空气、声环境、地表水环境影响评价中应分别执行什么类别的环境质量标准。

5. 如何理解环境功能区？环境功能区与环境质量标准之间有什么联系？

 设计问题

1. 依据《大气污染物综合排放标准》，当排气筒高度位于该标准所列表中的两个高度之间时，需用内插法计算其最高允许排放速率。已知50m高排气筒的氯乙烯最高允许排放速率为12kg/h，60m高排气筒的氯乙烯最高允许排放速率为16kg/h，求54m高排气筒的氯乙烯最高允许排放速率为多少。

2. 某项目施工场地一侧紧邻居民住宅（距离小于1m），项目施工时该住宅（受施工噪声影响方向窗户开启时）室内昼间等效声级为65dB(A)，夜间最大声级为56dB(A)。根据《建筑施工场界环境噪声排放标准》，分析该居民住宅处施工厂界噪声排放是否达标。

3. 某年产20万吨铜的新建项目位于某工业园区，周围1km内无居民区等环境敏感点。项目建成投产后主要用原料铜矿（主要成分为Cu、S、As、Pb、Zn等元素）进行冶炼，生产产品铜，烟气催化后生产硫酸，酸性废气通过酸洗后排空。经过2个月的试运行，生产设施、环保设施运行正常，现委托某监测站进行建设项目竣工验收监测。项目生产废水采取"清污分流"的方式排放，清洁水经厂区废水排放口进入城市下水道流进长江。含酸污水进入厂区污水处理站处理后排往三类水域，污水处理站污泥进行卫生填埋处理。当地生态环境主管部门分配给该公司的主要污染物总量控制指标为$SO_2$ 2000t、烟尘275t、砷1.7t。请列出该项目竣工验收执行的标准。

# 3　环境影响评价程序与方法

○○ ──── ○○ ○ ○○ ────

## 案例引导

　　没有规矩，不成方圆。做什么事情都要按照相应的"规矩"进行，开展环境影响评价工作也必须贯彻执行国家的相关管理要求，按照一定的程序和方法工作。对于一个拟建项目，从环境管理的角度，建设单位需要知道如何申报环境影响评价文件，应该申报哪种类型的环境影响评价文件，什么时候递交文件，由什么部门受理和审批文件；从项目建设的角度，则应知道如何编写环境影响评价文件，编写环境影响评价文件的技术人员应具备什么资格，环境影响评价的方法有哪些，编写的环境影响评价文件应包括哪些内容，如何获取编写文件所需的数据和信息……这些问题是从事环境影响评价管理工作和技术工作的必备基础。要想知道这些问题的答案，就需要认真学习环境影响评价程序与方法。

　　为了更好地指导环境影响评价工作，我国从 20 世纪 80 年代开始陆续出台了《基本建设项目环境保护管理办法》《建设项目环境保护管理程序》《中华人民共和国环境影响评价法》《建设项目环境影响评价技术导则　总纲》等环境保护法律法规。这些法律法规的颁布实施以及不断完善，为建设项目的环境影响评价工作建立了"规矩"，明确了管理程序和工作要求，推动了我国环境影响评价工作逐渐规范化。

　　环境影响评价横跨自然科学和社会科学，是一项复杂的、程序化的系统性技术工作。不同建设项目的环境影响评价的具体内容可能有所不同，但它们都具有共同规律。正确认识这些规律，严格执行环境影响评价管理程序和工作要求是做好环境影响评价的前提。

---

◉ **学习目标**

○ 熟悉环境影响评价管理程序和工作程序相关内容。

○ 掌握典型环境影响评价文件的填报和编制要求。

○ 掌握环境影响评价常用方法及其适用条件。

# 3.1　环境影响评价程序

环境影响评价实质上是由一系列程序和方法组合而成的。环境影响评价程序是指按一定的顺序或步骤指导完成环境影响评价工作的过程，可分为管理程序和工作程序。环境影响评价的管理程序主要用于指导环境影响评价工作的监督与管理；工作程序主要用于指导环境影响评价工作的具体实施。

## 3.1.1　环境影响评价的管理程序

项目的建设单位从环境影响评价申报（咨询）到环境影响报告书（表）审查通过或环境影响登记表备案的全过程，每一步都必须按照法定的程序要求执行。我国建设项目环境影响评价的管理程序见图 3-1。

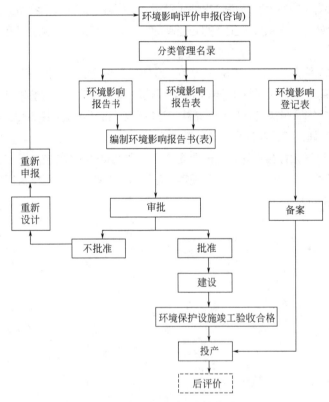

**图 3-1**　建设项目环境影响评价管理程序

环境影响评价的管理依据《中华人民共和国环境影响评价法》（2018 年第二次修正）、《建设项目环境保护管理条例》、《生态环境部建设项目环境影响报告书（表）审批程序规定》（2021 年 1 月 1 日起施行）等进行。

相关内容如下：

（1）环境影响报告书（表）的审批    依法应当编制环境影响报告书（表）的建设项目，建设单位可以委托具备环境影响评价技术能力的单位对其建设项目开展环境影响评价，编制环境影响报告书（表）；建设单位具备环境影响评价技术能力的，可以自行对其建设项目开展环境影响评价，编制环境影响报告书（表）。建设单位对环境影响报告书（表）的内容和结论负责；技术单位对其编制的环境影响报告书（表）承担相应责任。

建设单位应当在建设项目开工建设前，按照分级审批的规定，将环境影响报告书（表）报相应生态环境主管部门审批。审批部门应当自收到环境影响报告书之日起60日内、收到环境影响报告表之日起30日内，作出审批决定并书面通知建设单位。依法需要进行听证、专家评审、技术评估的环境影响报告书（表），所需时间不计算在审批期限内。

对国家确定的重大基础设施、民生工程和国防科研生产项目，生态环境部可以根据建设单位、环境影响报告书（表）编制单位或者有关部门提供的信息，提前指导，主动服务，加快审批。

生态环境部环境影响报告书（表）的审批程序如下：

① 申请与受理    建设单位向生态环境部申请报批环境影响报告书（表）的，除国家规定需要保密的情形外，应当在全国一体化在线政务服务平台生态环境部政务服务大厅提交材料，并对材料的真实性负责。材料包括建设项目环境影响报告书（表）报批申请书，建设项目环境影响报告书（表）（涉及国家秘密、商业秘密和个人隐私的，建设单位应当自行作出删除、遮盖等区分处理），编制环境影响报告书的建设项目的公众参与说明。

除前款规定材料外，建设单位还应当通过邮寄或者现场递交等方式，向生态环境部提交下列材料纸质版，以及光盘等移动电子存储设备1份：建设项目环境影响报告书（表）全本，一式三份；编制环境影响报告书的建设项目的公众参与说明，一式三份；通过政务服务大厅线上提交的建设项目环境影响报告书（表）对全本中不宜公开内容作了删除、遮盖等区分处理的，还应当提交有关说明材料1份。

国家规定需要保密的建设项目应当通过现场递交方式提交申请材料。

② 技术评估与审查    生态环境部负责审批的建设项目环境影响报告书（表）需要进行技术评估的，生态环境部应当在受理申请后1个工作日内出具委托函，委托技术评估机构开展技术评估。受委托的技术评估机构应当在委托函确定的期限内提交技术评估报告，并对技术评估结论负责。技术评估报告应当包括明确的技术评估结论，环境影响报告书（表）存在的质量问题及处理建议，审批时需重点关注的问题。

环境影响报告书（表）的技术评估期限不超过30个工作日；情况特别复杂的，生态环境部可以根据实际情况适当延长技术评估期限。

生态环境部主要从下列方面对建设项目环境影响报告书（表）进行审查：

a. 建设项目类型及其选址、布局、规模等是否符合生态环境保护法律法规和相关法定规划、区划，是否符合规划环境影响报告书及审查意见，是否符合区域生态保护红线、环境质量底线、资源利用上线和生态环境准入清单（"三线一单"）管控要求。

b. 建设项目所在区域生态环境质量是否满足相应环境功能区划要求、区域环境质量改善目标管理要求、区域重点污染物排放总量控制要求。

c. 拟采取的污染防治措施能否确保污染物排放达到国家和地方排放标准；拟采取的生态保护措施能否有效预防和控制生态破坏；可能产生放射性污染的，拟采取的防治措施能否有效预防和控制放射性污染。

d. 改建、扩建和技术改造项目是否针对项目原有环境污染和生态破坏提出有效防治措施。

e. 环境影响报告书（表）编制内容、编制质量是否符合有关要求。

对区域生态环境质量现状符合环境功能区划要求的，生态环境部应当重点审查拟采取的污染防治措施能否确保建设项目投入运行后，该区域的生态环境质量仍然符合相应环境功能区划要求；对区域生态环境质量现状不符合环境功能区划要求的，生态环境部应当重点审查拟采取的措施能否确保建设项目投入运行后，该区域的生态环境质量符合区域环境质量改善目标管理要求。

③ 公众参与    生态环境部对环境影响报告书（表）作出审批决定前，应当按照《环境影响评价公众参与办法》规定，向社会公开建设项目和环境影响报告书（表）基本情况等信息，并同步告知建设单位和利害关系人享有要

求听证的权利。生态环境部召开听证会的，依照环境保护行政许可听证有关规定执行。

（2）环境影响登记表的备案　应当填报环境影响登记表的建设项目，建设单位应当按照国务院生态环境主管部门的规定将环境影响登记表报建设项目所在地的县级生态环境主管部门备案。

（3）环境影响报告书（表）不予批准的情形　建设项目有下列情形之一的，生态环境主管部门应当对环境影响报告书（表）作出不予批准的决定：

① 建设项目类型及其选址、布局、规模等不符合环境保护法律法规和相关法定规划；

② 所在区域环境质量未达到国家或者地方环境质量标准，且建设项目拟采取的措施不能满足区域环境质量改善目标管理要求；

③ 建设项目采取的污染防治措施无法确保污染物排放达到国家和地方排放标准，或者未采取必要措施预防和控制生态破坏；

④ 改建、扩建和技术改造项目未针对项目原有环境污染和生态破坏提出有效防治措施；

⑤ 建设项目环境影响报告书（表）的基础资料或数据明显不实，内容存在重大缺陷、遗漏，或者环境影响评价结论不明确、不合理。

（4）环境影响报告书（表）重新报批　建设项目的环境影响报告书（表）经批准后，建设项目的性质、规模、地点和采用的生产工艺或者防治污染、防止生态破坏的措施发生重大变动的，建设单位应当在发生重大变动的建设内容开工建设前重新报批建设项目环境影响报告书（表）。

（5）环境影响报告书（表）重新审核　建设项目的环境影响报告书（表）自批准之日起超过5年，方决定该项目开工建设的，其环境影响报告书（表）应当报原审批部门重新审核。原审批部门应当自收到建设项目环境影响报告书（表）之日起10日内，将审核意见书面通知建设单位；逾期未通知的，视为审核同意。

（6）环境保护设施建设　建设项目需要配套建设的环境保护设施，必须与主体工程同时设计、同时施工、同时投产使用，简称"三同时"制度。

（7）环境保护设施竣工验收　编制环境影响报告书（表）的建设项目竣工后，建设单位应当按照国务院生态环境主管部门规定的标准和程序，对配套建设的环境保护设施进行验收，编制验收报告。2018年5月16日生态环境部发布的《建设项目竣工环境保护验收技术指南　污染影响类》规定了污染影响类建设项目竣工环境保护验收的总体要求，提出了验收程序、验收自查、验收监测方案和报告编制、验收监测技术的一般要求。"全国建设项目竣工环境保护验收信息平台"已于2017年12月1日上线运行。

建设单位在环境保护设施验收过程中，应当如实查验、监测、记载建设项目环境保护设施的建设和调试情况，不得弄虚作假。除按照国家规定需要保密的情形外，建设单位应当依法向社会公开验收报告。

编制环境影响报告书（表）的建设项目，其配套建设的环境保护设施经验收合格，方可投入生产或者使用；未经验收或者验收不合格的，不得投入生产或者使用。

（8）环境影响后评价　建设项目投入生产或者使用后，应按照国务院生态环境主管部门发布的《建设项目环境影响后评价管理办法（试行）》的规定开展环境影响后评价。

下列建设项目运行过程中产生不符合经审批的环境影响报告书情形的，应当开展环境影响后评价：①水利、水电、采掘、港口、铁路行业中实际环境影响程度和范围较大，且主要环境影响在项目建成运行一定时期后逐步显现的建设项目，以及其他行业中穿越重要生态环境敏感区的建设项目；②冶金、石化和化工行业中有重大环境风险，建设地点敏感，且持续排放重金属或者持久性有机污染物的建设项目；③审批环境影响报告书的生态环境主管部门认为应当开展环境影响后评价的其他建设项目。

建设项目环境影响后评价应当在建设项目正式投入生产或者运营后三至五年内开展。原审批环境影响报告书的生态环境主管部门也可以根据建设项目的环境影响和环境要素变化特征，确定开展环境影响后评价的时限。

建设单位或者生产经营单位负责组织开展环境影响后评价工作，编制环境影响后评价文件，并对环境影响后评价结论负责。建设单位或者生产经营单位可以委托环境影响评价机构、工程设计单位、大专院校和相关评估机构等编制环境影响后评价文件。编制该建设项目环境影响报告书的单位，原则上不得承担该建设项目环境影响后评价文件的编制工作。

建设单位或者生产经营单位应当将环境影响后评价文件报原审批环境影响报告书的生态环境主管部门备案，并接受生态环境主管部门的监督检查。

### 3.1.2　环境影响评价的工作程序

建设项目环境影响评价是一项复杂的、程序化的系统性工作。建设项目环境影响评价通过分析判定建设项目选址选线、规模、性质和工艺路线等与国家和地方有关环境保护法律法规、标准、政策、规范，相关规划，规划环境影响评价结论及审查意见的符合性，并与生态保护红线、环境质量底线、资源利用上线和环境准入负面清单进行对照，作为开展环境影响评价工作的前提和基础。其工作程序依据《建设项目环境影响评价技术导则 总纲》（HJ 2.1—2016）执行。

环境影响评价工作一般分为三个阶段：调查分析和工作方案制定阶段，分析论证和预测评价阶段，环境影响报告书（表）编制阶段。具体建设项目环境影响评价工作流程见图3-2。

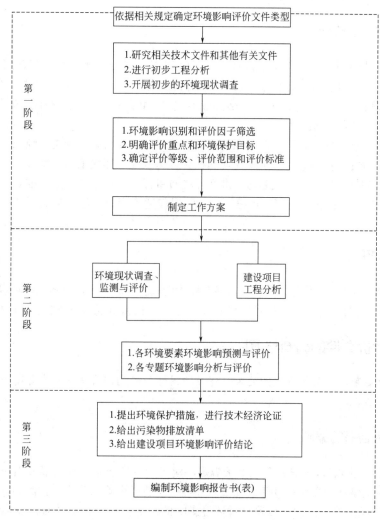

**图3-2**　建设项目环境影响评价工作流程

#### 3.1.2.1　环境影响识别和评价因子筛选

（1）环境影响识别　列出建设项目的直接和间接行为，结合建设项目所在区域发展规划、环境保护规划、环境功能区划、生态功能区划及环境现状，分析可能受到影响的环境影响因素，包括环境影响因子、影响对象

（环境因子）、影响程度和影响方式等。

按照建设项目的行为对环境要素的作用属性，环境影响可分为有利与不利影响、长期与短期影响、可逆与不可逆影响、直接与间接影响、累积与非累积影响等。

环境影响的程度和显著性与建设项目的"活动"特征、强度以及相关环境要素的承载能力有关。环境影响识别的任务就是要区分、筛选出具有显著性的、可能影响项目决策和管理的、需要进一步评价的主要环境影响因素（或问题）。对项目实施形成制约的关键环境因素或条件，应作为环境影响评价的重点内容。

在进行环境影响识别时，要明确建设项目在建设阶段、生产运行阶段和服务期满后的各种行为与可能受影响的环境要素间的作用效应、影响性质、影响范围和影响程度等，定性分析建设项目对各环境要素可能产生的污染影响与生态影响。

（2）评价因子筛选  根据建设项目的特点、环境影响的主要特征，结合区域环境功能要求、环境保护目标、评价标准和环境制约因素，筛选确定评价因子。评价因子应能够反映环境影响的主要特征与区域环境的基本状况，包括现状评价因子和预测评价因子。

### 3.1.2.2　评价工作等级的确定

评价工作等级是对环境影响评价工作深度的划分。各环境要素、各专题评价工作等级划分为三级。一级评价要求全面、详细、深入，一般采用定量化计算来完成；二级评价次之，只要求对单项环境要素的重点环境影响进行评价，一般采用定量化计算和定性的描述来完成；三级评价较简略，可通过定性的描述来完成。

评价工作等级的划分依据包括：

① 建设项目的特点（项目性质、规模，能源与资源的使用，主要污染物种类、源强、排放方式等）；

② 所在地区的环境特征（自然环境、生态环境和社会环境状况，环境敏感程度等）；

③ 有关法律法规、规划、环境功能区划与标准（环境质量标准、污染物排放标准等）。

对于某一具体建设项目，评价工作等级可根据实际情况作适当调整，但调整的幅度不超过一级，并说明调整的具体理由。

### 3.1.2.3　评价范围的确定

环境影响评价范围是指建设项目整体实施后可能对环境造成影响的范围，具体根据环境要素和专题环境影响评价技术导则的要求确定。环境影响评价技术导则中未明确具体评价范围的，根据建设项目可能影响范围确定。

## 3.1.3　环境影响评价文件的编制与填报

根据建设项目环境影响评价分类管理的要求，建设项目环境影响评价文件分为环境影响报告书、环境影响报告表和环境影响登记表。

### 3.1.3.1　环境影响报告书的编制

《中华人民共和国环境影响评价法》第十七条规定，建设项目环境影响报告书应当包括下列内容：①建设项目概况；②建设项目周围环境现状；③建设项目对环境可能造成影响的分析、预测和评估；④建设项目的环境保护措施及其技术、经济论证；⑤建设项目对环境影响的经济损益分析；⑥对建设项目实施环境监测的建议；⑦环境影响评价的结论。

建设项目的类型不同，对环境的影响不同，环境影响报告书的编制内容也不同，但基本格式、基本内容相差不大。《建设项目环境影响评价技术导则　总纲》（HJ 2.1—2016）规定典型环境影响报告书的编制内容如下。

（1）概述  简要说明建设项目的特点、环境影响评价的工作过程、分析判定相关情况、关注的主要环境问题及环境影响、环境影响评价的主要结论等。

（2）总则　包括编制依据、评价因子与评价标准、评价工作等级和评价范围、相关规划及环境功能区划、主要环境保护目标等。

① 编制依据　包括建设项目执行的相关法律法规、政策及规划、导则及技术规范、技术文件和工作文件，以及环境影响报告书编制中引用的资料等。

② 评价因子与评价标准　分为现状评价因子和预测评价因子，给出各评价因子所执行的环境质量标准、污染物排放标准、其他有关标准及具体限值。

③ 评价工作等级和评价范围　说明各环境要素、各专题评价工作等级和评价范围。具体根据各环境要素和各专题环境影响评价技术导则的要求确定。

④ 相关规划及环境功能区划　附图列表说明建设项目所在城镇、区域或流域发展总体规划、环境保护规划、生态保护规划、环境功能区划或保护区规划等。

⑤ 主要环境保护目标　依据环境影响识别结果，附图并列表说明评价范围内各环境要素涉及的环境敏感区、需要特殊保护对象的名称、功能、与建设项目的位置关系以及环境保护要求等。

（3）建设项目工程分析　包括建设项目概况、影响因素分析和污染源源强核算。其中建设项目概况采用图表与文字结合的方式，概要说明建设项目的基本情况、项目组成、主要工艺路线、工程布置及与原有工程的关系等；影响因素分析包括污染影响因素分析和生态影响因素分析；污染源源强核算是指选用可行的方法确定建设项目单位时间内污染物的产生量或排放量。

（4）环境现状调查与评价　根据环境影响识别的结果，开展相应的现状调查与评价。包括自然环境现状调查与评价、环境保护目标调查、环境质量现状调查与评价和区域污染源调查。给出相应调查与评价的结果。

（5）环境影响预测与评价　给出各环境要素或各专题的环境影响预测时段、预测内容、预测范围、预测方法及预测结果，并根据环境质量标准或评价指标对建设项目的环境影响进行评价。重点预测建设项目生产运行阶段正常工况与非正常工况等情况的环境影响。其中，非正常工况是指生产过程中开停车（工、炉）、设备检修、工艺设备运转异常等工况。

（6）环境保护措施及其可行性论证　明确提出建设项目建设阶段、生产运行阶段和服务期满后（可根据项目情况选择）拟采取的具体污染防治、生态保护、环境风险防范等环境保护措施；分析论证拟采取措施的技术可行性、经济合理性、长期稳定运行和达标排放的可靠性、满足环境质量改善和排污许可要求的可行性、生态保护和恢复效果的可达性。

各类措施的有效性判定应以同类或相同措施的实际运行效果为依据，没有实际运行经验的，可提供工程化实验数据。

（7）环境影响经济损益分析　以建设项目实施后的环境影响预测与环境质量现状进行比较，从环境影响的正负两方面，以定性与定量相结合的方式，对建设项目的环境影响（包括直接和间接影响、不利和有利影响）后果进行货币化经济损益核算，估算建设项目环境影响的经济价值。

（8）环境管理与监测计划　按建设项目建设阶段、生产运行阶段、服务期满后等不同阶段（可根据项目情况选择），针对不同工况、不同环境影响和环境风险特征，提出具体环境管理要求。给出污染物排放清单，明确污染物排放的管理要求。提出建立日常环境管理制度、组织机构和环境管理台账相关要求，明确各项环境保护设施和措施的建设、运行及维护费用保障计划。环境监测计划应包括污染源监测计划和环境质量监测计划，内容包括监测因子、监测网点布设、监测频次、监测数据采集与处理、采样分析方法等，明确自行监测计划内容。

（9）环境影响评价结论　对建设项目的建设概况、环境质量现状、污染物排放情况、主要环境影响、环境保护措施、环境影响经济损益分析、环境管理与监测计划等内容进行概括总结，结合环境质量目标要求，明确给出建设项目的环境影响可行性结论。

对存在重大环境制约因素、环境影响不可接受或环境风险不可控、环境保护措施经济技术不满足长期稳定达标及生态保护要求、区域环境问题突出且整治计划不落实或不能满足环境质量改善目标的建设项目，应提出环境影响不可行的结论。

（10）附录和附件　包括项目依据文件、相关技术资料、引用文献等，附在环境影响报告书后。

### 3.1.3.2 环境影响报告表的编制

生态环境部修订了《建设项目环境影响报告表》内容及格式，配套制定了《建设项目环境影响报告表编制技术指南（污染影响类）（试行）》《建设项目环境影响报告表编制技术指南（生态影响类）（试行）》，于2020年12月24日印发，自2021年4月1日起实施。一般情况下，建设单位应按照指南要求，组织填写建设项目环境影响报告表。建设项目产生的环境影响需要深入论证的，应按照环境影响评价相关技术导则开展专项评价工作。

（1）污染影响类建设项目环境影响报告表的编制　适用于《建设项目环境影响评价分类管理名录》中以污染影响为主要特征的建设项目，包括制造业，电力、热力生产和供应业的火力发电、热电联产、生物质能发电、热力生产项目，燃气生产和供应业，水的生产和供应业，研究和试验发展，生态保护和环境治理业（不包括泥石流等地质灾害治理工程），公共设施管理业，卫生，社会事业与服务业中的有化学或生物实验室的学校、胶片洗印厂、加油加气站、汽车或摩托车维修场所、殡仪馆和动物医院，交通运输业中的导航台站、供油工程、维修保障等配套工程，装卸搬运和仓储业，海洋工程中的排海工程，核与辐射（不包括已单独制定建设项目环境影响报告表格式的核与辐射类建设项目），以及其他以污染影响为主的建设项目。

根据建设项目排污情况及所涉环境的敏感程度，确定专项评价的类别。大气、地表水、环境风险、生态和海洋专项评价具体设置原则见表3-1。土壤、声环境不开展专项评价。地下水原则上不开展专项评价，涉及集中式饮用水水源和热水、矿泉水、温泉等特殊地下水资源保护区的，开展地下水专项评价工作。专项评价一般不超过2项，印刷电路板制造类建设项目专项评价不超过3项。

**表3-1** 污染影响类建设项目专项评价设置原则

| 专项评价类别 | 设置原则 |
| --- | --- |
| 大气 | 排放废气含有毒有害污染物[①]、二噁英、苯并[a]芘、氰化物、氯气且厂界外500m范围内有环境空气保护目标[②]的建设项目 |
| 地表水 | 新增工业废水直排建设项目（槽罐车外送污水处理厂的除外）；新增废水直排的污水集中处理厂 |
| 环境风险 | 有毒有害和易燃易爆危险物质储存量超过临界量[③]的建设项目 |
| 生态 | 取水口下游500m范围内有重要水生生物的自然产卵场、索饵场、越冬场和洄游通道的新增河道取水的污染类建设项目 |
| 海洋 | 直接向海中排放污染物的海洋工程建设项目 |

①废气中有毒有害污染物指纳入《有毒有害大气污染物名录》的污染物（不包括无排放标准的污染物）。②环境空气保护目标指自然保护区、风景名胜区、居住区、文化区和农村地区中人群较集中的区域。③临界量及其计算方法可参考《建设项目环境风险评价技术导则》（HJ 169）附录B、附录C。

污染影响类建设项目环境影响报告表具体编制内容概述如下。

① 建设项目基本情况　包括建设项目名称，项目代码，建设地点，地理坐标，国民经济行业类别，建设项目行业类别，建设性质（新建、改建、扩建或技术改造），建设项目申报情况，总投资、环保投资、环保投资占比，施工工期，是否开工建设，用地（用海）面积，专项评价设置情况，规划情况，规划环境影响评价情况，规划及规划环境影响评价符合性分析，其他符合性分析（分析建设项目与所在地"三线一单"及相关生态环境保护法律法规政策、生态环境保护规划的符合性）。

② 建设项目工程分析　包括建设内容，工艺流程和产排污环节，与项目有关的原有环境污染问题。

③ 区域环境质量现状、环境保护目标及评价标准　包括区域环境质量现状，环境保护目标，污染物排放控制标准，总量控制指标。

④ 主要环境影响和保护措施　包括施工期环境保护措施，运营期环境影响和保护措施。

⑤ 环境保护措施监督检查清单　按要素填写相关内容，其中大气环境、地表水环境、声环境、电磁辐射需填写排放口（编号、名称）/污染源、污染物项目、环境保护措施和执行标准。

⑥ 结论　从环境保护角度，明确建设项目环境影响可行或不可行的结论。

⑦ 附表　建设项目污染物排放量汇总表。

⑧ 其他要求　涉密建设项目应按照国家有关规定执行。报告表中含有知识产权、商业秘密等不可公开内容的应注明并说明理由。附图主要包括建设项目地理位置图、厂区平面布置图、环境保护目标分布图，根据项

目实际情况可附具现状监测布点图、地下水和土壤跟踪监测布点图等。

（2）生态影响类建设项目环境影响报告表的编制　适用于《建设项目环境影响评价分类管理名录》中以生态影响为主要特征的建设项目，包括农业，林业，渔业，采矿业，电力、热力生产和供应业的水电、风电、光伏发电、地热等其他能源发电，房地产业，专业技术服务业，生态保护和环境治理业的泥石流等地质灾害治理工程，社会事业与服务业（不包括有化学或生物实验室的学校、胶片洗印厂、加油加气站、洗车场、汽车或摩托车维修场所、殡仪馆、动物医院），水利，交通运输业（不包括导航台站、供油工程、维修保障等配套工程）、管道运输业，海洋工程（不包括排海工程），以及其他以生态影响为主要特征的建设项目（不包括已单独制定建设项目环境影响报告表格式的核与辐射类建设项目）。

根据建设项目特点和涉及的环境敏感区类别，确定专项评价的类别，设置原则参照表3-2，确有必要的可根据建设项目环境影响程度等实际情况适当调整。专项评价一般不超过2项，水利水电、交通运输（公路、铁路）、陆地石油和天然气开采类建设项目不超过3项。

**表3-2**　生态影响类建设项目专项评价设置原则

| 专项评价类别 | 涉及项目类别 |
| --- | --- |
| 大气 | 全部油气、液体化工码头项目；干散货（含煤炭、矿石）、件杂、多用途、通用码头涉及粉尘、挥发性有机物排放的项目 |
| 地表水 | 水力发电中引水式发电、涉及调峰发电的项目；全部人工湖、人工湿地项目；全部水库项目；全部引水工程（配套的管线工程等除外）项目；包含水库的防洪防涝工程项目；涉及清淤且底泥存在重金属污染的河湖整治项目 |
| 地下水 | 全部陆地石油和天然气开采项目；全部地下水（含矿泉水）开采项目；含穿越可溶岩地层隧道的水利、水电、交通等项目 |
| 生态 | 涉及环境敏感区（不包括饮用水水源保护区，以居住、医疗卫生、文化教育、科研、行政办公为主要功能的区域，以及文物保护单位）的项目 |
| 噪声 | 公路、铁路、机场等交通运输业涉及环境敏感区（以居住、医疗卫生、文化教育、科研、行政办公为主要功能的区域）的项目；全部城市道路（不含维护，不含支路、人行天桥、人行地道）项目 |
| 环境风险 | 全部石油和天然气开采项目；全部油气、液体化工码头项目；全部原油、成品油、天然气管线（不含城镇天然气管线、企业厂区内管线）项目，全部危险化学品输送管线（不含企业厂区内管线）项目 |

注："涉及环境敏感区"是指建设项目位于、穿（跨）越（无害化通过的除外）环境敏感区，或环境影响范围涵盖环境敏感区。环境敏感区是指《建设项目环境影响评价分类管理名录》中针对该类项目所列的敏感区。

生态影响类建设项目环境影响报告表具体编制内容概述如下。

① 建设项目基本情况　包括建设项目名称，项目代码，建设地点，地理坐标，建设项目行业类别，用地（用海）面积/长度，建设性质（新建、改建、扩建或技术改造），建设项目申报情况，总投资、环保投资、环保投资占比，施工工期，是否开工建设，专项评价设置情况，规划情况，规划环境影响评价情况，规划及规划环境影响评价符合性分析，其他符合性分析（分析建设项目与所在地"三线一单"及相关生态环境保护法律法规政策、生态环境保护规划的符合性）等。

② 建设内容　包括地理位置，项目组成及规模，总平面及现场布置，施工方案，其他（填写比选方案等其他内容）。

③ 生态环境现状、保护目标及评价标准　包括生态环境现状，与项目有关的原有环境污染和生态破坏问题，生态环境保护目标，评价标准，其他（总量控制指标等其他相关内容）。

④ 生态环境影响分析　包括施工期生态环境影响分析、运营期生态环境影响分析、选址选线环境合理性分析。

⑤ 主要生态环境保护措施　包括施工期生态环境保护措施、运营期生态环境保护措施、其他（未包含在前2项的其他内容）和环保投资。

⑥ 生态环境保护措施监督检查清单　按要素（陆生生态、水生生态、地表水环境、地下水环境及土壤环境等）填写相关内容（包括施工期、运营期的环保措施及验收要求）。验收要求填写各项措施验收时达到的标准或效果等要求。

⑦ 结论　从环境保护角度，明确建设项目环境影响可行或不可行的结论。

⑧ 其他要求　涉密建设项目应按照国家有关规定执行。报告表中含有知识产权、商业秘密等不可公开内容的应注明并说明理由。附图主要包括建设项目地理位置图、线路走向图（线性工程）、所在流域水系图（涉水工程）、工程总平面布置图、施工总布置图、生态环境保护目标分布及位置关系图、生态环境监测布点图（包括现状监测布点图和监测计划布点图）、主要生态环境保护措施设计图（包括生态环境保护措施平面布置示意图、典型措施设计图）等。

### 3.1.3.3　环境影响登记表的填报

2017 年 1 月 1 日实施的《建设项目环境影响登记表备案管理办法》规定了建设项目环境影响登记表的内容及格式。建设项目环境影响登记表备案采用网上备案方式。

按照《建设项目环境影响评价分类管理名录》规定应当填报环境影响登记表的建设项目，建设单位应当在建设项目建成并投入生产运行前，登录县级生态环境主管部门网站的网上备案系统，注册真实信息，在线填报并提交建设项目环境影响登记表。建设单位在线提交环境影响登记表后，网上备案系统自动生成备案编号和回执，该建设项目环境影响登记表备案即为完成。建设单位可以自行打印留存其填报的建设项目环境影响登记表及建设项目环境影响登记表备案回执。建设项目环境影响登记表备案回执是生态环境主管部门确认收到建设单位环境影响登记表的证明。环境影响登记表备案完成后，县级生态环境主管部门通过其网站的网上备案系统同步向社会公开备案信息，接受公众监督。建设项目环境影响登记表备案完成后，建设单位应当严格执行相应污染物排放标准及相关环境管理规定，落实建设项目环境影响登记表中填报的环境保护措施，有效防治环境污染和生态破坏。建设单位对其填报的建设项目环境影响登记表内容的真实性、准确性和完整性负责。登记表的具体内容见表 3-3。

**表3-3**　建设项目环境影响登记表

填报日期：

| 项目名称 | | | | |
|---|---|---|---|---|
| 建设地点 | | | 占地（建筑、营业）面积 /m² | |
| 建设单位 | | | 法定代表人或者主要负责人 | |
| 联系人 | | | 联系电话 | |
| 项目投资 / 万元 | | | 环保投资 / 万元 | |
| 拟投入生产运营日期 | | | | |
| 项目性质 | □新建　　　□改建　　　□扩建 | | | |
| 备案依据 | 该项目属于《建设项目环境影响评价分类管理名录》中应当填报环境影响登记表的建设项目，属于第 ×× 类 ×× 项中 ×× | | | |
| 建设内容及规模 | □工业生产类项目 □生态影响类项目 □餐饮类项目 □畜禽养殖类项目 □核工业类项目（核设施的非放射性和非安全重要建设项目）□核技术利用类项目 □电磁辐射类项目 | | | |
| 主要环境影响 | □废气<br>□废水：<br>　□生活污水<br>　□生产废水<br>□固废<br>□噪声<br>□生态影响<br>□辐射环境影响 | 采取的环保措施及排放去向 | □无环保措施：<br>　＿＿直接通过＿＿排放至＿＿<br>□有环保措施：<br>　□＿＿采取＿＿措施后通过＿＿排放至＿＿<br>□其他措施：＿＿ | |

承诺：×× （建设单位名称及法定代表人或者主要负责人姓名）承诺所填写各项内容真实、准确、完整，建设项目符合《建设项目环境影响登记表备案管理办法》的规定。如存在弄虚作假、隐瞒欺骗等情况及由此导致的一切后果由 ×× （建设单位名称及法定代表人或者主要负责人姓名）承担全部责任。

法定代表人或者主要负责人签字：

备案回执

　该项目环境影响登记表已经完成备案，备案号：××××××

# 3.2 环境影响评价方法

环境影响评价横跨自然科学和社会科学，是一门典型的交叉学科，这决定了环境影响评价方法具有多样性、交叉性。这些方法按其功能可大致分为环境影响识别方法、环境影响预测方法和环境影响评估方法。

## 3.2.1 环境影响识别方法

环境影响识别可定性地判断出开发活动可能导致的环境变化以及由此带来的对人类社会的影响。通过环境影响识别找出所有受影响（尤其是不利影响）的环境因素，可减少环境影响预测的盲目性，增加环境影响评估分析的可靠性，使污染防治措施具有针对性。核查表法是环境影响识别的常用方法；当影响类型复杂时，还可采用矩阵法、网络图法等。

### 3.2.1.1 核查表法

核查表法（列表清单法、一览表法）是 Little 等在 1971 年提出的。该方法将受影响的环境因子和可能产生的环境影响在一张表中逐一列出，由此判断开发行为可能对哪些环境因子产生影响。

根据表单的具体形式，核查表法分为简单型和描述型，表3-4 为某港口建设项目环境影响识别的简单型核查表，表3-5 为某工业建设项目环境影响识别的描述型核查表。

表3-4　简单型核查表

| 可能受影响的环境因子 | 不利影响 | | | | | | 有利影响 | | | |
|---|---|---|---|---|---|---|---|---|---|---|
| | 短期 | 长期 | 可逆 | 不可逆 | 局部 | 大范围 | 短期 | 长期 | 显著 | 一般 |
| 水生生态系统 | | * | | * | * | | | | | |
| 渔业 | | * | | * | * | | | | | |
| 河流水文条件 | | * | | * | | * | | | | |
| 河水水质 | | * | | | * | | | | | |
| 空气质量 | * | | | * | * | | | | | |
| 声环境 | * | | * | | * | | | | | |
| 地方经济 | | | | | | | | * | | * |
| … | | | | | | | | | | |

资料来源：引自钱瑜，2009。

注：*表示该港口建设项目对某项环境因子可能产生影响。

表3-5　描述型核查表

| 环境要素 | 有利影响 | 无明显不利影响 | 一般不利影响 | 较严重不利影响 | 严重不利影响 | 主要影响因素和污染因子 |
|---|---|---|---|---|---|---|
| 大气 | | | | √ | | 燃烧烟气和工艺废气，排放烟尘、氮氧化物、乙醛、二醇、聚醚 |
| 地表水 | | | | √ | | 生产和生活废水排放：pH、COD、SS、乙醇、氨氮、磷酸盐 |
| 声 | | | √ | | | 设备噪声，施工噪声 |
| 土壤 | | √ | | | | 固废堆放 |
| 景观 | | √ | | | | 土地利用方式、建筑 |
| 社会经济 | √ | | | | | 经济发展、就业岗位 |

资料来源：引自钱瑜，2009。

注：√表示该工业建设项目对某项环境要素可能产生影响。

### 3.2.1.2　矩阵法

矩阵法是在核查表法的基础上发展而来的。使用矩阵法时，先采用核查表法对环境要素和环境因子进行识别筛选，然后把开发行为和受影响的环境要素分别作为行和列组成一个矩阵，使开发行为和环境影响之间的因果关系一目了然。

矩阵法又分为关联矩阵法（或称相关矩阵法）和迭代矩阵法，其中关联矩阵法应用更广泛。一般，在关联矩阵的横轴上列出一项开发行为中对环境有影响的各项活动，纵轴列出所有可能受活动影响的环境因子。矩阵中的每个元素用斜线隔开，左边表示影响的大小 $m_{ij}$，右边表示影响权重（重要性）$w_{ij}$；有利影响为"＋"，不利影响为"－"。可将影响大小分为 10 级，"10"最大，"1"最小；将影响权重也分为 10 个等级，"10"表示重要性最高，"1"表示重要性最低。由每行的元素累加得到 $\sum_{j=1}^{m} m_{ij}w_{ij}$，表示开发行为的所有活动对环境因子 $i$ 的总影响；由每列的元素累加得到 $\sum_{i=1}^{n} m_{ij}w_{ij}$，表示某项活动 $j$ 对整个环境的总影响；行和列元素累加得到矩阵的加权分值 $\sum_{i=1}^{n}\sum_{j=1}^{m} m_{ij}w_{ij}$，即为该拟建工程项目涉及的所有活动对整个环境的影响。以某公路项目为例，典型的环境影响识别关联矩阵如表 3-6 所示。

**表3-6**　某公路项目典型的环境影响识别关联矩阵

| 环境因子 | | 前期影响 | | 施工期影响 | | | | | 运营期影响 | | 总影响 |
|---|---|---|---|---|---|---|---|---|---|---|---|
| | | 征地 | 拆迁安置 | 取弃土石方 | 桥涵工程 | 道路工程 | 服务区建设 | 材料运输 | 车辆行驶 | 服务区运营 | |
| 大气环境 | 大气质量 | | -1/6 | -4/4 | -2/2 | -6/4 | -2/2 | -3/4 | -8/8 | -1/2 | -132 |
| 水环境 | 水文 | | … | | | | | | | | … |
| | 水质 | | | | | | | | | | |
| 声环境 | 噪声 | | | | | | | | | | |
| 生态环境 | 土地利用 | -5/6 | | | | | | | | | |
| | 水土保持 | -2/2 | | | | | | | | | |
| | 植被 | -5/4 | | | | | | | | | |
| | 动物 | -2/2 | | | | | | | | | |
| | 景观 | -3/3 | | | | | | | | | |
| 社会环境 | 就业劳务 | | | | | | | | | | |
| | 社会经济 | 8/10 | | | | | | | | | |
| | 交通运输 | | | | | | $m_{ij}/w_{ij}$ | | | | |
| | 农业生产 | -7/5 | | | | | | | | | |
| | 旅游发展 | 3/5 | | | | | | | | | |
| | 居住条件 | | | | | | | | | … | |
| 总影响 | | -7 | … | | | | | | | | … |

资料来源：引自钱瑜，2009。

关联矩阵可在开发活动与环境因子间建立直接的因果关系，但只能识别出直接影响，而不能判断环境系统中错综复杂的交叉和间接影响，继而产生了迭代矩阵。迭代矩阵是在关联矩阵的基础上，将识别出的显著影响在形式上当作"行为"来处理，再与各环境因子间建立关联矩阵，得出全部的"二级影响"，此即为"迭代"。迭代矩阵由于形式比较复杂，应用不多，一般所说的矩阵法实际上是指关联矩阵法。

### 3.2.1.3　网络图法

网络图法由迭代矩阵法进一步发展而来，是识别、评估间接和累积影响常用的一种方法。网络图法采用因果关系分析网络图来解释和描述拟建项目的各项活动和环境要素之间的关系，不仅具有矩阵法的功能，还可识别间接影响和累积影响。网络图法将多级影响逐步展开，呈树枝状，因此又称为关系树枝或影响树枝，可以表述和记载二级、三级以及更高层次上的影响。典型的环境影响识别网络图如图 3-3 所示。

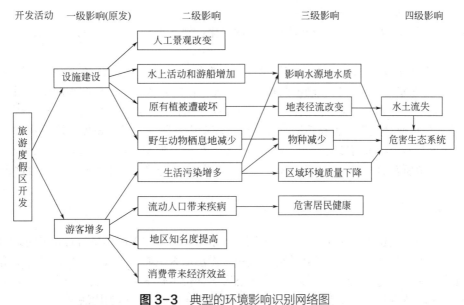

**图 3-3**　典型的环境影响识别网络图

网络图法既可以识别出环境影响，也可以通过定量、半定量的方法对环境影响进行预测和评价。首先在网络的箭头上标出该路线发生的概率，同时对网络路线终点的影响赋予权重（"+"表示正面影响，"–"表示负面影响），然后计算该网络各个路线的权重期望值，并对各个替代方案进行排序比较，最终得出评价结果。

## 3.2.2　环境影响预测方法

环境影响预测是对识别出的主要环境影响开展定量预测，以明确各主要影响因子的影响范围和影响大小，常用的预测方法有数学模型法、物理模拟法或类比法。

### 3.2.2.1　数学模型法

数学模型法是以数学模型为主的客观预测方法，被广泛应用于环境影响预测中。根据人们对预测对象认识的深浅，又可分为黑箱模型、白箱模型和灰箱模型。

黑箱模型不研究影响机理，仅通过统计归纳的方法，建立"输入 - 输出"关系的数学模型，通过外推作出预测；白箱模型则相反，通过研究影响机理，得到系统的物理、化学或生物学过程，建立描述各过程的数学方程，从而作出预测；灰箱模型则介于两者之间，用于人们对事物发生规律有一定了解，但某些方面了解并不充分的情形，对这类事物的预测通常用半经验、半理论的灰箱模型，即了解清楚的方面用白箱模型建立各种变化关系，某些了解还不清楚的方面用黑箱模型，设法根据统计关系确定参数。

### 3.2.2.2　物理模拟法

人们除了应用数学分析工具进行理论研究外，还应用物理、化学、生物学等方法直接模拟环境影响问题，这类方法称为物理模拟法。物理模拟法常用于研究变化机理、确定模型参数、构建数学模型。通常分为野外模拟和室内模拟。

（1）野外模拟　是指在野外研究现场采用实验方式开展的模拟，常见的有以下两种。

① 示踪物浓度测量法    通过在现场施放示踪物，跟踪检测其在环境中的浓度分布，从而获得物质在空间和时间上的变化规律。常用的示踪剂有：荧光类物质如罗丹明 B，同位素类物质如 $^{82}Br$、$^{131}I$ 等。

② 光学轮廓法    按一定的采样时段拍摄照片（或录像），获得污染物在介质中的瞬时存在状态，通过分析和对比照片粗略地得出污染物的迁移转化情况。

野外模拟的优点是能直接、真实地反映环境质量的变化；缺点是花费巨大，易造成二次污染，并且实验条件难以控制。

（2）室内模拟    基于相似性原则，在实验室构建野外环境的实物模型，包括微宇宙（环境）模拟、风洞试验等。

① 微宇宙模拟    在室内建立结构和功能与被研究系统相似的、按一定比例缩小的实物系统，模拟被研究系统的运行过程，获得运行机理。微宇宙模拟可分为陆生微宇宙模拟、水生微宇宙模拟和湿地微宇宙模拟。

② 风洞试验    是指通过人工产生和控制气流，模拟环境中气体的流动，量度气流对物体作用的试验，是进行空气动力学研究最常用、最有效的方法。优点是流动条件容易控制，可重复地、经济地取得试验数据。但在一个风洞中同时模拟所有的相似参数是很困难的，通常根据要求选择一些影响较大的参数进行模拟。

### 3.2.2.3    类比法

类比法的原理是一个拟建工程对环境的影响可以与一个已知的相似工程兴建后对环境的影响进行类比而确定，其预测结果属于半定量性质。当评价工作时间较短，无法取得足够的参数、数据，不能采用数学模型法和物理模拟法进行预测时，可选用该方法。该方法在生态影响评价中较常用，一般可分为部分类比法与整体类比法。因环境特征、工程特点等方面多少有些差异，部分类比法往往优于整体类比法。

## 3.2.3    环境影响评估方法

环境影响评估是对各评价因子定量预测的结果进行评估，确定对环境影响的大小。常采用的方法有指数法、图形叠置法、矩阵法、网络图法等。下面仅介绍指数法和图形叠置法，矩阵法和网络图法详见 3.2.1.2 节和 3.2.1.3 节。

### 3.2.3.1    指数法

指数法是环境影响评估中最早和最常用的一种方法，既可用于环境现状评价，也可用于环境影响预测评价。指数法主要通过计算指数判断环境质量的好坏及影响程度。指数法一般分为两大类：普通指数法和函数型指数法。

（1）普通指数法    又称等标型指数法，是以某评价因子实测浓度或预测浓度 $C$ 与标准浓度限值 $C_s$ 的比值 $P$ 作为指数，即 $P=C/C_s$，其中 $P$ 值越小越好，越大越不利。可分为单因子指数法和综合指数法。

① 单因子指数法    某个特定的评价因子的等标型指数称为单因子指数，用 $P_i$ 表示，用于判断该环境因子是达标（$P_i \leq 1$）还是超标（$P_i > 1$）以及超标程度。

② 综合指数法    在计算单因子指数的基础上计算综合指数，对环境影响进行综合评价。

当把各评价因子看成同等重要时，则为均值型综合指数。

$$P = \sum_{j=1}^{m} \sum_{i=1}^{n} P_{ij} \tag{3-1}$$

$$P_{ij}=C_{ij}/C_{sij} \tag{3-2}$$

式中，$P$ 为综合指数；$j$ 为第 $j$ 个环境要素；$m$ 为环境要素总数；$i$ 为第 $j$ 个环境要素中的第 $i$ 个环境因子；$n$ 为第 $j$ 个环境要素中的环境因子总数；$P_{ij}$ 为第 $j$ 个环境要素中第 $i$ 个环境因子的指数；$C_{ij}$ 为第 $j$ 个环境要素中第 $i$ 个环境因子的实测浓度或预测浓度；$C_{sij}$ 为第 $j$ 个环境要素中第 $i$ 个环境因子的标准浓度限值。

如果各环境因子的重要性不同，根据重要性的差异分别赋予权重，经加权累加后则得到加权型综合指数。

$$P = \frac{\sum\limits_{j=1}^{m}\sum\limits_{i=1}^{n} W_{ij} P_{ij}}{\sum\limits_{j=1}^{m}\sum\limits_{i=1}^{n} W_{ij}} \tag{3-3}$$

式中，$W_{ij}$ 为权重因子，表示第 $j$ 个环境要素中的第 $i$ 个环境因子在整体环境中的重要性。

求出综合指数 $P$ 后，还可以根据其数值与健康、生态影响间的关系进行分级，转换为健康、生态影响的综合评价。

（2）函数型指数法　特殊情况下（如环境质量标准尚未确定），可根据评价因子的毒性数据，把评价因子的浓度变化范围作为横坐标，利用环境质量指数作为纵坐标，建立函数关系，绘制指数函数图。然后根据评价因子的实测值或预测值，通过指数函数图获得该评价因子的环境质量指数。如果将纵坐标标准化为 0～1，以"0"表示质量最差，"1"表示质量最好，则该指数为巴特尔指数。在标准化后的单因子巴特尔指数的基础上，还可以获得综合指数，计算方法同普通指数。

### 3.2.3.2　图形叠置法

美国生态规划师 McHarg 最早提出图形叠置法。他首先在一张透明图片上画出项目位置及评价区域的轮廓基图，再准备一份可能受建设项目影响的当地环境要素一览表，由专家判断各环境要素受影响的程度和区域。每个待评价的要素都有一张透明图片，受影响的程度可以用一种专门的黑白色码阴影的深浅来表示。将所有环境要素受影响状况的阴影图叠置到轮廓基图上，可明显看出该项工程的总体影响。不同区域的阴影相对深度可表示综合影响的差别。

图形叠置法直观性强，易于理解，适用于空间特征明显的开发活动的环境影响评估，尤其在选址、选线类的建设项目上有着巨大的优势。但当评价因子过多时，手工透明图数量激增，工作量非常大，叠图颜色过于杂乱，导致难以分辨；另外，评价因子的重要性无法通过简单的叠置体现出来。随着科学技术的发展，图形叠置法借助计算机已逐渐成为地理信息系统（GIS）可视化技术中的一部分，克服了手工叠图的缺点，使得图形叠置法在环境影响评估中的优势日益显现。

## ✎ 课后练习

### 一、正误判断题

1. 建设单位可在建设项目开工建设后，将环境影响报告书（表）报有审批权的生态环境主管部门审批。（　　）

2. 审批部门收到环境影响报告书（表）之日起 30 日内，作出审批决定并书面通知建设单位。（　　）

3. 建设项目类型及其选址、布局、规模等不符合环境保护法律法规和相关法定规划，生态环境主管部门应当对环境影响报告书（表）作出不予批准的决定。（　　）

4. 环境影响评价中，各环境要素、各专题评价工作等级中一级评价较简略，二级评价次之，三级评价要求全面、详细、深入。（　　）

5. 数学模型法中，根据人们对预测对象认识的深浅，又可分为黑箱模型、白箱模型和灰箱模型。（　　）

6. 环境影响评价工作分为四个阶段：调查分析和工作方案制定阶段，分析论证和预测评价阶段，环境影响报告书（表）编制阶段以及环境影响报告书（表）审核阶段。（　　）

7. 建设单位在环境保护设施验收后，除按照国家规定需要保密的情形外，应当依法向社会公开验收报告。（　　）

8. 建设项目的类型不同，对环境的影响不同，环境影响报告书的编制内容也不同，基本格式、基本内容也有很大差距。（　　）

9. 环境影响报告表应采用规定格式，根据工程特点、环境特征，有针对性地突出环境要素或专题开展环境影响

评价。（      ）

10. 冶金、石化和化工行业中有重大环境风险，建设地点敏感，且持续排放重金属或者持久性有机污染物的建设项目，在运行过程中产生不符合已审批的环境影响报告书情形的，可以继续正常运行。（      ）

## 二、不定项选择题（每题的备选项中，至少有一个符合题意）

1. 作为法定制度的环境影响评价程序可以分为（      ）和工作程序。

　　A. 准备程序　　　　　　　　B. 预备程序　　　　　　　　C. 管理程序　　　　　　　　D. 前提程序

2. 下列关于建设项目环境影响后评价时限要求的说法中，正确的是（      ）。

　　A. 建设项目环境影响后评价应当在建设项目试生产后三至五年内开展

　　B. 建设项目环境影响后评价应当在建设项目开工建设后三至五年内开展

　　C. 建设项目环境影响后评价应当在建设项目正式投入生产或者运营后三至五年内开展

　　D. 当地生态环境主管部门可以根据建设项目的环境影响和环境要素变化特征，确定开展环境影响后评价的时限

3. 下列建设项目在运行过程中产生不符合已审批的环境影响报告书情形的，应当开展环境影响后评价的是（      ）。

　　A. 水利、水电、采掘、港口、铁路行业中实际环境影响程度和范围较大，且主要环境影响在项目建成运行一定时期后逐步显现的建设项目

　　B. 其他行业中穿越重要生态环境敏感区的建设项目

　　C. 冶金、石化和化工行业中有重大环境风险，建设地点敏感，且持续排放重金属或者持久性有机污染物的建设项目

　　D. 审批环境影响报告书的生态环境主管部门认为应当开展环境影响后评价的其他建设项目

4. 环境影响评价工作等级的划分依据包括（      ）。

　　A. 建设项目的特点

　　B. 建设项目所在地区的环境特征

　　C. 有关法律法规、规划、环境功能区划与标准

　　D. 建设项目的具体要求

5. 环境影响识别的方法包括（      ）。

　　A. 核查表法　　　　　　　　B. 矩阵法　　　　　　　　C. 图示法　　　　　　　　D. 网络图法

6. 核查表根据表单的具体形式可分为（      ）。

　　A. 简单型核查表　　　　　　　　　　　　B. 简约型核查表

　　C. 复杂型核查表　　　　　　　　　　　　D. 描述型核查表

7. 环境影响预测常用的方法包括（      ）。

　　A. 经验推理法　　　　　　　B. 数学模型法　　　　　　　C. 物理模拟法　　　　　　　D. 类比法

8. 野外模拟的常见方法是（      ）。

　　A. 示踪物浓度测量法　　　　B. 光学轮廓法　　　　　　　C. 微宇宙模拟　　　　　　　D. 风洞试验

9. 环境管理与监测计划涉及建设项目（      ）等阶段。

　　A. 建设阶段　　　　　　　　B. 服务期满后阶段　　　　　C. 计划建设阶段　　　　　　D. 生产运行阶段

10. 环境影响评价的评价工作等级中（      ）要求全面、详细、深入，一般采用定量化计算来完成。

　　A. 一级评价　　　　　　　　B. 二级评价　　　　　　　　C. 三级评价　　　　　　　　D. 全过程评价

## 三、问答题

1. 典型环境影响报告书的编制内容有哪些？

2. 哪些情况下要开展环境影响后评价？

3. 环境影响识别方法有哪些？它们的特点分别是什么？

4. 某河流监控断面1年内共有6次监测数据，其COD单因子指数分别为0.8、0.9、1.2、1.0、1.5和2.1，该河流断面的COD测次超标率是多少？

---

 设计问题

1. 对于一个拟建项目，从环境管理的角度，建设单位应如何完成环境影响评价文件申报？

2. 某造纸项目年产能3000t，废纸制成废纸浆后，经除杂物后直接送去抄纸，工艺用水量少，直接排放到厂区旁的一条Ⅲ类水域河流。请根据表1中污染物的监测数据及标准值，计算相应的单因子指数，并确定该河流 1#、2#、3#断面污染物是否超标。

**表1**　地表水环境质量标准及部分水质监测结果

| 项目 | | $BOD_5$ | COD | 挥发酚 | 硫化物 |
|---|---|---|---|---|---|
| 标准值/（mg/L） | | 4.0 | 20 | 0.005 | 0.20 |
| 监测值/（mg/L） | 1# | 2.6 | 6 | 0.003 | 0.03 |
| | 2# | 6.7 | 31 | 0.003 | 0.03 |
| | 3# | 3.1 | 6 | 0.003 | 0.03 |

注：监测断面1#位于排放口上游100m，2#位于下游500m，3#位于下游1500m。

# 4 建设项目工程分析

○○ ——— ○○ ○ ○○ ————————

📚 **案例引导**

随着社会经济的快速发展，各行各业的建设活动日益频繁，涉及人们生产、生活的各个领域，上至举世闻名的长江三峡工程建设，下至方便快捷的地铁修建。这些建设活动在推动社会进步、方便人们生活的同时，也可能给环境带来这样或那样的影响：有些是长期的，有些是短期的；有些是有利的，有些是不利的。

以造纸行业为例，"造纸等于污染"是人们对造纸行业的传统印象。我国造纸业多采用草秆、木浆等作为造纸原料，制浆造纸生产一般由制浆、洗浆、漂白、造纸等工序组成，而这些工序中，存在着对环境产生不良影响的因素，特别是生产性废水。造纸废水成分复杂、可生化性差、悬浮物含量高，极难处理。制浆造纸产生的生产废水的数量和复杂程度与所采用的生产工艺密切相关，如果不对生产工艺进行更新，仅单纯依靠末端治理来控制造纸行业污染，治理成本令企业难以承受，甚至也会对纳污水体环境质量造成非常大的威胁和隐患。

幸运的是，华南理工大学科研团队经过不懈的努力，通过连续水解技术、连续蒸煮技术以及与氧漂脱木素的协同技术，解决了化学法制浆原料三大组分连续分离的工程难题，在国际上首次实现了纤维原料全利用；研发的备料废弃物清洁制浆技术，产品可替代部分废纸浆应用于包装纸生产，为废弃纤维原料综合利用开辟了新的技术路线。该项综合技术的应用改变了造纸行业水污染的治理模式，实现了清洁生产与末端治理相结合的水污染全过程控制，其核心技术作为行业推荐的先进技术在全国范围得到推广，极大地推动了造纸行业的工艺技术改造、新旧动能转换和绿色制造升级。2017年我国造纸行业化学需氧量排放量与2007年相比减少了84%，至此彻底摘掉了"污染大户"的帽子。

事实证明，企业要想从根本上解决污染问题，必须通过改进生产工艺、采用先进的工艺技术与设备、改善管理、综合利用等措施，从源头削减污染，提高资源利用效率，减少生产过程中污染物的产生和排放，以减轻或者消除对环境和人体健康的危害。因此，对于一个拟建项目，当从环境保护的角度论证其可行性时，必须从项目自身的特点出发，详细地分析其工艺流程及污染物产生环节，确定污染源分布，完成污染源源强核算，全面辨识出建设项目中的工程活动究竟对哪些环境要素产生哪些影响，筛选确定其中重要的影响因子的排放量作为环境影响预测和评价的基础数据。工程分析是完成环境影响评价工作的关键之一，其可信程度直接影响着整个环境影响评价工作的质量。

○ 了解工程分析的作用。

○ 掌握工程分析方法。

○ 掌握污染影响型项目工程分析的主要内容。

○ 掌握污染源源强分析与核算方法。

○ 熟悉生态影响型项目工程分析的基本内容及技术要点。

# 4.1　概述

工程分析是建设项目环境影响评价的基础，是环境影响评价工作中分析建设项目环境影响内在因素的重要环节，是对建设项目的工程方案和整个工程活动进行分析，即从环境保护角度分析建设项目工程方案的性质、环境影响及其程度、清洁生产水平、环境保护措施方案以及总图布置、选址选线方案等，并提出要求和建议，确定建设项目在建设阶段、运行阶段以及服务期满后主要污染源源强、风险事故源强及生态影响因素。依据建设项目对环境影响的不同表现，工程分析分为以污染影响为主的污染影响型建设项目的工程分析和以生态破坏为主的生态影响型建设项目的工程分析。

## 4.1.1　工程分析的作用

工程分析是环境影响评价工作的关键之一，工程分析贯穿建设项目环境影响评价工作的全过程，在微观上工程分析可以为预测与评价环境影响以及提出不良环境影响削减措施提供基础数据，在宏观上有利于掌握建设项目与区域乃至国家环境保护全局的关系。工程分析的作用主要体现在以下几方面。

（1）为建设项目决策提供依据　工程分析是建设项目决策的重要依据之一。对于污染影响型建设项目，工程分析可以从项目建设性质、生产规模、产品结构、工艺技术路线、原料和燃料成分、设备类型、能源结构、技术经济指标、总图布置方案等基础信息入手，确定建设项目在建设和运行过程中的产污环节、污染源源强、风险源源强等。还可以从环境保护的角度分析技术经济先进性、环境保护措施的可行性、总图布置方案的合理性、达标排放的可能性等，为建设项目的决策提供依据和意见，如建设项目工艺方案、选址方案、总图布置方案的调整意见，甚至建设项目环境可行性方面的意见。

在某些特殊情况下，通过工程分析可以直接对建设项目的可行性作出否定结论。例如：①在特定或者敏感环境保护目标地区布置有污染影响并足以危害环境的建设项目时，可以直接作出否定结论；②在水资源紧缺地区布置大量耗水型建设项目时，若无妥善解决供水问题的措施，可以作出改变产品结构和限制生产规模或否定建设项目的结论；③在自净能力差或环境容量接近饱和的地区安排建设项目时，若该项目的污染物排放量将增加现有污染负荷，且无法从区域内进行调整控制，原则上可作出否定的结论。

（2）为环境要素和专题预测评价提供基础数据　通过工程分析获取的产污节点、污染源坐标和源强、污染物排放方式和排放去向等技术参数是大气环境、水环境、土壤环境、声环境、生态等环境要素及环境风险等专题预测的基础数据，为进一步的定量评价与分析污染控制措施、生态保护措施及环境风险防控措施的可行性提供了依据，也为污染物排放总量控制的实现提供了条件。

（3）为环境保护设计提供优化建议　建设项目的环境保护设计是为了最终实现污染物达标排放，一般很少考虑对受纳环境质量的影响，对于一些改扩建项目则更是很少考虑现有设备环境保护"欠账"问题以及环境容量问题。工程分析需对生产工艺进行优化论证，提出清洁生产方案，实现"增产不增污"或"增产减污"的目标，使环境质量不恶化或有所改善，优化环境保护设计。对于改扩建项目，现有工程可能存在工艺设备落后、污染水平高、排放方式不合理等环境问题，必须在改扩建中通过"以新带老"解决，故工程分析从环境保护技术方面提出的整改意见和方案需在环境保护设计中落实。

（4）为生态环境的科学管理提供依据　通过工程分析筛选出的主要污染因子是建设项目生产运行单位和生态环境管理部门日常管理的对象，提出的环境保护措施是否落实是建设项目竣工环境保护验收的重要内容，核定的污染物排放总量也是污染控制的目标。

此外，工程分析也是建设项目环境管理的基础。在我国，排污许可制是固定污染源生态环境管理的核心制度。通过工程分析对建设项目污染物排放强度进行的核算，是排污许可判定的主要内容，也是排污许可证申领的基础。2016 年 11 月，国务院办公厅印发了《控制污染物排放许可制实施方案》（国办发〔2016〕81 号），我国排污许可制度改革进入实施阶段，将向企事业单位核发排污许可证，作为生产运行期排污行为的唯一行政许可。

2018 年 1 月 1 日起实施的《中华人民共和国环境保护税法》规定对污染物按当量收税，也与工程分析中污染物的排放量核算有关。

## 4.1.2　工程分析的重点与阶段划分

### 4.1.2.1　工程分析的重点

环境影响评价中，污染影响型建设项目工程分析的重点是对建设项目的工艺过程的分析，核心是确定污染源及其源强；生态影响型建设项目工程分析的重点是对建设阶段的施工方式及生产运行阶段的运行方式的分析，核心是确定工程主要的生态影响因素。

### 4.1.2.2　工程分析的阶段划分

根据建设项目实施过程的不同阶段，工程分析的阶段分为建设阶段、生产运行阶段和服务期满后阶段。

① 所有建设项目都应分析生产运行阶段所产生的环境影响，包括正常工况和非正常工况［生产过程中开停车（工、炉）、设备检修、工艺设备运转异常等工况］。

② 部分建设项目的建设周期长，影响因素复杂且影响区域广，需对其进行建设阶段的工程分析。

③ 个别建设项目由于生产运行阶段的长期影响、累积影响或毒害影响会造成项目所在区域的环境发生质的变化，如核设施退役或矿山退役等，需要进行服务期满后的工程分析。

## 4.1.3　工程分析的常用方法

建设项目的工程分析常根据建设项目设计方案、可行性研究报告等技术资料开展工作。当建设项目（如大型资源开发、水利工程建设以及国外引进项目等）的设计方案、可行性研究报告所能提供的工程技术资料不能满足工程分析的需要时，可以根据具体情况选用其他适用的方法进行工程分析。目前常用的方法有类比法、物料衡算法、土石方衡算法、实测法和查阅参考资料分析法。

### 4.1.3.1　类比法

类比法是采用与拟建项目类型相同的现有项目的设计资料或实测数据进行工程分析的常用方法，也是定量结果较为准确的方法。为提高工程类比数据的准确性，常从如下三个方面分析拟建项目与类比项目之间的相似性和可比性。

（1）工程一般特征的相似性　指建设项目的性质、建设规模、车间配置、产品结构、生产工艺技术路线、原料和燃料成分、原料和燃料消耗量、用水量、设备类型等方面的相似性。

（2）污染物排放特征的相似性　指污染源类型与数量、排放污染物种类与浓度、污染物排放方式与去向，以及污染方式与途径等方面的相似性。

（3）环境特征的相似性　指气象条件、地形地貌状况、环境功能区划以及区域环境质量等方面的相似性。如果 A 地与 B 地环境特征不相似，某污染物在 A 地是主要污染因素，在 B 地则可能是次要因素，甚至是可被忽略的因素。在生产建设中常会遇到这种情况，因此要强调环境特征的相似性。

类比法工程分析是对比分析在原辅料及燃料成分、产品、工艺、规模、污染控制措施、管理水平等方面具有相同或类似特征的污染源，利用其相关资料，确定污染物浓度、废气（水）产生量、固废产生量等相关参数，进而核算污染物单位时间产生量或排放量，或者直接确定污染物单位时间产生量或排放量（源强）。

经验排污系数法是一种特殊的类比法，是工程分析中根据同类工艺生产过程中单位产品的排污系数计算污染物排放量的方法。其中经验排污系数根据某种产品成熟的生产工艺中比较先进的生产水平下的单位产品排污量的统计数据得出。

各种污染物的排污系数可通过查阅国内外文献获取，但它们都是在特定条件下统计产生的。由于生产技术条件和污染控制措施不同，文献中所提供的排污系数和实际排污系数差距可能较大。因此，在选择时需根据工程特征、生产管理等实际情况进行必要的修正。

应用此法时必须注意，一定使用国家或地方通过科学方法实际调查后权威发布的统计数据成果。一般可查阅环境保护实用数据手册、全国污染源普查成果、工业污染源产（排）污系数手册、设计手册等技术资料。使用时要注意地区、行业、阶段性等的差异。

经验排污系数法计算公式如下：

$$A = \mathrm{AD} \times M \tag{4-1}$$

式中，$A$ 为某污染物的排放总量；$\mathrm{AD}$ 为某污染物的排放定额；$M$ 为产品总产量。

采用此法计算污染物排放量时，必须全面了解项目生产工艺、化学反应、副反应和生产管理等情况，掌握原料、辅助材料、燃料的成分和消耗定额。

也可利用来源、产生过程相似或相同的同类污染物中污染因子的浓度数据估算拟建项目的同类污染物有关污染因子的浓度。如生活污水的水质在一个地区内差别不大，可以利用已有的统计数据进行类比。

## 4.1.3.2　物料衡算法

物料衡算法是指根据质量守恒定律，在具体建设项目产品方案、工艺路线、原材料和能源消耗以及污染控制措施确定的情况下，利用物料中的污染物量或元素量在输入端与输出端之间的平衡关系，计算确定污染物排放量的方法，是工程分析计算污染物排放量的最基本的方法。输入与输出平衡即在生产过程中，投入系统的物料总量必须等于产出的产品中物料总量、物料回收总量和物料流失总量之和。物料守恒公式如下：

$$\sum G_{投入} = \sum G_{产品} + \sum G_{回收} + \sum G_{流失} \tag{4-2}$$

式中，$\sum G_{投入}$ 为投入系统的物料总量；$\sum G_{产品}$ 为产出的产品中物料总量；$\sum G_{回收}$ 为物料回收的总量；$\sum G_{流失}$ 为物料流失的总量，流失的物料在很大程度上最终成为各类废弃物。

（1）总物料衡算　当投入物料中的污染物在生产过程中发生物理迁移和化学转化反应时，可按总物料衡算公式进行衡算：

$$\sum G_{排放} = \sum G_{投入} - \sum G_{产品} - \sum G_{回收} - \sum G_{处理} - \sum G_{转化} \tag{4-3}$$

式中，$\sum G_{排放}$ 为某污染物的排放量；$\sum G_{投入}$ 为投入物料中的某污染物总量；$\sum G_{产品}$ 为进入产品结构中某污染物总量；$\sum G_{回收}$ 为进入回收产品中的某污染物总量；$\sum G_{处理}$ 为经净化处理掉的某污染物总量；$\sum G_{转化}$ 为生产过程中被分解、转化的某污染物总量。

（2）单元工艺过程的物料衡算　对某单元工艺过程进行物料衡算，可以确定该单元工艺过程的污染物产生量。例如，对管道和泵输送过程、吸收过程、分离过程、反应过程等进行物料衡算，可以核定这些工艺加工过程的物料损失量，了解污染物产生量。

采用物料衡算法计算污染物排放量时，必须从总体上掌握技术路线与工艺流程的布局框架和结构特征，从物流、能流与信息流的角度对生产工艺、化学反应、副反应和生产管理等情况进行全面了解，掌握原料、辅料、燃料的成分和单位消耗量及总量的动态变化。但是由于此法的计算工作量较大，所得结果难免存在偏差，所以在应用时应注意修正。

在建设项目可行性研究文件提供的基础资料比较翔实或熟悉生产工艺过程的条件下，应优先采用物料衡算法计算污染物排放量，理论上该方法是最精确的。

环境影响评价中的物料衡算与工程设计中的物料衡算有区别：工程设计中考虑的是主要的原辅料与主要的产品、副产品和废弃物，而忽略部分进入环境的损失量，这些损失量往往较小，流失的形式不明显，在工程设计中没有必要考虑，但在环境影响评价的工程分析中，这些损失量恰恰是必须关注的对象。环境影响评价中工程分析的物料衡算比工程设计的物料衡算更加细致严密。

**【例4-1】** 图4-1为某工厂A、B、C三个单元过程的物料关系，请分别以全厂、单元A、单元B、单元C、单元（B+C）为衡算系统，列出每个系统的物料平衡关系。

**解析：** 物料流 $Q$ 是一种概括，可以设想为水、气、渣、原材料等的加工或产生流程，是一种物质平衡体系。各系统平衡关系如下：

① 把全厂作为一个衡算系统，平衡关系为：$Q_1=Q_5+Q_8$；

② 把单元A作为一个衡算系统，平衡关系为：$Q_1=Q_2+Q_3$；

③ 把单元B作为一个衡算系统，平衡关系为：$Q_2+Q_4=Q_5+Q_6$；

④ 把单元C作为一个衡算系统，平衡关系为：$Q_3+Q_6=Q_4+Q_8$；

⑤ 把单元B、C作为一个衡算系统，平衡关系为：$Q_2+Q_3=Q_5+Q_8$（注意：$Q_4$ 和 $Q_6$ 作为B、C两单元之间的交换不参与系统的衡算。循环量 $Q_7$ 消去）。

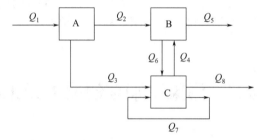

**图4-1** 某工厂A、B、C三个单元的物料关系

## 4.1.3.3　土石方衡算法

对于生态影响型建设项目，土石方衡算是工程分析的重要内容和方法之一。土石方衡算是指对工程取土（石）量、弃土（石）量及其调运情况进行分析，以此了解工程量，并分析工程设计的取土（石）场、弃土（石）场的合理性，特别是环境合理性，以便进一步优化取土（石）场、弃土（石）场，最大限度地减缓对生态的不利影响，同时对确定的土（石）场，根据征占土地及生态破坏的实际情况提出具体的水土保持与生态恢复措施。土石方平衡公式为式（4-4）和式（4-5）。

$$H_w+H_j=H_t+H_q \tag{4-4}$$

$$H_t=H_l+H_j \tag{4-5}$$

式中，$H_w$ 为挖方，指平衡计算划定的施工范围内，挖出的全部土石方量，一般为施工设计标高以上需要开挖的部分，$m^3$；$H_j$ 为借方，指从平衡计算划定的施工范围以外运入进行回填的土石方量，$m^3$。$H_t$ 为填方，指平衡计算划定的施工范围内需要回填的全部土石方量，包括利用方和借方，$m^3$；$H_q$ 为弃方，指挖方中没有用于平衡计算划定的施工范围内回填而运出的土石方量，$m^3$；$H_l$ 为利用方，指挖方中回用于平衡计算划定的施工范围内回填的土石方量，$m^3$。

一般情况下，在一个施工场区内的土石方尽量不外运废弃，也不从外面运土来回填，即没有弃方和借方。在填方作业时，采用"挖方不足借方补，挖方有余有弃方"的原则。

公路铁路等项目的环境影响评价中常用分段土石方平衡的方法进行分析，根据施工标段、地理特点等因素，将整体工程分为若干个计算段，对每个计算段进行挖方和填方的分析，综合平衡全线土石方调运，最大限度提高土石方利用率，减少借方和弃方，特别是有效利用隧道工程产生的土石方。

## 4.1.3.4　实测法

实测法是指通过选择相同或类似工艺，现场实测一些关键的污染参数，进而核算出污染物排放量的方法，包括自动监测实测法和手工监测实测法。对于已经存在的污染源，可以通过污染源现场测定确定其主要的排放参数。

通常情况下，通过某有组织排放污染源的现场测定，得到污染物的排放浓度和废气或废水排放量，计算出污染物排放量，计算公式如下：

$$Q = CL \tag{4-6}$$

式中，$Q$ 为污染物排放量，$mg/h$；$C$ 为污染物的排放浓度，$mg/m^3$；$L$ 为废气或废水排放量，$m^3/h$。

此法适用于已投产的污染源，如应用于改扩建项目中现有工程污染源的分析。实际应用中需要注意取样的代表性，否则用实测结果核算污染源排放量会有很大误差。

### 4.1.3.5  查阅参考资料分析法

查阅参考资料分析法是利用同类工程已有的环境影响评价资料或可行性研究报告等资料进行工程分析的方法。此法比较简便，但所得数据的准确性不容易保证，一般在评价工作等级比较低的建设项目工程分析中使用。

在实际工作中，经常是类比法、物料衡算法、实测法、查阅参考资料分析法等多种方法互相校正、互相补充，从而获得最可靠的污染源排放数据。

# 4.2  污染影响型建设项目工程分析

污染影响型建设项目工程分析的工作内容原则上应根据建设项目的工程特征（包括建设项目的类型、性质、规模、开发建设方式与强度、能源与资源用量）、污染物排放特征以及项目所在地的环境条件来确定，包括核算排放常规污染物和特征污染物的污染源源强，提出污染物排放清单，客观评价建设项目产生的污染负荷。对于有毒有害污染物及影响持久的污染物，还应分析其产生的环节、污染物转移途径和流向。

污染影响型建设项目工程分析的基本工作内容通常包括以下六部分：

① 建设项目概况　包括一般特征简介、项目组成、物料与能源消耗定额。

② 工艺流程及产污环节分析　包括工艺流程分析和污染物产生环节分析。

③ 污染源源强分析与核算　包括污染源分布及污染源源强核算、物料平衡与水平衡、污染物排放总量控制建议指标、无组织排放源强统计及分析、非正常排放源强统计及分析、污染源参数及排放口类型统计。

④ 清洁生产分析　从原料、产品、工艺技术、装备水平等方面分析清洁生产情况。

⑤ 环境保护措施方案分析　分析环境保护措施方案及所选工艺、设备的先进水平和可靠程度；分析与处理工艺有关的技术经济参数的合理性；分析环境保护设施投资构成及其在总投资中占有的比例。

⑥ 总图布置方案与外环境关系分析　分析厂区与周围的环境保护目标之间所定防护距离的安全性；根据气象、水文等自然条件分析工厂和车间布置的合理性；分析环境敏感点（保护目标）处置措施的可行性。

## 4.2.1  建设项目概况

在污染影响型建设项目概况中应明确项目组成、建设地点、原辅料、生产工艺、主要生产设备、产品方案、总平面布置、建设周期、总投资及环境保护投资等内容。项目组成包括主体工程、辅助工程、公用工程、环保工程、储运工程及依托工程等。

首先，简单介绍建设项目概况和工程一般特征，列出工程项目组成表（见表4-1）和项目的产品方案（包括主要产品及副产品），通过项目组成分析找出项目建设存在的主要环境问题。其次，根据项目组成和工艺，用表列出主要原辅料、燃料的名称、规格、来源、年总耗量、单位产品消耗量，水资源、能源消耗量（见表4-2），以及产品及中间体的性质、数量等。对于含有毒有害物质的原料、辅料及其他物料还要列出有毒有害组分及其理化性质、毒理特征。

对于改扩建及异地搬迁项目，建设项目概况还要包括现有工程基本情况、污染物排放及达标情况、存在的环境问题及拟采取的整改方案等内容，并说明现有工程与建设项目的依托关系。

**表4-1　某新建合成氨、甲醇、尿素工程项目组成表**

| 工程类别 | 主要内容 | | 备注 |
|---|---|---|---|
| 主体工程 | 合成氨装置 | 造气车间 | 生产能力为每年 $36×10^4t$ 合成氨 |
| | | 脱硫车间 | |
| | | 精制车间 | |
| | | 压缩车间 | |
| | | 合成氨车间 | |
| | 甲醇装置 | 醇化车间 | 生产能力为每年 $12×10^4t$ 甲醇 |
| | | 甲醇精制车间 | |
| | 尿素装置 | $CO_2$ 压缩车间 | 生产能力为每年 $60×10^4t$ 尿素 |
| | | 尿素合成车间 | |
| 辅助工程 | 氢回收系统 | | |
| | 氨回收系统 | | |
| | 油回收系统 | | |
| | 吹风气回收系统 | | |
| | 机修及机械加工车间 | | |
| | 空气压缩机站 | | |
| | 冷冻站 | | |
| 公用工程 | 热电车间 | 锅炉房及电站 | 3台 75t/h 循环流化床锅炉<br>2台 6000kW·h 背压发电机组 |
| | | 循环冷却水系统 | 1台机械通风冷却塔 |
| | | 软水站 | $180m^3/h$ |
| | 给水系统 | 自备深井 | $360m^3/h$ |
| | 循环水系统 | 合成循环水系统 | 4台冷水塔，循环水量为 $20000m^3/h$ |
| | | 尿素循环水系统 | 2台凉水塔，循环水量为 $13000m^3/h$ |
| 环保工程 | 造气污水处理站 | | 处理能力为 $10000m^3/h$ |
| | 生化污水处理站 | | 处理能力为 $80m^3/h$ |
| 储运工程 | 贮煤场 | 原料煤场 | $12000m^2$ |
| | | 燃料煤场 | $6000m^2$ |
| | 液氨贮罐 | | 容积为 $2×1000m^3$ |
| | 甲醇贮罐 | | 容积为 $4×1000m^3$ |
| | 尿素成品库 | | |
| 办公及生活设施 | 倒班宿舍、食堂、浴室等 | | |

资料来源：引自李爱贞等，2008。

注：本项目无依托工程。

**表4-2　甲醇物耗和能耗指标**

| 序号 | 名称 | 规格 | 单位 | 消耗定额[以单位质量（t）产品计] | 年消耗量 |
|---|---|---|---|---|---|
| 1 | 粗甲醇 | 93% | t | 1.15 | 138000 |
| 2 | 烧碱 | 30% | kg | 2.5 | 300000 |
| 3 | 冷却水 | 温度：32℃；压力：0.3MPa | t | 96 | 11520000 |
| 4 | 电 | | kW·h | 10 | 1200000 |
| 5 | 蒸汽 | 压力：1.3MPa，0.4MPa | t | 1.2 | 144000 |

续表

| 序号 | 名称 | 规格 | 单位 | 消耗定额［以单位质量（t）产品计］ | 年消耗量 |
|---|---|---|---|---|---|
| 6 | 压缩空气 | | m³ | 50 | 6000000 |
| 7 | 氮气 | | m³ | 0.5 | 60000 |

资料来源：引自李爱贞等，2008。

### 4.2.2　工艺流程及产污环节分析

　　首先要绘制污染工艺流程图，通常在提交的建设项目设计文件、可行性研究报告的基础上，根据工艺过程的描述、工艺流程图及同类项目生产的实际情况进行绘制。环境影响评价的污染工艺流程图有别于工程设计工艺流程图，环境影响评价关心的是工艺过程中产生污染物的具体位置、污染物的种类和数量，故绘制的污染工艺流程图应包括产生污染物的装置和工艺过程（不产生污染物的过程和装置可以简化），对于有化学反应发生的工序还需要列出涉及的主要化学反应和副反应方程式，并在总平面布置图上标出污染源的准确位置，以便为其他环境要素或专题评价提供可靠的污染源资料。

　　其次在产污环节分析中，应包括主体工程、公用工程、辅助工程、储运工程、依托工程等项目组成的内容，需要说明是否增加依托工程的污染物排放量。对于现有工程评价，工程分析应明确现有工程污染物排放统计的基准年份。按照生产、装卸、储存、运输等环节分析包括常规污染物、特征污染物在内的污染物产生、排放情况（包括正常工况和开停工及维修等非正常工况），存在具有致癌、致畸、致突变的物质，持久性有机污染物或重金属的，应明确其来源、转移途径和流向；给出噪声、振动、放射性及电磁辐射等污染的来源、特性及强度等。

　　图 4-2 为某热电厂污染工艺流程图，此图说明了该热电厂的生产过程及产污位置。图中：$W_1$ 为煤场废水，$W_2$ 为沉煤池废水，$W_3$ 为化学水处理装置产生的废水，$W_4$ 为含油废水，$W_5$ 为生活污水；$G_1$ 为二氧化硫，$G_2$ 为氮氧化物；$S_1$ 为锅炉渣，$S_2$ 为锅炉灰分，$S_3$ 为除尘器灰分，$S_4$ 为烟囱烟灰。

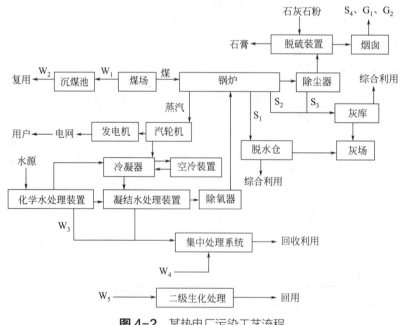

**图 4-2　某热电厂污染工艺流程**

　　对于建设阶段和生产运行期间，可能发生突发性事件或事故，引起有毒有害、易燃易爆等物质泄漏，对环境及人身造成影响和损害的建设项目，应开展建设和生产运行过程的风险因素识别。对于存在较大潜在人群健康风险的建设项目，应开展影响人群健康的潜在环境风险因素识别。

## 4.2.3 污染源源强分析与核算

污染源指造成环境污染的污染物发生源，通常指向环境排放有害物质或对环境产生有害影响的场所、设备或装置等。

源强是对产生和排放的污染物强度的度量，包括废气源强、废水源强、噪声源强、振动源强、固体废物源强等。其中，废气、废水源强是指单位时间内废气、废水中污染物排放强度，包括正常排放和非正常排放，不包括事故排放（指突发泄漏、火灾、爆炸等情况下污染物的排放）。噪声源强是指噪声污染源的强度，是反映辐射噪声强度和特征的指标，通常用声功率级或声压级以及指向性等特征来表示。振动源强是指振动污染源的强度，是反映振动源强度的加速度、速度或位移等特征的指标，通常用 Z 振级表示。固体废物源强是指污染源单位时间内产生的固体废物的量。

污染源源强核算是工程分析中的重要工作内容，其准确性直接影响环境保护措施的选取及环境影响预测评价的结论。污染源源强核算工作是根据污染物产生环节（包括生产、装卸、储存、运输）、产生方式和污染治理措施，核算建设项目有组织与无组织、正常工况与非正常工况下的污染物产生和排放强度，给出污染因子及其产生和排放的方式、浓度、数量等。因此污染源源强核算应当依据科学的方法逐步进行。首先，开展污染源识别和污染物确定；其次，进行污染源核算方法的选取和相关参数的确定；最后，开展污染源源强的准确核算及结果统计。

建设项目环境影响评价污染源源强核算技术指南体系由准则及行业指南构成。准则规定污染源源强核算的总体要求、核算程序、源强核算原则要求；行业指南指导和规范具体行业的污染源源强核算工作。工程分析中，污染源源强核算可参考具体行业污染源源强核算指南规定的方法。按照相关行业指南规定的优先级别选取适当的核算方法，合理选取或科学确定相关参数。根据选定的核算方法和参数，结合核算时段确定污染物源强，一般为污染物年排放量和小时排放量等。

（1）污染源分布及污染源源强核算　建设项目污染源分布、排放污染物类型及污染物排放量是各环境要素和各专题评价的基础资料，一般按建设阶段、生产运行阶段统计。根据需要，某些建设项目还要对服务期满后（退役期）影响源强进行核算。对于污染源分布，根据污染工艺流程图标明污染物排放部位，列表逐点统计各种污染物的排放强度、浓度及数量。对于最终排入环境的污染物，要以最大负荷核算，确定其是否达标排放，如燃煤锅炉的二氧化硫、烟尘排放量，必须以锅炉最大产汽量时所消耗的燃煤量为基础进行核算。

对于废气，可按点源、线源、面源进行核算，说明源强、排放方式和排放高度及存在的有关问题。对于废水，应说明废水种类和成分、污染物浓度、废水排放方式和去向。对于固体废物，要按《中华人民共和国固体废物污染环境防治法》对其进行分类：对于废液，要说明废液种类和成分、污染物浓度、是否属于危险废物、处置方式和去向等有关问题；对于废渣，要说明有害成分、溶出物浓度、是否属于危险废物、废渣排放量、废渣处理和处置方式以及贮存方法。噪声和放射性要列表说明源强、剂量及分布。表 4-3 列出了某新建热电厂项目主要噪声源排放情况。

**表4-3** 某新建热电厂项目主要噪声源的噪声水平

| 噪声源 | 声压级 /dB（A） | 噪声源 | 声压级 /dB（A） |
| --- | --- | --- | --- |
| 安全阀排气 | 120 | 给水泵 | 90 |
| 送风机 | 100 | 空压机 | 100 |
| 引风机 | 90 | 碎煤机 | 90 |
| 汽轮机 | 95 | 空冷风机 | 75（空冷平台边缘 1m 处） |
| 发电机 | 95 | 辅机机械冷却塔 | 90 |
| 磨煤机 | 100 | 脱硫增压风机 | 95 |
| 湿式球磨机 | 85 | 石灰石浆液循环泵 | 90 |

① 新建项目污染物排放量统计　须按废水和废气污染物分别统计各种污染物排放总量，固体废物按我国规定统计一般固体废物总量和危险废物总量，并应算清污染源的"两本账"：第一本账是生产过程中的污染物

产生量，第二本账是实施污染防治措施后的污染物削减量。两本账之差是需要评价的污染物最终排放量。

统计时应以车间或工段为核算单元，对于泄漏和放散量部分，原则上要求实测，如果实测有困难，可以利用年均消耗定额的数据进行物料平衡推算。

② 改扩建项目污染物排放量统计　对改扩建项目的污染物排放量（包括有组织与无组织、正常工况与非正常工况）的统计，应分别按现有、改扩建项目实施后情形汇总污染物产生量、排放量及其变化量，核算改扩建项目建成后最终的污染物排放量。即要算清新老污染源的"三本账"：第一本账是现有污染物排放量，第二本账是改扩建新增污染物排放量，第三本账是改扩建完成后污染物排放量（包括"以新带老"削减量）。它们的相互关系可表示为：

$$改扩建后排放量 = 现有排放量 - "以新带老"削减量 + 改扩建新增排放量$$

【例4-2】某生产企业拟进行锅炉技术改造并增容，现有项目 $SO_2$ 排放量为 200 t/a，改扩建后，$SO_2$ 产生量为 240t/a，安装脱硫设施后，$SO_2$ 最终排放量为 80t/a。请问"以新带老"削减量为多少？

解析：现有排放量（第一本账）：200（t/a）。

改扩建项目自身产生量：240 - 200 = 40（t/a）；

脱硫设施的 $SO_2$ 处理效率：（240 - 80）÷ 240 × 100% = 66.67%；

改扩建新增排放量（第二本账）：40×（1-66.67%）= 13.33（t/a）；

"以新带老"削减量：200×66.67% = 133.34（t/a）。

改扩建后排放量（第三本账）：80t/a。

（2）物料平衡与水平衡　通过物料平衡，可以确定产品和副产品的产量，并核算出污染物的排放源强。物料衡算的类型很多，有以全厂物料的总进出为基准的物料衡算，也有针对具体装置或工艺进行的物料衡算。例如某生产系统在生产产品 CZ 和 M 时会产生副产品硫黄（S），针对硫的物料平衡称为硫平衡，图4-3为该生产系统的硫平衡图。

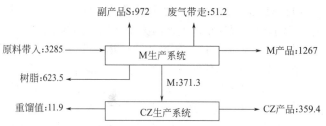

**图4-3** 某生产系统硫平衡图（t/a）

水是工业生产中的重要原料和载体，企业及每个用水单元均存在水量的平衡关系。按照质量守恒定律，企业或单元各用水系统的输入水量之和等于输出水量之和。

水平衡分析是工程分析的重要内容，要根据"清污分流、一水多用、节约用水"的原则进行水平衡分析，合理有效利用水资源。水平衡分析中建设项目的工业用水重复利用率、间接冷却水循环利用率、工艺水回用率和污水处理回用率是考察清洁生产中水资源利用水平的重要指标，其数值越大，项目越节水，水资源利用水平越高。常见水平衡计算涉及的相关术语采用《工业用水节水　术语》（GB/T 21534—2008）的规定。

工业用水分类情况见图4-4。对于建设项目，工业用水包括生产用水（锅炉用水、工艺用水、间接冷却水）和厂区生活用水。生产用水中，锅炉用水是指锅炉产蒸汽或产水所需的用水及锅炉水处理自用水；工艺用水是指工业生产中，用于制造、加工产品以及与制造、加工工艺过程有关的水；间接冷却水是指通过热交换设备与被冷却物料隔开的冷却水。工艺用水包括直接冷却水、产品用水、洗涤用水和其他工艺用水，其中，直接冷却水是指与被冷却物料直接接触的冷却水；产品用水是指生产过程中，直接进入产品的水；洗涤用水是指生产过程中，对原材料、半成品、成品、设备等进行洗涤的水。

① 取水量　工业用水的取水量指直接取自地表水、地下水和城镇供水工程以及企业从市场购得的其他水或水的产品的总量。

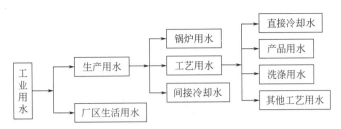

**图 4-4 工业用水分类示意图**

② 用水量 在确定的用水单元或系统内,使用的各种水量的总和,即新水量和重复利用水量之和。

③ 新水量 指企业内用水单元或系统取自任何水源被该企业第一次利用的水量。

④ 排水量 指对于确定的用水单元,完成生产过程和生产活动后排出企业之外以及排出该单元进入污水系统的水量。排水率是在一定的计量时间内,企业外排水量占新水量的百分比。外排水量是指完成生产过程和生产活动后排出企业之外的水量。

⑤ 耗水量 又称损失水量,是指在确定的用水单元或系统内,生产过程中进入产品、蒸发、飞溅、挟带及生活饮用等所消耗的水量。

⑥ 重复利用水量 是在确定的用水单元或系统内,使用的所有未经处理和处理后重复使用的水量之和。

⑦ 工业用水重复利用率 是指在一定的计量时间内,生产过程中使用的重复利用水量占用水量的百分比,即工业用水重复利用率=工业重复利用水量/(新水量＋工业重复利用水量)×100%。

⑧ 冷却水循环率 是指在一定的计量时间内,生产过程中使用的冷却水循环量占冷却水用量的百分比。冷却水循环量是指在冷却用水单元或系统内,生产过程中已用过的冷却水再循环用于同一过程的冷却水量。冷却水用量为冷却水新水量与冷却水循环量之和。因此,冷却水循环率=冷却水循环量/(冷却水新水量＋冷却水循环量)×100%。

⑨ 工艺水回用率 指在一定的计量时间内,生产过程中工艺水回用量占工艺用水量的百分比。工艺水回用量是指在工艺用水单元或系统内,生产过程中已用过的工艺水重复回用于工艺用水单元或系统的水量。工艺用水量为工艺新水量与工艺水回用量之和。因此,工艺水回用率=工艺水回用量/(工艺新水量＋工艺水回用量)×100%。

⑩ 污水处理回用率 指污水处理回用量占排水量的百分比。污水处理回用量是指在一定的计量时间内,生产过程中产生的生活和生产污水,经处理再利用的水量。因此,污水处理回用率=污水处理回用量/(外排水量＋污水处理回用量)×100%。

**【例 4-3】** 某企业车间的水平衡图见图 4-5,问该车间的水重复利用率、工艺水回用率、冷却水循环率分别是多少?

**解析:** 如图 4-5 所示,以车间为单元,可知:

重复利用水量为冷却水循环量与工艺水回用量之和,即 40＋20＝60(m³/d);用水量为补充新水量和重复利用水量之和,即 50+60＝110(m³/d),所以该车间的水重复利用率为:60÷110×100%＝54.5%。

工艺水回用量为 20m³/d,车间补充新水量为 50m³/d;该车间工艺用水量为补充新水量与工艺水回用量之和,即 50+20=70(m³/d),所以该车间的工艺水回用率为:20÷70×100%=28.6%。

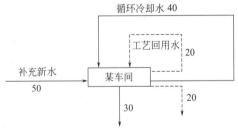

**图 4-5 某企业车间的水平衡图(m³/d)**

冷却水循环量为 40m³/d;车间补充新水量 50m³/d;冷却水用水量为补充新水量与冷却水循环量之和,即 50+40=90(m³/d),故该车间的冷却水循环率为:40÷90×100%＝44.4%。

**【例 4-4】** 某建设项目水平衡图如图 4-6 所示,问该项目的工业用水重复利用率、工艺水回用率、冷却水循环率、污水处理回用率分别为多少?

**解析:** 由图 4-6 可知:

工业重复利用水量为 1600＋400＋600 =2600(m³/d),新水量为 100+200+200+200=700(m³/d),用水量为 2600+

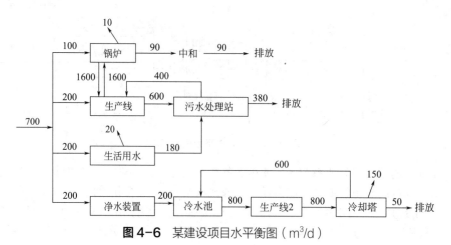

**图4-6** 某建设项目水平衡图（m³/d）

（图中各环节间箭头不是串级重复使用水量，仅表示一个过程）

700=3300（m³/d），所以该项目的工业用水重复利用率为：2600÷3300×100%=78.8%。

工艺水回用量为400+600=1000（m³/d），工艺用水量为200+400+200+600=1400（m³/d），所以该项目的工艺水回用率为：1000÷1400×100%=71.4%。

冷却水循环量为600m³/d，冷却水用水量为200+600=800（m³/d），所以该项目的冷却水循环率为：600÷800×100%=75.0%。

污水处理回用量为400m³/d，外排水量为90+380+50=520（m³/d），所以该项目的污水处理回用率为：400÷（520+400）×100%=43.5%。

（3）污染物排放总量控制建议指标  根据所核算的建设项目污染物排放量，按照国家对污染物排放总量控制指标的要求，提出建设项目污染物排放总量控制建议指标。一般包括国家规定的污染物指标和建设项目的特征污染物指标。所提出的污染物排放总量控制建议指标必须满足三个条件：①满足达标排放要求；②符合其他相关环境保护要求（如特殊控制的区域与河段）；③技术上可行。

因为排污许可制度与项目污染物排放总量紧密衔接，对于环境质量不达标地区，可通过提高排放标准或加严许可排放量等措施，对企事业单位实施更为严格的污染物排放总量控制，从而推动环境质量改善。在"十三五"时期，根据国家环境质量改善需求，继续实施二氧化硫、氮氧化物、化学需氧量、氨氮排放总量控制，对全国实施重点行业工业烟粉尘总量控制，对总氮、总磷和挥发性有机物（VOCs）实施重点区域与重点行业相结合的总量控制，增强差别化、针对性和可操作性。在"十四五"时期，按照国家稳中求进、持续改善环境质量的总体要求，深入打好大气污染防治攻坚战，推进氮氧化物与VOCs协同减排，推动PM$_{2.5}$和臭氧浓度共同下降，实现协同控制。氮氧化物、VOCs均为PM$_{2.5}$和臭氧的重要前体物，因此将VOCs纳入总量控制指标，替换二氧化硫。因为我国酸雨问题基本解决，二氧化硫浓度全国全面达标，因此"十四五"期间二氧化硫退出约束性指标。

（4）无组织排放源源强统计与分析  无组织排放主要针对废气排放，指生产工艺过程中产生的污染物没有进入收集和排气系统，而是通过厂房天窗排放或直接弥散到环境中。工程分析中，将没有排气筒或排气筒高度低于15 m的排放源定为无组织排放源。无组织排放源源强主要有三种确定方法。①物料衡算法。通过生产运行过程中物料的投入产出分析，核算无组织排放量。②类比法。通过与工艺相同、使用原料相似的同类项目进行类比，核算无组织排放量。③反推法。通过对同类建设项目正常生产时无组织监控点进行现场监测，利用面源扩散模型反推，以此确定该项目无组织排放量。

（5）非正常排放源源强统计与分析  非正常排放是指生产过程中开停车（工、炉）、设备检修、工艺设备运转异常等非正常工况下的污染物排放以及污染物排放控制措施达不到应有效率等情况下的排放。非正常排放源是指工艺设备或环境保护设施达不到设计规定指标运行时的可控排污。因为这种排污不代表长期运行的排污水平，所以列入非正常排放评价中。此类异常排污分析需要重点说明异常情况产生的原因、发生频率和处置措施。

（6）污染源参数及排放口类型统计　根据行业排污许可证管理的要求，对建设项目废气排放口实行分类管理：主要排放口管控许可排放浓度和许可排放量；一般排放口管控许可排放浓度；特殊排放口暂不管控许可排放浓度和许可排放量。建设项目废水总排放口为主要排放口，通常不区分装置内部的排放口、车间排放口、生产设施排放口。在环境影响评价中，要按照各排放口污染物排放特点及排放负荷说明排放口的类型。如在《排污许可证申请与核发技术规范　化肥工业——氮肥》（HJ 864.1—2017）中，部分废气污染源、污染物和排放口类型见表4-4。污染源及排放口类型确定后，还应给出对应的参数，包括排放口坐标、高度、温度、压力、流量、内径，污染物排放速率、状态、排放规律（连续排放、间断排放、排放频次），无组织排放源的位置及范围等。

**表4-4**　氮肥行业部分废气污染源、污染物和排放口类型

| 污染源 | | | | 许可排放浓度（速率）的污染物项目 | 许可排放量的污染物项目 | 排放口类型 |
|---|---|---|---|---|---|---|
| 以油为原料 | 部分氧化法 | 原料气净化 | 低温甲醇洗尾气洗涤塔排气筒 | 甲醇、（硫化氢[①]） | — | 一般排放口 |
| | | | 硫回收尾气排气筒 | 二氧化硫、硫酸雾[②] | 二氧化硫 | 主要排放口 |
| 尿素 | | | 放空气洗涤塔排气筒 | （氨[①]） | 氨 | 主要排放口 |
| | | | 造粒塔或造粒机排气筒 | 颗粒物、（氨[①]）、甲醛[③] | 颗粒物、氨 | 主要排放口 |
| | | | 包装机排气筒 | 颗粒物 | — | 一般排放口 |
| 硝酸铵 | | | 造粒塔排气筒 | 颗粒物、（氨[①]） | 颗粒物、氨 | 主要排放口 |
| | | | 包装机排气筒 | 颗粒物 | — | 一般排放口 |
| 公用工程 | | | 动力锅炉烟囱 | 颗粒物、二氧化硫、氮氧化物、汞及其化合物[④]、烟气黑度 | 颗粒物、二氧化硫、氮氧化物 | 主要排放口 |
| | | | 污水处理厂废气收集处理设施排气筒（以煤或油为原料） | （氨[①]）、（硫化氢[①]）、酚类[⑤]、非甲烷总烃[⑤] | — | 一般排放口 |
| | | | 火炬[⑥] | — | | 其他排放情形 |
| 厂界 | | | | 氨、非甲烷总烃、臭气浓度、硫化氢[⑦]、颗粒物[⑦]、甲醇[⑧]、酚类[⑨] | — | — |

①括号内污染物管控排放速率。②硫回收生产硫酸时，应管控硫酸雾。③造粒过程使用甲醛时，应管控甲醛。④采用三废混燃系统时，应管控汞及其化合物。⑤采用固定床煤气化工艺时，应管控酚类、非甲烷总烃。⑥指全厂主火炬。⑦以天然气为原料和燃料的排污单位可不管控硫化氢和颗粒物。⑧氨醇联产或脱硫脱碳采用低温甲醇洗工艺时，应管控甲醇。⑨采用固定床煤气化工艺时，应管控酚类。

## 4.2.4　清洁生产分析

清洁生产是实现我国污染控制重点由末端控制向生产全过程控制转变的重要措施，也是我国工业可持续发展的重要战略。清洁生产强调"预防污染物的产生"，即从源头和生产过程防止污染物的产生。实施清洁生产，可以减轻项目末端处理负担，提高建设项目的环境可行性。

清洁生产分析一般从生产工艺和装备是否先进可靠，资源和能源的选取、利用和消耗是否合理，产品设计、产品寿命、产品报废后的处置是否合理，生产过程中排放出来的废物是否被尽可能地循环和综合利用等多方面进行，由此实现从源头避免环境污染问题产生。清洁生产分析提出的环境保护措施建议，应是从源头开始的针对生产过程的节能、降耗和减污的清洁生产方案建议。

开展工程分析时，要参考建设项目可行性研究报告中工艺技术比选、节能措施、节水措施、设备等内容，分析项目从原料到产品的设计（包括工艺技术来源和技术特点、装备水平、资源能源利用效率、废弃物产生量、产品指标等）是否符合清洁生产的理念。

## 4.2.5　环境保护措施方案分析

在工程分析中，对于环境保护措施方案的分析，一般包括两个层次。第一个层次是对项目可行性研究报告

等文件提供的污染控制措施进行技术先进性、经济合理性及运行可靠性的分析评价。如果所提出的措施不能满足环境保护要求，则需要进行第二个层次，即提出切实可行的改进或完善建议，包括替代方案。通常，环境保护措施方案的分析要点包括如下几个方面：

（1）分析建设项目可行性研究报告的环境保护措施方案的技术经济可行性　根据生产运行过程中产生污染物的特点，充分调查同类工程项目现有环境保护措施方案的经济技术运行指标，以此分析拟建项目所采用的环境保护设施的技术可行性，并提出进一步的改进意见，包括替代方案。

（2）分析污染处理工艺排放污染物达标的可靠性　根据现有同类环境保护设施运行的技术经济参数，结合拟建项目污染物的特点和污染处理工艺，分析拟建项目环境保护设施运行参数的合理性、抗冲击性、稳定性、可靠性，并提出进一步的改进意见。

（3）分析环境保护设施投资构成及其在总投资（或建设投资）中所占的比例　核算建设项目环境保护设施的各项投资，分析投资结构，计算环境保护投资在总投资（或建设投资）中所占的比例。对于改扩建项目，还应包括"以新带老"的环境保护投资内容。

（4）分析依托设施的可行性　对于改扩建项目，需要认真核实原有工程的环境保护设施（如现有的污水处理厂、固体废物填埋场、焚烧炉等）是否能满足改扩建后的要求，分析依托设施的可行性。同时，依托公用环境保护设施也是区域环境污染控制的重要组成部分。例如，项目产生的废水经过简单处理后可排入区域或城市污水处理厂，此时就要对接纳排水的污水处理厂的工艺合理性进行分析，核实其处理工艺与项目排水水质的相容性；对于可进一步利用的废气，要分析其集中、收集、净化、利用的可行性；对于固体废物，要根据当地的环境、社会经济特点，分析综合利用的可行性；对于危险废物，则要分析其是否能得到妥善的处理和处置。

## 4.2.6　总图布置方案与外环境关系分析

在工程分析中要开展总图布置方案与外环境关系分析，即从环境保护角度指导建设项目优化总图布置，使其布局更加合理。主要内容包括如下四个方面：

（1）分析厂区与周围的环境保护目标之间所定防护距离的可靠性　参考国家颁布的有关防护距离设置规定，分析厂区与周围的环境保护目标之间所定防护距离的可靠性，合理布置建设项目的各构筑物及生产设施，提供总图布置方案与外环境关系图。图中需要注明环境保护目标与建设项目的方位关系、距离及环境保护目标（如学校、医院、集中居住区等）。

（2）分析工厂和车间布置的合理性　认真考虑建设项目所在地的气象、水文和地质因素对污染物的污染特性的影响，合理布置工厂和车间，尽可能减少对环境造成的不利影响。

（3）分析对周围环境保护目标进行保护的处置措施的可行性　在分析建设项目的污染物特点及其污染特征的基础上，确定建设项目对附近环境保护目标的影响程度，分析相关处置措施（如搬迁、防护等）的可行性。

（4）在总平面布置图上标示建设项目主要污染源的位置　绘制含周围环境的厂区总平面布置图，图中需标明主要污染源的位置，即需标示污染物主要产生单元及公用工程单元设施名称、位置，有组织废气排放源、废水排放口、雨水排放口位置等。同时列表说明厂内分区布置及功能。

【例4-5】　表4-5为某拟建化工厂厂内分区布置及功能一览表。该化工厂为新建项目，拟选厂址位于某市城区西南工业园区内，园区规划占地面积3.95km²。拟建项目位于园区西南，占地41350m²。总平面布置图略。试分析该项目总图布置合理性。

**表4-5　某拟建化工厂厂内分区布置及功能**

| 序号 | 名称 | 占地面积/m² | 功能 | 备注 |
|---|---|---|---|---|
| 1 | 办公生活区 | 5300 | 办公、生活 | 综合办公楼、职工宿舍、车库等 |
| 2 | 生产区 | 18350 | 生产及仓储 | 生产厂房、原料库区、成品库区、维修办公楼 |
| 3 | 公用工程区 | 4800 | 供气、供电、供水 | 锅炉房、循环水池、配电室等 |

| 序号 | 名称 | 占地面积 /m² | 功能 | 备注 |
|---|---|---|---|---|
| 4 | 污水处理区 | 1200 | 生产废水治理 | |
| 5 | 预留发展区 | 4200 | 发展用地 | |
| 6 | 绿化 | 7500 | 景观 | 分布在各个区域 |

资料来源：引自郭廷忠，2007。

**解析：** 该项目总图布置合理性分析如下：

① 工厂拟设三个大门，即行政区大门、生产区大门和西偏门。行政区大门用于人员出入，生产区大门用于生产原辅材料及产品的运进运出，而西偏门专门用于锅炉用煤和锅炉灰渣的运送。人员、生产原辅材料及煤、灰渣的出入各行其道，可有效地减轻相互影响。

② 各生产车间及原料贮罐区根据生产工艺要求布置，最大限度地减少工艺管线长度及原料输送的距离，可减少事故发生的环节。

③ 罐区布置在生产区与办公生活区的中间，从安全角度出发，在邻近办公生活区一侧设隔离墙，减少物料装卸对其的影响。

④ 项目所在地主导风向冬季为东北偏北风（NNE），夏季为南风（S），锅炉房、堆煤场和除尘器、灰渣场设在厂区的西部，可有效控制不利气象条件下锅炉房系统对厂内生活办公区的污染影响。

⑤ 污水处理站布置在紧靠产生废水的车间南侧，这样可以有效缩短排污沟的距离，有利于废水的处理。

⑥ 行政办公楼前布置有假山喷泉，营造优美的景观效果，两边为停车场，办公楼与职工宿舍楼之间有植物园，生活办公区与生产区有道路分开。厂区绿化率达18%，道路和绿化带的设立可以有效防止各区之间的交叉污染影响，也可美化工作环境。

评价认为该项目总图布置合理。

# 4.3　生态影响型建设项目工程分析

## 4.3.1　基本要求

《环境影响评价技术导则　生态影响》（HJ 19—2011）对生态影响型建设项目的工程分析提出如下明确要求。

（1）工程分析时段　涵盖勘察设计期、施工期、运营期和退役期，施工期和运营期为工程分析重点时段。

（2）工程分析内容　包括项目所处的地理位置、工程的规划依据和规划环境影响评价依据、工程类型、项目组成、占地规模、总平面及现场布置、施工方式、施工时序、运行方式、替代方案、工程总投资与环境保护投资、设计方案中的生态保护措施等。

（3）工程分析重点　根据评价项目自身特点、区域的生态特点以及评价项目与影响区域生态系统的相互关系，确定工程分析的重点，分析生态影响的污染源及其强度。主要内容包括：①可能产生重大生态影响的工程行为；②与特殊生态敏感区和重要生态敏感区有关的工程行为；③可能产生间接、累积生态影响的工程行为；④可能造成重大资源占用和配置的工程行为。

## 4.3.2　工程分析时段

在实际工作中，由于不同生态影响型建设项目的影响性质及所在区域环境特点不同，在进行工程分析时所关注的工程行为和重要生态影响侧重点不同，不同时段工作重点不同，也有不同的环境问题需要分析。

（1）勘察设计期　勘察设计期的工作主要包括初勘、选址选线和完成工程可行性（预）研究报告。在进入环境影响评价阶段前需要先完成初勘和选址选线工作，其主要成果体现在工程可行性（预）研究报告中；环境影响评价以工程可行性（预）研究报告为基础，在评价过程中如果发现初勘、选址选线和相关工程设计中存在环境影响问题，应该提出调整或修改建议，据此调整或修改工程可行性（预）研究报告，并最终形成科学的工程可行性（预）研究报告与环境影响报告书（表）。

（2）施工期　施工期时间跨度比较大，少则几个月，多则几年，是生态影响分析重点关注的时段。施工期产生的直接生态影响一般是临时性的，但间接生态影响可能是永久性的，所以在实际工程分析中，注重识别直接影响的同时也不要忽略可能造成的间接影响。

（3）运营期　运营期是环境影响评价重点关注的时段。运营期是建设项目正常运行阶段，时间跨度比施工期长得多，在工程可行性（预）研究报告中对运营期会有明确的期限要求。由于时间跨度长，运营期的生态影响和污染影响可能会造成区域性的环境问题，例如：水库蓄水会使周边区域地下水水位抬升，可能会导致区域土壤盐渍化甚至沼泽化；井下采矿时大量疏干排水作业可能会造成地表沉降和地面植被生长不良甚至荒漠化。

（4）退役期　不仅要考虑主体工程的退役，也要考虑主要设备和相关配套工程的退役。如矿井（区）闭矿、垃圾填埋场封闭、设备报废后可能涉及退役期的环境影响问题，需要分析解决方案，如植被恢复措施等的合理性。

### 4.3.3　工程分析对象

工程分析对象是指工程项目的组成部分，一般包括主体工程、配套工程（包括公用工程、环保工程和储运工程等）和辅助工程。主体工程一般指永久性工程，由项目立项文件确定。配套工程一般指永久性工程，是由项目立项文件确定的主体工程外的其他相关工程。其中，公用工程是指除服务于本项目外，还服务于其他项目的工程，可以是新建工程，也可以依托原有工程，或是对原有工程的改扩建，但不包括公用的环保工程和储运工程；环保工程（包括公用的或依托的环保工程）主体功能是生态保护、污染防治、节能、提高资源使用效率和综合利用率等，一般根据环境保护要求，专门新建或依托改扩建原有工程；储运工程（包括公用的或依托的储运工程）指原辅材料、产品和副产品的储存设施和运输道路。辅助工程指施工期的临时性工程，在项目立项文件中不一定有明确的说明，一般可以通过工程行为分析和类比法确定。工程分析应有完善的项目组成表，分别说明工程位置、规模、施工和运营设计方案、主要技术参数和服务年限等主要内容。

生态影响型建设项目要求工程项目组成完整，涵盖建设项目所有工程，包括各时段临时性和永久性工程；对环境影响范围大、影响时间长的工程及位于环境保护目标附近的工程需重点分析。

对于重点分析的工程，分析时既要考虑工程本身的环境影响特点，也要考虑区域环境特点及区域环境保护敏感目标。在各分析时段内，要突出该时段存在主要环境影响的工程。需要注意的是，区域环境特点不同，同类工程的环境影响范围和程度可能会有明显的差异；同样的环境影响强度，工程与区域环境保护敏感目标相对位置不同，会造成环境影响敏感性大不相同。

### 4.3.4　工程分析内容

（1）建设项目概况　以生态影响为主的建设项目应明确项目组成、建设地点、占地规模、总平面及现场布置、施工方式、施工时序、建设周期和运行方式、总投资及环境保护投资等。具体内容包括：建设项目简介（名称、建设地点、性质、规模，工程特征，工程的经济技术指标等）；说明完整的工程项目组成，包括施工期临时工程，列出项目组成表；阐述施工期和运营期工程设计方案，绘制施工期和运营期的工程布置示意图；有比选方案时，在上述内容中还要有所介绍。

另外，还要提供地理位置图、总平面布置图、施工平面布置图、物料（含土石方）平衡图和水平衡图等工程基本图件。

（2）初步论证　指从宏观上开展建设项目可行性论证。论证建设项目与法律法规、产业政策、环境政策及相关规划的符合性，选址选线、施工布置和总图布置的合理性，以及清洁生产和区域循环经济的可行性。必要时提出替代或调整方案。

（3）影响源识别　影响源识别主要从工程自身的影响特点出发，识别可能的生态影响或污染影响的来源与强度，包括工程行为和污染源。分析影响源时，应尽可能采用定量或半定量数据。

分析工程行为时，要明确土地征用量、临时用地量、地表植被破坏面积、取土量、弃渣量、库区淹没面积和移民数量等信息。

分析污染源时，原则上按污染影响型建设项目要求进行，从废水、废气、固体废物、噪声与振动、电磁等多方面分别考虑。对于污染源，要明确其位置和属性，污染物的产生量、处理处置量和最终排放量等。

对于改扩建项目，还要分析现有工程存在的环境问题，并识别影响源及其源强。

（4）环境影响识别　结合建设项目特点和区域环境特征，分析建设项目建设和运行过程（包括施工方式、施工时序、运行方式、调度调节方式等）对生态环境的作用因素与影响源、影响方式、影响范围和影响程度。重点为影响程度大、范围广、历时长或涉及环境敏感区的作用因素和影响源，关注间接性影响、区域性影响、长期性影响以及累积性影响等特有生态影响因素的分析。对于生态影响型建设项目的生态影响识别，不仅要识别工程行为造成的直接生态影响，还要注意污染影响造成的间接生态影响，甚至还要识别工程行为和污染影响在时间或空间上的累积效应（累积影响），分析各类影响的性质（有利/不利）和属性（可逆/不可逆、临时/长期等）。

（5）环境保护方案分析　指从经济、环境、技术和管理方面分析环境保护措施和设施的可行性，分析其是否满足达标排放、总量控制、环境规划和环境管理要求，技术上先进且与社会经济发展水平相适宜，以此保证环境保护目标可达性。

环境保护方案分析至少应包括如下内容：①分析施工和运营方案合理性；②分析工艺和设施的先进性和可靠性；③分析环境保护措施的有效性；④分析环境保护设施处理效率合理性和可靠性；⑤分析环境保护投资估算及合理性。

若方案分析中发现不合理的环境保护措施，需提出比选方案，完成比选分析后提出推荐方案或替代方案。

对于改扩建工程，还要明确"以新带老"环境保护措施。

（6）其他分析　包括非正常工况类型及源强、风险潜势初判、事故风险识别和源项分析以及防范与应急措施说明等。可在工程分析中专门分析，也可纳入其他部分或专题进行分析。

## 4.3.5　典型生态影响型建设项目工程分析技术要点

生态影响型建设项目主要涉及交通运输、采掘和农林水利三大类，其征租用地面积大，直接生态影响范围广，影响程度较为严重，评价工作等级多为一级或二级；海洋工程和输变电工程，征租用地面积比较大，综合考虑直接生态影响范围及影响程度，评价工作等级多为二级；其他类建设项目，征租用地范围有限，直接生态影响仅局限于征租用地范围，直接影响范围和影响程度有限，评价工作等级多为三级。

根据项目特点（线性/区域性）和影响方式不同，选取公路、管线、航运码头、油气开采和水电项目为代表，分别介绍工程分析的技术要求。

### 4.3.5.1　公路项目

公路项目的工程分析主要考虑勘察设计期、施工期和运营期的影响，以施工期和运营期为主，需要按照生态、声环境、水环境、环境空气、固体废物等识别影响源和影响方式，并估算源强。

（1）勘察设计期　工程分析的重点是选址选线和移民安置，需要详细说明工程与各类保护区、区域路网规划、各类建设规划和环境敏感区的相对位置关系及可能存在的影响。

（2）施工期　是公路项目产生生态破坏和水土流失的主要环节，应重点关注工程用地、桥隧工程和辅助工程（施工期临时工程）所带来的环境影响和生态破坏。在工程用地分析中要明确临时租地和永久征地的类型、数量，特别是占用基本农田的位置和数量；对于桥隧工程，要说明位置、规模、施工方式和施工时间计划；对于辅助工程，要说明进场道路、施工营地、作业场地、各类料场和废渣料场等的位置，临时用地类型和面积及恢复方案以及表土保存和利用问题。

施工期重点关注主体工程行为带来的环境问题，如开挖路基存在弃土利用和运输问题，填筑路基需要借方和运输，开挖隧道涉及弃方和爆破，桥梁基础施工涉及底泥清淤和弃渣等问题。

（3）运营期　主要考虑项目的交通噪声、管理服务区"三废"、线型工程阻隔和景观等方面的影响，同时也要根据沿线区域环境特点和可能运输货物的种类，识别运输过程中可能产生的环境污染和风险事故。

### 4.3.5.2　管线项目

管线项目的工程分析主要考虑勘察设计期、施工期和运营期的影响，其中施工期是重点。

（1）勘察设计期　工程分析的重点是管线路由和工艺、站场的选择。

（2）施工期　工程分析的对象主要包括施工作业带清理（表土保存和回填）、施工便道、管沟开挖和回填、管道穿越（定向钻和隧道）工程、管道防腐和铺设工程、站场建设和监控工程。工程分析的重点是明确管道防腐、管道铺设、穿越方式、站场建设工程的主要影响源、影响方式，对于穿越大型河流等的重大穿越工程或处于自然保护区、水源地等的环境敏感区工程，工程分析重点是施工方案和相应的环境保护措施的分析。另外，管道的穿越方式不同造成的影响也会不同。①大开挖方式：管沟回填后多余的土方就地平整，一般不会产生弃方问题。②悬架穿越方式：不会产生弃方和直接环境影响，但存在空间、视觉干扰问题。③定向钻穿越方式：施工期会产生泥浆处理处置问题。④隧道穿越方式：除隧道工程弃渣外，还可能对隧道区域的地下水和坡面植被产生影响；若有施工爆破则产生噪声、振动影响，甚至导致局部地质灾害。

（3）运营期　工程分析的对象主要是污染影响和风险事故。工程分析重点是核算建设项目污染源源强和估算风险事故源强。对于运营期污染影响，重点关注增压站的噪声源强、清管站的废水和废渣源强、分输站超压放空的噪声源强和排空废气源强等，关注站场的生活废水和生活垃圾以及相应的环境保护措施。对于风险事故，主要根据输送物品的理化性质和毒性，从潜在的各种灾害出发识别风险源，并估算事故源强。

### 4.3.5.3　航运码头项目

航运码头项目的工程分析涉及勘察设计期、施工期和运营期，重点分析施工期和运营期。按照水环境（或海洋环境）、生态、环境空气、声环境和固体废物等识别影响源和影响方式，并且估算影响源源强。

（1）勘察设计期　工程分析的重点是码头选址和航路选线。

（2）施工期　施工时段是航运码头工程项目产生生态破坏和环境污染的主要时段，主要涉及填充造陆工程、航道疏浚工程、护岸工程和码头施工对水域环境和生态系统的影响，需要分析施工工艺和施工布置方案的合理性，从施工全过程识别影响源，估算影响源源强。

（3）运营期　重点考虑陆域生活污水、运营期产生的含油污水、船舶污染物及码头和航道的风险事故。涉及海运船舶污染物（船舶生活污水、含油污水、压载水、垃圾等）的处理处置参照相应的法律规定。同时，还要特别注意按照装卸货物的理化性质及装卸工艺分析，识别可能产生的环境污染和风险事故。

### 4.3.5.4　油气开采项目

油气开采项目的工程分析主要关注勘察设计期、施工期、运营期和退役期四个阶段，不同阶段的影响源和影响对象不同。

（1）勘察设计期　工程分析的重点是探井作业、选址选线和钻井工艺及井组布设。为了从源头上避免或减少对环境敏感区域的影响，井场、站场、管线和道路布设要采用定向井或丛式井等先进钻井技术及布局；探井作业是勘察设计期的主要影响源，应采取钻井防渗和探井科学封堵措施防止地下水串层，从而保护地下水。

（2）施工期　对于土建工程，生态保护措施主要是水土保持、表土保存和恢复利用、植被恢复；对于钻井工程，为了避免土壤、地表水和地下水受到污染，要注意钻井泥浆的处理处置、落地油处理处置、钻井套管防渗等措施的有效性。

（3）运营期　以分析与识别污染影响和事故风险为主。重点分析含油废水、废弃泥浆、落地油、油泥的产生点，确定其产生量、处理处置方式和排放量、排放去向。对于滚动开发项目，还要按照"以新带老"要求，分析现有污染源并估算源强。对于风险事故，主要考虑由钻井套管破裂、井场和站场漏油（气）、油气罐破损和油气管线破损等造成的泄漏、爆炸和火灾。

（4）退役期　主要考虑封井作业。

### 4.3.5.5　水电项目

水电项目的工程分析主要涉及勘察设计期、施工期和运营期，施工期和运营期是重点。

（1）勘察设计期　工程分析以分析坝体选址选型、电站运行方案设计的合理性和与相关流域规划的符合性为主。对于水利工程特别是蓄水工程，还要考虑移民安置问题。

（2）施工期　工程分析要明确施工内容、施工量、施工时序和施工方案，在此基础上识别可能产生的环境问题。

（3）运营期　项目影响源分析主要涉及水库淹没高程及范围、淹没区地表附属物名录和数量、耕地和植被类型与面积、机组发电用水及梯级开发联合调配方案、枢纽建筑布置等。

同时，运营期生态影响识别要注意水库、电站运行方式不同，生态影响也会有差异：对于引水式电站，厂址间段会出现不同程度的脱水河段，其对水生生态、用水设施和景观影响较大。对于日调节水电站，下泄流量、下游河段河水流速和水位的日变化较大，明显影响下游河道的航运和用水设施。对于年调节水电站，水库水温分层相对稳定，下泄河水温度相对较低，对下游水生生物和农灌作物影响较大。对于抽水蓄能电站，上库区域易对区域景观、旅游资源等造成影响。

水电项目的环境风险主要是水库库岸侵蚀、下泄河段河岸冲刷引发塌方甚至地震。

## 📚 工程分析案例

## ✏️ 课后练习

某新建污染影响型项目工程分析

### 一、正误判断题

1. 建设周期长、影响因素复杂且影响区域广的建设项目，无须进行建设阶段的工程分析。（　　）

2. 查阅参考资料分析法较为简便，但所得数据的准确性很难保证，所以只能在评价工作等级较低的建设项目工程分析中使用。（　　）

3. 废气、废水源强是指产生有害影响的场所、设备、装置或污染防治设施单位时间内废气、废水产生量，包括突发泄漏、火灾、爆炸等情况下污染物的排放量。（　　）

4. 对于改扩建及异地搬迁项目，建设项目概况中，还要包括现有工程基本情况、污染物排放及达标情况、存在的环境问题及拟采取的整改方案等内容，并说明与建设项目的依托关系。（　　）

5. 污染源分布和污染物类型及排放量必须按建设阶段、运行阶段两个阶段详细核算和统计，一些建设项目还应对服务期满后影响源强进行核算，力求完善。（　　）

6. 在实际工作中，使用物料衡算法和类比法就可以取得最可靠的污染源排放数据。（　　）

7. 无组织排放主要针对废气排放，表现为生产工艺过程中产生的污染物没有进入收集和排气系统，而通过厂房天窗或直接弥散到环境中。（　　）

8. 工程分析中的退役期只包括主体工程，不涉及主要设备和相关配套工程的退役。（　　）

9. 对于建设项目可能存在的具有致癌、致畸、致突变的物质及具有持久性影响的污染物，应分析其产生的环节、污染物转移途径和流向。（　　）

10. 工程分析涉及勘察设计期、施工期、运营期和退役期四个时段，各时段影响源和主要影响对象存在一定差异。（　　）

### 二、不定项选择题（每题的备选项中，至少有一个符合题意）

1. 工程分析中应用类比法时应注意（　　）。

A. 污染物排放特征的相似性      B. 工程一般特征的相似性

C. 建设工程项目的相似性      D. 环境特征的相似性

2. 污染物排放总量控制建议指标必须满足（　　）。

    A. 经济上合理             B. 达标排放的要求

    C. 符合其他相关环境保护要求      D. 技术上可行

3. 总图布置方案的工作包括（　　）。

    A. 分析厂区与周围的环境保护目标之间所定防护距离的可靠性

    B. 编制环境质量标准及排放标准的基础数据

    C. 分析对周围环境敏感点处置措施的可行性

    D. 在总图上标示建设项目主要污染源的位置

4. 环境影响评价中常把建设项目分为污染影响型建设项目和（　　）。

    A. 非污染影响型建设项目      B. 生态影响型建设项目

    C. 环保型建设项目           D. 非生态影响型建设项目

5. 工程分析的主要方法有（　　）和物料衡算法、实测法、土石方衡算法。

    A. 类比法、数值模拟法      B. 数值模拟法、专业判断法

    C. 数学解析法、查阅参考资料分析法      D. 类比法、查阅参考资料分析法

6. 无组织排放量的确定方法主要有（　　）。

    A. 物料衡算法      B. 猜想假设法      C. 类比法      D. 反推法

7. 建设项目清洁生产分析的重点不包括（　　）。

    A. 资源能源利用      B. 项目投资收益      C. 环境管理要求      D. 生产工艺与设备

8. 新建高速公路项目生态保护措施应落实到具体时段和具体位置上，并特别注意（　　）的环境保护措施。

    A. 施工期      B. 运营期      C. 竣工验收期      D. 服务期满

9. 公路项目工程分析常用的方法有（　　）。

    A. 类比法      B. 物料衡算法      C. 土石方衡算法      D. 查阅参考资料分析法

10. 工程分析中污染源源强核算内容不包括（　　）。

    A. 有组织排放的污染物产生和排放情况      B. 无组织排放的污染物产生和排放情况

    C. 事故状况下的污染物产生和排放情况      D. 非正常工况下的污染物产生和排放情况

## 三、问答题

1. 工程分析有哪些作用？

2. 建设项目工程分析分为哪几个阶段？

3. 污染物排放量统计中的"两本账"和"三本账"分别指什么？

4. 某工业企业年用新水量为300万吨，重复利用水量为150万吨，其中工艺水回用量80万吨，循环冷却水量为20万吨，污水回用量50万吨；间接冷却水系统补充新水量为45万吨，工艺水新水量为120万吨。问：工业用水重复利用率、工艺水回用率、冷却水循环率分别是多少？

5. 某企业进行技改并扩建，现有产量为2000t/a，其COD排放总量为100t/a。技改后产量扩产到5000t/a，通过对工艺的改造，提高清洁生产水平，技改后COD排放总量为50t/a。请问企业"以新带老"COD削减量是多少（三本账核算）？

---

## ⚡ 案例分析题

1. 某汽车生产公司现有厂区位于某市市区北部，该公司拟投资新建汽车生产线，新厂区位于某市工业开发区内，地形简单，位于环境空气质量功能二类区，距市中心约15km。主要工程内容包括冲压车间、焊接车间、涂装车间、

总装车间，以及配套的仓储物流、研发中心、办公楼等工程。该生产项目投产后淘汰现有厂区所有落后生产设备，现有厂区按照城市规划将建设为住宅区。

新建生产线主要原辅料消耗是冷轧汽车板、溶剂和涂料等，其中溶剂和涂料年用量2000t（甲苯平均含量1.8%，二甲苯平均含量9.2%）。涂装车间工艺和现有厂区一样，为喷漆—晾干—烘干。主要废气污染源是甲苯和二甲苯，其中，喷漆室废气采用水旋喷漆室进行净化，废气中的漆雾分别经水幕阻挡和吸收过滤去除后，经风机从排气筒排放至室外，漆雾净化的循环水中加入了漆的凝聚剂，净化率＞80%，外排二甲苯19.6t/a、甲苯5.2t/a；烘干室排出的热废气进入燃烧装置，燃烧装置对有机物的净化率＞90%，外排二甲苯7t/a、甲苯0.6t/a；晾干室二甲苯排放量12.8t/a、甲苯3.5t/a，直接通过管道送排气筒外排。以上废气汇合后均经过1根28m高排气筒外排，废气总量30×10⁴m³/h，年运行时间300d，每天工作24h。该项目生产工艺废水主要来自涂装车间，主要污染物为COD、石油类、总镍、总锌和六价铬，排入厂区污水综合处理站与其他废水混合后，经生化处理进入城市污水处理厂，产生的工业固体废物有漆渣、磷化滤渣、污水处理站的污泥。目前，现有厂区COD排放总量尚不能满足当地生态环境部门批复的总量指标，待新厂建成后，老厂区落后生产设备全部淘汰可满足总量要求。

问题：（1）请在图1中括号内填入甲苯、二甲苯量，做出涂装工序的甲苯、二甲苯平衡（填写方式按照甲苯/二甲苯）。（2）针对拟淘汰的老厂区，环境影响评价时应关注哪些问题？

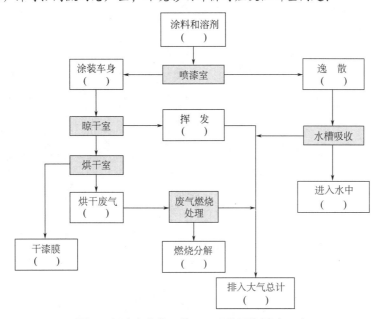

**图1**　新建生产线甲苯、二甲苯平衡图（t/a）

2. 南方某地拟建设跨省高速公路，该项目线路总长124km，设计行车速度80km/h，路基宽度25.5m，全程有互通式立交7处，分离式立交4处，跨河大桥2座，中桥10座，小桥32座，单洞长隧道10道，涵洞102道，服务区4处，收费站2处。该公路征用土地9.5万亩（1亩=666.67m²），土石方数量1.25×10⁷m³，项目总投资38亿元。

已知该公路有一段线路必须经过A省级自然保护区，在自然保护区内的里程为10.2km，其中有2.5km的路段所在区域经调整后由核心区划为实验区。公路沿线分布有热带雨林等珍贵植被类型，生长着山白兰等重点保护野生植物，栖息有亚洲象等重点保护野生动物。该项目穿越居民集中区B乡镇，噪声预测表明公路建成后B乡镇有15处村庄声环境超标。

问题：（1）此类项目工程分析的基本要求是什么？（2）该项目施工期的环境影响有哪些？

# 5 大气环境影响评价

○○ ── ○○ ○ ○○ ────────

 **案例引导**

空气——我们每天都呼吸着的"生命气体"，它分层覆盖在地球表面，透明且无色无味，对人类的生存和生产有重要影响。空气是多种气体的混合物。它的恒定组成部分为氧气、氮气、氩气等气体，其中的氧气对于所有需氧生物是必需的，所有动物都需要呼吸氧气，绿色植物的呼吸作用也需要氧气。可变组成部分为二氧化碳和水蒸气，它们在空气中的含量随地理位置和温度不同在很小限度的范围内会微有变动。至于空气中的不定组成部分，则随地区不同而存在差异，例如，靠近冶金工厂的地方会含有二氧化硫，靠近氯碱工厂的地方会含有氯气等等。此外空气中还有微量的氢气、臭氧、一氧化二氮、甲烷以及或多或少的尘埃。

工业发展向空气中排放了有害物质，污染了空气，增加了空气中的有害成分。一旦不定组成部分或某种成分异常，则可能导致环境空气质量难以满足人类的生存与发展需要。

1952 年 12 月 5 日开始，受反气旋影响，伦敦上方的空气升温，导致高处的空气温度高于低处的空气，工厂生产和居民燃煤取暖排出的大量废气难以扩散，积聚在城市上空，呈现黄色烟雾，使能见度降低，且有臭鸡蛋气味，污染带延伸了 30 英里（1 英里 =1.609km）。市民不仅生活被打乱，健康也受到严重侵害。许多市民出现胸闷、窒息等不适感，发病率和死亡率急剧增加。直至 12 月 9 日，一股强劲而寒冷的西风吹散了笼罩在伦敦上空的烟雾。据统计，在此次事件的每一天中，排放到大气中的污染物有 1000t 烟尘、2000t 二氧化碳、140t 氯化氢、14t 氟化物，以及 370t 最可怕的二氧化硫，这些二氧化硫随后转化成了 800t 硫酸（燃煤烟尘中有三氧化二铁，它能催化二氧化硫氧化生成三氧化硫，进而与吸附在烟尘表面的水化合生成硫酸雾滴）。当月因这场大烟雾而死亡的人多达 4000 人。此次事件被称为"伦敦烟雾事件"。这次事件引起了民众和政府当局的注意，使人们意识到控制大气污染的重要意义，并且直接推动了 1956 年英国《清洁空气法案》的通过，直到 1965 年后，有毒烟雾才从伦敦销声匿迹。1952 年"伦敦烟雾事件"被环保主义者看作 20 世纪重大环境灾害事件之一，并且作为煤烟型空气污染的典型案例出现在多部环境科学教科书中。

人类活动排放到空气里的有害物质，可以分为粉尘类（如炭粒等）、金属尘类（如铁、铝等）、湿雾类（如油雾、酸雾等）、有害气体类（如一氧化碳、硫化氢、氮氧化物等）。从世界范围来看，排放量较多、危害较大的有害气体是二氧化硫和一氧化碳。二氧化硫是煤、石油在燃烧中产生的。一氧化碳主要是汽车开动时排出的。

2012 年 2 月，国务院发布新修订的《环境空气质量标准》中增加了 $PM_{2.5}$ 监测指标。$PM_{2.5}$ 是指大气中直径小于或等于 2.5μm 的颗粒物，也称为可入肺颗粒物。$PM_{2.5}$ 指标表示每立方米空气中这种颗粒的含量，这个值越大，代表空气污染越严重。

2013 年，从年初开始，中国持续多次遭遇大面积重污染天气，华夏大地面临"心肺之患"。惟其艰难，才更显勇毅。2013年9月，中国政府秉持以人民为中心的执政理念，颁布实施《大气污染防治行动计划》，坚决向大气污染宣战，全面打响一场史无前例、波澜壮阔的"蓝天保卫战"。

空气质量改善，道阻且长。认清环境质量现状，识别影响因素，探寻人类活动输出与环境响应之间的联系，采取避免或减轻不良影响的有效对策措施，才能尽快实现改善大气环境质量、增强人民的蓝天幸福感之目的。

环境就是民生，青山就是美丽，蓝天就是幸福。随着《大气污染防治行动计划》确定的各项空气质量改善目标全面实现，公众蓝天获得感和幸福感显著提升，遥望星空、看见青山、闻到花香的梦想离每一个中国人越来越近。

## ◉ 学习目标

○ 熟悉大气环境影响评价的基础知识。

○ 掌握大气环境影响评价工作等级和范围确定的方法。

○ 掌握大气环境质量现状调查的内容、现状监测及现状评价的方法。

○ 掌握大气污染物扩散预测基本模型以及大气环境影响预测与评价的方法。

○ 熟悉大气环境保护措施与对策。

# 5.1　基础知识

## 5.1.1　大气污染

自然现象或人类活动向大气中排放的烟尘和废气过多，使大气中出现新的化学物质或某种成分含量超过了自然状态下的平均含量，影响人和动植物的正常发育和生长，给人类带来冲击和危害，即大气污染。

大气污染的产生实际上是大气系统的内在结构发生了变化并通过外部状态表征出来，其实质还是由于内在结构的改变而引起了大气对人类及生物界生存和繁衍的干扰。

## 5.1.2　大气污染源

大气污染源是指导致大气污染的各种污染因子或污染物的发生源。例如向环境空气排放污染物或释放有害因子的工厂、场所或设备。

按《环境影响评价技术导则　大气环境》（HJ 2.2—2018）中污染源调查内容以及推荐模型对参数输入的格式要求，将大气污染源分为点源、面源、体源、线源、火炬源、烟塔合一排放源、机场源、网格源等。

① 点源是通过某种装置集中排放的固定点状源，如烟囱、集气筒等。

② 面源是在一定区域范围内，以低矮密集的方式自地面或近地面的高度排放污染物的源，如无组织排放、储存堆、渣场等排放源。

③ 体源是由源本身或附近建筑物的空气动力学作用使污染物呈一定体积向大气排放的源，如焦炉炉体、屋顶天窗等。

④ 线源是污染物呈线状排放或由移动源构成线状排放的源，如城市道路的机动车排放源等。

⑤ 火炬源是直接由明火排放的源，如炼油厂火炬。

⑥ 烟塔合一排放源是锅炉产生的烟气经除尘、脱硫、脱硝后引至自然通风冷却塔排放的源。

⑦ 机场源是民用机场大气污染物排放源。

⑧ 网格源一般指排放城市和区域尺度的大气污染物需进行网格化的污染源，如光化学转化的二次污染物的排放源。

### 5.1.3　大气污染物

大气污染源排放的污染物按存在形态分为颗粒态污染物和气态污染物。

大气污染物按生成机理分为一次污染物和二次污染物。其中人类或自然活动直接产生，由污染源直接排入环境的污染物称为一次污染物；排入环境中的一次污染物在物理、化学因素的作用下发生变化，或与环境中的其他物质发生反应所形成的新污染物称为二次污染物。

按照《环境空气质量标准》（GB 3095—2012）规定将大气污染物分为基本污染物和其他污染物。基本污染物是指规定的基本项目污染物，包括二氧化硫（$SO_2$）、二氧化氮（$NO_2$）、可吸入颗粒物（$PM_{10}$）、细颗粒物（$PM_{2.5}$）、一氧化碳（$CO$）、臭氧（$O_3$）；其他污染物是指除基本污染物以外的其他项目污染物，包括总悬浮颗粒物（TSP）、氮氧化物（$NO_x$）、铅（Pb）和苯并 [a] 芘（BaP）以及《环境空气质量标准》规定之外建设项目排放的特有污染物，如挥发性有机物（VOCs）等。

### 5.1.4　典型大气污染源产生大气污染物的种类与机制

大气污染源是影响大气环境质量的主要因素。不同的开发行为可能存在着不同的大气污染源，产生不同类型的污染物。对人类开发活动中潜在的环境影响因素进行识别是环境影响评价中重要的工作内容，了解掌握开发行为中污染物的产生机制对于分析产污环节、筛选出适宜的评价因子以及为环境影响预测提供准确的排放信息无疑是有益的。

#### 5.1.4.1　燃煤废气及其所含主要污染物的发生机制

化石燃料的燃烧（特别是不完全燃烧）将导致烟尘、硫氧化物、氮氧化物、碳氧化物的产生，引起大气污染问题，燃煤引起的大气污染最为严重。与燃油相比，燃煤所造成的环境污染负荷要大得多。燃料煤热值比油低，灰分含量高出 100～300 倍，含硫量虽可能比重油低，但为获得同等发热量，耗煤量大，产生的硫氧化物可能更多（取决于煤与油的含硫量的差异情况）；煤的含氮率约比重油高 5 倍，因而氮氧化物的生成量也高于重油。

（1）烟尘的发生机制　烟尘是指伴随燃料燃烧所发生的尘，其中含有烟黑、飞灰等粒状悬浮物。目前对烟黑等粒状悬浮物的发生机制还不完全清楚，但基本认为是燃料中的可燃性碳氢化合物在高温下，经氧化、分解、脱氢、环化和缩合等一系列复杂反应而形成的。

（2）硫氧化物的发生机制　硫氧化物主要是指 $SO_2$ 和 $SO_3$。大气中的 $H_2S$ 是不稳定的，在有颗粒物存在的条件下可迅速被氧化为 $SO_2$。

煤中含硫量是指煤中各种形态硫的总量。其中单质硫、硫化物硫、有机硫为可燃性硫（约为全硫分的70%～90%）；硫酸盐硫不参与燃烧反应，多残存在灰烬中，称为非可燃性硫。只有可燃性硫才参与燃烧反应过程，燃烧时主要生成 $SO_2$，只有 1%～5% 氧化成为 $SO_3$。

（3）$NO_x$ 的发生机制　造成大气污染的 $NO_x$ 主要指 NO 和 $NO_2$，由煤燃烧过程生成的 $NO_x$ 有两类：一类是在高温燃烧时助燃空气中的 $N_2$ 和 $O_2$ 生成的 $NO_x$，称为热致 $NO_x$；另一类是燃料中的含氮化合物在高温下直接与 $O_2$ 反应生成的 $NO_x$，由此生成的 $NO_x$ 称为燃料 $NO_x$。

热致 $NO_x$ 生成量与燃烧温度、燃烧气体中氧的浓度，以及气体在高温区的停留时间密切相关。已有的实验数据证明，在燃烧气体氧浓度相同的条件下，$NO_x$ 的生成速率随燃烧温度升高而加快。燃烧温度在 300℃ 以下时 $NO_x$ 的生成量很少，高于 1500℃ 时 $NO_x$ 的生成量显著增加。为了减少热致 $NO_x$ 的生成，应设法降低燃烧温度、减少过剩空气（降低 $O_2$ 的浓度）和缩短气体在高温区的停留时间。

燃料 $NO_x$ 生成量与燃料含氮量有关，燃料中的含氮化合物经燃烧大约有 20%～70% 转化成燃料 $NO_x$。

热致 $NO_x$ 和燃料 $NO_x$ 生成量之和为化石燃料燃烧产生的 $NO_x$ 总量。

### 5.1.4.2 煤炭工业源污染物的发生机制

煤炭加工主要有洗煤、煤的转化等工艺，在这些加工工艺中均不同程度地向大气排放各种有害物质，主要有颗粒物、$SO_2$、CO、$NO_x$、VOCs 及无机物。

（1）洗煤 将煤中的硫、灰分和矸石等杂质除去以提高煤的质量的工艺过程。目前主要使用物理洗煤工艺，即利用煤与杂质的密度不同加以机械分离。洗煤的工艺流程可分为四个阶段：初期准备、粉煤加工、粗煤加工和最后处理。

初期准备阶段产生的排放物主要是逸散颗粒物，来自路面、原料堆放区、残渣堆放区、装煤车、皮带输送机、破碎机和分选机的煤粉。在粉煤和粗煤加工阶段，主要排放源是空气分离过程的空气排气，干式洗煤工艺主要排放源是煤分层的空气脉冲过程的排气，湿式洗煤工艺产生的颗粒物排放量非常低。最后处理阶段主要排放源是热力干燥器的排气。

（2）煤的转化 煤除了直接用作燃料外，还可被转化为多种气态和液态物质。

① 煤的气化 煤与氧气、水蒸气结合生成可燃性煤气、废气、炭和灰分。煤气化系统按其产生的煤气热值及所用的气化反应器的类型分为高热值气化器、中热值气化器和低热值气化器。多数气化系统由四步工艺构成：煤的预处理、煤的气化、粗煤气清洗和煤气优化处理。煤的气化工艺过程中，主要大气污染物排放情况见表 5-1。

**表5-1** 煤的气化工艺中的排放物及排放特征

| 气化工艺 | 排放源 | 排放物及排放特征 |
| --- | --- | --- |
| 煤的预处理 | 贮存、处理和破碎/筛分——排放粉尘 | 主要为粉尘，这些排放物在不同的部位各不相同，随风速、煤堆的大小及水分含量而定 |
| | 干燥、部分氧化和制团——排放气体 | 包括煤粉尘和燃烧气体，以及煤预处理过程中挥发的多种化合物 |
| 煤的气化 | 进料——排放气体 | 包括气化器引出的粗成品煤气中所有的有害物质，例如 $H_2S$、COS、$CS_2$、$SO_2$、CO、$NH_3$、$CH_4$、HCN、焦油和油、颗粒物以及微量有机物和无机物，其含量和成分随气化器的类型而定，例如从沸腾床气化器排放的焦油和油比固定床气化器少得多 |
| | 清灰——排放气体 | 排放物随气化器的类型而定。所有非排渣式或炉灰烧结式气化器都会排放灰粉尘。若用污染的水急冷灰渣，冷却液可能放出挥发性有机物和无机物 |
| | 开始工作——排放气体 | 最初排放的气体，其成分与煤燃烧气体相似。当煤气化操作温度增高时，开始工作的气体初期可与粗成品煤气的成分相似 |
| | 逸散排放 | 主要有粗产品煤气中存在的有害物质，例如 $H_2S$、COS、$CS_2$、CO、HCN、$CH_4$ 和其他 |
| 粗煤气清洗/优化处理 | 逸散排放 | 含有在各种气流中存在的有害物质种类，其他排放物由泵密封垫圈、阀门、法兰盘和副产品贮罐泄漏 |
| | 清除酸性气体——尾气 | 其组成取决于清除酸性气体的方法。以单级的直接清除和转化设备含硫化合物为特点的工艺产生的尾气含有少量的 $NH_3$ 和其他气体。吸收并随即解吸浓缩的酸性气体的工艺需要硫回收工序，以避免排放大量的 $H_2S$ |
| 辅助操作 | 硫回收 | 由克劳斯硫回收装置排出的尾气中有害物质包括 $SO_2$、$H_2S$、COS、$CS_2$、CO 及挥发性有机物，若不使用控制措施，则尾气被焚烧，排放物大部分为 $SO_2$ |
| | 废水处理——蒸发气体 | 包括急冷及冷却液中解吸出来的挥发性有机物和无机物，其中可能包含成品煤气中发现的所有有害物质 |
| | 冷却塔——废气 | 排出物通常较少，但是如果用污染的水作为冷却补水，则污染的水会放出挥发性有机物和无机物 |

② 煤的液化　用煤生产合成有机液体的一种转化工艺。此工艺可降低杂质含量，并将煤的碳氢比增大到变成液体的程度。煤的液化工艺有间接液化、热解、溶剂萃取和催化液化工艺。典型的溶剂萃取或催化液化工艺包括：煤的预处理、溶解和液化及辅助工艺等。

煤的液化工艺中主要的排放物及排放特征见表5-2。

**表5-2　煤的液化工艺中主要的排放物及排放特征**

| 液化工艺 | 排放源 | 排放物及排放特征 |
|---|---|---|
| 煤的预处理 | 贮存、处理和破碎/筛分——排放粉尘 | 包括产生于运转点及暴露于风侵蚀地点的逸散煤粉尘，是一个潜在的重大源，排放物主要为粉尘，这些排放物在不同的部位各不相同，随风速、煤堆的大小及水分含量而定 |
| | 干燥 | 包括煤的粉尘、来自加热器的燃烧产物，以及来自煤的挥发性有机物 |
| 煤的溶解和液化 | 工艺加热器（烧低热值燃料气） | 包括燃烧产物（颗粒物、CO、$SO_2$、$NO_x$和烃类） |
| | 浆状物混料箱 | 由于箱中低压，溶解的气体自循环溶剂中脱出（烃类、酸性气体、有机物）。某些污染物甚至少量即可引起中毒 |
| | 产品分离和液化——硫回收工厂 | 尾气含有$H_2S$、$SO_2$、COS、$CS_2$、$NH_3$及颗粒硫 |
| | 残余物气化 | 与煤的气化器排出物相似 |
| 辅助操作 | 废水系统 | 包括来自各种废水收集和处理系统的挥发性有机物、酸性气体、氨和氰化物 |
| | 逸散排放 | 工厂里全部有机物和气态化合物能从阀门、法兰盘、垫圈和采样孔泄漏 |
| | 冷却塔 | 设备中任何化学品能由泄漏的热交换器泄漏至冷却塔系统，并能在冷却塔里解吸至大气 |

### 5.1.4.3　钢铁工业源污染物的发生机制

钢铁工业主要由采矿、选矿、烧结、炼铁、炼钢、轧钢、焦化以及其他辅助工序所组成，各生产工序都不同程度地排放污染物。生产1t钢要消耗原材料6~7t，其中约80%变成各种废物或有害物排入环境。排入大气的污染物主要有粉尘、烟尘、$SO_2$、CO、$NO_x$、氟化物和氯化物等。由各工序排入大气的主要污染物如下：

（1）原料厂　钢铁生产的主要原料有铁矿石、煤、石灰石、硅石、铁合金等，常设原料厂。在加工、堆放、装卸、运输过程中产生粉尘，主要为氧化铁、碳酸钙、二氧化硅及煤焦等颗粒物，生产1t钢产生粉尘5~15kg。若露天堆放的原料含湿量及风速不同，原料粉末以尘埃形态被风吹到周围地区的量不同。据某厂统计，每年被风刮走的30μm以下的原料粉尘达数千吨。

（2）炼焦　以烟煤为原料，用高温干馏的方法生产焦炭，并副产焦炉煤气及煤焦油。1t干煤产生焦炉煤气300~320m³，其中除煤气外还含有焦油蒸气、粗苯、氨、硫化氢等，需分别回收处理。生产1t焦炭所产生的废气中污染物排放量见表5-3。

**表5-3　生产1t焦炭所产生的废气中的污染物排放量**

| 污染物 | 排放量/kg | 污染物 | 排放量/kg |
|---|---|---|---|
| 煤尘 | 0.5~5.0 | 芳香烃 | 0.16~2.0 |
| CO | 0.33~0.8 | 氰化物 | 0.07~0.6 |
| $H_2S$ | 0.10~0.8 | $NO_x$ | 0.37~2.5 |
| $SO_2$ | 0.02~5.0 | | |

硫化物的排放量可根据炼焦的含硫率估计：设煤的含硫量为$S$，则分布在焦炭、煤气和化学副产品中硫的含量分别为62.5%$S$、33%$S$和4.5%$S$。焦炉煤气应经过脱硫、脱氰处理以减少硫化物和氰化物的排放。

（3）烧结和球团

① 烧结　烧结过程中产生的粉尘率约为8%，粉尘粒径为0.1~100μm，1t产品产生废气4000~6000m³，

烧结排气温度在 200℃以上。原料中的硫 90% 转化为 $SO_2$，随烧结烟气排入大气。此外，1t 烧结矿产生 $NO_x$ 约 0.5kg。

② 球团　球团设备分为竖炉、焙烧机和链箅机 - 回转窑三种，我国主要采用竖炉球团。球团未经净化时排尘量见表 5-4。$SO_2$ 排放量取决于原料、燃料、黏结剂的含硫量，1t 球团约产生 $SO_2$ 0.8～2.8kg，其浓度为 0.3～0.6g/m³。

**表5-4**　球团净化前排尘量

| 车间 | 污染源 | 排尘量 / ( kg/t ) | 含尘浓度 / ( g/m³ ) | 车间 | 污染源 | 排尘量 / ( kg/t ) | 含尘浓度 / ( g/m³ ) |
|---|---|---|---|---|---|---|---|
| 竖炉 | 运输过程 | 10.00 | 9.13 | 焙烧机 | 运输过程 | 16.00 | 13.25 |
| | 生产过程 | 0.53 | 0.27 | | 生产过程 | 0.58 | 0.41 |
| | 小计 | 10.53 | | | 小计 | 16.58 | |

## 5.1.5　大气污染物产生量和排放量的估算

大气污染物的产生量和排放量（简称产污量和排污量）分别指某大气污染源在单位时间内，产生和向大气环境中排放污染物的量。大气污染源的生产工艺、生产规模、设备技术水平、运行特征及其他特征的多样性，使得对污染源的污染物产生量和排放量的精准确定极为困难。实际上通常所称污染物的产生量和排放量是指在某些特征条件下的平均估算值。

燃料燃烧过程中产生的废气量的计算问题在建设项目环境影响评价中经常会遇到。纯燃料燃烧过程中，废气通常指工业锅炉、采暖锅炉以及家用炉灶等纯燃料燃烧装置使用的煤、油、气等燃料在燃烧过程中产生的废气。纯燃料燃烧过程使用的燃料一般不与物料接触，燃料燃烧产生的废气量就是燃料本身燃烧产生的废气量。废气排放量的计算可以实测，也可以用经验公式计算。

煤和油类在燃烧过程中，产生大量烟气和烟尘，烟气中主要污染物有 $SO_2$、$NO_x$ 和 CO 等。这些污染物通常也可以采用经验公式进行计算。

（1）锅炉燃料耗量计算　锅炉燃料耗量一般与锅炉的蒸发量（或热负荷）、燃料的发热量等因素有关。对于产生饱和蒸汽的锅炉，可用式（5-1）计算：

$$B = D(i'' - i')/(Q_{低}\eta) \tag{5-1}$$

式中，$B$ 为燃煤量，kg/h；$D$ 为锅炉产汽量，kg/h；$i''$ 为锅炉在某工作压力下饱和蒸汽热焓，kJ/kg；$i'$ 为锅炉给水热焓，kJ/kg；$Q_{低}$ 为煤的低位发热量，kJ/kg；$\eta$ 为锅炉热效率，%。

（2）燃料燃烧过程产生污染物排放量的计算

① 烟尘量的计算　煤在燃烧过程中产生的烟尘主要包括烟黑和飞灰两部分。其中，烟黑是指烟气中未完全燃烧的炭粒，燃烧越不完全，烟气中烟黑浓度越大。飞灰是指烟气中不可燃烧的矿物质的细小固体颗粒。烟黑和飞灰都与炉型和燃烧状态有关。

烟尘的计算可以采用两种方法。一种是实测法，在一定测试条件下，测出烟气中烟尘的排放浓度，然后用式（5-2）进行计算：

$$G = QC \tag{5-2}$$

式中，$G$ 为烟尘排放量，mg/h；$Q$ 为烟气排放量，m³/h（标准状态下）；$C$ 为烟尘实测浓度，mg/m³（标准状态下）。

另一种是估算法，对于无测试条件或对数据无法进行测试的，可采用式（5-3）进行估算：

$$G = BAd_{fh}(1-\eta) \tag{5-3}$$

式中，$B$ 为耗煤量，kg/h；$A$ 为煤的灰分含量，%；$d_{fh}$ 为烟气中烟尘占煤灰分量的比例，%，其值与燃烧方式有关；$\eta$ 为除尘装置的总效率，%。

② SO₂ 的计算　　通常情况下，煤中可燃性硫占全硫分的 70%～90%，计算时通常取 80%。在燃烧过程中，可燃性硫和氧气反应生成 SO₂。1kg 硫燃烧将产生 2kg SO₂。因此，燃煤产生的 SO₂ 可以用式（5-4）计算：

$$G_{SO_2} = 1.6BS \tag{5-4}$$

式中，$G_{SO_2}$ 为单位时间 SO₂ 的产生量，kg/h；$B$ 为燃煤量，kg/h；$S$ 为燃料煤中硫的含量，%。

燃油产生的 SO₂ 计算公式与燃煤基本相似，可以用式（5-5）计算：

$$G_{SO_2} = 2BS \tag{5-5}$$

式中，$B$ 为燃油量，kg/h；$S$ 为燃料油中硫的含量，%；其他符号意义同前。

天然气燃烧产生的 SO₂ 主要来自其中硫化氢的燃烧，SO₂ 的产生量可以依据燃烧发生氧化反应的化学方程式进行计算。

## 5.1.6　大气扩散

进入大气中的污染物，由于风及大气湍流等作用，在水平和垂直两个方向上逐渐分散稀释的现象称为大气扩散。大气湍流，也称为大气涡流或紊流，是指大气以不同尺度做无规则运动的流体状态。风速所表现出来的阵发性，时大时小，并且在主导风向上也会出现上下左右无规则摆动的现象，就是大气湍流所致。

从各种污染源排入大气中的污染物在污染源的下风向区域的一定空间范围内的浓度分布水平往往要高于污染源上风向区域的浓度水平，表现为大气扩散对污染源下风向一定区域的污染性，但在正常情况下，污染物通过大气扩散作用被稀释，一般不会对人、动物和植物造成急性污染危害。在同一地区即使污染物排放量不变，对环境造成的污染程度也会不同，有时危害严重，有时却很轻或无明显作用。这是因为在不同的气象条件下，大气的扩散稀释能力不同。

风和湍流是影响大气扩散能力的主要气象动力因子，对污染物在大气中的扩散和稀释起着决定性的作用。风在输送、扩散和稀释污染物方面起着重要作用。风向决定污染物迁移的方向，当污染物进入大气后就沿着风向运动迁移，因此，污染区总是在污染源的下风向。风速决定污染物的扩散和稀释状况，一般来说，大气中污染物浓度与排放总量成正比，而与平均风速成反比，若风速增加一倍，由于大气湍流的扩散稀释能力增强，可使下风向污染物浓度减少一半。因此，根据风速、风向等气象条件，结合地形地貌和地理位置，进行城市和工业的选址与布局，在预防和减少局部地区大气污染方面有重大现实意义。同样，对于建设项目选址的评价，其拟选厂址所在地区常年主导风向以及厂址周围敏感目标与厂址之间的方位、距离等成为大气环境影响评价中考虑的重要因素之一。

当烟雾（或烟尘等污染物）从烟囱（或其他排气筒）排入大气后，在往下风向飘移的过程中，在大气湍流无规则运动的作用下，烟团逐渐向周围大气中扩散，直到烟型消失。如果没有湍流的作用，烟团仅靠其所含微粒微弱的布朗运动和较为有规则的分子扩散运动，烟雾几乎将呈现一条相当长的粗细变化不大的一套烟管运动。一般将大气湍流扩散按湍流（或烟团本身截面）直径的大小划分为三种尺度。当湍流直径小于烟柱直径时，称为均匀小尺度湍流，它的扩散速度很慢；当湍流直径大于烟柱直径时，称为均匀大尺度湍流，它的扩散速度较快；当大、小尺度湍流同时存在时，称为复合尺度湍流，它的扩散速度最快。

## 5.1.7　大气污染物扩散预测基本模型

### 5.1.7.1　大气扩散模型的发展历程简述

1973 年，我国应用国外 20 世纪 40～50 年代发展起来的单烟囱的烟流萨顿模型计算推导出不同排放高度的允许排放量和允许排放浓度，同时利用霍兰德抬升公式确定烟囱高度、源强和最大落地浓度，及其与大气环境质量标准之间的关系，并根据实践经验给予适当修正，制定了我国第一个国家排放标准《工业"三废"排放试行标准》（GBJ 4—73）中的废气排放标准，该标准对我国大气环境保护工作的标准化起到了开端作用。该时期工业项目环境影响评价是根据单源萨顿模型和现场逆温层等大气边界层探测、大气扩散试验数据进行的。

随着工业化进程的加快和工厂规模的扩大，单源模式已不能完全满足需要。1983 年国家环境保护局发布了《制订地方大气污染物排放标准的技术原则与方法》（GB 3840—83），其中使用了点源控制的 $P$ 值法，利用对 $P$ 值的规定以控制多源的影响和不同气候区的差异。该标准使用了国际上在 20 世纪 70 年代发展起来的帕斯奎尔大气扩散稳定度分类方法以及布里格斯的烟气抬升公式，并按中国的气候和气象条件对其作了一定的修正，以适应需要。此时工业项目的大气环境影响评价是以帕斯奎尔大气扩散分类的单源高斯烟流和烟团模型，结合大气边界层探测和较大型的远距离扩散试验为特征的，这些工作为后来大气环境影响评价导则的制定打下了基础。

20 世纪 80～90 年代，我国的工业化进程加快，工业区的概念建立起来，需要对工业区或整个城市大气质量的控制制定标准。1991 年国家环境保护局和国家技术监督局联合颁布了《制定地方大气污染物排放标准的技术方法》（GB/T 3840—91）。该标准利用国际上新发展起来的边界层理论和大气扩散研究的成果，建立了 $A$-$P$ 值方法，以控制区域性的大气污染物的排放总量。直到目前，该标准还在大气环境容量的确定中起着重要作用。

1993 年，根据各种建设项目大气环境影响评价的实践经验，制定了《大气环境影响评价导则》（HJ/T 2.2—93）。该导则也是建立在帕斯奎尔稳定度分类的烟流和烟团高斯模型基础上，利用布里格斯的烟气抬升公式，还使用了当时的边界层理论公式，可以进行多源模拟并且考虑到地形修正，对海陆界面也有了一定考虑。这些内容基本上和 20 世纪 90 年代前的大气扩散和大气边界层理论的发展相一致。

20 世纪 90 年代以来，我国工业化发展比较迅猛，城市发展和工业区的建设开始集群化、密集化，原有的环境影响评价导则已经不能满足实践的需要，同时大气边界层以及大气扩散的理论、实验研究也有了长足进步。

2008 年 12 月 1 日环境保护部发布了《环境影响评价技术导则　大气环境》（HJ 2.2—2008）。该导则根据时代发展的要求，进一步规范了大气环境影响评价的操作过程和一些技术方法，同时还推荐了最具有时代特征的大气环境影响评价模型：美国环保署（EPA）颁布的稳态烟流模型 AERMOD 和动态烟团模型 CALPUFF。这些模型汇聚了 20 世纪 90 年代以来几乎所有的大气边界层、地气界面过程、大气扩散以及部分大气化学过程方面的研究成果，是一个可选的既能应用于活性气体污染物又能应用于惰性气体污染物的完整的模型系统。

随着环境影响评价技术的发展，近些年又出现了一些新的扩散模型如区域光化学网格模型（CMAQ，用于区域尺度二次污染物 $PM_{2.5}$、$O_3$ 的预测模型）和特殊污染源适用模型（AUSTAL2000、EDMS/AEDT），使得大气扩散模型的应用更有实用性和针对性。生态环境部 2018 年 7 月 30 日发布了《环境影响评价技术导则　大气环境》（HJ 2.2—2018），将这些模型纳入其中。

### 5.1.7.2　高斯扩散模型

高斯扩散模型，也称高斯烟团或烟流模型，简称高斯模型，在大气环境影响评价的实际工作中应用最普遍。该模型采用非网格、简化的输送扩散算法，没有复杂的化学机理，一般用于模拟一次污染物的输送与扩散，或通过简单的化学反应机理模拟二次污染物的输送与扩散。

高斯模型的前提是假定均匀、定常的湍流大气中污染物在空间的概率密度是正态分布，概率密度的标准差（亦即扩散参数）通常用统计理论方法或其他经验方法确定。高斯模型之所以一直被广泛应用，主要原因有：物理上比较直观，其最基本的数学表达式可从普通的概率统计教科书或常用的数学手册中查到；模型直接以初等数学形式表达，便于分析各物理量之间的关系和数学推演，易于掌握和计算；对于平原地区、下风距离在 10km 以内的低架源，预测结果和实测值比较一致；对于其他复杂问题（如高架源、复杂地形、沉积、化学反应等问题），对模型进行适当修正后许多结果仍可应用。

在应用时应当注意，常用的正态烟羽扩散模型实质上已假定气流场是定常的，不随时间变化，同时在空间上是均匀的。均匀意味着：平均风速、扩散参数随下风距离的变化各处都一样，在空间上是常值。而实际上大气不满足均匀定常条件，因此，一般的正态扩散模型应用于下垫面均匀平坦、气流稳定的小尺度扩散问题更为有效。

由于污染物种类、排放高度和方式不同以及所处的地理环境和气象条件不同，对周围环境的影响范围和影响程度存在差别，需要选用不同条件下的高斯模型进行预测计算。

（1）点源扩散模型

① 瞬时单烟团正态扩散模型　该模型是一切正态扩散模型的基础。假定单位容积粒子比值 $C/Q$ 在空间的概率密度为正态分布，则：

$$\frac{C(x,y,z,t)}{Q(x_0,y_0,z_0,t_0)}=\frac{1}{(2\pi)^{\frac{3}{2}}\sigma_x\sigma_y\sigma_z}\exp\left\{-\frac{1}{2}\left[\left(\frac{x-x_0-x'}{\sigma_x}\right)^2+\left(\frac{y-y_0-y'}{\sigma_y}\right)^2+\left(\frac{z-z_0-z'}{\sigma_z}\right)^2\right]\right\} \qquad (5\text{-}6)$$

式中，$x,y,z,t$ 为预测点的空间坐标和预测时的时间；$x_0,y_0,z_0,t_0$ 为烟团初始空间坐标和初始时间；$x',y',z'$ 为烟团中心在 $t_0$—$t$ 期间的迁移距离，$x'=\int u\,\mathrm{d}t$，$y'=\int v\,\mathrm{d}t$，$z'=\int w\,\mathrm{d}t$，其中 $u,v,w$ 为烟团中心在 $x,y,z$ 方向的速度分量；$C$ 为预测点的烟团瞬时浓度；$Q$ 为烟团的瞬时排放量；$\sigma_x,\sigma_y,\sigma_z$ 为 $x,y,z$ 方向的标准差（扩散参数），是扩散时间 $T$ 的函数，$T=t-t_0$。

② 连续点源烟羽扩散模型

a. 无界空间假设下的连续点源正态分布　对于连续稳定点源的污染物扩散的平均状况，其浓度分布符合正态分布规律，采用的假设条件为：污染物浓度在 $y$、$z$ 轴上为正态分布；大气只在一个方向上做稳定的水平运动，即水平风速为常数；在 $x$ 轴方向上做准水平运动，其平流传输作用远远大于扩散作用；污染物在扩散中没有衰减和增生，且平流输送作用远远大于扩散作用；浓度分布不随时间改变；地表面足够平坦，污染源与坐标原点重合，即污染源的坐标为（0，0，0）。

考虑无界空间（无地面影响）的情况，由上述假设可知大气流场在水平和垂直方向是均匀的，因此，在 $y$、$z$ 方向上的分布是相互独立的，从而可以推导出无界情况下的连续点源最基本的正态扩散模型（烟羽扩散模型）：

$$C(x,y,z)=\frac{Q}{2\pi u\sigma_y\sigma_z}\exp\left(-\frac{y^2}{2\sigma_y^2}-\frac{z^2}{2\sigma_z^2}\right) \qquad (5\text{-}7)$$

式中，$C$ 为污染物浓度，$\mathrm{mg/m^3}$；$Q$ 为单位时间的排放量（即排放率或源强），$\mathrm{mg/s}$；$\sigma_y$ 为 $y$ 轴水平方向扩散参数，$\mathrm{m}$；$\sigma_z$ 为 $z$ 轴垂直方向扩散参数，$\mathrm{m}$；$u$ 为平均风速，$\mathrm{m/s}$，一般取烟囱出口处的平均风速。

值得注意的是，$\sigma_y$ 和 $\sigma_z$ 都是 $x$ 的函数。通常表示成如下形式：$\sigma_y=\gamma_1 x^{\alpha_1}$，$\sigma_z=\gamma_2 x^{\alpha_2}$。其中 $\gamma_1$，$\gamma_2$，$\alpha_1$，$\alpha_2$ 是与大气稳定度等有关的常数。

这意味着至少在预测点一带的烟羽在 $y$ 和 $z$ 方向上的尺度变化不能太大，亦即烟羽的扩张角应当比较小，因此要求风速比较大（$u_{10}\geqslant1.5\mathrm{m/s}$）；其次说明对于烟羽扩张角较大的大气不稳定状态，可能带来一定的误差。

式（5-7）并未考虑边界对烟羽的限制。实际应用时，常需要对式（5-7）进行地面及混合层顶反射的边界修正。

b. 有界空间假设下的连续点源扩散模型　污染物在大气中的扩散必须考虑地面对扩散的影响，假设地面像镜面一样，对污染物起全反射作用。按像源法原理，假设地平线为一镜面，在其下方有一与真实源完全对称的虚源，则这两个源按式（5-7）叠加后的效果和真实源考虑到地面反射的结果是等价的。

以烟囱地面位置的中心点为坐标原点，实源（0，0，$H_e$）和虚源（0，0，$-H_e$）共同作用于空间某一点 $P(x,y,z)$ 的污染物浓度 $C(x,y,z,H_e)$ 可由式（5-8）得出：

$$C(x,y,z,H_e)=\frac{Q}{2\pi u\sigma_y\sigma_z}\exp\left(-\frac{y^2}{2\sigma_y^2}\right)\left\{\exp\left[-\frac{(z-H_e)^2}{2\sigma_z^2}\right]+\exp\left[-\frac{(z+H_e)^2}{2\sigma_z^2}\right]\right\} \qquad (5\text{-}8)$$

式中，$H_e$ 为烟囱有效高度，m，$H_e = H + \Delta H$，$H$ 和 $\Delta H$ 分别是烟囱的几何高度和抬升高度，m；其他符号意义同前。

$\Delta H$ 可选用《制定地方大气污染物排放标准的技术方法》（GB/T 3840—91）推荐的相关烟气抬升公式计算。

式（5-8）即为有界空间假设下的连续点源扩散模型。利用该模型可以计算下风向任一点的污染物浓度。

（a）地面浓度　在大气环境影响预测中，人们往往更关心污染物排放对近地面的影响。在式（5-8）中，令 $z = 0$ 得到高架点源的地面浓度 $C(x, y, 0, H_e)$ 计算式 [式（5-9）]：

$$C(x,y,0,H_e) = \frac{Q}{\pi u \sigma_y \sigma_z} \exp\left(-\frac{y^2}{2\sigma_y^2} - \frac{H_e^2}{2\sigma_z^2}\right) \tag{5-9}$$

在污染源附近，$x$ 轴地面浓度接近于零，然后逐渐增大，在某个距离上达到最大值，再缓慢减小；在 $y$ 轴方向上，污染物浓度按正态分布规律向两边减小。

（b）地面 $x$ 轴线浓度　下风向 $x$ 轴线上（$y = 0$，$z = 0$）地面浓度 $C(x, 0, 0, H_e)$ 由式（5-10）得出：

$$C(x,0,0,H_e) = \frac{Q}{\pi u \sigma_y \sigma_z} \exp\left(-\frac{H_e^2}{2\sigma_z^2}\right) \tag{5-10}$$

（c）最大地面浓度 $C_{max}$ 及距排气筒距离 $X_m$　将计算地面 $x$ 轴线浓度的式（5-10）对 $x$ 求导，令其等于零，即得到最大地面浓度 $C_{max}$ 计算式 [式（5-11）、式（5-12）] 和距排气筒距离 $X_m$ 计算式 [式（5-13）]。

$$C_{max} = \frac{2Q}{e\pi u H_e^2 P_1} \tag{5-11}$$

$$P_1 = \frac{2r_1 r_2^{-\frac{\alpha_1}{\alpha_2}}}{\left(1 + \frac{\alpha_1}{\alpha_2}\right)^{\frac{1}{2}\left(1+\frac{\alpha_1}{\alpha_2}\right)} H_e^{\left(1-\frac{\alpha_1}{\alpha_2}\right)} e^{\frac{1}{2}\left(1-\frac{\alpha_1}{\alpha_2}\right)}} \tag{5-12}$$

$$X_m = \left(\frac{H_e}{r_2}\right)^{\frac{1}{\alpha_2}} \left(1 + \frac{\alpha_1}{\alpha_2}\right)^{-\frac{1}{2\alpha_2}} \tag{5-13}$$

以上各式中符号意义同前。

（2）特殊气象条件下的扩散模型

① 混合层顶多次反射模型　大气边界层常常出现这样的垂直温度分布：当低层是中性层结或者不稳定层结时，离地面几百到上千米的高度上存在一个稳定逆温层，即上部逆温，它使污染物在垂直方向上的扩散受到抑制，逆温层的反射作用使得污染物在逆温层下的混合层内扩散。观测表明，逆温层底上下两侧的浓度通常相差 5～10 倍，污染物的扩散实际上被限制在地面和逆温层底之间。上部逆温层或稳定层底高度称为混合层高度（或厚度），用 $h$ 表示。

设地面及混合层对污染物全反射，连续点源的烟流扩散模型如下：

a. 当 $\sigma_z < 1.6h$ 时　污染源下风向任一点小于 24h 取样时间的污染物地面浓度可表示为：

$$C(x,y,0,H_e) = \frac{QF}{2\pi u \sigma_y \sigma_z} \exp\left(-\frac{y^2}{2\sigma_y^2}\right) \tag{5-14}$$

$$F = \sum_{n=-k}^{k} \left\{ \exp\left[-\frac{(2nh - H_e)^2}{2\sigma_z^2}\right] + \exp\left[-\frac{(2nh + H_e)^2}{2\sigma_z^2}\right] \right\} \tag{5-15}$$

式中，$h$ 为混合层高度，m；$k$ 为反射次数，一、二级项目 $k$ 可取 3 或 4，对于三级评价 $k$ 取 0，即不考虑逆温层的反射作用；其他符号意义同前。

b. 当 $\sigma_z \geqslant 1.6h$ 时　污染物浓度在垂直方向已接近均匀分布，可按式（5-16）计算：

$$C(x,y) = \frac{Q}{\sqrt{2\pi}u\sigma_y h}\exp\left(-\frac{y^2}{2\sigma_y^2}\right) \qquad (5\text{-}16)$$

式中符号意义同前。

② 熏烟模式　当夜间产生贴地逆温时，日出后逆温层将逐渐自下而上地消失，形成一个不断增厚的混合层。原来在逆温层中处于稳定状态的烟羽进入混合层之后，由于本身的下沉和垂直方向的强扩散作用，污染物浓度在这一方向将接近均匀分布，出现所谓熏烟现象。熏烟是常见的不利气象条件之一，虽然其持续时间约在 30min～1h 之间，但其最大浓度可高达一般最大地面浓度的几倍。

假定熏烟发生后，污染物浓度在垂直方向为均匀分布，将式（5-8）对 $z$ 从 $-\infty$ 到 $\infty$ 积分，并除以混合层高度，则熏烟条件下的地面浓度 $C_f$ 为：

$$C_f(x,y,H_e) = \frac{Q}{\sqrt{2\pi}uh_f\sigma_{yf}}\exp\left(-\frac{y^2}{2\sigma_{yf}^2}\right)\Phi(p) \qquad (5\text{-}17)$$

$$p = \frac{h_f - H_e}{\sigma_z} \qquad (5\text{-}18)$$

$$\sigma_{yf} = \sigma_y + \frac{H_e}{8} \qquad (5\text{-}19)$$

$$\Phi(p) = \frac{1}{\sqrt{2\pi}}\int_{-\infty}^{p}\exp\left(-\frac{p^2}{2}\right)\mathrm{d}p \qquad (5\text{-}20)$$

式中，$C_f$ 为熏烟时的污染物浓度，mg/m³；$h_f$ 为熏烟时的混合层高度，m；$\sigma_y$，$\sigma_z$ 分别为熏烟时烟羽进入混合层之前处于稳定状态的横向和垂直向扩散参数，m；$\Phi(p)$ 在此反映原稳定状态下的烟羽进入混合层中的份额多少；其他符号意义同前。

通常认为 $p=-2.15$ 时为烟羽的下边界，$\Phi \approx 0$，烟羽未进入混合层；$p=2.15$ 时为烟羽的上边界，$\Phi \approx 1$，烟羽全部进入混合层。

当稳定气层到烟流顶高度 $h_f$ 时，全部扩散物质已向下混合，地面浓度按式（5-21）计算：

$$C_f(x,y,0,H_e) = \frac{Q}{\sqrt{2\pi}u\sigma_{yf}h_f}\exp\left(-\frac{y^2}{2\sigma_{yf}^2}\right) \qquad (5\text{-}21)$$

$$h_f = H_e + 2.15\sigma_z \qquad (5\text{-}22)$$

熏烟过程中产生的地面最大浓度的距离 $X_f$ 为：

$$X_f = \frac{u\rho_a C_p}{2k_h}\left(h_f^2 - H_e^2\right) \qquad (5\text{-}23)$$

式中，$k_h$ 为湍流热导率，W/(m·K)；$\rho_a$ 为大气密度，g/m³；$C_p$ 为大气定压比热容，J/(g·K)；其他符号意义同前。

③ 小风（1.5m/s＞$u_{10}\geqslant$0.5m/s）和静风（$u_{10}$＜0.5m/s）的扩散模式　当风速较小（$u_{10}$＜1.5m/s）时，可假设 $\sigma_x = \sigma_y = \gamma_{01}T$，$\sigma_z = \gamma_{02}T$，$T = t - t_0$；再假设 $Q$ 为常值，$u$ 为常值，$v = w = 0$，烟囱地面位置的中心点为坐标原点，下风向为 $x$ 轴，将式（5-6）对 $t$ 的积分变换为对 $T$ 的积分，则可得连续点源小风和静风扩散模式的解析解。污染物地面浓度 $C(x,y,0,H_e)$ 可表示为：

$$C(x,y,0,H_e) = \frac{2Q}{(2\pi)^{\frac{3}{2}}\gamma_{02}\eta^2}G \qquad (5\text{-}24)$$

$$\eta^2 = x^2 + y^2 + \frac{\gamma_{01}^2}{\gamma_{02}^2} H_e^2 \tag{5-25}$$

$$G = e^{-\frac{u^2}{2\gamma_{01}^2}} \left[ 1 + \sqrt{2\pi} s e^{\frac{s^2}{2}} \Phi(s) \right] \tag{5-26}$$

$$\Phi(s) = \frac{1}{\sqrt{2\pi}} \int_{-\infty}^{s} e^{-\frac{t^2}{2}} dt \tag{5-27}$$

$$s = \frac{ux}{\gamma_{01}\eta} \tag{5-28}$$

式中，$\gamma_{01}$，$\gamma_{02}$ 分别是小风和静风条件下横向和垂直方向扩散参数的回归系数；$T$ 为小风和静风气象条件的扩散时间，s。

实验结果表明，小风和静风时的扩散参数基本上符合上述随 $T$ 的变化关系。

静风时，令 $u = 0$，则式（5-24）中 $G = 1$。

④ 连续线源模式　该模式主要用于预测流动源以及其他线状污染源对大气环境质量的影响。连续线源是指连续排放扩散物质的线状污染源，其源强处处相等且不随时间变化。通常把繁忙的公路车流当作连续线源。在高斯模型中，连续线源等于连续点源在线源长度上的积分，由此得到连续线源浓度公式：

$$C(x,y,z) = \frac{Q_l}{u} \int_0^L f(l) dl \tag{5-29}$$

式中，$Q_l$ 为线源源强，即单位时间单位长度排放量；$f(l)$ 为连续点源浓度函数，可根据源高及有无混合层反射等情况选择适当的表达式；$L$ 为线源的长度，m；其他符号意义同前。

对直线型线源等简单情形，可求出连续线源的解析式。

a. 线源与风向垂直　取 $x$ 轴与风向一致，坐标原点为线源中点，线源在 $y$ 轴上的长度为 $2y_0$，则地面全反射的浓度可表示为式（5-30）：

$$\begin{aligned} C(x,y,z,H_e) = & \frac{Q_l}{2\sqrt{2\pi}u\sigma_z} \left\{ \exp\left[ -\frac{(z+H_e)^2}{2\sigma_z^2} \right] + \exp\left[ -\frac{(z-H_e)^2}{2\sigma_z^2} \right] \right\} \\ & \times \left[ \text{erf}\left( \frac{y+y_0}{\sqrt{2}\sigma_y} \right) - \text{erf}\left( \frac{y-y_0}{\sqrt{2}\sigma_y} \right) \right] \end{aligned} \tag{5-30}$$

$$\text{erf}(\theta) = \frac{2}{\sqrt{\pi}} \int_0^{\theta} e^{-t^2} dt \tag{5-31}$$

假设平行于 $y$ 轴的线源是由无穷多个点源排列而成的，将式（5-30）对 $y$ 从 $-\infty$ 到 $\infty$ 积分，可得风向与线源垂直时无限长线源任一接受点（$x,z$）的浓度为：

$$C(x,z,H_e) = \frac{Q_l}{\sqrt{2\pi}u\sigma_z} \left\{ \exp\left[ -\frac{(z+H_e)^2}{2\sigma_z^2} \right] + \exp\left[ -\frac{(z-H_e)^2}{2\sigma_z^2} \right] \right\} \tag{5-32}$$

b. 线源与风向平行　线源在 $x$ 轴上，长度为 $2x_0$，中点与坐标原点重合。在近距离可假定 $\sigma_y = ax$，$\sigma_z/\sigma_y = b$，其中 $a$，$b$ 为常数，则线源的地面浓度公式为：

$$C(x,y,0,H_e) = \frac{Q_l}{\sqrt{2\pi}u\sigma_z(r)} \left\{ \text{erf}\left[ \frac{r}{\sqrt{2}\sigma_y(x-x_0)} \right] - \text{erf}\left[ \frac{r}{\sqrt{2}\sigma_y(x+x_0)} \right] \right\} \tag{5-33}$$

$$r^2 = y^2 + \frac{H_\mathrm{e}^2}{b^2} \tag{5-34}$$

无限长线源的地面浓度公式为：

$$C(y,0) = \frac{Q_l}{\sqrt{2\pi}u\sigma_z(r)} \tag{5-35}$$

c. 线源与风向成任意交角　风向与线源夹角为 $\varphi$（$\varphi \leqslant 90°$）时的浓度公式为：

$$C(\varphi) = C_{垂直}\sin^2\varphi + C_{平行}\cos^2\varphi \tag{5-36}$$

（3）多点源和面源

① 多点源模式　计算时将各个源对接受点浓度的贡献进行叠加。在评价区内选一原点，以平均风向为 $x$ 轴，各个源 [坐标为 $(x_r, y_r, 0)$] 对评价区内任一地面点 $(x, y, 0)$ 的浓度总贡献 $C_n$ 可按式（5-37）计算：

$$C_n(x,y,0) = \sum_{r=1}^{n} C_r(x - x_r, y - y_r) \tag{5-37}$$

式中，$C_n$ 为总浓度，$mg/m^3$；$C_r$ 为第 $r$ 个点源对点 $(x, y, 0)$ 的浓度贡献，$mg/m^3$，可根据不同条件选用有关点源模式，但应注意坐标变换，将 $(x, y, 0)$ 代以 $(x-x_r, y-y_r, 0)$。

② 面源模式　如果面源或无组织源的面积 $S \leqslant 1km^2$，面源外的 $C_s$ 可按点源扩散模式计算，但需附加一个初始扰动，使烟羽在 $x = 0$ 处有一个和面源横向宽度相等的横向尺度，以及和面源高度相等的垂直向尺度。注意到烟羽的半宽度等于 $2.15\sigma_y$ 或 $2.15\sigma_z$，此扩散模式又称虚拟点源模式，它在点源公式中增加了一个初始的扩散参数，相当于将面源排放的污染物集中在面源中心，再向上风向后退一个距离，变成虚点源。

（4）日均浓度模式　《环境空气质量标准》（GB 3095—2012）中规定的日均浓度标准为任何一日的平均浓度不允许超过的限值。在建设项目的大气环境影响评价中，计算出污染物排放引起的日均浓度贡献值与环境本底值或现状值叠加后作为日均浓度，再与环境标准比较是否超过标准限值。

日均浓度的计算采用式（5-38）进行：

$$C_\mathrm{d}(x,y,0) = \frac{1}{n}\sum_{i=1}^{n} C_{\mathrm{h}i}(x,y,0) \tag{5-38}$$

式中，$C_\mathrm{d}(x, y, 0)$ 为接受点的日均地面浓度，$mg/m^3$；$C_{\mathrm{h}i}(x, y, 0)$ 为接受点每天中第 $i$ 小时的小时平均浓度，$mg/m^3$；$n$ 为一天中计算的次数。

### 5.1.7.3　AERSCREEN 模式系统

AERSCREEN 是基于美国环境保护署空气质量预测模型 AERMOD 的空气质量估算模型。由于 AERSCREEN 估算浓度扩散模型的程序采用的是 AERMOD 内核，所估算的结果更符合 AERMOD 预测结果，可用于前期的评价工作等级估算和评价范围确定等工作。AERSCREEN 模型主要包括两部分：① MAKEMET 程序，生成输入到 AERMOD 模型的不利气象条件组合文件。② AERSCREEN 命令提示符界面程序。AERSCREEN 界面程序不仅调用 MAKEMET 程序生成不利气象条件组合文件，还可调用 AERMOD 模式中的 AERMAP 程序处理地形，调用 BPIPPRM 程序处理建筑物下洗，通过调用 AERMOD 模型的筛选选项，结合 MAKEMET 程序生成不利气象条件组合文件计算最不利气象条件下的污染物浓度。AERSCREEN 模型可计算最不利气象条件下的平均时间浓度（1h 平均、3h 平均、8h 平均、日平均以及年平均）。AERSCREEN 程序目前仅限于模拟单个点源、矩形面源、圆形面源、火炬源、体源等。

### 5.1.7.4　ADMS 城市大气扩散模型

ADMS 城市大气污染物扩散模型是基于三维高斯扩散模型的多源模型，用于模拟城市区域来自工业、民用和道路交通污染源产生的污染物在大气中的扩散。该模型在中国部分城市得到应用，实践证明只要选择合适的参数，该模型计算结果准确度较高。

ADMS 模型可用于模拟点源、面源、线源、体源、网格源排放的污染物在短期（小时平均、日平均）、长期（年平均）的浓度分布，包含街道窄谷模型，适用于城市或农村地区、简单或复杂地形。ADMS 模型还可以模拟建筑物下洗、干湿沉降等。化学反应模块可用于计算 NO、$NO_2$ 和 $O_3$ 等之间的反应。ADMS 模型有气象预处理程序，可以用地面的常规观测资料、地表状况以及太阳辐射等参数模拟基本气象参数的廓线值。在简单地形条件下使用该模型模拟计算时，可以不调查探空观测资料。

### 5.1.7.5　AERMOD 模型系统

AERMOD 模型系统包括 AERMOD 扩散模型、AERMET 气象预处理模型和 AERMAP 地形预处理模型。AERMOD 模型系统是稳态烟羽扩散模型系统，在考虑大气边界层特征基础上，模拟点源、火炬源、面源、线源、体源等排放的污染物在短期（小时平均、日平均）、长期（年平均）的浓度及分布。AERMOD 模型还可模拟建筑物下洗、干湿沉降等。AERMOD 模型具有下述特点：①按空气湍流结构和尺度的概念，湍流扩散由参数方程给出，稳定度用连续参数表示；②中等浮力通量对流条件采用非正态的 PDF 模式；③考虑了对流条件下浮力烟羽和混合层顶的相互作用；④考虑了高尺度对流场结构及湍流动能的影响；⑤可以处理地面源和高架源、简单（平坦）和复杂地形及城市边界层。

### 5.1.7.6　CALPUFF 烟团扩散模型系统

CALPUFF 模型系统是烟团扩散模型系统，用于模拟在三维空间流场中时间和空间变化时污染物的输送、转化和清除过程。CALPUFF 模型适用于模拟点源、面源、线源、体源在城市尺度（50 千米到几百千米）的预测范围内排放的污染物在短期（小时平均、日平均）、长期（年平均）的浓度及分布。CALPUFF 模型系统既有近距离模拟功能（如建筑物下洗、烟羽抬升、排气筒雨帽效应、部分烟羽穿透、次层网格尺度的地形和海陆间的相互影响、地形的影响），还有长距离模拟功能（如干沉降和湿沉降的污染物清除、化学转化、垂直风切变效应、跨越水面的传输、熏烟效应，以及颗粒物浓度对能见度的影响）。CALPUFF 模型还适用于特殊风场情况，如长期静风、小风、风向逆转、在传输和扩散过程中气象场时空发生变化时的模拟。

### 5.1.7.7　CMAQ 区域光化学网格模型

区域光化学网格模型，简称光化学网格模型，是包含复杂大气物理过程（平流、扩散、边界层、云、降水、干沉降等）和大气化学过程（气相、液相、气溶胶、非均相）算法以及网格化的输送化学转化模型。它应用的是一个网格系统，网格系统中的研究区域（如一座城市）被切分成数千个网格，每个网格的宽度和长度通常有几千米；网格也有第三种量度（即高度），根据要研究的海拔高度，网格高度有所不同。该模型可以模拟空气的垂直运动和水平运动，显示来自建筑物、车辆乃至动植物的各种气体和粒子的增多情况以及发生在大气中的化学反应，并有助于预测这些因素对臭氧水平产生的影响。

排放到空气中的污染物在光化学活性分子的影响下发生多相化学反应、气相反应、液相反应和云内化学反应，生成二次污染物如二次 $PM_{2.5}$、二次 $O_3$。在模拟城市和区域尺度的空气质量影响，或者需要模拟二次 $PM_{2.5}$ 或二次 $O_3$ 的影响时，一般选用环境影响评价技术导则推荐的区域光化学网格模型。

CMAQ 模型是目前应用比较广泛的区域光化学网格模型之一。CMAQ 模型可模拟中、小尺度气象过程对污染物的迁移和转化过程，同时还兼顾了区域与城市尺度大气污染物的相互影响以及污染在大气中的各种化学过程，主要包括液相化学过程、非均相化学过程、气溶胶过程和干湿沉降过程对浓度分布的影响。CMAQ 模型由 5 个主要模块组成：其核心模块是化学传输模块 CCTM，它可以模拟污染物的传输过程、化学过程和沉降过程；初始值模块 ICON 和边界值模块 BCON 为 CCTM 提供污染物初始场和边界场；光化学分解速率模块 JPROC 用来计算光化学分解速率；气象 - 化学接口模块 MCIP 是气象模型和 CCTM 的接口，把气象数据转化为 CCTM 可识别的数据格式。CMAQ 模型计算所需的气象场由气象模型提供，如 WRF 中尺度气象模型等；所需的源清单由排放处理模型提供，如 SMOKE 模型等。

CMAQ 模型中的 Models-3/CMAQ 模型是美国环境保护署为了满足法规制定和研究的需要，于 20 世纪 90 年代中期开发的第三代空气质量模型，在 1998 年 7 月首次发布，目前的最新版本是 2020 年 10 月发布的 CMAQ v5.3.2，该模型的主要特点如下：

① 大气中各种污染物的污染问题与化学反应紧密相关，Models-3/CMAQ 基于"一个大气"的思想，可同时进行多种污染物的污染问题（包括光化学反应、颗粒物、酸沉降和能见度等）的模拟计算，并且可以耦合 MIMS 模型进行跨媒介（土壤、地表水）的模拟。

② Models-3/CMAQ 能够进行多尺度、多层网格嵌套的模拟，在空间上具备很好的通用性和灵活性。在使用大网格进行背景场影响分析的同时，可以采用细网格对所关心区域进行模拟研究。

③ Models-3/CMAQ 具备良好的气象接口，能够方便地利用一些气象预报模型（如 WRF 模型）的计算结果，为后继排放和化学转化模块提供较为详细和准确的气象场，也为应用于空气质量预报提供了很好的条件。

④ Models-3/CMAQ 具有模块化结构，易于对大气物理、化学过程的机理或算法进行修改和调整，为使用者提供了化学反应机理研究的平台。

⑤ Models-3/CMAQ 具有很强的开放性。它结合了近年来计算机技术的发展和大气科学的最新研究进展，如烟羽在网格内初始扩散的算法、更详细的液相化学反应、云雨物理和光化学反应、更高效的数值计算方法以及数据的三维可视化分析。

### 5.1.7.8 EDMS/AEDT 模型

EDMS/AEDT 模型由美国联邦航空管理局（FAA）和美国空军（USAF）合作开发，主要应用于机场空气质量评估，包括排放清单建立、污染物扩散模拟两部分。该模型系统内置 MOBILE 排放模型和 AERMOD 扩散模型两个模块，可对机场内飞机发动机、辅助动力装置（APU）、飞机地勤支援设备（GSE）、机动车辆等排放源进行统计，建立民用机场大气污染物排放清单，计算污染物排放浓度和机场地面车辆的 $NO_x$、CO、PM、$N_2O$、$CH_4$ 等大气污染物排放量。

### 5.1.7.9 AUSTAL2000 烟塔合一排放源模型

烟塔合一技术，即取消火电厂的排放烟囱，将锅炉产生的烟气经除尘、脱硫、脱硝后引至自然通风冷却塔排放到大气中的烟气排放技术。该技术可以利用冷却塔排放的大量热湿空气对脱硫后的净烟气形成良好的包裹和抬升，增加烟气的抬升高度，从而促进烟气中污染物的扩散。

应用烟塔合一技术进行污染源大气污染预测的 AUSTAL2000 模型主要分为大气污染物扩散模型和烟气抬升模型。该模型通常采用德国的拉格朗日粒子随机游走大气污染物扩散模型集成的 S/P 模型计算冷却塔烟团抬升高度，再依照描述的扩散模型计算冷却塔排放对地面造成的浓度。利用该模型可以确定烟气自冷却塔排出后的最终抬升高度和水平方向上的扩散距离。

### 5.1.8 大气环境容量与总量控制

实施大气环境污染物总量控制是改善大气环境质量的重要措施。我国对大气环境污染物的排放总量控制先后经过了浓度控制和目标总量控制两个阶段，但浓度控制和目标总量控制没有建立大气污染物排放量和大气环境质量之间的对应关系，也没有解决大气污染物排放量的分配问题，只有进行环境容量总量控制才能解决上述这两个问题。

### 5.1.8.1　大气环境容量

大气环境容量主要是指对于一定地区，根据其自然净化能力，在特定的污染源布局和结构下，为达到环境目标值，所允许的大气污染物最大排放量。环境目标值即所确定的相应等级的国家或地方环境空气质量标准。

一般，大气污染物的环境容量是指大气环境单元所允许承纳的污染物的最大质量。大气环境容量是一种特殊的环境资源，它与其他自然资源在使用上有着明显的差异。

研究环境容量的意义主要在于：①便于对总量控制进行研究，特别是对已建成区污染源的控制和削减；②可利用环境容量合理布局新开发区。

### 5.1.8.2　总量控制

总量控制（也称污染物排放总量控制）是指在某一区域（流域）环境范围内，为了达到预定环境目标，通过一定方式核定主要污染物的环境最大允许负荷（环境容量），并以此进行合理分配，最终确定区域范围内各污染源允许的污染物排放量。

总量控制的过程可概括为：通过环境目标可达性评价和污染源可控性研究进行环境、技术、经济效益的系统分析，并制定出可实施的规划方案，调整和控制人为排污量，使之满足环境保护目标的要求。

（1）总量控制的工作环节

① 确定环境保护目标及选择环境质量标准　目前实践中主要涉及两种情况：第一种是保护目标的功能已经明确，为达到此功能要求而确定保护措施；第二种情况是因受到技术、经济的约束，目标功能不确定，应先提出预想的环境目标功能，通过环境、技术、经济的可行性论证后，提供行政决策，最终确定此预想环境目标是否可行或需改变。根据已确定或预想环境目标功能，选择相应的环境质量标准。

② 进行功能可达性分析　首先是在划分出对目标的天然与人为影响因素的基础上，确定一年中功能区受人为影响最严重的项目和时段，即确定污染类型和发生时间，这样就使主攻目标非常明确。一般情况下，不是所有种类的污染物都影响环境目标功能，而只是其中一项或几项，因此哪项影响环境目标功能就应解决哪项。其次是确定污染时段，方法是通过收集多年的监测数据，以功能相应的环境质量标准为评价依据，确定超标项目与超标频率，再进行功能区达标率的评价。其目的是在确定容量的同时，推算出允许排放的污染物总量。例如：大气环境质量是随着气象条件变化而变动的。大气环境质量的变动可能引起环境质量超过与大气环境目标功能相应的标准。通过评价就可以找出可利用的环境容量，同时也可以找出危险的时段。在给出大气环境质量标准及大气环境质量达标率后，可推算出允许排放的污染物总量。

③ 建立污染源与保护目标间的输入响应关系　根据污染源与环境质量的相关关系，利用各类质量模型，建立污染源与保护目标间的输入响应关系，以确定在达到环境目标的前提下所能容纳的污染物总量。

（2）总量控制的基本计算方法　大气污染物排放总量控制计算常采用 A-P 值法。此法是用 A 值法计算控制区域中允许排放总量，再用 P 值法将其分配到每个污染源的一种方法。

① A 值法　属于地区系数法，通过给出控制区总面积及各功能分区的面积，再根据当地总量控制系数 A 值计算出该面积上的总允许排放量。

用 A 值法计算大气环境容量时，一般将大气污染源分为点源与低矮面源两部分：

a. 点源的排放总量 $Q_a$　对于一般城市范围气态污染物进行总量控制时，排放总量可由式（5-39）计算：

$$Q_a = AC_s\sqrt{S} \tag{5-39}$$

式中，$A$ 为总量控制系数，主要由当地的通风量决定；$C_s$ 为大气污染物浓度的标准限值；$S$ 为地区的总面积。

如果全城市又分为 $n$ 个分区，第 $i$ 分区面积为 $S_i$，全市面积为 $S$，则有：

$$S = \sum_{i=1}^{n} S_i \tag{5-40}$$

那么第 $i$ 分区排放量 $Q_{ai}$ 可由式（5-41）计算获得：

$$Q_{ai} = \alpha_i A C_s \sqrt{S_i} \qquad (5\text{-}41)$$

式中，$\alpha_i$ 为第 $i$ 分区总排放量分担率。

若取 $\alpha_i = \dfrac{\sqrt{S_i}}{\sqrt{S}}$，则有：

$$Q_{ai} = A C_s \frac{S_i}{\sqrt{S}} \qquad (5\text{-}42)$$

b. 低矮面源的排放总量 $Q_b$　可采用式（5-43）进行计算：

$$Q_b = B C_s \sqrt{S} \qquad (5\text{-}43)$$

式中，$B$ 为低矮面源总量控制系数，$B = A\alpha$，$\alpha$ 是低矮面源分担率。

在分析了街区大小及我国各地稳定度频率的分布、风速资料后，给出了我国各行政区的 $A$ 值和 $\alpha$ 值，见表 5-5。

② $P$ 值法　我国的 $P$ 值法属于烟囱排放标准的地区系数法。只要给定烟囱高度，再根据当地点源排放控制系数 $P$（表 5-5），就能算出该烟囱允许排放率，可以运用 $P$ 值法检验执行浓度控制或总量控制标准地区的污染物排放是否超标。

**表 5-5**　我国各地区总量控制系数 $A$、低矮面源分担率 $\alpha$ 和点源排放控制系数 $P$

| 地区序号 | 省（区、市）名 | $A$ | $\alpha$ | $P$ 总量控制区 | 非总量控制区 |
|---|---|---|---|---|---|
| 1 | 新疆、西藏、青海 | 7.0～8.4 | 0.15 | 100～150 | 100～200 |
| 2 | 黑龙江、吉林、辽宁、内蒙古 | 5.6～7.0 | 0.25 | 120～180 | 120～240 |
| 3 | 北京、天津、河北、河南、山东 | 4.2～5.6 | 0.15 | 120～180 | 120～240 |
| 4 | 山西、陕西、宁夏、甘肃 | 3.5～4.9 | 0.20 | 100～150 | 100～200 |
| 5 | 上海、广东、广西、湖南、湖北、江苏、浙江、安徽、海南、台湾、福建、江西 | 3.5～4.9 | 0.25 | 50～75 | 50～100 |
| 6 | 云南、贵州、四川 | 2.8～4.2 | 0.15 | 50～75 | 50～100 |
| 7 | 静风区 | 1.4～2.8 | 0.25 | 40～80 | 40～80 |

a. 总量控制区内点源（几何高度 ≥30m 排气筒）污染物排放率限值按式（5-44）计算：

$$Q_{P_i} = P_i H_e^2 \times 10^{-6} \qquad (5\text{-}44)$$

式中，$Q_{P_i}$ 为第 $i$ 功能区内污染物点源允许排放率限值；$P_i$ 为第 $i$ 功能区污染物点源排放控制系数；$H_e$ 为排气筒有效高度。

b. 各功能区点源排放控制系数 $P_i$ 按式（5-45）计算：

$$P_i = \beta_i \beta P C_{si} \qquad (5\text{-}45)$$

式中，$\beta_i$ 为第 $i$ 功能区污染物点源调整系数；$\beta$ 为总量控制区污染物点源调整系数；$C_{si}$ 为第 $i$ 功能区日平均浓度限值，$mg/m^3$；$P$ 为地理区域性点源排放控制系数。

c. 各功能区点源调整系数 $\beta_i$ 按式（5-46）计算：

$$\beta_i = (Q_{hi} - Q_{li}) / Q_{mi} \qquad (5\text{-}46)$$

式中，若 $\beta_i > 1$，则取 $\beta_i = 1$；$Q_{hi}$ 为第 $i$ 功能区高架源（≥100m）污染物年允许排放总量，$10^4 t$；$Q_{li}$ 为第 $i$ 功能区低架源（<30m）污染物年允许排放总量，$10^4 t$；$Q_{mi}$ 为第 $i$ 功能区中架点源（30～100m）年允许排放总量，$10^4 t$。

d. 总量控制区点源调整系数 $\beta$ 按式（5-47）计算：

$$\beta = (Q_a - Q_l)/(Q_m + Q_h) \qquad (5\text{-}47)$$

式中，$Q_a$ 为总量控制区污染物年允许排放总量，$10^4$t；$Q_l$ 为总量控制区所有低架源污染物年允许排放总量，$10^4$t；$Q_m$ 为总量控制区所有中架点源污染物年允许排放总量，$10^4$t；$Q_h$ 为总量控制区所有高架点源污染物年允许排放总量，$10^4$t。

e. 实际排放总量超出限值后的削减原则是尽量削减低架源总量 $Q_l$ 和各功能区分量 $Q_{li}$，使得 $\beta$ 和 $\beta_i$ 接近或等于 1，然后再按式（5-45）的方法计算点源排放控制系数 $P_i$。

# 5.2　大气环境影响评价概述

## 5.2.1　评价的主要任务

（1）明确工程项目性质　全面了解建设项目的背景、进度和规模，调查其生产工艺和可能造成的环境影响因素，明确工程项目性质及环境影响性质。

（2）划分评价工作等级和确定评价范围　按照《环境影响评价技术导则　大气环境》的规定，确定大气环境影响评价工作等级与评价范围。

（3）工程分析　了解建设项目废气产生节点，弄清该项目所产生的污染物量、污染指标和可能造成污染的范围，调查建设项目的生产工艺，分析项目在建设阶段、运行阶段对大气环境的影响因素，核算大气污染源源强。

（4）环境现状调查和评价　在进行环境空气保护目标、大气污染源、大气环境质量现状调查的基础上，运用占标率等指标对大气环境现状进行达标区与非达标区的判定以及其他污染物的评价。

（5）大气环境影响预测与评价　根据现状调查及工程分析的有关数据，选择合适的模型，确定需要的参数和计算条件，预测建设项目对大气环境的影响。根据环境影响预测结果，对建设项目环境影响进行分析与评价。

（6）优化大气环境保护措施　比较优化建设方案，提出拟采取的环境保护建议和措施。

（7）给出建设项目大气环境影响评价结论　根据建设项目环境影响预测与评价的结果及环境保护设施建设方案，给出大气环境影响评价结论。

## 5.2.2　环境影响识别与评价因子筛选

按照《建设项目环境影响评价技术导则　总纲》（HJ 2.1—2016）和《规划环境影响评价技术导则　总纲》（HJ 130—2019）的要求，识别出大气环境影响因素，并筛选出大气环境影响评价因子。

大气环境影响评价因子主要为项目排放的基本污染物及其他污染物。

当建设项目排放的 $SO_2$ 和 $NO_x$ 年排放量加和大于或等于 500t/a 时，应增加二次污染物评价因子 $PM_{2.5}$，见表 5-6。当规划项目排放二次污染物前体物总量（包括硫氧化物、氮氧化物及挥发性有机物）达到表 5-6 规定的量时，应增加二次污染物评价因子 $PM_{2.5}$、$O_3$ 等。

表5-6　二次污染物评价因子筛选

| 类别 | 污染物排放量/（t/a） | 二次污染物评价因子 |
| --- | --- | --- |
| 建设项目 | $SO_2 + NO_x \geq 500$ | $PM_{2.5}$ |
| 规划项目 | $SO_2 + NO_x \geq 500$ | $PM_{2.5}$ |
| | $NO_x + VOCs \geq 2000$ | $O_3$ |

### 5.2.3 评价工作等级与评价范围

#### 5.2.3.1 评价工作等级

按照《环境影响评价技术导则 大气环境》(HJ/T 2.2—2018)中的评价工作等级判定方法,首先选择项目污染源正常排放的主要污染物及排放参数,采用估算模型 AERSCREEN 分别计算项目各污染源的最大环境影响,然后按评价工作分级判据进行分级。编制环境影响报告书的项目,在采用估算模型计算评价工作等级时,应输入地形参数。确定评价工作等级同时应说明估算模型计算参数和判定依据。

评价工作分级方法是:根据项目污染源的初步调查结果,分别计算项目排放主要污染物的最大地面空气质量浓度占标率 $P_i$(第 $i$ 个污染物,简称"最大浓度占标率"),及第 $i$ 个污染物的地面空气质量浓度达到标准值的 10% 时所对应的最远距离 $D_{10\%}$。$P_i$(%)计算公式为:

$$P_i = \frac{C_i}{C_{0i}} \times 100\% \tag{5-48}$$

式中,$C_i$ 为采用估算模型计算出的第 $i$ 个污染物的最大 1h 地面空气质量浓度,$\mu g/m^3$;$C_{0i}$ 为第 $i$ 个污染物的环境空气质量浓度标准,$\mu g/m^3$。

$C_{0i}$ 一般选用《环境空气质量标准》(GB 3095—2012)中 1h 平均质量浓度的二级浓度限值,如已有地方环境质量标准,应选用地方标准中的浓度限值;如项目位于一类环境空气功能区,应选择相应的一级浓度限值;对仅有 8h 平均质量浓度限值、日平均质量浓度限值或年平均质量浓度限值的,可分别按 2 倍、3 倍、6 倍折算为 1h 平均质量浓度限值。对《环境空气质量标准》及地方环境空气质量标准中未包含的污染物,可参照《环境影响评价技术导则 大气环境》附录 D 中的其他污染物空气质量浓度参考限值。对上述标准中都未包含的污染物,可参照选用其他国家、国际组织发布的环境空气质量浓度限值或基准值,但应作出说明,经生态环境主管部门同意后执行。

评价工作等级按表 5-7 的分级判据进行划分。最大地面空气质量浓度占标率 $P_i$ 按式(5-48)计算,如污染物数 $i$ 大于 1,取 $P_i$ 值中最大者($P_{max}$)。

表5-7 评价工作等级判别

| 评价工作等级 | 分级判据 |
| --- | --- |
| 一级 | $P_{max} \geq 10\%$ |
| 二级 | $1\% \leq P_{max} < 10\%$ |
| 三级 | $P_{max} < 1\%$ |

实际上,考虑到建设项目的差异以及项目所在地周围环境空气保护目标等因素,确定评价工作等级时还应遵守以下规定:

① 同一项目有多个污染源(两个及以上)时,则按各污染源分别确定评价工作等级,并取评价工作等级最高者作为项目的评价工作等级。

② 对于电力、钢铁、水泥、石化、化工、平板玻璃、有色金属等高耗能行业的多源项目或以使用高污染燃料为主的多源项目,需编制环境影响报告书时,评价工作等级提高一级。

③ 对于等级公路、铁路项目,分别按项目沿线主要集中式排放源(如服务区、车站大气污染源)排放的污染物计算其评价工作等级。

④ 对新建包含 1km 及以上隧道工程的城市快速路、主干路等城市道路项目,按项目隧道主要通风竖井及隧道出口排放的污染物计算其评价工作等级。

⑤ 对于新建、迁建及飞行区扩建的枢纽及干线机场项目,应考虑机场飞机起降及相关辅助设施排放源对周边城市的环境影响,评价工作等级取一级。

### 5.2.3.2 评价范围

《环境影响评价技术导则 大气环境》（HJ/T 2.2—2018）规定：

① 一级评价项目根据建设项目排放污染物的最远影响距离（$D_{10\%}$）确定大气环境影响评价范围。即以项目厂址为中心区域，自厂界外延 $D_{10\%}$ 的矩形区域作为大气环境影响评价范围。当 $D_{10\%}$ 超过 25km 时，确定评价范围为边长 50km 的矩形区域；当 $D_{10\%}$ 小于 2.5km 时，评价范围边长取 5km。

② 二级评价项目大气环境影响评价范围边长取 5km。

③ 三级评价项目不需设置大气环境影响评价范围。

④ 对于新建、迁建及飞行区扩建的枢纽及干线机场项目，评价范围还应考虑受影响的周边城市，最大取边长 50km。

⑤ 规划的大气环境影响评价范围以规划区边界为起点，外延规划项目排放污染物的最远影响距离（$D_{10\%}$）的区域。

## 5.2.4 评价基准年

依据评价所需环境空气质量现状、气象资料等数据的可获得性、数据质量、代表性等因素，选择近 3 年中数据相对完整的 1 个日历年作为评价基准年。

# 5.3 环境空气现状调查与评价

环境空气现状调查与评价主要包括环境空气保护目标调查、污染源调查、环境空气质量现状调查及环境空气质量现状评价。

## 5.3.1 环境空气保护目标调查

环境空气保护目标是指评价范围内按《环境空气质量标准》（GB 3095—2012）规定划分为一类区的自然保护区、风景名胜区和其他需要特殊保护的区域，二类区中的居住区、文化区和农村地区中人群较集中的区域。

环境空气保护目标调查是指调查项目大气环境影响评价范围内主要环境空气保护目标。在带有地理信息的地图中标注，并列表给出环境空气保护目标内主要保护对象的名称、保护内容、所在大气环境功能区划以及与项目厂址的相对距离、方位、坐标等信息。

## 5.3.2 污染源调查

### 5.3.2.1 调查对象

对于一级评价项目，调查本项目不同排放方案有组织及无组织排放源，对于改建、扩建项目还应调查本项目现有污染源。本项目污染源调查包括正常排放和非正常排放。其中非正常排放是指生产过程中开停车（工、炉）、设备检修、工艺设备运转异常等非正常工况下的污染物排放以及污染物排放控制措施达不到应有效率等情况下的排放。非正常排放调查内容包括非正常工况、频次、持续时间和排放量。调查评价范围内与评价项目排放污染物有关的其他在建项目、已批复环境影响评价文件的拟建项目等污染源。如有区域替代方案，还应调查所有本项目拟被替代的污染源，包括被替代污染源名称、位置、排放污染物及排放量、拟被替代时间等。对于编制环境影响报告书的工业项目，还需分析调查受本项目物料及产品运输影响新增的交通运输移动源，包括运输方式、新增交通流量、排放污染物及排放量。

对于二级评价项目，参照一级评价项目调查本项目现有及新增污染源和拟被替代污染源。

对于三级评价项目，只调查本项目新增污染源和拟被替代的污染源。

对于城市快速路、主干路等城市道路的新建项目，需调查道路交通流量及污染物排放量。

对于采用光化学网格模型预测二次污染物的，需结合空气质量模型及评价要求，开展区域现状污染源排放清单调查。

### 5.3.2.2　调查内容

按点源、面源、体源、线源、火炬源、烟塔合一排放源、机场源等不同污染源排放形式，分别给出污染源参数。对于网格污染源，可按照源清单要求给出污染源参数，并说明数据来源。当污染源排放为周期性变化时，还需给出周期性变化排放系数。

（1）点源调查内容　排气筒底部中心坐标（用 UTM 坐标或经纬度，下同）及海拔高度（m）；排气筒几何高度（m）及出口内径（m）；烟气流速（m/s）；排气筒出口处烟气温度（℃）；各主要污染物排放速率（kg/h），排放工况（包括正常排放和非正常排放，下同），年排放小时数（h）。列出点源参数调查清单。

（2）面源调查内容　面源坐标，其中，矩形面源：初始点坐标，面源的长度（m）和宽度（m），与正北方向逆时针的夹角；多边形面源：顶点数或边数（3～20）以及各顶点坐标；近圆形面源：中心点坐标，近圆形半径（m），近圆形顶点数或边数。面源的海拔高度（m）和有效排放高度（m）。各主要污染物排放速率（kg/h），排放工况，年排放小时数（h）。列出各类面源参数调查清单。

（3）体源调查内容　体源中心点坐标，以及体源所在位置的海拔高度（m）；体源有效高度（m）；体源排放速率（kg/h），排放工况，年排放小时数（h）；体源的边长（m）（将体源划分为多个正方形的边长）；初始横向扩散参数（m），初始垂直扩散参数（m）。列出体源参数调查清单。

（4）线源调查内容　线源几何尺寸（分段坐标），线源距地面高度（m），线源宽度（m），有效排放高度（m），街道街谷高度（可选）（m）；各种车型的污染物排放速率 [kg/(km·h)]；平均车速（km/h），各时段车流量（辆/h）、车型比例。列出线源参数调查清单。

（5）火炬源调查内容　火炬底部中心坐标，以及海拔高度（m）；火炬源排放速率（kg/h），排放工况，年排放小时数（h）；火炬等效烟气排放速度（m/s），默认设置为20m/s；排气筒出口处烟气温度（℃），默认设置为1000℃；火炬等效内径 $D$（m），其计算式为（5-49）；火炬等效高度 $h_{eff}$（m），其计算式为（5-50）。列出火炬源参数调查清单。

$$D = 9.88 \times 10^{-4} \sqrt{HR(1-HL)} \tag{5-49}$$

式中，HR 为总热释放速率，cal/s，1cal=4.1868J；HL 为辐射热损失比例，一般取 0.55。

$$h_{eff} = H_s + 4.56 \times 10^{-3} HR^{0.478} \tag{5-50}$$

式中，$H_s$ 为火炬高度，m；其他符号意义同前。

（6）烟塔合一排放源调查内容　冷却塔底部中心坐标，以及排气筒底部的海拔高度（m）；冷却塔高度（m）及出口内径（m）；冷却塔出口烟气流速（m/s）；冷却塔出口烟气温度（℃）；烟气中液态水含量（kg/kg）；烟气相对湿度（%）；各主要污染物排放速率（kg/h），排放工况，年排放小时数（h）。列出冷却塔排放源参数调查清单。

（7）城市道路源调查内容　调查内容包括不同路段交通流量及污染物排放量。即调查不同路段的近期、中期和远期时段各类型车（大型车、中型车和小型车）的小时平均车流量及 $NO_x$、CO、THC（总烃）和其他污染物排放速率 [kg/(km·h)]。

（8）机场源调查内容　调查不同飞行阶段的跑道面源排放参数，包括飞行阶段，面源起点坐标，有效排放高度（m），面源宽度（m）和长度（m），与正北向夹角（°），污染物排放速率 [kg/(m²·h)]。列出机场源参数调查清单。机场其他排放源调查内容参考点源、面源、体源、线源调查的要求。

### 5.3.2.3　调查数据来源与要求

对于新建项目的污染源调查，依据《建设项目环境影响评价技术导则　总纲》、《规划环境影响评价技术导则　总纲》、《排污许可证申请与核发技术规范　总则》、行业排污许可证申请与核发技术规范及各污染源源强核算技术指南，并结合工程分析从严确定污染物排放量。

对于评价范围内的在建和拟建项目的污染源调查，可使用已批准的环境影响评价文件中的资料；对于改建、扩建项目的现状工程的污染源调查和评价范围内拟被替代的污染源调查，可根据数据的可获得性，依次优先使用项目监督性监测数据、在线监测数据、年度排污许可执行报告、自主验收报告、排污许可证数据、环境影响评价数据或补充污染源监测数据等。污染源监测数据应采用满负荷工况下的监测数据或者换算至满负荷工况下的排放数据。

光化学网格模型模拟所需的区域现状污染源排放清单调查按国家发布的清单编制相关技术规范执行。污染源排放清单数据应采用近3年内国家或地方生态环境主管部门发布的包含人为源和天然源在内所有区域污染源清单数据。在国家或地方生态环境主管部门发布污染源清单之前，可参照污染源清单编制指南自行建立区域污染源清单，并对污染源清单准确性进行验证分析。

污染源调查参数、数据格式和精度应符合预测模型输入要求以及评价目的要求。

## 5.3.3　环境空气质量现状调查

### 5.3.3.1　调查内容和目的

对于一级评价项目，调查评价范围内有环境质量标准的评价因子的环境质量监测数据或进行补充监测，用于评价项目所在区域污染物环境质量现状，以及计算环境空气保护目标和网格点的环境质量现状浓度。调查项目所在区域环境质量达标情况，作为项目所在区域是否为达标区的判断依据。

对于二级评价项目，除不用计算环境空气保护目标和网格点的环境质量现状浓度外，其他同一级评价项目。

对于三级评价项目，只调查项目所在区域环境质量达标情况，作为项目所在区域是否为达标区的判断依据。

### 5.3.3.2　调查数据来源

环境空气质量现状调查中，在没有下述相关监测数据或监测数据不能满足评价要求时，应进行现场补充监测。

（1）基本污染物环境质量现状数据　项目所在区域达标判定，优先采用国家或地方生态环境主管部门公开发布的评价基准年环境质量公告或环境质量报告中的数据或结论。采用评价范围内国家或地方环境空气质量监测网中评价基准年连续1年的监测数据，或采用生态环境主管部门公开发布的环境空气质量现状数据。评价范围内没有环境空气质量监测网数据或公开发布的环境空气质量现状数据的，可选择符合《环境空气质量监测点位布设技术规范（试行）》（HJ 664—2013）规定，并且与评价范围地理位置邻近，地形、气候条件相近的环境空气质量城市点或区域点监测数据。对于位于环境空气质量一类区的环境空气保护目标或网格点，各污染物环境质量现状浓度可取符合《环境空气质量监测点位布设技术规范（试行）》规定且与评价范围内地理位置邻近，地形、气候条件相近的环境空气质量区域点或背景点监测数据。

（2）其他污染物环境质量现状数据　优先采用评价范围内国家或地方环境空气质量监测网中评价基准年连续1年的监测数据；评价范围内没有环境空气质量监测网数据或公开发布的环境空气质量现状数据的，可收集评价范围内近3年与项目排放的其他污染物有关的历史监测资料。

### 5.3.3.3　补充监测

（1）监测时段　根据监测因子的污染特征，选择污染较重的季节进行现状监测。现状监测至少应取得7d有效数据。对于部分无法进行连续监测的其他污染物，可监测其一次空气质量浓度，监测时次需满足所用评价标准的取值时间要求。

（2）监测布点　以近20年统计的当地主导风向为轴向，在厂址及主导风向下风向5km范围内布置1~2个监测点。如需在一类区进行补充监测，监测点应设置在不受人为活动影响的区域。

（3）监测采样　环境空气监测中的采样点、采样环境、采样高度及采样频率按《环境空气质量监测点位布设技术规范（试行）》及相关评价标准规定的环境监测技术规范进行。

（4）监测方法　应选择符合监测因子对应环境质量标准或参考标准所推荐的监测方法，并在评价报告中注明。

## 5.3.4　环境空气质量现状评价

### 5.3.4.1　现状评价内容

环境空气质量现状评价内容包括项目所在区域达标判断、各污染物的环境质量现状评价、环境空气保护目标及网格点环境质量现状浓度。

（1）项目所在区域达标判断　城市环境空气质量达标情况评价指标为 $SO_2$ 、 $NO_2$ 、 $PM_{10}$ 、 $PM_{2.5}$ 、CO 和 $O_3$ ，六项污染物全部达标即为城市环境空气质量达标。

根据国家或地方生态环境主管部门公开发布的城市环境空气质量达标情况，判断项目所在区域是否达标。如评价范围涉及多个行政区（县级或以上），需分别评价各行政区的达标情况，若存在不达标行政区，则判定项目所在区域为不达标区。

国家或地方生态环境主管部门未发布城市环境空气质量达标情况的，可按照《环境空气质量评价技术规范（试行）》（HJ 663—2013）中各评价项目的年评价指标进行判定。年评价指标中的年均浓度和相应百分位数24h 平均或 8h 平均质量浓度满足《环境空气质量标准》中浓度限值要求的即为达标。

（2）各污染物的环境质量现状评价　对于长期监测数据的现状评价内容，按《环境空气质量评价技术规范（试行）》中的统计方法对各污染物的年评价指标进行环境质量现状评价。对于超标的污染物，计算其超标倍数和超标率。

对于补充监测数据的现状评价内容，分别对各监测点位不同污染物的短期浓度进行环境质量现状评价。对于超标的污染物，计算其超标倍数和超标率。

（3）环境空气保护目标及网格点环境质量现状浓度　对于采用多个长期监测点位数据进行现状评价的，取各污染物相同时刻各监测点位的浓度平均值，作为评价范围内环境空气保护目标及网格点环境质量现状浓度。对于采用补充监测数据进行现状评价的，取各污染物不同评价时段监测浓度的最大值，作为评价范围内环境空气保护目标及网格点环境质量现状浓度。对于有多个监测点位数据的，先计算相同时刻各监测点位平均值，再取各监测时段平均值中的最大值。

### 5.3.4.2　现状评价方法

目前，大气环境质量现状评价方法主要有占标率法、城市空气质量指数法等。

（1）占标率法　是环境空气质量现状评价的主要方法。其计算公式如下：

$$P_i = \frac{C_i}{C_{0i}} \times 100\% \tag{5-51}$$

式中， $P_i$ 为第 $i$ 个污染物浓度占标率，%； $C_i$ 为标准状态下污染物（评价因子） $i$ 的实测浓度，mg/m³；

$C_{0i}$ 为标准状态下污染物（评价因子）$i$ 的环境空气质量标准，$mg/m^3$。

由式（5-51）可见，占标率表示某种污染物（评价因子）在环境中的浓度与环境质量标准的比率。$P_i$ 数值越大，表示第 $i$ 个评价因子的单项环境空气质量越差；$P_i=100\%$ 时的环境空气质量处在临界状态。

污染物浓度占标率是相对于某一评价标准而定的，当评价标准变化时，即使污染物在环境中的实际浓度不变，$P_i$ 实际数值仍会变化。因此，在用占标率进行横向比较时，要注意它们是否具有相同的评价标准。如果一个地区某一环境要素中的污染物是单一的或某一污染物占明显优势时，由式（5-51）求得的占标率大体可以反映出环境空气质量的情况。

（2）我国城市空气质量指数（AQI）法　现阶段，我国城市空气质量日报和实时报均采用城市空气质量指数（AQI）值来表示，根据环境保护部 2016 年 1 月 1 日实施的《环境空气质量指数（AQI）技术规定（试行）》（HJ 633—2012）进行。

城市空气质量评价因子有二氧化硫（$SO_2$）、二氧化氮（$NO_2$）、一氧化碳（CO）、可吸入颗粒物（$PM_{10}$）、细颗粒物（$PM_{2.5}$）和臭氧（$O_3$）。空气质量指数 AQI 日报指标包括 $SO_2$、$NO_2$、CO、$PM_{10}$、$PM_{2.5}$ 的 24h 平均，以及 $O_3$ 日最大 1h 平均、$O_3$ 日最大 8h 滑动平均，共 7 项。实时报指标包括 $SO_2$、$NO_2$、$O_3$、CO、$PM_{10}$、$PM_{2.5}$ 的 1h 平均，以及 $O_3$ 8h 滑动平均和 $PM_{10}$、$PM_{2.5}$ 24h 滑动平均，共 9 项。

① 空气质量分指数 IAQI　污染物项目 $P$ 的空气质量分指数 $IAQI_P$ 采用式（5-52）计算：

$$IAQI_P = \frac{IAQI_{Hi} - IAQI_{Lo}}{BP_{Hi} - BP_{Lo}}(C_P - BP_{Lo}) + IAQI_{Lo} \tag{5-52}$$

式中，$C_P$ 为污染物项目 $P$ 的质量浓度值；$BP_{Hi}$、$BP_{Lo}$ 分别为表 5-8 中与 $C_P$ 相近的污染物浓度限值的高位值和低位值；$IAQI_{Hi}$ 为表 5-8 中与 $BP_{Hi}$ 对应的空气质量分指数；$IAQI_{Lo}$ 为表 5-8 中与 $BP_{Lo}$ 对应的空气质量分指数。

空气质量分指数 IAQI 的计算结果应全部小数进位取整数，不保留小数。空气质量分指数及对应的污染物项目浓度限值见表 5-8。

表5-8　空气质量分指数及对应的污染物项目浓度限值

| 空气质量分指数（IAQI） | 污染物项目浓度限值 | | | | | | | | | |
|---|---|---|---|---|---|---|---|---|---|---|
| | $SO_2$ 24h 平均 / ($\mu g/m^3$) | $SO_2$ 1h 平均 / ($\mu g/m^3$)[①] | $NO_2$ 24h 平均 / ($\mu g/m^3$) | $NO_2$ 1h 平均 / ($\mu g/m^3$)[①] | $PM_{10}$ 24h 平均 / ($\mu g/m^3$) | CO 24h 平均 / ($mg/m^3$) | CO 1h 平均 / ($mg/m^3$)[①] | $O_3$ 1h 平均 / ($\mu g/m^3$) | $O_3$ 8h 滑动平均 / ($\mu g/m^3$) | $PM_{2.5}$ 24h 平均 / ($\mu g/m^3$) |
| 0 | 0 | 0 | 0 | 0 | 0 | 0 | 0 | 0 | 0 | 0 |
| 50 | 50 | 150 | 40 | 100 | 50 | 2 | 5 | 160 | 100 | 35 |
| 100 | 150 | 500 | 80 | 200 | 150 | 4 | 10 | 200 | 160 | 75 |
| 150 | 475 | 650 | 180 | 700 | 250 | 14 | 35 | 300 | 215 | 115 |
| 200 | 800 | 800 | 280 | 1200 | 350 | 24 | 60 | 400 | 265 | 150 |
| 300 | 1600 | ② | 565 | 2340 | 420 | 36 | 90 | 800 | 800 | 250 |
| 400 | 2100 | ② | 750 | 3090 | 500 | 48 | 120 | 1000 | ③ | 350 |
| 500 | 2620 | ② | 940 | 3840 | 600 | 60 | 150 | 1200 | ③ | 500 |

① $SO_2$、$NO_2$、CO 的 1h 平均浓度限值仅用于实时报，在日报中需使用相应污染物的 24h 平均浓度限值。② $SO_2$ 的 1h 平均浓度限值高于 800$\mu g/m^3$ 的，不再进行其空气质量分指数计算，$SO_2$ 空气质量分指数按 24h 平均浓度计算的分指数报告。③ $O_3$ 的 8h 平均浓度值高于 800$\mu g/m^3$ 的，不再进行其空气质量分指数计算，$O_3$ 空气质量分指数按 1h 平均浓度计算的分指数报告。

② 空气质量指数及首要污染物　各分指数中最大者为此区域的空气质量指数 AQI。空气质量指数按式（5-53）计算：

$$AQI = \max\{IAQI_1, IAQI_2, IAQI_3, \cdots, IAQI_n\} \tag{5-53}$$

式中，$n$ 为污染物的项目数。

IAQI 大于 50 时，IAQI 最大的污染物为首要污染物。IAQI 最大的污染物为两项或两项以上时，并列为首要污染物。

IAQI 大于 100 的污染物为超标污染物，即污染物浓度超过国家环境空气质量二级标准。

③ 空气质量指数分级　根据 AQI 计算结果，对照表 5-9 即可判别相应的空气质量级别。

**表5-9**　空气质量指数（AQI）及相关信息

| 空气质量指数 | 空气质量指数级别 | 空气质量指数类别及表示颜色 | | 对健康影响情况 | 建议采取的措施 |
|---|---|---|---|---|---|
| 0～50 | 一级 | 优 | 绿色 | 空气质量令人满意，基本无空气污染 | 各类人群可正常活动 |
| 51～100 | 二级 | 良 | 黄色 | 空气质量可接受，但某些污染物可能对极少数异常敏感人群健康有较弱影响 | 极少数异常敏感人群应减少户外活动 |
| 101～150 | 三级 | 轻度污染 | 橙色 | 易感人群症状有轻度加剧，健康人群出现刺激症状 | 儿童、老年人及心脏病、呼吸系统疾病患者应减少长时间、高强度的户外锻炼 |
| 151～200 | 四级 | 中度污染 | 红色 | 进一步加剧易感人群症状，可能对健康人群心脏、呼吸系统有影响 | 儿童、老年人及心脏病、呼吸系统疾病患者避免长时间、高强度的户外锻炼，一般人群适量减少户外运动 |
| 201～300 | 五级 | 重度污染 | 紫色 | 心脏病和肺病患者症状显著加剧，运动耐受力降低，健康人群普遍出现症状 | 儿童、老年人和心脏病、肺病患者应停留在室内，停止户外运动，一般人群减少户外运动 |
| >300 | 六级 | 严重污染 | 褐红色 | 健康人群运动耐受力降低，有明显强烈症状，提前出现某些疾病 | 儿童、老年人和病人应当留在室内，避免体力消耗，一般人群应避免户外活动 |

**【例 5-1】**　假定某地区某日空气中 $PM_{2.5}$、$PM_{10}$、$NO_2$、$SO_2$、CO 24h 平均浓度分别为 $145\mu g/m^3$、$210\mu g/m^3$、$86\mu g/m^3$、$40\mu g/m^3$、$6mg/m^3$，$O_3$ 8h 滑动平均浓度为 $120\mu g/m^3$，试求此 6 类污染物的空气质量分指数 IAQI 及该地区空气质量指数 AQI，并确定该地区空气质量级别。

**解**：按照表 5-8 所示，$PM_{2.5}$ 实测浓度 $145\mu g/m^3$，介于 24 h 平均 $115\mu g/m^3$ 和 $150\mu g/m^3$ 之间，即；$BP_{Hi} = 150\mu g/m^3$，$BP_{Lo} = 115\mu g/m^3$，对应的 $IAQI_{Hi} = 200$，$IAQI_{Lo} = 150$，则 $PM_{2.5}$ 的空气质量分指数为：

$$IAQI_{PM_{2.5}} = \frac{IAQI_{Hi} - IAQI_{Lo}}{BP_{Hi} - BP_{Lo}}(C_{PM_{2.5}} - BP_{Lo}) + IAQI_{Lo}$$

$$= \frac{200 - 150}{150 - 115} \times (145 - 115) + 150 = 192.86 = 193$$

故，$PM_{2.5}$ 的空气质量分指数为 193。

同理，可以分别求出 $PM_{10}$、$NO_2$、$SO_2$、CO、$O_3$ 的空气质量分指数分别为 130、103、40、110、67。

该地区的空气质量指数：AQI = max{193，130，103，40，110，67} = 193。

查表 5-9 知，该地区空气质量为四级，中度污染；首要污染物为细颗粒物 $PM_{2.5}$，超标污染物为 $PM_{2.5}$、$PM_{10}$、$NO_2$ 和 CO。

# 5.4　大气环境影响预测与评价

大气环境影响预测常利用数学模型和必要的模拟试验计算或估计评价项目的污染因子在评价区域内对大气环境质量的影响。预测的内容、方法和要求与评价级别相关联。

一级评价项目应采用进一步预测模型开展大气环境影响预测与评价；二级评价项目不进行进一步预测与评价，只对污染物排放量进行核算；三级评价项目不进行进一步预测与评价。

### 5.4.1 预测因子、预测范围与预测周期

（1）预测因子  根据评价因子而定，选取有环境空气质量标准的评价因子作为预测因子。

（2）预测范围  应覆盖评价范围，并覆盖各污染物短期浓度贡献值占标率大于 10% 的区域。对于经判定需要预测二次污染物的项目，预测范围应覆盖 $PM_{2.5}$ 年平均质量浓度贡献值占标率大于 1% 的区域。对于评价范围内包含环境空气功能区一类区的，预测范围应该覆盖项目对一类区最大环境影响。预测范围一般以项目厂址为中心，东西向为 $X$ 坐标轴、南北向为 $Y$ 坐标轴。

（3）预测周期  选取评价基准年作为预测周期，预测时段取连续 1 年。选用网格模型模拟二次污染物环境影响时，预测时段至少应选取评价基准年 1 月、4 月、7 月、10 月。

## 5.4.2 计算点和网格点

估算模型 AERSCREEN 在距污染源 10m 至 25000m 处默认为自动设置计算点，最远计算距离不超过污染源下风向 50km。

采用估算模型 AERSCREEN 计算评价工作等级时，对于有多个污染源的可取污染物等标排放量 $P_{0i}$ 最大的污染源坐标作为各污染源位置。污染物等标排放量 $P_{0i}$ 计算方法见式（5-54）：

$$P_{0i} = \frac{Q}{C_{0i}} \times 10^{12} \qquad (5-54)$$

式中，$P_{0i}$ 为污染物 $i$ 等标排放量，$m^3/a$；$Q$ 为污染源排放污染物 $i$ 的年排放量，$t/a$；$C_{0i}$ 为污染物 $i$ 的环境空气质量浓度标准，$\mu g/m^3$，取值同式（5-48）中的 $C_{0i}$。

AERMOD 和 ADMS 预测网格点的设置应具有足够的分辨率以尽可能精确预测污染源对预测范围的最大影响。网格点间距可采用等间距或近密远疏法进行设置，距离源中心 5km 的网格间距不超过 100m，5~15km 的网格间距不超过 250m，大于 15km 的网格间距不超过 500m。

CALPUFF 模型中需要定义气象网格、预测网格和受体网格（包括离散受体）。其中气象网格范围和预测网格范围应大于受体网格范围，以保证有一定的缓冲区域考虑烟团的迂回和回流等情况。预测网格间距根据预测范围确定，应选择足够的分辨率以尽可能精确预测污染源对预测范围的最大影响。预测范围小于 50km 的网格间距不超过 500m，预测范围大于 100km 的网格间距不超过 1000m。

光化学网格模型模拟区域的网格分辨率应根据所关心的问题确定，并应能精确到可以分辨出新增排放源的影响。模拟区域的大小应考虑边界条件对关心点浓度的影响。为提高计算精度，预测网格间距一般不超过 5km。

对于邻近污染源的高层住宅楼，应适当考虑不同代表高度上的预测受体。

## 5.4.3 气象和地形、地表数据

### 5.4.3.1 气象数据

估算模型 AERSCREEN 所需最高和最低环境温度，一般需选取评价区域近 20 年以上资料统计结果。最小风速可取 0.5m/s，风速计高度取 10m。

AERMOD 和 ADMS 模型的地面气象数据选择距离项目最近或气象特征基本一致的气象站的逐时地面气象数据，要素至少包括风速、风向、总云量和干球温度。根据预测精度要求及预测因子特征，可选择观测资料包括湿球温度、露点温度、相对湿度、降水量、降水类型、海平面气压、地面气压、云底高度、水平能见度等。其中，对观测站点缺失的气象要素，可采用经验证的模拟数据或采用观测数据进行插值得到。高空气象数据选择模型所需观测或模拟的气象数据，要素至少包括一天早晚两次不同等压面上的气压、离地高度和干球温度等，其中离地高度 3000m 以内的有效数据层数应不少于 10 层。

AUSTAL2000 模型地面气象数据选择距离项目最近或气象特征基本一致的气象站的逐时地面气象数据，

要素至少包括风向、风速、干球温度、相对湿度，以及采用测量或模拟的气象资料计算得到的稳定度。

CALPUFF 模型地面气象资料尽量获取预测范围内所有地面气象站的逐时地面气象数据，要素至少包括风速、风向、干球温度、地面气压、相对湿度、云量、云底高度。若预测范围内地面观测站少于 3 个，可采用预测范围外的地面观测站进行补充，或采用中尺度气象模拟数据。高空气象资料应获取最少 3 个站点的测量或模拟气象数据，要素至少包括一天早晚两次不同等压面上的气压、离地高度、干球温度、风向及风速，其中离地高度 3000m 以内的有效数据层数应不少于 10 层。

光化学网格模型的气象场数据可由 WRF 或其他区域尺度气象模型提供。气象场应至少涵盖评价基准年 1、4、7、10 月。气象模型的模拟区域范围应略大于光化学网格模型的模拟区域，气象数据网格分辨率、时间分辨率与光化学网格模型的设定相匹配。在选择气象模型的物理参数化方案时，应注意与光化学网格模型所选择参数化方案的兼容性。非在线的 WRF 等气象模型计算的气象数据提供给光化学网格模型应用时，需要经过相应的数据前处理，处理的过程包括光化学网格模拟区域截取、垂直插值、变量选择和计算、数据时间处理以及数据格式转换等。

### 5.4.3.2　地形和地表数据

原始地形数据分辨率不得小于 90m。

估算模型 AERSCREEN 和 ADMS 模型的地表参数根据模型特点取项目周边 3km 范围内占地面积最大的土地利用类型来确定。

AERMOD 模型地表参数一般根据项目周边 3km 范围内的土地利用类型进行合理划分，或采用 AERSURFACE 直接读取可识别的土地利用数据文件。

AERMOD 和 AERSCREEN 模型所需的区域湿度条件根据中国干湿地区划分进行选择。

CALPUFF 采用模型可以识别的土地利用数据来获得地表参数，土地利用数据的分辨率一般不小于模拟网格分辨率。

## 5.4.4　建筑物下洗

建筑物下洗现象是指由周围建筑物引起的空气扰动导致的排气筒排出的污染物迅速扩散至地面，出现高浓度的情况。

如烟囱实际高度小于根据周围建筑物高度计算的最佳工程方案（GEP）烟囱高度，且位于 GEP 的 5L 影响区域时，需考虑建筑物下洗的情况。GEP 烟囱高度由式（5-55）计算获得：

$$\text{GEP烟囱高度} = H + 1.5L \tag{5-55}$$

式中，$H$ 为从烟囱基座地面到建筑物顶部的垂直高度，m；$L$ 为建筑物高度（BH）或建筑物投影宽度（PBW）的较小者，m。

GEP 的 5L 影响区域：每个建筑物在下风向会产生一个尾迹影响区，下风向影响最大距离为距建筑物 5L 处，迎风向影响最大距离为距建筑物 2L 处，侧风向影响最大距离为距建筑物 0.5L 处。不同风向下的影响区是不同的，所有风向构成的一个完整的影响区域，称为 GEP 的 5L 影响区域，即建筑物下洗的最大影响范围。

进一步预测考虑建筑物下洗时，需要输入建筑物角点横坐标和纵坐标，建筑物高度、宽度与方位角等参数。

## 5.4.5　预测模型选择

《环境影响评价技术导则　大气环境》（HJ 2.2—2018）中的推荐模型包括估算模型 AERSCREEN，进一步预测模型 AERMOD、ADMS、CALPUFF、AUSTAL2000、EDMS/AEDT 以及 CMAQ 等光化学网格模型。

（1）模型选择原则　一级评价项目应结合项目环境影响预测范围、预测因子及推荐模型的适用范围等选择空气质量模型。当推荐模型适用性不能满足需要时，可选择适用的替代模型。各推荐模型适用范围详见表 5-10。

表5-10　推荐模型适用范围

| 模型名称 | 适用性 | 适用污染源 | 适用排放形式 | 推荐预测范围 | 适用污染物 | 输出结果 | 其他特性 |
|---|---|---|---|---|---|---|---|
| AERSCREEN | 用于评价工作等级及评价范围判定 | 点源（含火炬源）、面源（矩形或圆形）、体源 | 连续源 | 局地尺度（≤50km） | 一次污染物、二次 $PM_{2.5}$（系数法） | 短期浓度最大值及对应距离 | 可以模拟熏烟和建筑物下洗 |
| AERMOD | 用于进一步预测 | 点源（含火炬源）、面源、线源、体源 | 连续源、间断源 | | | 短期和长期平均质量浓度及分布 | 可以模拟建筑物下洗、干湿沉降 |
| ADMS | | 点源、面源、线源、体源、网格源 | | | | | 可以模拟建筑物下洗、干湿沉降，包含街道窄谷模型 |
| AUSTAL2000 | | 烟塔合一源 | | | | | 可以模拟建筑物下洗 |
| EDMS/AEDT | | 机场源 | | | | | 可以模拟建筑物下洗、干湿沉降 |
| CALPUFF | | 点源、面源、线源、体源 | | 城市尺度（50km到几百km） | 一次污染物和二次 $PM_{2.5}$ | | 可以用于特殊风场，包括长期静、小风和岸边熏烟 |
| 光化学网格模型（CMAQ或类似模型） | | 网格源 | 连续源、间断源 | 区域尺度（几百km以上） | 一次污染物和二次 $PM_{2.5}$、$O_3$ | | 网格化模型，可以模拟复杂化学反应及气象条件对污染物浓度的影响等 |

注：生态环境部模型管理部门推荐的其他模型，按相应推荐模型适用情况进行选择。对光化学网格模型（CMAQ或类似模型），在应用前应根据应用案例提供必要的验证结果。

（2）预测模型选取的其他规定　当项目评价基准年内存在风速≤0.5m/s的持续时间超过72h或近20年统计的全年静风（风速≤0.2m/s）频率超过35%时，应采用CALPUFF模型进行进一步模拟。当建设项目处于大型水体（海或湖）岸边3km范围内时，应首先采用估算模型判定是否会发生熏烟现象。如果存在岸边熏烟，并且估算的最大1h平均质量浓度超过环境空气质量标准，需采用CALPUFF模型进行进一步模拟。

## 5.4.6　推荐模型参数与说明

在进行大气环境影响预测时，应说明涉及预测模型中的有关参数。

（1）污染源参数及前处理　估算模型应采用满负荷运行条件下排放强度及对应的污染源参数。进一步预测模型应包括正常排放和非正常排放下排放强度及对应的污染源参数。对于源强排放有周期性变化的，还需根据模型模拟需要输入污染源周期性排放系数。

光化学网格模型所需污染源包括人为源和天然源两种形式。

① 人为源　人为源类型按空间几何形状分为点源（含火炬源）、面源和线源。道路移动源可以按线源或面源形式模拟，非道路移动源可按面源形式模拟。污染物种类包括 $NO$、$NO_2$、$SO_2$、$CO$、$PM_{2.5}$、VOCs 等。点源清单应包括烟囱坐标、地形高程、排放口几何高度、出口内径、烟气量、烟气温度等参数。面源应按行政区域提供或按经纬度网格提供。

点源、面源和线源需要根据光化学网格模型所选用的化学机理和时空分辨率进行前处理，包括污染物的种类分配和空间分配、点源的抬升计算、所有污染物的时间分配以及数据格式转换等。模型网格上按照化学机理分配好的种类还需要进行月变化、日变化和小时变化的时间分配。

② 天然源　光化学网格模型需要的天然源排放数据由天然源估算模型按照光化学网格模型所选用的化学

机理模拟提供。天然源估算模型可以根据植被分布资料和气象条件，计算不同模型模拟网格的天然源排放量。

（2）城市、农村和岸边熏烟选项  当项目周边 3km 半径范围内一半以上面积属于城市建成区或者规划区时，选择城市，否则选择农村。当选择城市时，城市人口数按项目所属城市实际人口数或者规划的人口数输入。对于估算模型 AERSCREEN，当污染源附近 3km 范围内有大型水体时，需选岸边熏烟选项。

（3）AERMOD 模型

① 颗粒物干沉降和湿沉降  当 AERMOD 计算考虑颗粒物湿沉降时，地面气象数据中需要包括降雨类型、降雨量、相对湿度和站点气压等气象参数。考虑颗粒物干沉降需要输入的参数是干沉降速度，用户可根据需要自行输入干沉降速度，也可输入气体污染物的相关沉降参数和环境参数自动计算干沉降速度。

② 气态污染物转化  AERMOD 模型的 $SO_2$ 转化算法，模型中采用特定的指数衰减模型，需输入的参数包括半衰期或衰减系数。通常半衰期和衰减系数的关系为：衰减系数（$s^{-1}$）=0.693/半衰期（s）。AERMOD 模型系统中缺省设置的 $SO_2$ 指数衰减的半衰期为 14400s。

AERMOD 模型的 $NO_2$ 转化算法，可采用 PVMRM（烟羽体积摩尔率法）、OLM（$O_3$ 限制法）或 ARM2 算法（环境比率法2）。当能获取到有效环境中 $O_3$ 浓度及烟道内 $NO_2/NO_x$ 比率数据时，优先采用 PVMRM 或 OLM 方法。如果采用 ARM2 选项，对 1h 浓度采用内定的比例值上限 0.9，年均浓度则采用内置比例下限 0.5。当选择 $NO_2$ 化学转化算法时，$NO_2$ 源强应输入 $NO_x$ 排放源强。

（4）CALPUFF 模型  在考虑化学转化时需要 $O_3$ 和 $NH_3$ 的现状浓度数据。$O_3$ 和 $NH_3$ 的现状浓度可采用预测范围内或邻近的例行环境空气质量监测点监测数据，或其他有效现状监测资料进行统计分析获得。

（5）光化学网格模型

① 初始条件和边界条件  光化学网格模型的初始条件和边界条件可通过模型自带的初始边界条件处理模块产生，以保证模拟区域范围、网格数、网格分辨率、时间和数据格式的一致性。初始条件使用上一个时次模拟的输出结果作为下一个时次模拟的初始场；边界条件使用更大模拟区域的模拟结果作为边界场，如子区域网格使用母区域网格的模拟结果作为边界场，外层母区域网格可使用预设的固定值或者全球模型的模拟结果作为边界场。

② 参数化方案选择  针对相同的物理、化学过程，光化学网格模型往往提供几种不同的算法模块。在模拟中根据需要选择合适的化学反应机理、气溶胶方案和云方案等参数化方案，并保证化学反应机理、气溶胶方案以及其他参数之间的相互匹配。

在应用中，应根据使用的时间和区域，对不同参数化方案的光化学网格模型应用效果进行验证比较。

（6）推荐模型使用要求  在采用推荐模型进行大气环境影响预测时，应按模型要求提供污染源、气象、地形、地表参数等基础数据。环境影响预测模型所需气象、地形、地表参数等基础数据应优先使用国家发布的标准化数据。采用其他数据时，应说明数据来源、有效性及数据预处理方案。

## 5.4.7  预测方法

采用推荐模型预测建设项目或规划项目对预测范围不同时段的大气环境影响。当建设项目或规划项目排放 $SO_2$、$NO_x$ 及 VOCs 年排放量达到表 5-6 规定的量时，需按表 5-11 推荐的方法预测二次污染物。

表5-11  二次污染物预测方法

| | 污染物排放量 /（t/a） | 预测因子 | 二次污染物预测方法 |
|---|---|---|---|
| 建设项目 | $SO_2 + NO_x \geqslant 500$ | $PM_{2.5}$ | AERMOD/ADMS（系数法）或 CALPUFF（模型模拟法） |
| 规划项目 | $500 \leqslant SO_2 + NO_x < 2000$ | $PM_{2.5}$ | AERMOD/ADMS（系数法）或 CALPUFF（模型模拟法） |
| | $SO_2 + NO_x \geqslant 2000$ | $PM_{2.5}$ | 网格模型（模型模拟法） |
| | $NO_x + VOCs \geqslant 2000$ | $O_3$ | 网格模型（模型模拟法） |

采用 AERMOD 及 ADMS 等模型模拟 $PM_{2.5}$ 时，需将模型模拟的 $PM_{2.5}$ 一次污染物的质量浓度，同步叠加按 $SO_2$、$NO_2$ 等前体物转化比率估算的二次 $PM_{2.5}$ 质量浓度，得到 $PM_{2.5}$ 的贡献浓度。前体物转化比率可引用科研成果或有关文献，并注意地域的适用性。对于无法取得 $SO_2$、$NO_2$ 等前体物转化比率的，可取 $\varphi_{SO_2}$ 为 0.58，$\varphi_{NO_2}$ 为 0.44，按式（5-56）计算二次 $PM_{2.5}$ 贡献浓度：

$$C_{二次PM_{2.5}} = \varphi_{SO_2} C_{SO_2} + \varphi_{NO_2} C_{NO_2} \tag{5-56}$$

式中，$C_{二次PM_{2.5}}$ 为二次 $PM_{2.5}$ 质量浓度，$\mu g/m^3$；$\varphi_{SO_2}$、$\varphi_{NO_2}$ 分别为 $SO_2$、$NO_2$ 浓度换算为 $PM_{2.5}$ 浓度的系数；$C_{SO_2}$、$C_{NO_2}$ 分别为 $SO_2$、$NO_2$ 的预测质量浓度，$\mu g/m^3$。

采用 CALPUFF 或网格模型预测 $PM_{2.5}$ 时，模拟输出的贡献浓度应包括一次 $PM_{2.5}$ 和二次 $PM_{2.5}$ 质量浓度的叠加结果。

对已采纳规划环境影响评价要求的规划所包含的建设项目，当工程建设内容及污染物排放总量均未发生重大变更时，建设项目环境影响预测可引用规划环境影响评价的模拟结果。

### 5.4.8　预测与评价内容

（1）达标区的评价项目

① 项目正常排放条件下，预测环境空气保护目标和网格点主要污染物的短期浓度和长期浓度贡献值，评价其最大浓度占标率。

② 项目正常排放条件下，预测评价叠加环境空气质量现状浓度后，环境空气保护目标和网格点主要污染物的保证率日平均质量浓度和年平均质量浓度的达标情况；对于项目排放的主要污染物仅有短期浓度限值的，评价其短期浓度叠加后的达标情况。如果是改建、扩建项目，还应同步减去"以新带老"污染源的环境影响。如果有区域削减项目，应同步减去削减源的环境影响。如果评价范围内还有其他排放同类污染物的在建、拟建项目，还应叠加在建、拟建项目的环境影响。

③ 项目非正常排放条件下，预测评价环境空气保护目标和网格点主要污染物的 1h 最大浓度贡献值及占标率。

（2）不达标区的评价项目

① 项目正常排放条件下，预测环境空气保护目标和网格点主要污染物的短期浓度和长期浓度贡献值，评价其最大浓度占标率。

② 项目正常排放条件下，预测评价叠加大气环境质量限期达标规划（简称"达标规划"）的目标浓度后，环境空气保护目标和网格点主要污染物保证率日平均质量浓度和年平均质量浓度的达标情况；对于项目排放的主要污染物仅有短期浓度限值的，评价其短期浓度叠加后的达标情况。如果是改建、扩建项目，还应同步减去"以新带老"污染源的环境影响。如果有区域达标规划之外的削减项目，应同步减去削减源的环境影响。如果评价范围内还有其他排放同类污染物的在建、拟建项目，还应叠加在建、拟建项目的环境影响。

③ 对于无法获得达标规划目标浓度场或区域污染源清单的评价项目，需评价区域环境质量的整体变化情况。

④ 项目非正常排放条件下，预测环境空气保护目标和网格点主要污染物的 1 h 最大浓度贡献值，评价其最大浓度占标率。

（3）区域规划

① 预测评价区域规划方案中不同规划年叠加现状浓度后，环境空气保护目标和网格点主要污染物保证率日平均质量浓度和年平均质量浓度的达标情况；对于规划排放的其他污染物仅有短期浓度限值的，评价其叠加现状浓度后短期浓度的达标情况。

② 预测评价区域规划实施后的环境质量变化情况，分析区域规划方案的可行性。

（4）污染控制措施

① 对于达标区的建设项目，按达标区的评价项目要求预测评价不同方案主要污染物对环境空气保护目标和网格点的环境影响及达标情况，比较分析不同污染治理设施、预防措施或排放方案的有效性。

② 对于不达标区的建设项目，按不达标区的评价项目要求预测不同方案主要污染物对环境空气保护目标和网格点的环境影响，评价达标情况或评价区域环境质量的整体变化情况，比较分析不同污染治理设施、预防措施或排放方案的有效性。

（5）大气环境防护距离

① 对于项目厂界污染物浓度满足大气污染物厂界浓度限值，但厂界外大气污染物短期贡献浓度超过环境质量浓度限值的，可以自厂界向外设置一定范围的大气环境防护区域，以确保大气环境防护区域外的污染物贡献浓度满足环境质量标准。

② 对于项目厂界大气污染物浓度超过大气污染物厂界浓度限值的，应要求削减排放源强或调整工程布局，待满足厂界浓度限值后，再核算大气环境防护距离。

③ 大气环境防护距离内不应有长期居住的人群。

## 5.4.9　大气环境影响评价方法

### 5.4.9.1　最大浓度占标率

评价污染物最大浓度占标率时，以评价基准年为周期，统计各环境空气保护目标或网格点上的短期浓度或长期浓度的最大值，并计算其占对应污染物的环境空气质量标准限值的百分比，即最大浓度占标率。按式（5-57）计算：

$$P_{\max} = \frac{C_{\max}}{C_s} \times 100\% \tag{5-57}$$

式中，$P_{\max}$ 为该污染物在各计算点的最大浓度占标率，%；$C_{\max}$ 为该污染物在各计算点的浓度最大值，$\mu g/m^3$；$C_s$ 为该污染物的环境空气质量标准限值，$\mu g/m^3$。

### 5.4.9.2　环境影响叠加

（1）达标区环境影响叠加　预测评价项目建成后各污染物对预测范围的环境影响，应用本项目预测的贡献浓度，叠加（减去）区域削减污染源以及其他在建、拟建项目污染源环境影响并叠加环境质量现状浓度。其中，本项目预测的贡献浓度为新增污染源贡献浓度减去"以新带老"污染源贡献浓度。预测 $t$ 时刻预测点 $(x, y)$ 的叠加质量浓度 $C_{叠加(x,y,t)}$ 按式（5-58）计算：

$$C_{叠加(x,y,t)} = C_{本项目新增(x,y,t)} - C_{本项目以新带老(x,y,t)} - C_{区域削减(x,y,t)} + C_{拟在建(x,y,t)} + C_{现状(x,y,t)} \tag{5-58}$$

式中，$C_{叠加(x,y,t)}$ 为在 $t$ 时刻，预测点 $(x, y)$ 叠加各污染源及现状浓度后的环境质量浓度，$\mu g/m^3$；$C_{本项目新增(x, y, t)}$ 为在 $t$ 时刻，本项目新增污染源对预测点 $(x, y)$ 的贡献浓度，$\mu g/m^3$；$C_{本项目以新带老(x,y,t)}$ 为在 $t$ 时刻，本项目"以新带老"污染源对预测点 $(x, y)$ 的贡献浓度，$\mu g/m^3$；$C_{区域削减(x,y,t)}$ 为在 $t$ 时刻，区域削减污染源对预测点 $(x, y)$ 的贡献浓度，$\mu g/m^3$；$C_{现状(x,y,t)}$ 为在 $t$ 时刻，预测点 $(x, y)$ 的环境质量现状浓度，$\mu g/m^3$；$C_{拟在建(x,y,t)}$ 为在 $t$ 时刻，其他在建、拟建项目污染源对预测点 $(x, y)$ 的贡献浓度，$\mu g/m^3$。

（2）不达标区环境影响叠加　对不达标区的环境影响评价，应在各预测点上叠加达标规划中达标年的目标浓度，分析达标规划年的保证率日平均质量浓度和年平均质量浓度的达标情况。叠加方法可以用达标规划方案中的污染源清单参与影响预测，也可直接用达标规划模拟的浓度场进行叠加计算。计算方法见式（5-59）：

$$C_{\text{叠加}(x,y,t)} = C_{\text{本项目新增}(x,y,t)} - C_{\text{本项目以新带老}(x,y,t)} - C_{\text{区域削减}(x,y,t)} + C_{\text{拟在建}(x,y,t)} + C_{\text{规划}(x,y,t)} \tag{5-59}$$

式中，$C_{\text{规划}(x,y,t)}$ 为在 $t$ 时刻，预测点 $(x,y)$ 的达标规划年目标浓度，$\mu g/m^3$。

### 5.4.9.3　保证率日平均质量浓度

对于保证率日平均质量浓度，首先计算出叠加后预测点上的日平均质量浓度，然后对该预测点所有日平均质量浓度从小到大进行排序，根据各污染物日平均质量浓度的保证率（$p$），计算排在 $p$ 百分位数的第 $m$ 个序数，序数 $m$ 对应的日平均质量浓度即为保证率日平均质量浓度 $C_m$。序数 $m$ 计算方法见式（5-60），日平均质量浓度保证率按《环境空气质量评价技术规范（试行）》规定的对应污染物年评价中 24h 平均百分位数取值。

$$m = 1 + (n-1)p \tag{5-60}$$

式中，$p$ 为该污染物日平均质量浓度的保证率，%；$n$ 为 1 个日历年内单个预测点上的日平均质量浓度的所有数据数；$m$ 为百分位数 $p$ 对应的序数（第 $m$ 个），向上取整数。

### 5.4.9.4　浓度超标范围

以评价基准年为计算周期，统计各网格点的短期浓度或长期浓度的最大值，所有最大浓度超过环境质量标准的网格，即为该污染物浓度超标范围。超标网格的面积之和即为该污染物的浓度超标面积。

### 5.4.9.5　区域环境质量变化评价

当无法获得不达标区规划达标年的区域污染源清单或预测浓度场时，也可评价区域环境质量的整体变化情况。按式（5-61）计算实施区域削减方案后预测范围的年平均质量浓度变化率 $k$。当 $k \leqslant -20\%$ 时，可判定项目建设后区域环境质量得到整体改善。

$$k = \frac{\overline{C}_{\text{本项目}(a)} - \overline{C}_{\text{区域削减}(a)}}{\overline{C}_{\text{区域削减}(a)}} \times 100\% \tag{5-61}$$

式中，$k$ 为预测范围年平均质量浓度变化率，%；$\overline{C}_{\text{本项目}(a)}$ 为本项目对所有网格点的年平均质量浓度贡献值的算术平均值，$\mu g/m^3$；$\overline{C}_{\text{区域削减}(a)}$ 为区域削减污染源对所有网格点的年平均质量浓度贡献值的算术平均值，$\mu g/m^3$。

### 5.4.9.6　大气环境防护距离确定

采用进一步预测模型模拟评价基准年内，本项目所有污染源（改建、扩建项目应包括全厂现有污染源）对厂界外主要污染物的短期贡献浓度分布。厂界外预测网格分辨率不应超过 50m。

在底图上标注从厂界起所有超过环境质量短期浓度标准值的网格区域，以自厂界起至超标区域的最远垂直距离作为大气环境防护距离。

### 5.4.9.7　污染控制措施有效性分析与方案比选

达标区建设项目选择大气污染治理设施、预防措施或多方案比选时，应综合考虑成本和治理效果，选择最佳可行技术方案，保证大气污染物能够达标排放，并使环境影响可以接受。

不达标区建设项目选择大气污染治理设施、预防措施或多方案比选时，应优先考虑治理效果，结合达标规划和替代源削减方案的实施情况，在只考虑环境因素的前提下选择最优技术方案，保证大气污染物达到最低排放强度和排放浓度，并使环境影响可以接受。

### 5.4.9.8　污染物排放量核算

污染物排放量核算包括本项目的新增污染源及改建、扩建污染源（如有）。

根据最终确定的污染治理设施、预防措施及排污方案，确定本项目所有新增及改建、扩建污染源大气排污节点、排放污染物、污染治理设施与预防措施以及大气排放口基本情况。

本项目各排放口排放大气污染物的核算排放浓度、排放速率及污染物年排放量，应为通过环境影响评价，并且环境影响评价结论为可接受时对应的各项排放参数。

本项目大气污染物年排放量包括项目各有组织排放源和无组织排放源在正常排放条件下的预测排放量之和。污染物年排放量按式（5-62）计算：

$$E_{年排放} = \sum_{i=1}^{n}\left(M_{i有组织} \times H_{i有组织}\right)/1000 + \sum_{j=1}^{m}\left(M_{j无组织} \times H_{j无组织}\right)/1000 \tag{5-62}$$

式中，$E_{年排放}$为项目年排放量，t/a；$M_{i有组织}$为第 $i$ 个有组织排放源排放速率，kg/h；$H_{i有组织}$为第 $i$ 个有组织排放源全年有效排放小时数，h/a；$M_{j无组织}$为第 $j$ 个无组织排放源排放速率，kg/h；$H_{j无组织}$为第 $j$ 个无组织排放源全年有效排放小时数，h/a；$n$、$m$ 分别为有组织和无组织排放源数量。

本项目各排放口非正常排放量核算，应结合非正常排放预测结果，优先提出相应的污染控制与减缓措施。当出现 1h 平均质量浓度贡献值超过环境质量标准时，应提出减少污染排放直至停止生产的相应措施。明确列出发生非正常排放的污染源、非正常排放原因、排放污染物、非正常排放浓度与排放速率、单次持续时间、年发生频次及应对措施等。

# 5.5　环境监测计划

一级评价项目需按《排污单位自行监测技术指南　总则》（HJ 819—2017）的要求，提出项目在生产运行阶段的污染源监测计划和环境质量监测计划；二级评价项目需按《排污单位自行监测技术指南　总则》的要求，提出项目在生产运行阶段的污染源监测计划；三级评价项目可参照《排污单位自行监测技术指南　总则》的要求，并适当简化环境监测计划。

## 5.5.1　污染源监测计划

污染源监测计划包括有组织排放源监测和无组织排放源监测，并根据污染源特点选择自动监测。对于无法进行自动监测的大气污染物，需要筛选主要污染物开展手工监测。按照《排污单位自行监测技术指南　总则》、《排污许可证申请与核发技术规范　总则》、各行业排污单位自行监测技术指南及各行业排污许可证申请与核发技术规范执行。

污染源监测计划应明确监测点位、监测因子、监测频次、执行排放标准。

## 5.5.2　环境质量监测计划

环境空气质量监测计划包括监测点位、监测因子、监测频次、执行环境质量标准等。

① 环境质量监测点位　一般在项目厂界或大气环境防护距离（如有）外侧设置 1～2 个监测点。

② 监测因子　筛选项目排放污染物的最大地面空气质量浓度占标率 $P_i \geqslant 1\%$ 的其他污染物作为环境质量监测因子。

③ 监测频次    各监测因子的环境质量每年至少监测 1 次，监测时段参照空气质量现状补充监测的监测时段执行。

新建 10km 及以上的城市快速路、主干路等城市道路项目，应在道路沿线设置至少 1 个路边交通自动连续监测点，监测项目包括道路交通源排放的基本污染物。

环境质量监测采样方法、监测分析方法、监测质量保证与质量控制等应符合所执行的环境质量标准、《排污单位自行监测技术指南　总则》、《排污许可证申请与核发技术规范　总则》的相关要求。

# 5.6　评价结论与建议

在充分论证以下内容的基础上给出大气环境影响评价最终结论与建议。

（1）达标区域的建设项目环境影响评价结论    当同时满足以下条件时，则认为环境影响可以接受，否则认为环境影响不可接受：①新增污染源正常排放下污染物短期浓度贡献值的最大浓度占标率≤100%。②新增污染源正常排放下污染物年均浓度贡献值的最大浓度占标率≤30%（其中一类区≤10%）。③项目环境影响符合环境功能区划，叠加现状浓度、区域削减污染源以及在建、拟建项目的环境影响后，主要污染物的保证率日平均质量浓度和年平均质量浓度均符合环境质量标准；对于项目排放的主要污染物仅有短期浓度限值的，叠加后的短期浓度符合环境质量标准。

（2）不达标区域的建设项目环境影响评价结论    当同时满足以下条件时，则认为环境影响可以接受，否则认为环境影响不可接受：①达标规划未包含的新增污染源建设项目，需另有替代源的削减方案。②新增污染源正常排放下污染物短期浓度贡献值的最大浓度占标率≤100%。③新增污染源正常排放下污染物年平均浓度贡献值的最大浓度占标率≤30%（其中一类区≤10%）。④项目环境影响符合环境功能区划或满足区域环境质量改善目标。现状浓度超标的污染物评价，叠加达标年目标浓度、区域削减污染源以及在建、拟建项目的环境影响后，污染物的保证率日平均质量浓度和年平均质量浓度均符合环境质量标准或满足达标规划确定的区域环境质量改善目标，或预测范围内年平均质量浓度变化率 $k \leq -20\%$；对于现状达标的污染物评价，叠加后污染物浓度符合环境质量标准；对于项目排放的主要污染物仅有短期浓度限值的，叠加后的短期浓度符合环境质量标准。

（3）区域规划的环境影响评价结论    当主要污染物的保证率日平均质量浓度和年平均质量浓度均符合环境质量标准，对于主要污染物仅有短期浓度限值的，叠加后的短期浓度符合环境质量标准时，则认为区域规划环境影响可以接受。

（4）污染控制措施可行性及方案比选结果    大气污染治理设施与预防措施必须保证污染源排放以及控制措施均符合排放标准的有关规定，满足经济、技术可行性。从项目选址选线、污染源的排放强度与排放方式、污染控制措施技术与经济可行性等方面，结合区域环境质量现状及区域削减方案、项目正常排放及非正常排放下大气环境影响预测结果，综合评价治理设施、预防措施及排放方案的优劣，并对存在的问题（如有）提出解决方案。经对解决方案进行进一步预测和评价比选后，给出大气污染控制措施可行性建议及最终的推荐方案。

（5）大气环境防护距离设置    根据大气环境防护距离计算结果，并结合厂区平面布置图，确定项目大气环境防护区域。若大气环境防护区域内存在长期居住的人群，应给出相应优化调整项目选址、布局或搬迁的建议。项目大气环境防护区域之外，大气环境影响评价结论应符合相关要求。

（6）污染物排放量核算结果    环境影响评价结论是环境影响可接受的，根据环境影响评价审批内容和排污许可证申请与核发所需表格要求，明确给出污染物排放量核算结果表。

评价项目完成后污染物排放总量控制指标能否满足环境管理要求，并明确总量控制指标的来源和替代源的削减方案。

某新建项目大气环境
影响评价

## 📚 大气环境影响评价案例

## 📝 课后练习

### 一、正误判断题

1. 处于环境空气质量达标区的某评价项目，燃煤采暖锅炉烟气脱硫设施发生故障时，需预测评价环境空气保护目标处 $SO_2$ 的 8h 平均浓度。（    ）

2. 某新建城市快速路包含 1.2km 长的隧道工程，需要按项目隧道主要通风竖井及隧道出口排放的污染物计算其评价工作等级。（    ）

3. 位于北方地区的某建设项目，进行环境空气质量现状补充监测，监测时段应根据监测因子的污染特征，选择冬季进行现状监测。（    ）

4. 环境空气质量现状补充监测，监测布点要求以近 20 年统计的当地主导风向为轴向，在厂址及主导风向下风向 3km 范围内设置 1~2 个监测点。（    ）

5. 某"烟塔合一"源大气环境影响评价工作等级为一级，其预测适用的模型是 AUSTAL2000。（    ）

### 二、不定项选择题（各题的备选项中，至少有一个符合题意）

1. 某工业改扩建项目大气环境影响评价工作等级为二级，编制环境影响评价报告书。该项目污染源调查内容包括（    ）。

   A. 项目现有污染源

   B. 新增污染源

   C. 拟被替代的污染源

   D. 受本项目物料及产品运输影响新增的交通运输移动源

2. 某新建供热项目位于大气环境二类区，处于环境空气质量达标区域，正常排放条件下，根据以下预测结果，认为环境影响可以接受的是（    ）。

   A. $SO_2$ 1h 平均浓度预测最大贡献值为 550μg/m³

   B. $NO_2$ 日均浓度预测最大贡献值为 180μg/m³

   C. $PM_{2.5}$ 年均浓度预测最大贡献值为 13μg/m³

   D. $PM_{10}$ 年均浓度预测最大贡献值为 20μg/m³

3. 某建设项目 $SO_2$、$NO_x$ 及 VOCs 排放量分别为 170t/a、430t/a、1600t/a，该项目大气环境影响预测因子为（    ）。

   A. $SO_2$、$NO_x$、VOCs、$PM_{2.5}$      B. $SO_2$、$NO_x$、VOCs、$O_3$

   C. $SO_2$、$NO_x$、$PM_{10}$、$PM_{2.5}$      D. $SO_2$、$NO_x$、$PM_{2.5}$、$O_3$

4. 某建设项目排气口非甲烷总烃设计风量是 21171m³/h，非甲烷总烃产生浓度是 3000mg/m³，安装废气处理设施后，排风口测定的风量是 4700m³/h，排放浓度是 500mg/m³，则非甲烷总烃的去除率为（    ）。

   A. 92.4%      B. 90.7%      C. 95.8%      D. 96.3%

5. 下列关于大气环境防护距离的确定原则和要求的说法，正确的是（    ）。

   A. 大气环境防护区域应以厂址中心为起点确定

   B. 项目厂界浓度超标，须调整工程布局，待满足厂界浓度限值后，再核算大气环境防护距离

   C. 大气环境防护距离是考虑全厂的所有污染源，包括点源、面源、有组织排放、无组织排放等

   D. 以自厂界起至超标区域的最近垂直距离作为大气环境防护区域

6. 大气估算模型需要输入的参数有（    ）。

A. 土地利用类型　　　　　　　　　　　　　　　B. 区域湿度文件

C. 近20年以上资料统计的最低环境温度　　　　　D. 正常排放污染源参数

7. 大气环境影响评价统计污染物年排放量包括（　　　　）。

A. 非正常工况有组织排放量　　　　　　　　　　B. 非正常工况无组织排放量

C. 正常工况有组织排放量　　　　　　　　　　　D. 正常工况无组织排放量

8. 区域环境空气质量不达标，建设项目环境保护措施可行性论证内容包括（　　　　）。

A. 环境保护措施达标排放的可靠性　　　　　　　B. 建设项目实施对区域环境质量改善目标的贡献

C. 环境保护措施在国内外的先进性　　　　　　　D. 建设项目实施对区域削减的贡献

9. 大气环境预测模型 AERMOD 和 CALPUFF 均需输入的高空气象数据有（　　　　）。

A. 气压和离地高度　　　　B. 干球温度　　　　C. 风速和风向　　　　D. 云量

10. 下列关于环境空气质量监测计划的说法，正确的是（　　　）。

A. 一般在项目厂界外侧设置1~2个监测点

B. 将排放最大地面浓度占标率$P_i \geqslant 1\%$的其他污染物作为监测因子

C. 各监测因子的环境质量每年至少监测1次

D. 新建15km的城市快速路应在道路沿线设至少1个路边交通自动连续监测点

## 三、问答题

1. 大气环境影响评价工作等级如何划分？

2. 在大气污染源现状调查时，为何需要调查评价范围内与项目排放污染物有关的其他在建项目、已批复环境影响评价文件的未建项目等污染源？

3. 影响大气预测准确度的因素有哪些？

4. 某工厂锅炉房的锅炉配置除尘效率为95%的除尘器，全年燃煤8000t，所用煤的灰分为20%，烟气中飞灰占煤灰分的比例为25%，试求该锅炉房全年烟尘排放量。

5. 某城市建有一座以煤为燃料的火力发电站，年燃煤量为$200 \times 10^4$t，煤的含硫量为0.5%，其中可燃硫约占80%；全市居民约50万户，生活用煤量每月200kg，生活用煤的含硫量为0.3%，其中可燃硫约占85%。计算该城市每年产生的$SO_2$总量。

6. 某厂全年用煤量30000t，其中：用甲地煤15000t，含硫量0.8%；乙地煤15000t，含硫量1.0%。$SO_2$去除率90%。求该厂全年排放$SO_2$的量。

7. 某高架连续点源，有效源高为160m，实测烟囱出口处平均风速为3.0m/s，烟气量为$4.5 \times 10^5 \, m^3/h$，烟气中$SO_2$的浓度为300mg/m$^3$。已知$\sigma_y = \sigma_z = 97.7$m，试求该高架连续点源在下风向距烟囱500m，距地面$x$轴线50m处$SO_2$的地面浓度值及该排放源产生的最大地面浓度（$P_1 = 1.0$）。

## ⚡ 案例分析题

1. 某城镇现有一座生活垃圾处理厂，日处理生活垃圾300t，生产有机肥。主体工程包括卸料间、分选车间、降解车间、制肥车间。全厂用汽用热由燃气锅炉房提供。该厂生产工艺包括垃圾卸料、分选、闪蒸喷爆、干燥、制肥、造粒、包装等工序。分选后的垃圾进入降解车间闪蒸喷爆机，经高温高压降解为泥浆状物料，卸入泥浆料仓。泥浆状物料经制肥车间干燥窑干燥、粉碎机粉碎后，与氮、磷、钾、微量元素及少量黏土在混料罐内混配成有机肥，再经造粒机造粒后装袋出厂。各车间废气经各自合适的处理方法处理后，经各自配套的排气筒排放。废水处理后回用，不外排。日常监督监测显示：现有工程各有组织废气排放源均达标排放；厂界处各污染物浓度均低于厂界标准限值；厂界环境噪声达标排放；固体废物处置满足环境保护要求。

　　该厂拟实施技术改造，改造内容包括：在分选车间增设风选机，风选垃圾中的塑料；新建1座塑料造粒车间，将选出的塑料粉碎、水洗甩干、挤出成型、切粒后包装出厂。挤塑机为电加热，操作温度150℃。挤出、造粒废气特征污染物主要为非甲烷总烃、粉尘等，经集气系统（集气率70%）收集后，管输至废气处理装置，采用"袋式除尘＋活性炭吸附"方法处理。处理后的废气由新增的15m高排气筒排放。项目所在区域全年主导风向为西北风，厂址南侧550m为A村。某环境影响评价技术单位论证得出，塑料造粒车间排气筒废气污染物可实现达标排放，结合现有工程日常监督监测结果，认为技改后全厂各废气污染物均满足达标排放要求。

　　问题：（1）列出制肥车间干燥废气的污染因子。（2）评价技改项目对A村的环境空气影响时，应调查什么？（3）技改后全厂各废气污染物达标排放的评价结论是否正确？说明理由。

2. 某汽车制造集团公司拟在A市工业园区内新建年产10万辆乘用车整车制造项目。建设内容包括冲压、焊接、涂装、总装、发动机（含机械加工、装配）五大生产车间和公用工程及辅助设施，项目建设期为2年。其中面漆生产线生产工艺为：喷漆→晾干→烘干。面漆为溶剂漆，烘干以天然气为燃料，晾干工序的废气产生量为20000m³/h，初始有机物浓度200mg/m³。采用转轮式活性炭纤维吸附装置处理废气中的有机物，吸附效率为90%；采用热空气进行活性炭纤维再生，再生尾气直接燃烧处理，有机物去除率97%。

　　拟建厂址位于A市工业园区西北部，占地面积64hm²。该地区年平均风速1.85m/s，主导风为西北风，厂址西北方向距商住区约5km。该项目大气环境影响评价工作等级为二级。

　　问题：（1）给出拟建工程环境空气现状调查方案的主要内容。（2）计算面漆生产线晾干室活性炭再生废气焚烧有机物排放量和晾干室有机物去除率。

# 6  地表水环境影响评价

○○ ──── ○○ ○ ○○ ────────────

## 案例引导

　　有人说，我们的地球应当叫水球，这是有一定道理的，因为我们生活的这个星球有水，而且 71% 的表面被水占据着。在浩瀚的宇宙空间中，地球是太阳系中独一无二的蓝色星球，十分璀璨。地球拥有的水量非常巨大，从天空到地下，从陆地到海洋，到处都是水的世界，但可被人类利用的水资源相对来说甚少。特别是工业革命后，工业生产向水环境排放的有害物质污染了大量水资源，致使人类的生存面临威胁。

　　1956 年，日本熊本县水俣湾附近出现了一种奇怪的病。这种病症最初出现在猫身上，被称为"猫舞蹈症"。病猫步态不稳，抽搐、麻痹，甚至跳海死去，被称为"自杀猫"。随后，此地发现了患这种病的人，轻者口齿不清、步履蹒跚、面部痴呆、手足麻痹、感觉障碍、视觉丧失、震颤、手足变形，重者精神失常或酣睡，或兴奋，身体弯弓高叫，直至死亡。当时这种病由于病因不明被叫作"怪病"。这就是日后轰动世界的"水俣病"，是最早出现的工业废水排放造成的公害病。

　　水俣湾外围的不知火海是被九州本土和天草诸岛围起来的内海，那里海产丰富，是渔民们赖以生存的主要渔场。水俣镇是水俣湾东部的一个有 4 万多人的小镇，周围的村庄有 1 万多农民和渔民。不知火海丰富的渔产使小镇格外兴旺。1925 年，日本氮肥公司在这里建厂，1949 年后开始以氯化汞为催化剂生产氯乙烯，年产量不断提高，1956 年超过 6000 吨。与此同时，工厂把没有经过任何处理的废水排放到水俣湾中。排放的废水含有汞。水俣湾由于常年的工业废水排放被严重污染，汞在水中被水生生物食用后，转化成甲基汞。甲基汞通过鱼虾进入人体，被肠胃吸收，侵害脑部和身体其他部位。进入脑部的甲基汞会使脑萎缩，侵害神经细胞，破坏维持身体平衡的小脑和知觉系统。据统计，有数十万人食用了水俣湾中被甲基汞污染的鱼虾。而"水俣病"则是含有有毒元素的工业废水进入地表水体产生不良环境影响的表象之一。据报道，多年后不知火海的鱼、鸟、猫等生物变异，有的地方甚至连猫都绝迹了。由于甲基汞污染，水俣湾的鱼虾不能再被捕捞食用，当地渔民的生活失去了依赖，很多家庭陷于贫困之中，甚至家破人亡。不知火海失去了生命力，伴随它的是无期的萧索。

　　为遏制类似事件发生，人们需要探寻人类的开发活动与其产生的环境影响之间的关系，特别是开发活动之前，是否可以通过科学手段，合理预判规划与建设项目的实施将会对环境质量产生什么样的不良影响，以便制定预防对策与措施，避免或减轻其活动对环境造成的干扰和影响。1993 年 9 月 18 日我国首次发布《环境影响评价技术导则 地面水环境》，并于 1994 年 4 月 1 日实施，开启了以地表水环境影响评价制度阻断或减少建设项目对地表水环境污染的征程。近 30 年来我国地表水质量持续向好。2015 年 4 月我国政府秉持以人民为中心的执政理念，发布实施《水污染防治行动计划》，简称"水十条"。我国坚决向水污染宣战，全面打响了一场史无前例、波澜壮阔的"碧水保卫战"。2020 年长江、黄河、珠江、松花江、淮河、海河、辽河等七大重点流域和浙闽片河流、西北诸河、西南诸河水质优良（Ⅰ~Ⅲ类）断面比例为 87.4%，比 2016 年上升 16.2 个百分点；劣 V 类断面比例为 0.2%，比 2016 年下降 8.9 个百分点。

虽然我国水环境质量已有改善，但要达到持续改善水质与水生态的目标，道阻且长。这就需要我们以"绿水青山就是金山银山"为理念，保障环境质量在水环境影响评价中的核心地位，按照"环境质量只能更好、不能变坏"的环境管理要求，实现新（改、扩）建项目建设后"增产不增污、增产减污"，保证地表水安全余量充足，守住地表水质量底线，持续打好碧水保卫战。

---

### ◉ 学习目标

○ 掌握地表水环境影响评价相关的基础知识。

○ 重点掌握地表水环境影响评价工作等级及评价范围确定的方法。

○ 熟悉地表水环境现状调查和地表水环境影响预测的内容。

○ 掌握地表水环境现状评价和影响预测评价方法。

○ 掌握常用点源水质预测模型的选择与应用。

---

# 6.1  基础知识

## 6.1.1  水体

水环境是地球表面上各种水体的总和，包括河流、湖泊、沼泽、水库、地下水、冰川、海洋等水体。水体的组成不仅包括水，也包括其中的悬浮物质、胶体物质、溶解物质、底泥和水生生物，所以水体是一个完整的生态系统或自然综合体。

按水体所处位置可将其分为地表水、地下水和海洋三类，它们之间可以相互转化。

地表水指存在于陆地表面的河流（江河、运河及渠道）、湖泊、水库等地表水体以及入海河口和近岸海域。

## 6.1.2  水体污染

大量污染物排入水体，其含量超过了水体的自然本底含量和自净能力，使水体的水质和水体沉积物的物理、化学性质或生物群落组成发生变化，从而降低了水体的使用价值和使用功能的现象，称为水体污染。

对水体质量造成影响的物质与能量的输入称为水污染源。输入的物质和能量称为污染物或污染因子。影响地表水质量的污染源按排放形式分为点源和面源。点源是指污染物产生的源和进入环境的方式均为点，通常由固定的排污口集中排放，如城市和乡镇生活污水或工业企业废水通过管道和沟渠收集后排入水体。面源是指污染物产生的源为面，进入环境的方式可为面、线或点，位置不固定，如污水分散或均匀地通过岸线进入水体或携带污染物的自然降水经过沟渠进入水体。面源污染物的浓度通常较点源低，但污染负荷却非常大。

在进行地表水环境影响预测时，经常将水体污染物按污染性质分为持久性污染物、非持久性污染物、水体酸碱污染物和废热。

持久性污染物是指进入水环境中的不易降解的污染物，通常包括在水环境中难降解、毒性大、易长期积累的有毒物质，如重金属、无机盐和许多高分子有机化合物等。如果水体的 $BOD_5/COD<0.3$，通常认为其可生

化性差，其中所含的有机污染物可视为持久性污染物。

非持久性污染物是指进入水环境中的容易降解的污染物，如耗氧有机物。用于表征水质状况的 COD、BOD$_5$ 等指标通常均被视为非持久性污染物。

水体酸碱污染物是指排入水环境的酸性或碱性废水，通常以 pH 值表征。

废热是指可造成受纳水体的水温发生变化的热废水，由水温表征。

## 6.1.3　地表水中污染物的迁移与转化

污染物从不同途径进入水体后，水体可以在其环境容量范围内，经过自身的物理、化学和生物作用，使受纳的污染物浓度不断降低，逐渐恢复原有的水质，此过程称为水体自净。水体自净特性是地表水环境影响预测的理论基础。事实上，水体自净可以看作污染物在水体中迁移与转化的结果。

### 6.1.3.1　污染物迁移与转化概述

水体中污染物的迁移与转化是一种极其复杂的过程，是物理作用、化学作用和生物作用的共同结果，包括污染物的对流（移流）、扩散和转化过程。一般情况下这三个过程会相伴发生。

污染物对流是指水中污染物受到水流的推动而随水体一同迁移的现象。对流只是改变污染物在水体中的位置，并不改变水体中污染物的总量。污染物的迁移通量可由式（6-1）计算。

$$f = uC \tag{6-1}$$

式中，$f$ 为污染物的迁移通量，kg/(m$^2$·s)；$u$ 为水体的流速，m/s；$C$ 为污染物在水体中的浓度，kg/m$^3$。

污染物在水体中的扩散包括分子扩散、湍流（紊流）扩散和弥散（离散）扩散三种形式。分子扩散是由于分子的随机运动而引起的质点分散的现象，分子扩散的质量通量与污染物的浓度梯度成正比。湍流扩散是指污染物质点之间及污染物质点与水介质之间由于各自不规则的运动而发生的相互碰撞、分散的现象，是在水体的湍流场中，污染物质点的各种状态（流速、压力、浓度等）的瞬时值相对于其平均值随机脉动，从而引起水中污染物自高浓度区向低浓度区转移的分散现象。弥散扩散是由于水流断面上实际流速分布的不均匀而引起的污染物分散的现象。

污染物转化是指污染物在水体环境中通过物理、化学和生物作用改变其形态或转变成另一种物质的过程。物理转化指污染物通过蒸发、凝聚、渗透、吸附等一种或多种物理变化所发生的转化。化学转化指污染物通过各种化学反应而发生的转化，如氧化还原反应、水解反应、配位反应、沉淀反应、光化学反应等，其中氧化还原反应对水体中污染物的化学转化起重要作用，但这类反应多在微生物作用下进行。生物转化（生物降解）是指在溶解氧充足的情况下，水中微生物（主要是细菌）将有机污染物当作食饵消耗掉，或将有机污染物氧化分解成无害的简单无机物。生物转化的快慢与溶解氧含量、有机污染物性质和浓度以及微生物种类和数量等有关。

### 6.1.3.2　河流中污染物的对流扩散

污水排入河流后，污染物的混合稀释主要由对流、横向（湍流）扩散和纵向（弥散）扩散综合作用所致。对流是溶解态或颗粒态污染物随水流的运动，可以发生在水流的横向（河宽方向）、垂向（水深方向）、纵向（水流方向）。河流中存在的主要是沿河流纵向的对流，河流的流量和流速是表征对流作用的重要参数。横向扩散指由于水流的湍流作用，在流动的横向方向上，溶解态或颗粒态物质的扩散，通常用横向扩散系数表示。纵向扩散是由于水体主流在横向、垂向上的流速分布不均匀（由河岸及河底阻力所致）而引起的，在流动方向上的溶解态或颗粒态物质的分散扩散，通常用纵向扩散系数表示。

污水通过排放口进入河流后，不能立即在整个河流断面上与河流完全混合，而是需要一定时间和空间才能达到完全混合。污水与河流发生混合的过程一般分为三个方向。

（1）垂（竖）向混合　垂向混合过程涉及以下几个主要方面：排出的污水与河水由流速分布和湍流作用导致的质量交换；排出的污水与河水因密度差产生的浮力作用；排出的污水与河水之间的动量交换（即射流问题）。通常情况下，在垂直方向上污水与水体能很快地混合。从污水排放口到污染物在垂向上的充分混合处的区域，称为垂（竖）向混合区，也称掺混段或近区，见图6-1。

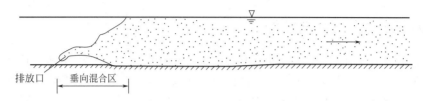

**图6-1**　污染物在河流中垂向混合

（2）横向混合　因天然河流的河床都是宽浅河流，其宽深比一般大于10，污水与河水横向混合往往需要经过很长一段纵向（水流方向）距离或时间才能达到横向完全混合，一般纵向距离长达几千米、几十千米，对于大河甚至上百千米。这段距离通常称为横向完全混合距离。纵向距离小于横向完全混合距离的区域称为横向混合区，也称过渡段、混合过程段或远区，见图6-2。

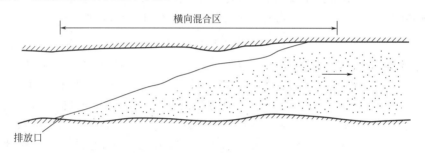

**图6-2**　污染物在河流中横向混合

（3）纵向混合　纵向混合是指由于河流断面上各点主流流速有大有小，使污染物沿水流方向前后拉开而引起的在流动方向上污染物的分散混合。河流中污染物横向完全混合后，在河流断面上各点的浓度偏差很小，一般只需考虑河流断面平均浓度沿河流纵向的变化情况。纵向距离大于横向完全混合距离的区域称为纵向混合区，也称充分混合段。

在不同区域，污染物的迁移与转化特性也有差异。

在横向混合区（含垂向混合区），污水和上游来水的初始混合稀释程度取决于排放污水特性和河流状况。随着水流携带的污染物向下游迁移，横向混合使污染物沿河流横向分散，进一步与上游来水混合稀释。在横向混合区内，对流和横向扩散混合是最重要的，有时纵向混合也不能忽略。

在纵向混合区，污染物在河流断面上完全混合。在断面完全混合区域，通过一系列物理迁移、化学转化和生物降解过程，污染物的浓度进一步降低。通常采用质量输移、扩散方程、一级动力学反应方程来描述。在大多数情况下，扩散系数、反应速率可能随空间和时间的变化而变化。

### 6.1.3.3　海水中污染物的对流扩散

（1）污水在海里的对流扩散　一般情况下，含有各种污染物的污水（淡水）排放到海洋中后，污水的密度比海水小，入海后浮在海面上逐渐与海水混合，同时在海面向四周扩展。如图6-3所示为污水入海后对流扩散的一个剖面，反映了潮汐较小、潮流不大、垂向混合较弱海域的污水扩散状况。

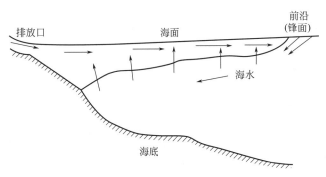

**图 6-3** 污水在海面上的扩展

从图 6-3 中可以看出，排放到海中的污水浮在海水表层向外扩展，海水通过污水的底面逐渐混入到污水中混合稀释。随着与排放口距离的增加，稀释倍数逐渐增加，污水层的厚度逐渐减小。向外扩展到一定距离时，污水与海水混合后污水层消失，形成扩展前沿，这时污水的稀释倍数可达 60~100 倍。前沿外侧的海水明显向污水层下方潜入，形成清晰的界面，即锋面。污水层的底部清晰可见污水与海水的界面。污水层的厚度通常为1~2m，污水从排放口到达锋面需 1~2h。

（2）温排水在海里的对流扩散　温排水温度比海水高，热水总是会浮在冷水上面，从排放口排放的温排水会浮在海水表层向外扩展。如果浅海中潮流混合比较强烈，温排水入海后将很快与海水垂向混合均匀；如果垂向混合不是很强烈，温排水只会影响到海水表层，根据相关研究结果，温排水仅影响到表层 2~4 m。

温排水携带的热量一部分被潮流带走，另一部分释放到大气中。散热强度由表面综合散热系数表示，一般与水温、水面风速等有关。

（3）溢油在海里的对流扩散　溢油在海面上的变化与其物理过程、化学过程和生物过程有关，同时与当地海区气象条件、海水运动有直接关系。溢油在海里的对流扩散包括扩展过程和漂移过程。

① 扩展过程　对实际溢油事件的观测发现，在溢油的最初数十小时内，扩展过程占支配地位，这种支配地位随时间而逐渐变弱。扩展过程具有明显的各向异性，如在主风向上，油膜被拉长，在油膜的迎风面上形成堆积等。

② 漂移过程　漂移是油膜在风应力、切应力等驱动下的整体运动过程，漂移速度由潮流、风海流、风浪余流决定，前两者不会因油膜存在而发生大的变化。

## 6.1.4　水环境容量与总量控制

### 6.1.4.1　水环境容量

（1）水环境容量概念　水环境容量是指水体在环境功能不受损害的前提下所能接纳的污染物的最大允许排放量。受纳水体不同，其消纳污染物的能力也不同。环境容量所指"环境"是一个较大的范围。若受纳水体范围较小，而边界与外界进行的物质、能量交换量相对于水体自身所占的比例较大，此时通常改称为环境承载能力。

研究水环境容量的意义在于可以对排污进行控制，可利用水体自净能力进行环境规划。

（2）水环境容量分类　根据水环境质量目标，水环境容量分为自然容量和管理容量，前者是以水体的自然基准值作为水质目标，后者是以满足一定的水环境质量标准作为环境目标。

根据水环境容量产生机制和污染物迁移降解机理，水环境容量可分为迁移容量、稀释容量和自净容量。

根据污染物排放口分布特征，水环境容量可分为点源环境容量和面源环境容量等。

（3）水环境容量的推求　水环境容量是建立在水质目标和水体稀释自净规律的基础上的，与水环境的空间特性、运动特性、功能、本底值、自净能力以及污染物特性、排放量及排放方式等多种因素有关。因此，对于水环境容量的确定，目前仍然存在模型选择、参数识别、模型计算中不确定因素难以量化等困难，尤其是对于面源环境容量的确定。

一般在实际应用时，水环境容量的推求是以污染物在水体中的迁移扩散规律以及水质模型为基础，由水环境质量标准出发，反过来推求水环境在此标准下所剩的污染物允许容纳余量，其中包含了在总量控制的情况下，对纳污能力的估算和再分配。

① 河流水环境容量的推求    这里只介绍 $m$ 值计算法。

$m$ 值计算法适用于确定受毒性较小的污染物和其他有机污染物影响的水环境容量，进而可确定这些污染物的排放标准。如果忽略污染物的衰减作用，只考虑稀释，则河流水环境容量按式（6-2）计算：

$$C_{\mathrm{d}} = C_{\mathrm{s}}\left(1 + \frac{Q}{q} - \frac{QC_0}{qC_{\mathrm{s}}}\right) \tag{6-2}$$

式中，$C_{\mathrm{d}}$ 为允许排放污染物浓度（水环境容量），mg/L；$Q$ 为河流流量，m³/s；$q$ 为污水排放量，m³/s；$C_0$ 和 $C_{\mathrm{s}}$ 分别为排污口附近上下两断面的污染物浓度，mg/L。

若取 $C_{\mathrm{s}}$ 为符合环境要求的水质标准浓度，并令 $Q/q=\gamma$，$C_0/C_{\mathrm{s}}=\beta$，则符合水环境要求的允许排放浓度 $C'_{\mathrm{d}}$ 为：

$$C'_{\mathrm{d}} = C_{\mathrm{s}}(1 + \gamma - \gamma\beta) \tag{6-3}$$

再令 $m=1+\gamma-\gamma\beta$，$m$ 称为标准稀释系数，则：

$$C'_{\mathrm{d}} = mC_{\mathrm{s}} \tag{6-4}$$

式（6-4）只适用于 $\beta \leqslant 1$ 的情况。

河段中有多个排污口且相距又不太远时，可合并为一个排污口考虑。总污水排放量是各排污口排放量之和，即 $q=q_1+q_2+\cdots+q_n$；而各排污口排放浓度控制都用相同的 $C'_{\mathrm{d}}$ 值。

② 湖（库）水环境容量的推求    这里只介绍安全容积计算法。

湖（库）水环境容量主要与其蓄水量有关。当湖（库）达到一定的安全库容时，才能有较好的污染净化能力。将实际入湖（库）负荷量等于该水体最大容许负荷量时的湖（库）蓄水量称为临界库容。一般地，取枯水期湖（库）容积为安全容积，则湖（库）水环境容量的计算式为：

$$W = \frac{1}{\Delta t}(C_{\mathrm{s}} - C_0)V + KC_{\mathrm{s}}V + C_{\mathrm{s}}q \tag{6-5}$$

式中，$W$ 为湖（库）某污染物的水环境容量，g/d；$\Delta t$ 为枯水期时间，d；$C_{\mathrm{s}}$ 为该污染物的水环境质量浓度限值，mg/L；$C_0$ 为湖（库）中该污染物的起始浓度，mg/L；$V$ 为湖（库）的安全容积，m³；$q$ 为在安全容积期间湖（库）排出的流量，m³/d；$K$ 为湖（库）该污染物自然衰减系数，d⁻¹。

$\Delta t$ 取决于湖（库）水位年内变化情况。若湖（库）水位年内变幅较大，$\Delta t$ 取 60～90d；若湖（库）水位常年稳定，$\Delta t$ 取 90～150d。

$K$ 值可从实测资料中反推求得：

$$K = \frac{P\Delta t + M_0 - M}{\Delta t M_0} \tag{6-6}$$

式中，$P$ 为每日进入湖（库）的污染物质量，kg/d；$M_0$ 为起始时水体污染物总质量，kg；$M$ 为 $\Delta t$ 时段末水体污染物总质量，kg；其他符号意义同上。

$K$ 值也可由实验确定：

$$K = \frac{1}{\Delta t} \ln \frac{C_0}{C} \tag{6-7}$$

式中，$\Delta t$ 为实验时段，d；$C_0$ 为起始时的污染物浓度，mg/L；$C$ 为经过 $\Delta t$ 时段后的污染物浓度，mg/L；其他符号意义同上。

### 6.1.4.2　总量控制

我国的水环境总量控制主要针对点污染源中的几种主要污染物，"十三五"期间水环境总量控制指标为化学需氧量和氨氮，还初步考虑在"三湖一库"（巢湖、太湖、滇池和三峡库区）、海河流域以及长三角流域等污染最严重、问题最突出的地区实行总氮或总磷区域排放量总量控制。

我国水环境总量控制按总量的确定方法分为目标总量控制、容量总量控制和行业总量控制。容量总量控制应与目标总量控制相结合，总量控制应与浓度控制相结合，遵循公平分配、排放总量指标和削减指标分配公平的原则进行总量控制分配。其一般分配原则包括：按等比例、按费用最小、按贡献率削减排放量、按污染范围和程度大小（包括污染长度、面积的大小）、按污染物毒性大小承担污染责任分担率、按企业污染治理的先进性考虑污染责任分担率和削减率等。具体的分配方法主要有基尼系数法、区间法等。前者是根据区域的人口、经济和环境容量分配排污权，保证分配的排污权与人口、经济和环境容量规模相匹配，但较少考虑效率原则；后者是考虑排污者的自然条件差异和合理利用自然降解能力的权利，同时结合排污者的类型和规模差异以及多个水质控制断面的共同作用，采用等满意度法求取公平解，此法比较公平合理，但容易忽略面源问题。

# 6.2　地表水环境影响评价概述

建设项目的地表水环境影响主要包括水污染影响与水文要素影响。根据其主要影响，建设项目地表水环境影响评价分为水污染影响型、水文要素影响型以及两者兼有的复合影响型环境影响评价。

## 6.2.1　评价的基本任务

地表水环境影响评价的基本任务是在调查和分析评价范围内地表水环境质量现状与水环境保护目标的基础上，预测和评价建设项目对地表水环境质量、水环境功能区、水功能区或水环境保护目标及水环境控制单元的影响范围与影响程度，提出相应的环境保护措施、环境管理要求与监测计划，明确给出地表水环境影响是否可接受的结论。

## 6.2.2　环境影响识别与评价因子筛选

按照《环境影响评价技术导则　总纲》（HJ/T 2.1－2016）的要求，分析建设项目建设阶段、生产运行阶段和服务期满后（可根据项目情况选择）各阶段对地表水环境质量、水文要素的影响行为，识别地表水环境影响因素。

水污染影响型建设项目评价因子的筛选应符合以下要求：①按照污染源源强核算技术指南，开展建设项目污染源和水污染因子识别，结合建设项目所在水环境控制单元（综合考虑水体、汇水范围和控制断面三要素而划定的水环境空间管控单元）或区域水环境质量现状，筛选水环境现状调查评价因子与影响预测评价因子；②水温、行业污染物排放标准中涉及的水污染物、在车间或车间处理设施排放口排放的第一类污染物、面源污染所含的主要污染物应作为评价因子；③建设项目排放的，且为建设项目所在控制单元的水质超标因子或潜在污染因子（近 3 年来水质浓度值呈上升趋势的水质因子）应作为评价因子。

水文要素影响型建设项目评价因子应根据建设项目对地表水体水文要素影响的特征确定。河流、湖泊及水库主要评价水面面积、水量、水温、径流过程、水位、水深、流速、水面宽、冲淤变化等因子；湖泊和水库需要重点关注水域面积、蓄水量及水力停留时间等因子；感潮河段、入海河口及近岸海域主要评价流量、流向、潮区界、潮流界、纳潮量、水位、流速、水面宽、水深、冲淤变化等因子。

若建设项目可能导致受纳水体富营养化，评价因子还应包括与富营养化有关的因子，如总磷、总氮、叶绿素 a、高锰酸盐指数和透明度等，其中，叶绿素 a 为必须评价的因子。

### 6.2.3　评价工作等级

评价工作等级的划分直接决定着评价的工作量，并在一定程度上可以表征拟建项目对地表水环境的影响程度。建设项目地表水环境影响评价工作等级按照影响类型、排放方式、排放量或影响情况、受纳水体环境质量现状、水环境保护目标等综合确定。按照《环境影响评价技术导则　地表水环境》（HJ 2.3－2018）规定，将地表水环境影响评价工作分为三级。

（1）水污染影响型建设项目　直接排放的建设项目评价工作等级依据废水排放量、水污染物当量数大小确定为一级、二级、三级 A，间接排放（排入依托污水处理设施）的建设项目评价工作等级为三级 B，详见表6-1。

① 建设项目的废水排放量 $Q$　按照行业排放标准中规定的废水种类统计，没有相关行业排放标准要求的通过工程分析合理确定。废水排放量中不包括间接冷却水、循环水及其他含污染物极少的清净下水排放量，但包括含热量大的冷却水排放量。厂区存在堆积物（露天堆放的原料、燃料、废渣等以及垃圾堆放场）、降尘污染的，应将初期雨污水纳入废水排放量。污水排放量分为三个档次：$<200m^3/d$，$\geq200\sim<20000m^3/d$，$\geq20000m^3/d$。

② 水污染物当量数 $W$　为该污染物的年排放量除以污染物的污染当量值（表6-2），无量纲。水污染物当量数分为三个档次：$<6000$，$\geq6000\sim<600000$，$\geq600000$。

**表6-1**　水污染影响型建设项目评价工作等级判定

| 评价工作等级 | 判定依据 | |
|---|---|---|
| | 排放方式 | 废水排放量 $Q$；水污染物当量数 $W$ |
| 一级 | 直接排放 | $Q\geq20000m^3/d$ 或 $W\geq600000$ |
| 二级 | 直接排放 | 其他 |
| 三级 A | 直接排放 | $Q<200m^3/d$ 且 $W<6000$ |
| 三级 B | 间接排放 | — |

计算排放污染物的污染物当量数时，需区分第一类水污染物和其他类水污染物，先统计第一类污染物当量数总和，然后与其他类污染物按照污染物当量数从大到小排序，取最大当量数作为建设项目评价工作等级确定的依据。厂区存在堆积、降尘污染的，相应的主要污染物纳入水污染当量计算。

水污染物的污染当量是指根据污染物或者污染排放活动对地表水环境的有害程度以及处理的技术经济性，衡量不同污染物对地表水环境污染的综合性指标或者计量单位。同一介质中相同污染当量值的不同污染物的污染程度基本相当。第一类和部分第二类水污染物污染当量值见表6-2。

**表6-2**　第一类和部分第二类水污染物污染当量值

| 污染物类别 | 污染物 | 污染当量值（pH 除外）/kg | 污染物类别 | 污染物 | 污染当量值（pH 除外）/kg |
|---|---|---|---|---|---|
| 第一类 | 总汞 | 0.0005 | 第一类 | 总铅 | 0.025 |
| | 总镉 | 0.005 | | 总镍 | 0.025 |
| | 总铬 | 0.04 | | 苯并 [a] 芘 | 0.0000003 |
| | 六价铬 | 0.02 | | 总铍 | 0.01 |
| | 总砷 | 0.02 | | 总银 | 0.02 |

续表

| 污染物类别 | 污染物 | 污染当量值（pH除外）/kg | 污染物类别 | 污染物 | 污染当量值（pH除外）/kg |
|---|---|---|---|---|---|
| 第二类 | 悬浮物（SS） | 4 | 第二类 | 阴离子表面活性剂（LAS） | 0.2 |
| | 化学需氧量（COD） | 1 | | 总铜 | 0.1 |
| | 总有机碳（TOC） | 0.49 | | 总锌 | 0.2 |
| | 五日生化需氧量（BOD$_5$） | 0.5 | | 总磷 | 0.25 |
| | 石油类 | 0.1 | | 总硒 | 0.02 |
| | 动植物油 | 0.16 | | pH | 0~1，13~14 | 0.06t污水 |
| | 挥发酚 | 0.08 | | | 1~2，12~13 | 0.125t污水 |
| | 总氰化物 | 0.05 | | | 2~3，11~12 | 0.25t污水 |
| | 硫化物 | 0.125 | | | 3~4，10~11 | 0.5t污水 |
| | 氨氮 | 0.8 | | | 4~5，9~10 | 1t污水 |
| | 氟化物 | 0.5 | | | 5~6 | 5t污水 |

注：1~2表示1≤pH<2，其他类同。

在确定评价工作等级时还需要符合以下规定：①建设项目直接排放第一类污染物的，其评价工作等级为一级。②建设项目直接排放的污染物为受纳水体超标因子的，评价工作等级不低于二级。③建设项目直接排放受纳水体影响范围涉及饮用水水源保护区、饮用水取水口、重点保护与珍稀水生生物的栖息地、重要水生生物的自然产卵场等保护目标时，评价工作等级不低于二级。④建设项目向河流、湖库排放温排水引起受纳水体水温变化超过水环境质量标准要求，且评价范围有水温敏感目标时，评价工作等级为一级。⑤建设项目利用海水作为调节温度介质，排水量≥500×10$^4$m$^3$/d时，评价工作等级为一级；排水量<500×10$^4$m$^3$/d，评价工作等级为二级。⑥建设项目仅涉及清净下水排放的，如其排放水质满足受纳水体水环境质量标准要求，评价工作等级为三级A。⑦生产工艺中有废水产生，但作为回水利用，不排放到外环境的建设项目，按三级B评价。⑧依托现有排放口，且对外环境未新增排放污染物的直接排放的建设项目（如实现污染物减排的技改项目），评价工作等级参照间接排放，定为三级B。

（2）水文要素影响型建设项目　评价工作等级划分主要根据水温、径流与受影响地表水域等三类水文要素的影响程度进行判定，见表6-3。

表6-3　水文要素影响型建设项目评价工作等级判定

| 评价工作等级 | 水温 | 径流 | | 受影响地表水域 | | |
|---|---|---|---|---|---|---|
| | 年径流量与总库容之比α | 兴利库容占年径流量百分比β/% | 取水量占多年平均径流量百分比γ/% | 工程垂直投影面积及外扩范围$A_1$/km$^2$；工程扰动水底面积$A_2$/km$^2$；过水断面宽度占用比例或占用水面积比例R/% | | 工程垂直投影面积及外扩范围$A_1$/km$^2$；工程扰动水底面积$A_2$/km$^2$ |
| | | | | 河流 | 湖库 | 入海河口、近岸海域 |
| 一级 | α≤10；或稳定分层 | β≥20；或完全年调节与多年调节 | γ≥30 | $A_1$≥0.3；或$A_2$≥1.5；或R≥10 | $A_1$≥0.3；或$A_2$≥1.5；或R≥20 | $A_1$≥0.5；或$A_2$≥3 |
| 二级 | 20>α>10；或不稳定分层 | 20>β>2；或季调节与不完全年调节 | 30>γ>10 | 0.3>$A_1$>0.05；或1.5>$A_2$>0.2；或10>R>5 | 0.3>$A_1$>0.05；或1.5>$A_2$>0.2；或20>R>5 | 0.5>$A_1$>0.15；或3>$A_2$>0.5 |
| 三级 | α≥20；或混合型 | β≤2；或无调节 | γ≤10 | $A_1$≤0.05；或$A_2$≤0.2；或R≤5 | $A_1$≤0.05；或$A_2$≤0.2；或R≤5 | $A_1$≤0.15；或$A_2$≤0.5 |

在确定评价工作等级时还需要符合以下规定：①影响范围涉及饮用水水源保护区、重点保护与珍稀水生生物的栖息地、重要水生生物的自然产卵场、自然保护区等保护目标时，评价工作等级不低于二级。②跨流域调

水、引水式电站、可能受到大型河流感潮河段咸潮影响的建设项目，评价工作等级不低于二级。③造成入海河口（湾口）宽度束窄（束窄尺度达到原宽度的 5% 以上），评价工作等级不低于二级。④对不透水的单方向建筑尺度较长的水工建筑物（如防波堤、导流堤等），其与潮流或水流主流向切线垂直方向投影长度大于 2km 时，评价工作等级不低于二级。⑤允许在一类海域建设的项目，评价工作等级为一级。⑥同时存在多个水文要素影响的建设项目，分别判定各水文要素影响评价工作等级，并取其中最高等级作为水文要素影响型建设项目评价工作等级。

**【例 6-1】** 某拟建污染影响型建设项目，污水排放量为 6000 $m^3/d$，经类比调查知污水中含有 COD、$BOD_5$，年排放量分别为 5.0t、2.1t，污水 pH 为 5.4，处理达标后排放，受纳水体为河流，假定厂区不存在堆积物，该建设项目地表水环境影响评价应按几级进行评价？

**解：** ① 确定污水排放量 $Q$ 范围：200$m^3/d$＜$Q$＜20000$m^3/d$。

② 确定污染物当量数 $W$：查表 6-2 可知 COD、$BOD_5$ 的污染当量值分别为 1、0.5，pH = 5.4 的污染当量值为 5t 污水。

$$W_{COD} = \frac{5000}{1} = 5000 \qquad W_{BOD_5} = \frac{2100}{0.5} = 4200 \qquad W_{pH} = \frac{6000 \times 365}{5} = 438000$$

$$W = \max\left\{ W_{COD}, \ W_{BOD_5}, \ W_{pH} \right\} = W_{pH} = 438000$$

③ 确定环境影响评价工作等级：因该项目 200$m^3/d$＜$Q$＜20000 $m^3/d$，6000＜$W$＜600000，查表 6-1 可知，评价工作等级为二级。该建设项目地表水环境影响评价工作应按二级进行。

## 6.2.4 评价范围与评价时期

### 6.2.4.1 评价范围

建设项目地表水环境影响评价范围是指建设项目整体实施后可能对地表水环境造成的影响范围。评价范围以平面图的方式表示，并明确起、止位置等控制点坐标。

（1）水污染影响型建设项目评价范围 根据评价工作等级、工程特点、影响方式及程度、地表水环境质量管理要求等确定。

一级、二级、三级 A 评价范围需符合以下要求：①根据主要污染物的迁移转化状况，至少需覆盖建设项目污染影响所涉及水域。②受纳水体为河流时，需满足覆盖对照断面、控制断面与消减断面等关心断面的要求。③受纳水体为湖泊、水库时，一级评价范围宜不小于以入湖（库）排放口为中心、半径为 5km 的扇形区域；二级评价范围宜不小于半径为 3km 的扇形区域；三级 A 评价范围宜不小于半径为 1km 的扇形区域。④受纳水体为入海河口和近岸海域时，评价范围按照《海洋工程环境影响评价技术导则》（GB/T 19485—2014）执行。⑤影响范围涉及水环境保护目标的，评价范围至少扩大到水环境保护目标内受到影响的水域。⑥同一建设项目有两个及两个以上废水排放口，或排入不同地表水体时，按各排放口及所排入地表水体分别确定评价范围；有叠加影响的，叠加影响水域应作为重点评价范围。

三级 B 评价范围应满足其依托污水处理设施环境可行性分析的要求。涉及地表水环境风险的，应覆盖环境风险影响范围所及的水环境保护目标水域。

（2）水文要素影响型建设项目评价范围 根据评价工作等级、水文要素影响类别、影响及恢复程度确定。

评价范围需符合以下要求：①水温要素影响评价范围为建设项目形成水温分层水域，以及下游未恢复到天然（或建设项目建设前）水温的水域。②径流要素影响评价范围为水体天然性状发生变化的水域，以及下游增减水影响水域。③地表水域影响评价范围为相对建设项目建设前日均或潮均流速及水深，或高（累积频率 5%）低（累积频率 90%）水位（潮位）变化幅度超过 ±5% 的水域。④建设项目影响范围涉及水环境保护目标的，评价范围至少应扩大到水环境保护目标内受影响的水域。⑤存在多类水文要素影响的建设项目，应分别确定各水文要素影响评价范围，取各水文要素评价范围的外包线作为水文要素的评价范围。

### 6.2.4.2 评价时期

建设项目地表水环境影响评价时期根据受影响地表水体类型、评价工作等级等确定，见表6-4，三级 B 评价可不考虑评价时期。

**表6-4** 评价时期确定

| 受影响地表水体类型 | 评价工作等级 | | 水污染影响型（三级 A）；水文要素影响型（三级） |
| --- | --- | --- | --- |
| | 一级 | 二级 | |
| 河流、湖库 | 丰水期、平水期、枯水期；至少丰水期和枯水期 | 丰水期和枯水期；至少枯水期 | 至少枯水期 |
| 入海河口（感潮河段） | 河流：丰水期、平水期和枯水期；河口：春季、夏季和秋季；至少丰水期和枯水期，春季和秋季 | 河流：丰水期和枯水期；河口：春季、秋季 2 个季节；至少枯水期或 1 个季节 | 至少枯水期或 1 个季节 |
| 近岸海域 | 春季、夏季和秋季；至少春季、秋季 2 个季节 | 春季或秋季；至少 1 个季节 | 至少 1 次调查 |

确定评价时期时还需要符合以下要求：①感潮河段、入海河口、近岸海域在丰、枯水期（或春夏秋冬四季）均应选择大潮期或小潮期中一个潮期开展评价（无特殊要求时，可不考虑一个潮期内高潮期、低潮期的差别）。选择原则为：依据调查监测海域的环境特征，以影响范围较大或影响程度较重为目标，定性判别和选择大潮期或小潮期作为调查潮期。②冰封期较长且作为生活饮用水与食品加工用水的水源或有渔业用水需求的水域，应将冰封期纳入评价时期。③具有季节性排水特点的建设项目，根据建设项目排水期对应的水期或季节确定评价时期。④水文要素影响型建设项目对评价范围内的水生生物生长、繁殖与洄游有明显影响的时期，需将对应的时期作为评价时期。⑤复合影响型建设项目分别确定评价时期，按照覆盖所有评价时期的原则综合确定。

## 6.3 地表水环境现状调查与评价

### 6.3.1 现状调查内容与方法

地表水环境现状调查主要内容包括建设项目及区域水污染源调查、受纳或受影响水体水环境质量现状调查、区域水资源与开发状况、水文情势与相关特征值调查，以及水环境保护目标、水环境功能区或水功能区、近岸海域环境功能区及其相关的水环境质量管理要求等调查。涉及涉水工程的，还应调查涉水工程运行规则和调度情况。

一般常用的水环境现状调查方法有三种，即搜集资料法、现场监测法、无人机或卫星遥感遥测法，应根据调查对象的不同选取相应的调查方法。

### 6.3.2 现状调查范围与调查因子

（1）现状调查范围　地表水环境的现状调查范围应覆盖评价范围，以平面图方式表示，并明确起、止断面的位置及涉及范围。

① 水污染影响型建设项目　除覆盖评价范围外，受纳水体为河流时，在不受回水影响的河段，排放口上游调查范围宜不小于 500m，受回水影响河段的上游调查范围原则上与下游调查的河段长度相等；受纳水体为湖库时，以排放口为圆心，调查半径在评价范围基础上外延 20%～50%。

建设项目排放污染物中包括氮、磷或有毒污染物且受纳水体为湖泊、水库时，一级评价的调查范围应包括整个湖泊、水库，二级、三级 A 评价的调查范围应包括排放口所在水环境功能区、水功能区或湖（库）湾区。

② 水文要素影响型建设项目　受影响水体为河流、湖库时，除覆盖评价范围外，一级、二级评价时，还应包括库区及支流回水影响区、坝下至下一个梯级或河口、受水区、退水影响区。

受纳或受影响水体为入海河口及近岸海域时，地表水环境现状调查范围依据《海洋工程环境影响评价技术导则》（GB/T 19485—2014）要求执行。

（2）调查因子　地表水环境现状调查因子根据评价范围水环境质量管理要求、建设项目水污染物排放特点与水环境影响预测评价要求等综合分析确定。调查因子应不少于评价因子。

## 6.3.3　现状调查时期

现状调查时期与评价时期一致。现状调查时期应与水期或季节的划分相对应。河流、湖泊与水库一般按丰水期、平水期、枯水期划分，对于北方地区，还要考虑冰封期；河口与近岸海域按春季、夏季、秋季划分；评价工作等级不同，各类水域调查时期的要求也不同。

## 6.3.4　水环境保护目标调查

水环境保护目标是指饮用水水源保护区、饮用水取水口，涉水的自然保护区、风景名胜区，重要湿地、重点保护与珍稀水生生物的栖息地、重要水生生物的自然产卵场及索饵场、越冬场和洄游通道，天然渔场等渔业水体，以及水产种质资源保护区等。

依据环境影响因素识别结果，调查评价范围内水环境保护目标，确定主要水环境保护目标。水环境保护目标调查应主要采用国家及地方人民政府颁布的各相关名录中的统计资料。

应在地图中标注各水环境保护目标的地理位置、四至范围，并列表给出水环境保护目标内主要保护对象和保护要求，以及与建设项目占地区域的相对距离、坐标、高差，与排放口的相对距离、坐标等信息，同时说明与建设项目的水力联系。

## 6.3.5　水文情势和水资源调查

### 6.3.5.1　水文情势调查

水文情势调查应尽量收集临近水文站既有水文年鉴资料和其他相关的有效水文观测资料。当上述资料不足时，应进行现场水文调查与水文测量，宜与水质调查同步进行。一般情况下，水文调查与水文测量在枯水期进行，必要时，可根据水环境影响预测需要、生态环境保护要求，在其他时期（丰水期、平水期、冰封期等）进行。

水文测量的内容应满足拟采用的水环境影响预测模型对水文参数的要求。在采用水环境数学模型时，应根据所选用预测模型需输入的水文特征值及环境水力学参数决定水文测量内容；在采用物理模型法模拟水环境影响时，水文测量应提供模型制作及模型试验所需的水文特征值及环境水力学参数。

水污染影响型建设项目开展与水质调查同步的水文测量，原则上只在一个时期（水期）内进行。在水文测量时间、频次和断面与水质调查不完全相同时，应保证满足水环境影响预测所需的水文特征值和环境水力学参数的要求。

水文情势调查具体内容见表 6-5。

**表6-5**　水文情势调查内容

| 水体类型 | 水污染影响型建设项目 | 水文要素影响型建设项目 |
|---|---|---|
| 河流 | 水文年及水期划分；不利水文条件及特征水文参数、水动力学参数等 | 水文系列及其特征参数；水文年及水期划分；河流物理形态参数；河流水沙参数、丰枯水期水流及水位变化特征等 |
| 湖库 | 湖库物理形态参数；水库调节性能与运行调度方式；水文年及水期划分；不利水文条件特征及水文参数；出入湖（库）水量过程；湖流动力学参数；水温分层结构等 | |
| 入海河口（感潮河段） | 潮汐特征、感潮河段的范围、潮区界与潮流界的划分；潮位与潮流；不利水文条件组合及特征水文参数；水流分层特征等 | |
| 近岸海域 | 水温、盐度、泥沙、潮位、流向、流速、水深等；潮汐性质及类型，潮流、余流性质及类型，海岸线、海床、滩涂、海岸蚀淤变化趋势等 | |

### 6.3.5.2　水资源与开发利用状况调查

对水文要素影响型建设项目进行一级、二级评价时，应开展建设项目所在流域、区域的水资源与开发利用状况调查。

（1）水资源现状调查　调查水资源总量、水资源可利用量、水资源时空分布特征、人类活动对水资源量的影响等。主要涉水工程概况调查，包括数量、等级、位置、规模，主要开发任务、开发方式、运行调度及其对水文情势、水环境的影响。应涵盖大型、中型、小型等各类涉水工程，绘制涉水工程分布示意图。

（2）水资源利用状况调查　调查城市、工业、农业、渔业、水产养殖业、水域景观等各类用水的现状与规划（包括用水时间、取水地点、取用水量等），各类用水的供需关系（包括水权等）、水质要求和渔业、水产养殖业等所需的水面面积。

## 6.3.6　水污染源调查

### 6.3.6.1　建设项目水污染源调查

（1）原则　建设项目水污染源调查应在工程分析基础上，根据工程分析、污染源源强核算技术指南，结合排污许可技术规范的相关要求，确定水污染物的排放量及进入受纳水体的污染负荷量。

建设项目污染物排放指标需要等量替代或减量替代时，还应对替代项目开展污染源调查。

（2）基本内容　调查建设项目所有排放口（包括涉及一类污染物的车间或车间处理设施排放口、企业总排口、雨水排放口、清净下水排放口、温排水排放口等）的污染物源强，明确排放口的相对位置并附图件、地理位置（经纬度）、排放规律等。改建、扩建项目还应调查现有企业所有废水排放口。

### 6.3.6.2　区域水污染源调查

（1）原则　区域水污染源调查应详细调查与建设项目排放污染物同类的或有关联关系的已建项目、在建项目、拟建项目（已批复环境影响评价文件）等污染源。

① 一级评价　以收集利用排污许可证登记数据、环境影响评价和环境保护验收数据及既有实测数据为主，并辅以现场调查及现场监测。

② 二级评价　主要收集利用排污许可证登记数据、环境影响评价和环境保护验收数据及既有实测数据，必要时补充现场监测。

③ 水污染影响型三级 A 评价与水文要素影响型三级评价　主要收集利用与建设项目排放口的空间位置和所排污染物的性质关系密切的污染源资料，可不进行现场调查和现场监测。

④ 水污染影响型三级 B 评价　可不开展区域污染源调查，主要调查依托污水处理设施的日处理能力、处理工艺、设计进水水质、处理后的废水稳定达标排放情况，同时应调查依托污水处理设施执行的排放标准是否涵盖建设项目排放的有毒有害的特征水污染物。

具有已审批入河排放口的主要污染物种类及其排放浓度和总量数据，以及国家或地方发布的入河排放口数据的，可不对入河排放口汇水区域的污染源开展调查。

（2）点污染源调查　点污染源调查以搜集现有资料为主，只有在十分必要时才补充现场调查和测试。例如在评价改、扩建项目时，对改、扩建前的污染源应详细了解，常需现场调查或测试。

点污染源调查的繁简程度可根据评价工作等级及其与建设项目的关系而略有不同，若评价级别较高且现有污染源与建设项目距离较近时应详细调查，例如位于建设项目的排水口与受纳河流的混合过程段以内，并对预测计算可能有影响的情况。在通过收集或实测以取得污染源资料时，应注意其与受纳水域的水文、水质特点之间的关系，以便了解这些污染物在水体中的自净情况。

根据评价工作等级及评价工作的需要选择下述全部或部分内容进行调查。

① 基本信息　主要包括污染源名称、排污许可证编号等。

② 排放特点　主要包括排放形式，分散排放或集中排放，连续排放或间歇排放；排放口平面位置（附平面位置图）及排放方向；排放口在断面上的位置。

③ 排污数据　主要包括污水排放量、排放浓度、主要污染物等数据。

④ 用排水状况　主要调查取水量、用水量、循环水量、重复利用率、排水总量等。

⑤ 污水处理状况　主要调查各排污单位生产工艺流程中的产污环节、污水处理工艺、处理效率、处理水量、中水回用量、再生水量、污水处理设施的运转情况等。

（3）面污染源调查　主要采用收集利用既有数据资料的调查方法，可不进行实测。采用源强系数法、面源模型法等方法，估算面源源强、流失量与入河量等。

根据评价工作的需要，选择下述全部或部分内容进行调查。

① 农村生活污染源　调查人口数量、人均用水量指标、供水方式、污水排放方式、去向和排污负荷量等。

② 农田污染源　调查农药和化肥的施用种类、施用量、流失量及入河系数、去向及受纳水体等情况（包括水土流失、农药和化肥流失强度、流失面积、土壤养分含量等调查分析）。

③ 畜禽养殖污染源　调查畜禽养殖的种类、数量、养殖方式、粪便污水收集与处置情况、主要污染物浓度、污水排放方式和排污负荷量、去向及受纳水体等。畜禽粪便污水作为肥水进行农田利用的，需考虑畜禽粪便污水土地承载力。

④ 城镇地面径流污染源　调查城镇土地利用类型及面积、地面径流收集方式与处理情况、主要污染物浓度、排放方式和排污负荷量、去向及受纳水体等。

⑤ 堆积物污染源　调查矿山、冶金、火电、建材、化工等单位的原料、燃料、废料、固体废物（包括生活垃圾）的堆放位置、堆放面积、堆放形式及防护情况、污水收集与处置情况、主要污染物和特征污染物浓度、污水排放方式和排污负荷量、去向及受纳水体等。

⑥ 大气沉降源　调查区域大气沉降（湿沉降、干沉降）的类型、污染物种类、污染物沉降负荷量等。

（4）内源污染调查　一级、二级评价的建设项目直接导致受纳水体内源污染变化的，或存在与建设项目排放污染物同类的且内源污染影响受纳水体环境质量的应开展内源污染调查，必要时应开展底泥污染补充监测。

底泥物理指标包括力学性质、质地、含水率、粒径等；化学指标包括水域超标因子、与建设项目排放污染物相关的因子。

## 6.3.7　水环境质量现状调查

水质现状调查应根据不同评价工作等级对应的评价时期的要求开展工作。水质调查时应尽量使用现有数据资料，优先采用国务院生态环境主管部门统一发布的水环境状况信息，当现有资料不能满足要求时应按照不同等级对应的评价时期要求开展现状监测。对水污染影响型建设项目进行一级、二级评价时，应调查受纳水体近3年的水环境质量数据，分析其变化趋势。

水质调查所选择的水质因子一般包括两类。一类是常规水质因子，它能反映受纳水域水质的一般状况；另一类是特征水质因子，它能代表建设项目将来排放的水质。

（1）常规水质因子　以地表水环境质量标准（GB 3838—2002）中所提出的pH、溶解氧、高锰酸盐指数、BOD₅、凯氏氮或非离子氨、酚、氰化物、砷、汞、铬（六价）、总磷以及水温为基础，根据水域类别、评价工作等级、污染源状况适当删减。

（2）特征水质因子　根据建设项目特点、水域类别及评价工作等级选定。

## 6.3.8　补充监测

### 6.3.8.1　补充监测要求与内容

（1）补充监测要求　在水质调查的现有资料不能满足要求时，应按照不同等级对应的评价时期要求开展现状监测。应对收集资料进行复核整理，分析资料的可靠性、一致性和代表性，针对资料的不足，制订必要的补充监测方案，确定补充监测的时期、内容、范围。

需要开展多个断面或点位补充监测的，应在大致相同的时段内开展同步监测。需要同时开展水质与水文补充监测的，应按照水质水量协调统一的要求开展同步监测，测量的时间、频次和断面应保证满足水环境影响预测的要求。

（2）补充监测内容　应在常规监测断面的基础上，重点针对对照断面、控制断面以及环境保护目标所在水域的监测断面开展水质补充监测。

建设项目需要确定生态流量时，应结合主要生态保护对象敏感用水时段进行调查分析，有针对性地开展必要的生态流量与径流过程监测等。

当调查的水下地形数据不能满足水环境影响预测要求时，应开展水下地形补充测绘。

### 6.3.8.2　监测点布设与采样频次

（1）河流监测点布设与采样频次

① 水质监测断面布设　监测断面在总体和宏观上须能反映水系或所在区域的水环境质量状况。各断面的具体位置须能反映所在区域环境的污染特征；尽可能以最少的断面获取足够的有代表性的环境信息；同时还须考虑实际采样时的可行性和方便性。布设在评价河段上的监测断面包括对照断面、控制断面和消减断面，见图6-4（a）与图6-4（b）。

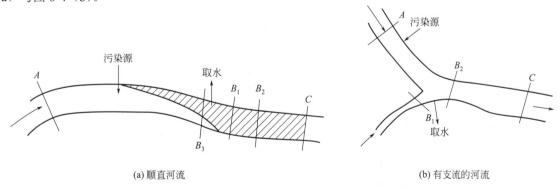

(a) 顺直河流　　　　　　　　　　　　　　(b) 有支流的河流

A—对照断面；B₁，B₂，B₃—控制断面；C—消减断面

**图6-4　河流监测断面示意图**

a. 对照断面　设在排放口上游100～500m处，基本不受建设项目排水影响的位置，以掌握评价河段的背景水质情况。

b. 控制断面　设在排放口下游评价河段的末端或评价河段内有控制意义的位置，用来反映排放口排放的废水对水质的影响，诸如支流汇入、建设项目以外的其他污水排放口、工农业用水取水点、地球化学异常的水土流失区、水工构筑物和水文站所在位置等。

c. 消减断面 设在排放口下游污染物浓度变化不显著的完全混合段，以了解河流中污染物的稀释、净化和衰减情况。

河流水质补充监测时，一般布设对照断面、控制断面。水污染影响型建设项目在拟建排放口上游布设对照断面（在 500m 以内），根据受纳水域水环境质量控制管理要求设定控制断面。控制断面可结合水环境功能区或水功能区、水环境控制单元区划情况，直接采用国家及地方确定的水质控制断面。评价范围内不同水质类别区、水环境功能区或水功能区、水环境敏感区及需要进行水质预测的水域，应布设水质监测断面。评价范围以外的调查或预测范围，可以根据预测工作需要增设相应的水质监测断面。断面位置应避开死水区、回水区、排放口处，尽量选择河段顺直、河床稳定、水流平稳，水面宽阔、无急流、无浅滩处。

② 断面垂线的布设 当河面形状为矩形或接近矩形时，按河流水面宽规定采样垂线数：在一个监测断面上，水面宽>100m 时，设三条垂线，近左岸有明显水流处、中泓处及近右岸有明显水流处；水面宽为 50～100m 时，设两条垂线，近左、右岸有明显水流处；水面宽≤50m 时，仅设一条垂线，中泓处。采样垂线布设要避开污染带，如需测污染带应另加垂线。确能证明该断面水质均匀时，可仅设中泓垂线。凡在该断面需要计算污染物通量时，必须按上述规定设置垂线。

③ 垂线采样点的布设 在一条垂线上，水深>10m 时，设三个采样点，在水面下 0.5m 处、1/2 水深处及距河底上 0.5m 处；水深为 5～10m 时，设两个采样点，在水面下 0.5m 处及距河底上 0.5m 处；在水深≤5m 或冰封时，仅设一个采样点，距水或冰面下 0.5m 处，水深不到 0.5m 时，在水深 1/2 处。

④ 采样频次 每个水期可监测一次，每次同步连续调查取样 3～4d，每个水质取样点每天至少取一组水样，在水质变化较大时，每间隔一定时间取样一次。水温观测频次，应每间隔 6h 观测一次水温，统计计算日平均水温。

（2）湖泊水库监测点布设与采样频次

① 取样垂线的布设 湖泊、水库通常只设监测垂线，如有特殊情况可参照河流的有关规定设置监测断面。受污染物影响较大的重要湖泊、水库，应在污染物主要输送路线上设置控制断面。

a. 水污染影响型建设项目 湖（库）区若无明显功能区别，取样垂线的设置可采用以排放口为中心、沿放射线布设或网格布设的方法。遵循的原则为：一级评价在评价范围内布设的水质取样垂线数不少于 20 条；二级评价在评价范围内布设的水质取样垂线数不少于 16 条。评价范围内不同水质类别区、水环境功能区或水功能区、水环境敏感区、排放口和需要进行水质预测的水域，应布设取样垂线。

b. 水文要素影响型建设项目 在取水口、主要入湖（库）断面、坝前、湖（库）中心水域、不同水质类别区、水环境敏感区和需要进行水质预测的水域，应布设取样垂线。

c. 复合影响型建设项目 应二者兼顾进行取样垂线的布设。

② 垂线采样点的布设 垂线上采样点的布设一般与河流的规定相同，但有可能出现温度分层现象时，应做水温、溶解氧的探索性试验后再确定。具体见表 6-6。

表6-6 湖（库）监测垂线采样点的设置

| 水深 /m | 分层情况 | 采样点数 |
| --- | --- | --- |
| ≤5 | | 1 个点：水面下 0.5m 处 |
| 5～10 | 不分层 | 2 个点：水面下 0.5m，湖（库）底上 0.5m 处 |
| 5～10 | 分层 | 3 个点：水面下 0.5m，1/2 斜温层，湖（库）底上 0.5m 处 |
| >10 | | 除水面下 0.5m、水底上 0.5m 处外，按每一斜温层 1/2 处设置 |

注：分层是指湖水温度分层状况。水深不足 1m 时，在 1/2 水深处设采样点。有充分数据证实垂线水质均匀时，可酌情减少采样点。

③ 采样频次 每个水期监测一次，每次同步连续调查取样 2～4d，每个水质取样点每天至少取一组水样，但在水质变化较大时，每间隔一定时间取样一次。溶解氧和水温每间隔 6h 取样监测一次。在调查取样期适当

监测藻类。

（3）入海河口、近岸海域监测点布设与采样频次

① 监测点位设置　一级评价可布设 5～7 个水质取样断面；二级评价可布设 3～5 个取样断面。取样垂线和采样点布设参照《海洋调查规范》（GB/T 12763—2007）和《近岸海域环境监测技术规范》（HJ 442—2020）执行。排放口位于感潮河段内的，其上游设置的水质取样断面，应根据实际情况参照河流决定，其下游断面的布设与近岸海域相同。

② 采样频次　原则上，一个水期在一个潮周期内采集水样，明确所采样品所处潮时，必要时对潮周日内的高潮和低潮采样。当上、下层水质变幅较大时，应分层取样。入海河口上游水质取样频次参照感潮河段相关要求执行，下游水质取样频次参照近岸海域相关要求执行。对于近岸海域，一个水期宜在半个太阴月内的大潮期或小潮期分别采样，明确所采样品所处潮时；对所有选取的水质监测因子，在同一潮次取样。

（4）底泥污染调查与评价的监测点位布设　应能够反映底泥污染物空间分布特征的要求，根据底泥分布区域、分布深度、扰动区域、扰动深度、扰动时间等设置。

## 6.3.9　水环境现状评价

### 6.3.9.1　现状评价内容

根据建设项目水环境影响特点与水环境质量管理要求，选择以下全部或部分内容开展环境现状评价。

（1）水环境功能区或水功能区、近岸海域环境功能区水质达标状况　评价建设项目评价范围内水环境功能区或水功能区、近岸海域环境功能区各评价时期的水质状况与变化特征，给出水环境功能区或水功能区、近岸海域环境功能区达标评价结论，明确水环境功能区或水功能区、近岸海域环境功能区水质超标因子、超标程度，分析超标原因。

（2）水环境控制单元或断面水质达标状况　评价建设项目所在控制单元或断面各评价时期的水质现状与时空变化特征，评价控制单元或断面的水质达标状况，明确控制单元或断面的水质超标因子、超标程度，分析超标原因。

（3）水环境保护目标质量状况　评价涉及水环境保护目标水域各评价时期的水质状况与变化特征，明确水质超标因子、超标程度，分析超标原因。

（4）对照断面、控制断面等代表性断面的水质状况　评价对照断面水质状况，分析对照断面水质水量变化特征，给出水环境影响预测的设计水文条件；评价控制断面水质现状、达标状况，分析控制断面来水水质水量状况，识别上游来水不利组合状况，分析不利条件下的水质达标问题。评价其他监测断面的水质状况，根据断面所在水域的水环境保护目标水质要求，评价水质达标状况与超标因子。

（5）底泥污染评价　评价底泥污染项目及污染程度，识别超标因子，结合底泥处置排放去向，评价退水水质与超标情况。

（6）水资源与开发利用程度及其水文情势评价　根据建设项目水文要素影响特点，评价所在流域（区域）水资源与开发利用程度、生态流量满足程度、水域岸线空间占用状况等。

（7）水环境质量回顾评价　结合历史监测数据与国家及地方生态环境主管部门公开发布的环境状况信息，评价建设项目所在水环境控制单元或断面、水环境功能区或水功能区、近岸海域环境功能区的水质变化趋势，评价主要超标因子变化状况，分析建设项目所在区域或水域的水质问题，从水污染、水文要素等方面，综合分析水环境质量现状问题的原因，明确与建设项目排污影响的关系。

（8）流域（区域）水资源与开发利用状况及其水文情势状况　流域（区域）水资源（包括水能资源）与开发利用总体状况、生态流量管理要求与现状满足程度、建设项目占用水域空间的水流状况与河湖演变状况。

（9）依托污水处理设施稳定达标排放评价　评价建设项目依托的污水处理设施稳定达标状况，分析建设项目依托污水处理设施环境可行性。

### 6.3.9.2　现状评价方法

水环境功能区或水功能区、近岸海域环境功能区及水环境控制单元或断面水质达标评价方法，参考国家或地方政府相关部门制定的水环境质量评价技术规范、水体达标方案编制指南、水功能区水质达标评价技术规范等。

（1）监测断面或点位水环境质量现状评价方法　采用水质指数法评价。在水环境质量评价中，当有一项水质因子指标超过相应功能的标准限值时，就表示该水体已经不能完全满足该功能的要求，因此单项水质因子评价法可以简单明了地表明水域是否满足功能要求，是水环境影响评价中最常用的方法。

① 水质因子数值确定。在单项水质因子评价中，一般情况下某水质因子的数值可采用多次监测的平均值，但如该水质因子变化很大，为了突出高值的影响可采用内梅罗平均值。内梅罗平均浓度的表达式见式（6-8）：

$$C_i = \sqrt{\left( \frac{C_{\max}^2 + \bar{C}_i^2}{2} \right)} \tag{6-8}$$

式中，$C_i$ 为内梅罗平均浓度，mg/L；$C_{\max}$ 为水质因子 $i$ 的最大监测浓度，mg/L；$\bar{C}_i$ 为水质因子 $i$ 的平均监测浓度，mg/L。

② 一般性水质因子（随着浓度增加而使水质变差的水质因子）的指数计算公式为：

$$S_{ij} = C_{ij}/C_{si} \tag{6-9}$$

式中，$S_{ij}$ 为评价因子 $i$ 在 $j$ 点的水质标准指数；$C_{ij}$ 为评价因子 $i$ 在 $j$ 点的实测统计浓度代表值，mg/L；$C_{si}$ 为评价因子 $i$ 的水质评价标准限值，mg/L。

③ 溶解氧 DO 的标准指数计算公式为：

$$S_{DO,j} = DO_s/DO_j \qquad DO_j \leqslant DO_f \tag{6-10}$$

$$S_{DO,j} = \frac{\left| DO_f - DO_j \right|}{DO_f - DO_s} \qquad DO_j > DO_f \tag{6-11}$$

式中，$S_{DO,j}$ 为溶解氧在第 $j$ 点的水质标准指数；$DO_j$ 为溶解氧在第 $j$ 点的实测统计浓度代表值，mg/L；$DO_f$ 为某水温、气压条件下饱和溶解氧的浓度，mg/L；$DO_s$ 为溶解氧的水质评价标准限值，mg/L。

对于河流：

$$DO_f = \frac{468}{31.6 + T} \tag{6-12}$$

式中，$T$ 为水温，℃。

对于盐度比较高的湖泊、水库及入海河口、近岸海域：

$$DO_f = \frac{491 - 2.65S}{33.5 + T} \tag{6-13}$$

式中，$T$ 为水温，℃；$S$ 为实用盐度，无量纲；其他符号意义同前。

④ pH 的水质指数计算公式为：

$$S_{pH,j} = \frac{7.0 - pH_j}{7.0 - pH_{sd}} \qquad pH_j \leqslant 7.0 \tag{6-14}$$

$$S_{pH,j} = \frac{pH_j - 7.0}{pH_{su} - 7.0} \qquad pH_j > 7.0 \tag{6-15}$$

式中，$S_{pH,j}$ 为 pH 的标准指数；$pH_j$ 为实测统计 pH 的代表值；$pH_{sd}$ 为评价标准中 pH 的下限值；$pH_{su}$ 为评价标准中 pH 的上限值。

上述评价因子水质标准指数值越小，表明水质越好。若某评价因子水质标准指数＞1，即该水质因子超标，则表明该水质因子超过了规定的水质标准限值，已经不能满足相应的水域使用功能要求。

（2）底泥污染状况评价方法　采用底泥污染指数法（单项污染指数法），计算公式为：

$$P_{ij} = C_{ij} / C_{si} \tag{6-16}$$

式中，$P_{ij}$ 为底泥污染因子 $i$ 的单项污染指数，大于 1 表明该污染因子超标；$C_{ij}$ 为调查点位污染因子 $i$ 的实测值，mg/L；$C_{si}$ 为污染因子 $i$ 的评价标准值或参考值，mg/L。

底泥污染评价标准值或参考值可根据土壤环境质量标准或所在水域底泥的背景值确定。

# 6.4　地表水环境影响预测

## 6.4.1　预测原则

可能产生对地表水环境影响的建设项目，应预测其产生的影响；预测的范围、时段、内容和方法应根据评价工作等级、工程特点与环境的特性、当地的环境保护要求来确定；同时应尽量考虑预测范围内规划的建设项目可能产生的环境影响。

一级、二级、水污染影响型三级 A 与水文要素影响型三级评价应定量预测建设项目水环境影响，水污染影响型三级 B 评价可不进行水环境影响预测。

影响预测应考虑评价范围内已建、在建和拟建项目中，与建设项目排放同类（种）污染物、对相同水文要素产生的叠加影响。

建设项目分期规划实施的，应估算规划水平年进入评价范围的污染负荷，预测分析规划水平年评价范围内地表水环境质量变化趋势。

对于环境质量不符合环境功能要求或环境质量改善目标的，应结合区域限期达标规划对环境质量变化进行预测。

预测建设项目对地表水环境的影响时尽量选用通用、成熟、简便并能满足准确度要求的预测方法。预测方法包括数学模型法、物理模型法和类比分析法。

对于季节性河流，应依据当地生态环境主管部门所定的水体功能，结合建设项目的特性确定其预测的原则、范围、时段、内容及方法。

当水生生物保护对地表水环境要求较高时（如水生生物及鱼类保护区、经济鱼类养殖区等），应分析建设项目对水生生物的影响。分析时一般可采用类比分析法。

## 6.4.2　预测因子与预测范围

（1）预测因子　应根据评价因子确定，重点选择与建设项目水环境影响关系密切的因子。

水质预测因子应根据建设项目的工程分析和环境现状、评价工作等级、当地的环保要求进行筛选和确定，其数目既要能够说明问题又不能过多，一般应少于水环境现状调查的水质因子数目。筛选出的水质预测因子应能反映拟建项目废水排放对地表水体的主要影响和纳污水体受到污染影响的特征。建设阶段、生产运行阶段（包括正常排放和非正常排放两种工况）、服务期满后阶段均可以根据各自的具体情况确定各自的水质预测因子，彼此不一定相同。

对于河流，可按式（6-17）计算，将水质因子 $i$ 的排序指标按大小排序：

$$\text{ISE}_i = \frac{C_{\text{p}i} Q_{\text{p}i}}{(C_{si} - C_{\text{h}i}) \times Q_{\text{h}i}} \tag{6-17}$$

式中，$ISE_i$ 为水质因子 $i$ 排序指标；$C_{pi}$ 为水质因子 $i$ 排放浓度，mg/L；$Q_{pi}$ 为含水质因子 $i$ 的废水排放量，m³/s；$C_{si}$ 为水质因子 $i$ 地表水水质标准，mg/L；$C_{hi}$ 为评价河段水质因子 $i$ 的浓度，mg/L；$Q_{hi}$ 为评价河段的流量，m³/s。

$ISE_i$ 是负值或越大，说明建设项目排污对河流中水质因子 $i$ 的污染影响越大。

（2）预测范围　地表水环境影响预测范围应覆盖评价范围，并根据受影响地表水体水文要素与水质特点合理拓展。

预测范围内的河段可分为充分混合段、混合过程段和排放口上游河段。充分混合段是指污染物浓度在河流某个断面上均匀分布的河段。当断面上任意一点的浓度与断面平均浓度之差小于平均浓度的 5% 时，可认为达到均匀分布。混合过程段是指从排放口开始到其下游的充分混合段之间的河段。混合过程段长度可由式（6-18）估算：

$$L_m = \left\{ 0.11 + 0.7 \left[ 0.5 - \frac{a}{B} - 1.1 \left( 0.5 - \frac{a}{B} \right)^2 \right]^{1/2} \right\} \frac{uB^2}{E_y} \qquad (6\text{-}18)$$

式中，$L_m$ 为混合过程段长度，m；$B$ 为河流宽度，m；$a$ 为排放口到近岸水边的距离，m；$u$ 为断面流速，m/s；$E_y$ 为污染物横向扩散系数，m²/s。

应特别注意的是混合过程段不执行地表水环境质量标准，或者说可以超过水质标准，但在应加以保护的重要功能区范围内不允许混合过程段的存在。

## 6.4.3　预测情景与预测时期

（1）预测情景　根据建设项目特点分别选择建设阶段、生产运行阶段及服务期满后三个阶段进行预测。生产运行阶段应预测正常排放和非正常排放两种工况对地表水环境的影响，如建设项目具有充足的调节容量，可只预测正常排放对水环境的影响。

对建设项目污染控制和减缓措施方案应进行水环境影响模拟预测。对受纳水体环境质量不达标区域，应考虑区（流）域环境质量改善目标要求情景下的模拟预测。

（2）预测时期　应满足不同评价工作等级的评价时期要求。水污染影响型建设项目重点预测水体自净能力最不利以及水质状况相对较差的不利时期、水环境现状补充监测时期。水文要素影响型建设项目重点预测水质状况相对较差或对评价范围内水生生物影响最大的不利时期。

## 6.4.4　预测内容

预测内容是根据地表水环境影响类型、预测因子、预测情景、预测范围地表水体类别、所选用的预测模型及评价要求确定的。

水污染影响型建设项目预测内容主要包括：①预测控制断面、取水口、污染源排放核算断面等关心断面的水质预测因子的浓度及变化。②预测到达水环境保护目标处的污染物浓度。③预测各污染物最大影响范围。④预测湖泊、水库及半封闭海湾等时还需关注富营养化状况与水华、赤潮等。⑤预测排放口混合区范围。

水文要素影响型建设项目预测内容主要包括：①河流、湖泊及水库的水文情势预测分析。主要包括水域形态、径流条件、水力条件以及冲淤变化的内容，具体包括水面面积、水量、水温、径流过程、水位、水深、流速、水面宽、冲淤变化等，湖泊和水库需要重点关注湖库水域面积、蓄水量及水力停留时间等因子。②感潮河段、入海河口及近岸海域水动力条件预测分析。主要包括流量、流向、潮区界、潮流界、纳潮量、水位、流速、水面宽、水深、冲淤变化等因子。

## 6.4.5　模型概化

当选用解析解方法进行水环境影响预测时，可对预测水域进行合理的概化。

（1）河流水域概化　河流河段可概化为矩形平直河段、矩形弯曲河段和非矩形河段。预测河段及代表性断面的宽深比≥20时，可视为矩形河段。预测河段弯曲较大，河段弯曲系数＞1.3时，可视为弯曲河段，其余可概化为平直河段。

对于河流水文特征值、水质急剧变化的河段，应分段概化，并分别进行水环境影响预测；河网应分段概化，分别进行水环境影响预测。

受人工控制的河流，根据涉水工程（如水利水电工程）的运行调度方案及蓄水、泄流情况，分别视其为水库或河流进行水环境影响预测。

（2）湖（库）水域概化　根据湖库的入流条件、水力停留时间、水质及水温分布等情况，分别概化为稳定分层型、混合型和不稳定分层型。

水深＞10m且分层期较长（如＞30d）的湖（库）可视为分层湖（库）。

串联型湖泊可以分为若干区，各区分别按上述情况简化。

不存在大面积回流和死水区且流速较快，停留时间较短的狭长湖泊可简化为河流。其岸边形状和水文特征值变化较大时还可以进一步分段。

不规则形状的湖泊、水库可根据流场的分布情况和几何形状分区。

自顶端入口附近排入废水的狭长湖泊或循环利用湖水的小湖，可分别按各自的特点考虑。

（3）入海河口、近岸海域概化　可将潮区界作为感潮河段的边界。感潮河段是指受潮汐作用影响较明显的河段。采用解析解方法进行水环境影响预测时，可按潮周平均、高潮平均和低潮平均三种情况，概化为稳态进行预测。

预测近岸海域可溶性物质水质分布时，可只考虑潮汐作用，预测密度小于海水的不可溶物质时，应考虑潮汐、波浪及风的作用。

注入近岸海域的小型河流可视为点源，可忽略其对近岸海域流场的影响。

## 6.4.6　污染源简化

污染源简化包括排放形式的简化和排放规律的简化。根据污染源的具体情况，排放形式可简化为点源和面源，排放规律可简化为连续恒定排放和非连续恒定排放。在地表水环境影响预测中，通常可以把排放规律简化为连续恒定排放。

对于点源排放口位置的处理，当两个排放口的间距较小时，可以简化为一个排放口，其位置假设在两排放口之间，其排放量为两者之和；当两排放口距离较远时，可分别单独考虑。

对于无组织排放，可简化成面源。从多个间距很近的排放口分别排放污水时，也可以简化为面源。

## 6.4.7　基础数据要求

水文气象、水下地形等基础数据原则上应与工程设计保持一致，采用其他数据时，应说明数据来源、有效性及数据预处理情况。获取的基础数据应能够支持模型参数率定、模型验证的基本需求。

（1）水文数据　应采用水文站点实测数据或根据站点实测数据进行推算，数据精度应与模拟预测结果精度要求匹配。河流、湖库建设项目水文数据时间精度应根据建设项目调控影响的时空特征，分析典型时段的水文情势与过程变化影响，涉及日调度影响的，时间精度宜不小于1h。感潮河段、入海河口及近岸海域建设项目应考虑盐度对污染物运移扩散的影响，一级评价时间精度不得低于 1h。

（2）气象数据　应根据模拟范围内或附近的常规气象观测站点数据进行合理确定。气象数据应采用多年平均气象资料或典型年实测气象资料数据。气象数据指标应包括气温、相对湿度、日照时数、降雨量、云量、风向、风速等。

（3）水下地形数据　采用数值解模型时，原则上应采用最新的现有或补充测绘成果，水下地形数据精度原则上应与工程设计保持一致。建设项目实施后可能导致河道地形改变的，如疏浚及堤防建设以及水底泥沙淤积造成的库底、河底高程发生的变化，应考虑地形变化的影响。

（4）涉水工程资料　包括预测范围内的已建、在建及拟建涉水工程，其取水量或工程调度情况、运行规则应与国家或地方发布的统计数据、环评及环保验收数据保持一致。

（5）一致性及可靠性分析　对评价范围调查收集的水文资料（流速、流量、水位、蓄水量等）、水质资料、排放口资料（污水排放量与水质浓度）、支流资料（支流水量与水质浓度）、取水口资料（取水量、取水方式、水质数据）、污染源资料（排污量、排污去向与排放方式、污染物种类及排放浓度）等进行数据一致性分析。应明确模型采用基础数据的来源，保证基础数据的可靠性。

建设项目所在水环境控制单元如有国家生态环境主管部门发布的标准化土壤及土地利用数据、地形数据、环境水力学特征参数的，影响预测模拟时优先使用标准化数据。

## 6.4.8　初始条件与边界条件

（1）初始条件　初始条件（水文、水质、水温等）设定应满足所选数学模型的基本要求，需合理确定初始条件，控制预测结果不受初始条件的影响。

当初始条件对计算结果的影响在短时间内无法有效消除时，应延长模拟计算的初始时间，必要时应开展初始条件敏感性分析。

（2）设计水文边界条件

① 河流、湖库设计水文条件要求　河流不利枯水条件宜采用 90% 保证率最枯月流量或近 10 年最枯月平均流量；流向不定的河网地区和潮汐河段，宜采用 90% 保证率流速为零时的低水位相应水量作为不利枯水水量；湖库不利枯水条件应采用近 10 年最低月平均水位或 90% 保证率最枯月平均水位相应的蓄水量，水库也可采用死库容相应的蓄水量。其他水期的设计水量则应根据水环境影响预测需求确定。

受人工调控的河段，可采用最小下泄流量或河道内生态流量作为设计流量。

根据设计流量，采用水力学、水文学等方法，确定水位、流速、河宽、水深等其他水力学数据。

② 入海河口、近岸海域设计水文条件要求　感潮河段、入海河口的上游水文边界条件参照①的要求确定，下游水位边界的确定，应选择对应时段潮周期作为基本水文条件进行计算，可取用保证率为 10%、50% 和 90% 潮差，或上游计算流量条件下相应的实测潮位过程；近岸海域的潮位边界条件界定，应选择一个潮周期作为基本水文条件，选用历史实测潮位过程或人工构造潮型作为设计水文条件。

③ 河流、湖库设计水文条件的计算　可按《水利水电工程水文计算规范》（SL/T 278—2020）的规定执行。

（3）污染负荷的确定要求　根据预测情景，确定各情景下建设项目排放的污染负荷量，应包括建设项目所有排放口（涉及一类污染物的车间或车间处理设施排放口、企业总排放口、雨水排放口、温排水排放口等）的污染物源强。应覆盖预测范围内的所有与建设项目排放污染物相关的污染源或污染源负荷占预测范围总污染负荷的比例超过 95%。

（4）规划水平年污染源负荷预测要求

① 点源及面源污染源负荷预测要求　应包括已建、在建及拟建项目的污染物排放，综合考虑区域经济社会发展及水污染防治规划、区（流）域环境质量改善目标要求，按照点源、面源分别确定预测范围内的污染源的排放量与入河量。采用面源模型预测规划水平年污染负荷时，面源模型的构建、率定、验证等要求参照相关规定执行。

② 内源负荷预测要求　内源负荷估算可采用释放系数法，必要时可采用释放动力学模型方法。内源释放系数可采用静水、动水试验进行测定或者参考类似工程资料确定；水环境影响敏感且资料缺乏区域需开展静水试验、动水试验确定释放系数；类比时需结合施工工艺、沉积物类型、水动力等因素进行修正。

## 6.4.9　参数确定与验证要求

水动力及水质模型参数包括水文及水力学参数、水质（包括水温及富营养化）参数等。其中水文及水力学参数包括流量、流速、坡度、糙率等；水质参数包括污染物综合衰减系数、扩散系数、耗氧系数、复氧系数、蒸发散热系数等。

模型参数确定可采用类比、经验公式、实验室测定、物理模型试验、现场实测及模型率定等方法。当采用数值解模型时，宜采用模型率定法核定模型参数。在模型参数确定的基础上，通过模型计算结果与实测数据进行比较分析，验证模型的适用性与误差及精度。选择模型率定法确定模型参数的，模型验证应采用与模型参数率定法不同组实测资料数据进行。

应对模型参数确定与模型验证的过程和结果进行分析说明，并以河宽、水深、流速、流量以及主要预测因子的模拟结果作为分析依据，当采用二维或三维模型时，应开展流场分析。模型验证应分析模拟结果与实测结果的拟合情况，阐明模型参数率定取值的合理性。

## 6.4.10　预测点位设置及结果合理性分析

（1）预测点位设置　应将常规监测点、补充监测点、水环境保护目标、水质水量突变处及控制断面等作为预测重点。当需要预测排放口所在水域形成的混合区范围时，应适当加密预测点位。

（2）模型结果合理性分析　模型计算成果的内容、精度和深度应满足环境影响评价要求。

采用数值解模型进行影响预测时，应说明模型时间步长、空间步长设定的合理性，在必要的情况下应对模拟结果开展质量或热量守恒分析。

应对模型计算的关键影响区域和重要影响时段的流场、流速分布、水质（水温）等模拟结果进行分析，并给出相关图件。

区域水环境影响较大的建设项目，宜采用不同模型进行比对分析。

## 6.4.11　预测模型选择

地表水环境影响预测模型包括数学模型、物理模型。地表水环境影响预测宜选用数学模型。评价工作等级为一级且有特殊要求时选用物理模型，物理模型应遵循水工模型实验技术规程等要求。数学模型包括水质（含水温及富营养化）模型、面源污染负荷估算模型、水动力模型等，可根据地表水环境影响预测的需要选择。

研究水及其他流体的运动规律及其与边界相互作用的学科，称为水动力学。水动力模型可以很好地表达水流在时空上的变化以及迁移过程。水质预测模型是指用于描述水体的水质要素在各种因素作用下随时间和空间的变化关系的数学模型。

地表水环境影响预测模型应优先选用国家生态环境主管部门发布的推荐模型。

### 6.4.11.1　水质模型选择原则

① 在水质混合区（如河流混合过程段 $x < L_m$）进行水质影响预测时，应选用二维或三维模型；在水质分布均匀的水域（如完全混合河段 $x \geq L_m$）进行水质影响预测时，选用零维或一维模型。

② 对上游来水或污水排放的水质、水量随时间变化显著情况下的水质影响预测，应选用非稳态模型；其他情况选用稳态模型（对上游来水或污水排放的水质、水量随时间有一定变化的情况，可先分段统计平均水质、水量状况，然后选用稳态模型进行水质影响预测）。

③ 矩形河流、水深变化不大的湖库及海湾，对于连续恒定点源排污的水质影响预测，二维以下一般采用解析解模型；三维或非连续恒定点源排污（瞬时排放、有限时段排放）的水质影响预测，一般采用数值解模型。

④ 稳态数值解水质模型适用于非矩形河流、水深变化较大的湖库和海湾水域连续恒定点源排污的水质影响预测。

⑤ 非稳态数值解水质模型适用于各类恒定水域中的非连续恒定排放或非恒定水域中的各类污染源排放。

⑥ 单一组分的水质模型可模拟的污染物类型包括持久性污染物、非持久性污染物和废热（水温变化预测）；多组分耦合模型模拟的水质因子彼此间均存在一定的关联，如 S-P 模型模拟的 DO 和 BOD。

### 6.4.11.2　面源污染负荷估算模型

根据污染源类型分别选择适用的污染源负荷估算或模拟方法，预测污染源排放量与入河量。面源污染负荷预测可根据评价要求与数据条件，采用源强系数法、水文分析法以及面源模型法等，有条件的地方可以综合采用多种方法进行比对分析确定，各方法适用条件如下：

① 源强系数法　当评价区域有可采用的源强产生、流失及入河系数等面源污染负荷估算参数时，可采用源强系数法。

② 水文分析法　当评价区域具备一定数量的同步水质水量监测资料时，可基于基流分割确定暴雨径流污染物浓度、基流污染物浓度，采用通量法估算面源的负荷量。

③ 面源模型法　面源模型选择应结合污染特点、模型适用条件、基础资料等综合确定。

### 6.4.11.3　水动力模型及水质模型

水动力模型及水质模型按照时间尺度分为稳态模型和非稳态模型；按空间尺度分为零维、一维（包括纵向一维及垂向一维，纵向一维包括河网模型）、二维（包括平面二维及立面二维）及三维模型；按照是否需要数值离散方法分为解析解模型与数值解模型。水动力模型及水质模型的选取根据建设项目的污染源特性、受纳水体类型、水力学特征、水环境特点及评价工作等级等要求而确定。

（1）河流数学模型　不同模型的适用条件见表 6-7。在模拟河流顺直、水流均匀且排污稳定时可以采用解析解模型。

**表6-7**　河流数学模型适用条件

| 模型分类 | 模型空间分类 | | | | | | 模型时间分类 | |
|---|---|---|---|---|---|---|---|---|
| | 零维模型 | 纵向一维模型 | 河网模型 | 平面二维模型 | 立面二维模型 | 三维模型 | 稳态模型 | 非稳态模型 |
| 适用条件 | 水域基本均匀混合 | 沿程横断面均匀混合 | 多条河道相互连通，使得水流运动和污染物交换相互影响的河网地区 | 垂向均匀混合 | 垂向分层特征明显 | 垂向及平面分布差异明显 | 水流恒定、排污稳定 | 水流不恒定或排污不稳定 |

（2）湖库数学模型　不同模型的适用条件见表 6-8。在模拟湖库水域形态规则、水流均匀且排污稳定时可以采用解析解模型。

**表6-8**　湖库数学模型适用条件

| 模型分类 | 模型空间分类 | | | | | | 模型时间分类 | |
|---|---|---|---|---|---|---|---|---|
| | 零维模型 | 纵向一维模型 | 平面二维模型 | 垂向一维模型 | 立面二维模型 | 三维模型 | 稳态模型 | 非稳态模型 |
| 适用条件 | 水流交换作用较充分、污染物分布基本均匀 | 污染物在断面上均匀混合的河道型水库 | 浅水湖库，垂向分层不明显 | 深水湖库，水平分布差异不明显，存在垂向分层 | 深水湖库，横向分布差异不明显，存在垂向分层 | 垂向及平面分布差异明显 | 流场恒定、源强稳定 | 流场不恒定或源强不稳定 |

（3）感潮河段、入海河口数学模型　污染物在断面上均匀混合的感潮河段、入海河口，可采用纵向一维非恒定数学模型，感潮河网区宜采用一维河网数学模型。浅水感潮河段和入海河口宜采用平面二维非恒定数学模型。如感潮河段、入海河口的下边界难以确定，宜采用一维、二维连接数学模型。

（4）近岸海域数学模型　近岸海域宜采用平面二维非恒定模型。如果评价海域的水流和水质分布在垂向上存在较大的差异（如排放口附近水域），宜采用三维数学模型。

## 6.4.12　常用点源水质预测数学模型

运用水质数学模型时笛卡尔坐标系（三维直角坐标系）的确定原则：以排放口为原点，$z$ 轴铅直向上，$x$ 轴、$y$ 轴为水平方向，$x$ 方向与水体主流方向一致，$y$ 方向与 $x$ 方向垂直。

### 6.4.12.1　河流常用水质数学模型

大多数的河流水质预测评价采用一维稳态模型，对于大中型河流中的废水排放，横向浓度梯度（变化）较明显，需要采用二维模型进行预测评价。在河流水质预测评价中，一般不采用三维模型。不考虑混合距离的重金属污染物、部分有毒物质及其他持久性物质的下游浓度预测，可采用零维模型。对于一般有机降解性物质，采用纵向一维模型。

本部分仅介绍河流零维模型和一维稳态模型。

（1）河流均匀混合模型（河流零维数学模型）　当废水排入一条河流时，废水污染物为持久性污染物，不分解也不沉淀；河流是稳态的，定常排污（连续稳定排放），即河床截面积、流速、流量及污染物输入量不随时间变化；污染物在整个河段内混合均匀，各点浓度相等；河流无其他支流和排污口废水进入。这种情况下，可采用河流均匀混合模型预测完全混合河段内污染物浓度。具体表达式为式（6-19）：

$$C = \frac{C_p Q_p + C_h Q_h}{Q_p + Q_h} \tag{6-19}$$

式中，$C$ 为污染物浓度（垂向平均浓度，断面平均浓度），mg/L；$C_p$ 为污染物排放浓度，mg/L；$Q_p$ 为废水排放量，m³/s；$C_h$ 为河流上游污染物浓度；mg/L；$Q_h$ 为河流流量，m³/s。

【例 6-2】　拟在某河边建一座工厂，排放废水流量为 3.20m³/s，废水中总溶解固体浓度为 1280mg/L，河流平均流速 $u$ 为 0.50m/s，平均河宽 $W$ 为 14.20m，平均水深 $h$ 为 0.65m，总溶解固体浓度为 290mg/L，设工厂排放废水与河流充分混合，河流总溶解固体浓度标准限值为 500mg/L，问废水排入河流后，总溶解固体的浓度是否超标？

**解**：已知：$C_h = 290$mg/L　　　$Q_h = uWh = 0.50 \times 14.20 \times 0.65 = 4.62$m³/s

$C_p = 1280$mg/L　　　$Q_p = 3.20$m³/s　　　$C_s = 500$mg/L

则：

$$C = \frac{C_h Q_h + C_p Q_p}{Q_h + Q_p} = \frac{290 \times 4.62 + 1280 \times 3.20}{4.62 + 3.20} = 695.1 (\text{mg/L}) > 500 (\text{mg/L})$$

$$S = \frac{C}{C_s} = \frac{695.1}{500} = 1.39$$

可见总溶解固体的浓度超过标准限值，标准指数 $S > 1$，所以超标。

（2）河流纵向一维稳态数学模型　河流纵向一维稳态数学模型是目前应用最广泛的河流水质模型。该模型假定河流水质因子浓度值仅沿空间纵向（$x$ 方向）变化，而其他两个方向上无变化。

假定污染物进入水域后，在一定范围内经过扩散、对流和弥散作用后达到充分混合，或者根据水质管理精度要求允许不考虑混合过程而假定在排污口断面瞬时完成均匀混合。河流为恒定流动，废水连续稳定排放。即假定水体内在某一断面处或某一区域之外实现均匀混合，可采用纵向一维数学模型。其水质数学模型的基本方程为式（6-20）：

$$\frac{\partial(AC)}{\partial t} + \frac{\partial(QC)}{\partial x} = \frac{\partial}{\partial x}\left(AE_x\frac{\partial C}{\partial x}\right) + Af(C) + qC_L \tag{6-20}$$

式中，$Q$ 为断面流量，$m^3/s$；$C$ 为污染物浓度，$mg/L$；$q$ 为单位河长的旁侧入流，$m^2/s$；$A$ 为断面面积，$m^2$；$t$ 为时间，$s$；$x$ 为笛卡尔坐标系 $x$ 方向的坐标，$m$；$E_x$ 为污染物纵向扩散系数，$m^2/s$；$f(C)$ 为生化反应项，$g/(m^3\cdot s)$；$C_L$ 为旁侧出入流（源汇项）污染物浓度，$mg/L$。

常见污染物 $f(C)$ 的数学表达式如下：

持久性污染物：

$$f(C)=0 \tag{6-21}$$

化学需氧量（COD）：

$$f(C)=-k_{COD}C \tag{6-22}$$

式中，$C$ 为 COD 浓度，$mg/L$；$k_{COD}$ 为 COD 降解系数，$s^{-1}$。

五日生化需氧量（$BOD_5$）：

$$f(C)=-k_1C \tag{6-23}$$

式中，$C$ 为 $BOD_5$ 浓度，$mg/L$；$k_1$ 为耗氧系数，$s^{-1}$。

溶解氧（DO）：

$$f(C) = -k_1C_b + k_2(C_f - C) - \frac{S_o}{h} \tag{6-24}$$

式中，$C$ 为 DO 浓度，$mg/L$；$k_1$ 为耗氧系数，$s^{-1}$；$k_2$ 为复氧系数，$s^{-1}$；$C_b$ 为 BOD 浓度，$mg/L$；$C_f$ 为饱和溶解氧浓度，$mg/L$；$S_o$ 为底泥耗氧系数，$g/(m^2\cdot s)$；$h$ 为断面水深，$m$。

对于连续稳定排放的废水，根据 O'Connor 数 $\alpha$ 和贝克来数 $Pe$ 的临界值，由基本方程得到不同的简化解析解公式，即河流纵向一维稳态数学模型。可按实际情况选用相应的解析解模型。

$$\alpha = \frac{kE_x}{u^2} \tag{6-25}$$

$$Pe = \frac{uB}{E_x} \tag{6-26}$$

当 $\alpha\leqslant0.027$、$Pe\geqslant1$ 时，适用对流降解模型：

$$C = C_0\exp\left(-\frac{kx}{u}\right) \quad x\geqslant0 \tag{6-27}$$

$$C_0 = \frac{C_pQ_p + C_hQ_h}{Q_p + Q_h} \tag{6-28}$$

当 $\alpha\leqslant0.027$、$Pe<1$ 时，适用对流扩散降解简化模型：

$$C = C_0\exp\left(\frac{ux}{E_x}\right) \quad x<0 \tag{6-29}$$

$$C = C_0\exp\left(-\frac{kx}{u}\right) \quad x\geqslant0 \tag{6-30}$$

当 $0.027<\alpha\leqslant380$ 时，适用对流扩散降解模型：

$$C(x) = C_0\exp\left[\frac{ux}{2E_x}\left(1+\sqrt{1+4\alpha}\right)\right] \quad x<0 \tag{6-31}$$

$$C(x) = C_0 \exp\left[\frac{ux}{2E_x}\left(1 - \sqrt{1+4\alpha}\right)\right] \quad x \geqslant 0 \tag{6-32}$$

$$C_0 = \frac{C_p Q_p + C_h Q_h}{(Q_p + Q_h)\sqrt{1+4\alpha}} \tag{6-33}$$

当 $\alpha > 380$ 时，适用扩散降解模型：

$$C = C_0 \exp\left(x\sqrt{\frac{k}{E_x}}\right) \quad x < 0 \tag{6-34}$$

$$C = C_0 \exp\left(-x\sqrt{\frac{k}{E_x}}\right) \quad x \geqslant 0 \tag{6-35}$$

$$C_0 = \frac{C_p Q_p + C_h Q_h}{2A\sqrt{kE_x}} \tag{6-36}$$

式中，$\alpha$ 为 O'Connor 数，表征物质离散降解通量与移流通量比值，无量纲；$Pe$ 为贝克来数，表征物质移流通量与离散通量比值，无量纲；$C_0$ 为河流排放口初始断面混合浓度，mg/L；$k$ 为污染物综合衰减系数，$s^{-1}$；$x$ 为河流沿程坐标，m，$x = 0$ 指排放口处，$x < 0$ 指排放口上游段，$x > 0$ 指排放口下游段；$B$ 为河流水面宽度，m；$u$ 为河流断面平均流速，m/s；其他符号意义同前。

污染物综合衰减系数 $k$ 一般包括污染物耗氧（降解）系数 $k_1$、污染物沉降系数 $k_3$ 等；

**【例6-3】** 某拟建工程排入河流的污水流量 $Q_p$ 为 19200$m^3$/d，COD 浓度为 120mg/L；河流的流量 $Q_h$ 为 6.0 $m^3$/s，COD 浓度为 12mg/L，流速为 0.1m/s，耗氧系数 $k_1$ 为 0.5$d^{-1}$，忽略扩散和沉降作用，假设污水进入河流后立即与河水混合均匀，在距排放口下游 10km 的断面处，河水中 COD 的浓度是多少？

**解：** 排污初始断面 COD 浓度：

$$C_0 = \frac{C_h Q_h + C_p Q_p}{Q_h + Q_p} = \frac{12 \times 6 + 120 \times 19200/(24 \times 3600)}{6 + 19200/(24 \times 3600)} = 15.9 \text{(mg/L)}$$

排放口下游 10km 处断面 COD 的浓度：

忽略扩散和沉降作用，则 $k = k_1$，采用对流降解模型，$x > 0$

$$C = C_0 \exp\left(-\frac{kx}{u}\right) = 15.9 \times \exp\left(-\frac{0.5 \times 10000}{24 \times 3600 \times 0.1}\right) = 8.91 \text{(mg/L)}$$

（3）河流 BOD-DO 耦合模型（S-P 模型）　河水中溶解氧浓度（DO）是决定水质洁净程度的重要参数之一，而排入河流的 BOD 在衰减过程中将不断消耗 DO，与此同时空气中的氧气又不断溶解到河水中。斯特里特（H. Streeter）和费尔普斯（E. Phelps）于 1925 年提出了描述一维河流中 BOD 和 DO 消长变化规律的模型（S-P 模型），经过近 100 年的发展已出现许多修正的模型。

S-P 模型是研究河流 DO 与 BOD 关系最早的、最简单的耦合模型，迄今仍得到广泛应用。该模型主要用于预测废水排入河流后流经到排放口下游 $x$ 处非持久性污染物浓度及溶解氧浓度。其基本假设为：河流中耗氧和复氧都是一级反应，反应速率是定常的，河流中的耗氧是由 BOD 衰减引起的，而河流中的溶解氧来源则是大气复氧。S-P 模型可以写成式（6-37）和式（6-38），式中初始断面氧亏量 $D_0$ 由式（6-39）或式（6-40）获得。距排污口 $x$ 处断面的溶解氧浓度 $DO_x$ 由式（6-41）获得。

$$C_x = C_0 \exp\left(-\frac{k_1 x}{u}\right) \tag{6-37}$$

$$D_x = \frac{k_1 C_0}{k_2 - k_1}\left[\exp\left(-\frac{k_1 x}{u}\right) - \exp\left(-\frac{k_2 x}{u}\right)\right] + D_0 \exp\left(-\frac{k_2 x}{u}\right) \tag{6-38}$$

$$D_0 = \frac{D_h Q_h + D_p Q_p}{Q_h + Q_p} \tag{6-39}$$

$$D_0 = \mathrm{DO}_f - \mathrm{DO}_0 \tag{6-40}$$

$$\mathrm{DO}_x = \mathrm{DO}_f - D_x \tag{6-41}$$

式中，$C_x$、$D_x$ 分别为河水中距排放口 $x$ 处断面的污染物浓度与氧亏量，mg/L；$C_0$ 为初始断面污染物浓度，mg/L，常由式（6-17）获得；$D_h$ 为上游河水中氧亏值，mg/L；$D_p$ 为污水中氧亏值，mg/L；$k_1$ 为耗氧系数，$\mathrm{s}^{-1}$；$k_2$ 为复氧系数，$\mathrm{s}^{-1}$；$\mathrm{DO}_f$ 为饱和溶解氧浓度，mg/L；$\mathrm{DO}_0$ 为初始断面溶解氧浓度，mg/L；其他符号意义同前。

若只考虑河流中有机污染物的耗氧和大气复氧，则沿河水流动方向的溶解氧分布为悬索型曲线，如图6-5所示。

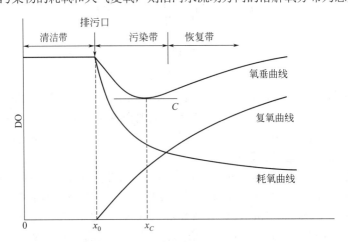

**图6-5**　溶解氧沿河流方向的变化曲线（引自郭廷忠，2007）

氧垂曲线的最低点 $C$ 称为临界氧亏点，此处的氧亏量称为最大氧亏量。在临界氧亏点左侧，耗氧大于复氧，水中的溶解氧逐渐减少，污染物浓度因生物净化作用而逐渐减少；达到临界氧亏点，耗氧和复氧平衡；临界氧亏点右侧，耗氧量因污染物浓度减少而减少，复氧量相对增加，水中溶解氧增多，水质逐渐恢复。如排入的耗氧污染物过多，将水中的溶解氧耗尽，则有机物受到厌氧菌的还原作用生成甲烷气体，同时水中存在的硫酸根离子将因硫酸还原菌的作用而生成硫化氢，引起河水发臭，水质严重恶化。

临界氧亏点 $x_C$ 出现位置的计算公式为：

$$x_C = \frac{u}{k_2 - k_1} \ln\left[ \frac{k_2}{k_1}\left(1 - \frac{D_0}{C_0} \times \frac{k_2 - k_1}{k_1}\right) \right] \tag{6-42}$$

式中各符号意义同前。

（4）河流 pH 模型

排放酸性物质时：

$$\mathrm{pH} = \mathrm{pH}_h + \lg\left[ \frac{C_{bh}(Q_p + Q_h) - C_{ap}Q_p}{C_{bh}(Q_p + Q_h) + Q_p C_{ap} K_{a1} \times 10\mathrm{pH}_h} \right] \tag{6-43}$$

排放碱性物质时（适用于 pH≤9 的情况）：

$$\mathrm{pH} = \mathrm{pH}_h + \lg\left[ \frac{C_{bh}(Q_p + Q_h) + C_{bp}Q_p}{C_{bh}(Q_p + Q_h) - Q_p C_{bp} K_{a1} \times 10\mathrm{pH}_h} \right] \tag{6-44}$$

式中，$\mathrm{pH}_h$ 为上游河水 pH；$C_{bh}$ 为河流中的碱度，mg/L；$C_{ap}$ 为污水中的酸度，mg/L；$C_{bp}$ 为污水中的碱度，

mg/L；$K_{a1}$ 为碳酸一级平衡常数，见表6-9。

**表6-9** 碳酸一级平衡常数

| 温度/℃ | 0 | 5 | 10 | 15 | 20 | 25 | 30 | 40 |
|---|---|---|---|---|---|---|---|---|
| $K_{a1}/（\times10^{-7}）$ | 2.65 | 3.04 | 3.43 | 3.80 | 4.15 | 4.45 | 4.71 | 5.06 |

（5）一维日均水温模型

$$T_s = T_e + \left(T_0 - T_e\right)\exp\left(-\frac{K_{TS}x}{\rho C_p Hu}\right) \tag{6-45}$$

$$T_e = T_d + \frac{H_s}{K_{TS}} \tag{6-46}$$

$$T_0 = T_h + \frac{Q_p\left(T_p - T_h\right)}{Q_h + Q_p} \tag{6-47}$$

$$K_{TS} = 15.7 + \left[0.515 - 0.00425\left(T_s - T_d\right) + 0.000051\left(T_s - T_d\right)^2\right]\left(70 + 0.7W_z^2\right) \tag{6-48}$$

式中，$T_s$ 为表面水温，℃；$T_e$ 为平衡水温，℃；$T_0$ 为初始断面水温，℃；$T_d$ 为露点水温，北方地区一般 $T_d = 5℃$；$T_h$ 为上游河水水温，℃；$T_p$ 为废水水温，℃；$\rho$ 为水的密度，$mg/m^3$；$K_{TS}$ 为表面热交换系数，$W/(m\cdot℃)$；$C_p$ 为水的比热容，$4.18\times10^3 J/(kg\cdot℃)$；$H$ 为平均水深，m；$u$ 为平均流速，m/s；$W_z$ 为水面上 10m 高处的风速，m/s；$H_s$ 为太阳短波辐射，一般取 $600W/m^2$。

### 6.4.12.2 湖库常用水质数学模型

（1）湖库均匀混合模型（湖库水质箱模型）  假定湖泊、水库为一个均匀混合反应器，以时间尺度来研究湖泊、水库的富营养化过程。若无外部源或汇时，其基本方程为：

$$V\frac{dC}{dt} = W - QC + f\left(C\right)V \tag{6-49}$$

式中，$V$ 为水体体积，$m^3$；$t$ 为时间，s；$W$ 为单位时间污染物排放量，g/s；$Q$ 为水量平衡时流入与流出湖（库）的流量，$m^3/s$；$f(C)$ 为生化反应项，$g/(m^3\cdot s)$；其他符号意义同前。

若污染物生化过程用一级动力学反应表示，$f(C) = -kC$，其中 $k$ 为污染物综合衰减系数，单位为 $s^{-1}$，则式（6-49）存在解析解，当水量平衡稳定时，其解析解模型为式（6-50）：

$$C = \frac{W}{Q + kV} \tag{6-50}$$

（2）狄龙（Dillon）负荷模型  当入流、出流、营养物氮和磷输入均稳定，经过较长时间达到平衡的氮、磷浓度可用狄龙模型［式（6-51）］来估算：

$$\left[Y\right] = \frac{I_Y\left(1 - R_Y\right)}{rV} = \frac{L_Y\left(1 - R_Y\right)}{rH} \tag{6-51}$$

$$R_Y = 1 - \frac{\sum\limits_{j=1}^{m}q_{oj}\left[Y\right]_{oj}}{\sum\limits_{k=1}^{n}q_{ik}\left[Y\right]_{ik}} \tag{6-52}$$

$$r = Q/V \tag{6-53}$$

式中，[Y] 为湖（库）中氮（磷）的平均浓度，mg/L；$I_Y$ 为单位时间进入湖（库）的氮（磷）质量，g/a；$L_Y$ 为单位时间、单位面积进入湖（库）的氮（磷）负荷量，$g/(m^2 \cdot a)$；$H$ 为平均水深，m；$R_Y$ 为氮（磷）在湖（库）中的滞留率（滞留系数），无量纲；$q_{oj}$ 为第 $j$ 条支流年出流水量，$m^3/a$；$q_{ik}$ 为第 $k$ 条支流年入流水量，$m^3/a$；$[Y]_{oj}$ 为第 $j$ 条支流年流出氮（磷）的平均浓度，mg/L；$[Y]_{ik}$ 为第 $k$ 条支流年流入氮（磷）的平均浓度，mg/L；$m$ 为流出支流数；$n$ 为流入支流数；$Q$ 为湖（库）年出流水量，$m^3/a$；其他符号意义同前。

### 6.4.12.3　耗氧系数 $k_1$ 和复氧系数 $k_2$ 的估算

（1）耗氧系数 $k_1$ 的估值

① 实验室测定法　对于清洁河流（Ⅰ、Ⅱ、Ⅲ类水体）可以采用实验室测定法。取研究河段或湖（库）的水样，采用自动 BOD 测定仪，测绘出要研究河段水样的 BOD 历程曲线。在没有自动测定仪时，可将同一种水样分 10 瓶，或更多瓶，放入 20℃培养箱培养，分别测定 1～10d 或更长时间的 BOD 值。试验数据采用最小二乘法，按式（6-54）求得 $k_1$：

$$\ln \frac{C_0}{C_t} = k_1 t \tag{6-54}$$

式中，$C_0$、$C_t$ 分别为水样初始 BOD 值和培养 $t$ 时间后 BOD 值，mg/L；$t$ 为水样培养时间，d。

实验室测定的 $k_1$ 值可直接用于湖泊和水库的预测。用于河流或河口需作修正。包士柯（K. Bosko，1966）提出应按河流的纵向底坡 $I$、平均流速 $u$ 和水深 $H$ 对实验室测得的 $k_1$ 值按式（6-55）进行修正。

$$k_1' = k_1 + (0.11 + 54I)u / H \tag{6-55}$$

在实际应用中 $k_1'$ 仍写成 $k_1$。

② 现场实测法（两点法）　通过测定河流上、下两断面的 $BOD_5$ 值求 $k_1$。

$$k_1 = \frac{1}{t} \ln \left( \frac{C_A}{C_B} \right) \tag{6-56}$$

式中，$C_A$、$C_B$ 为河流上游断面 A 和下游断面 B 处的 $BOD_5$ 浓度，mg/L；$t$ 为两个断面间的流经时间，d。

此法应用的条件是在断面 A 和 B 之间无废水和支流流入。为了减少测定误差，上下游可多取几个断面，得到几个 $k_1$ 值，然后取平均值。

用以上方法求得的 $k_1$ 值，实际上已包含了沉降和再悬浮的耗氧速率系数（$k_3$）。

（2）复氧系数 $k_2$ 的估值　用实测法费时、费工，亦不易确定，故常用经验公式法。

① 奥康纳-多宾斯（O'Conner-Dobbins）公式，简称奥-多公式

$$k_{2(20℃)} = 294 \frac{(D_m u)^{\frac{1}{2}}}{H^{\frac{3}{2}}} \qquad C_z \geqslant 17 \tag{6-57}$$

$$k_{2(20℃)} = 824 \frac{D_m^{0.5} I^{0.25}}{H^{1.25}} \qquad C_z < 17 \tag{6-58}$$

式中，$C_z$ 为谢才系数，$C_z = H^{\frac{1}{6}} / n$，$n$ 为河床糙率，河床为砂质、河面较平整的天然河道，$n$ 值为 0.020～0.024，河床为卵石块、床面不平整的河道，$n$ 值为 0.035～0.040；$D_m$ 为氧分子扩散系数，$D_m = 1.774 \times 10^{-4} \times 1.037^{(T-20)}$；其他符号意义同前。

② 欧文斯等（Owens，et al）的经验式

$$k_{2(20℃)} = 5.34 \frac{u^{0.67}}{H^{1.85}} \qquad 0.1m \leqslant H \leqslant 0.6m, \ u \leqslant 1.5m/s \tag{6-59}$$

③ 丘吉尔（Churchill）经验式

$$k_{2(20℃)} = 5.03 \frac{u^{0.696}}{H^{1.673}} \quad 0.6m \leqslant H \leqslant 8m, \ 0.6m/s \leqslant u \leqslant 1.8m/s \tag{6-60}$$

$k_2$ 是河流水深、流量及温度等的函数。如果以 20℃作为基础，则任意温度时的大气复氧速率系数可以写成：

$$k_{2,t} = k_{2,20} \theta_r^{t-20} \tag{6-61}$$

式中，$k_{2,20}$ 为 20℃时大气复氧速率系数；$\theta_r$ 为大气复氧速率系数的温度系数，通常 $\theta_r$=1.024。

（3）中国河流 $k_1$、$k_2$ 值的实测结果　现将通过实测获得的中国一些河流的 $k_1$、$k_2$ 值列于表 6-10 中。

**表6-10** 中国某些河流 $k_1$、$k_2$ 值　　　　　　　　　　　　　　　　　　　　　　　单位：$d^{-1}$

| 河流名称 | $k_1$ | $k_2$ |
|---|---|---|
| 松花江北源（黑龙江） | 0.015～0.13 | 0.0006～0.07 |
| 松花江南源（吉林） | 0.14～0.26 | 0.008～0.18 |
| 图们江（吉林） | 0.20～3.45 | 1～4.20 |
| 丹东大沙河（辽宁） | 0.5～1.4 | 7～9.6 |
| 黄河（兰州段） | 0.41～0.87 | 0.82～1.9 |
| 渭河（咸阳） | 1.0 | 1.7 |
| 清安河（江苏） | 0.88～2.52 | — |
| 漓江（象山） | 0.1～0.13 | 0.3～0.52 |

资料来源：引自田子贵等，2011。

# 6.5　地表水环境影响评价分析

评价建设项目的地表水环境影响是评定与估价建设项目各阶段对地表水的环境影响，它是环境影响预测的继续。通常采用单项水质因子评价法。

单项水质因子评价是以国家、地方的有关法规、标准为依据，评定与评价各评价项目的单个质量因子的环境影响。预测值未包括环境质量现状值（背景值）时，评价时应注意叠加环境质量现状值。

所有预测点和所有预测的水质因子均进行生产运行阶段不同情况的环境影响评价，但应有重点。空间方面，水文要素和水质急剧变化处、水域功能改变处、取水口附近等应作为重点；水质方面，影响较重的水质因子应作为重点。

建设项目排放水污染物应符合国家或地方水污染物排放标准要求，同时应满足受纳水体环境质量管理要求，并与排污许可管理制度相关要求衔接。水文要素影响型建设项目，还应满足生态流量的相关要求。

## 6.5.1　评价内容与要求

地表水环境影响评价内容依据不同影响类型和评价工作等级而不同。针对一级、二级、水污染影响型三级 A 及水文要素影响型三级评价，主要评价内容包括：①水污染控制和水环境影响减缓措施有效性评价；②水环境影响评价。针对水污染影响型三级 B 评价，主要评价内容包括：①水污染控制和水环境影响减缓措施有效性评价；②依托污水处理设施的环境可行性评价。

（1）水污染控制和水环境影响减缓措施有效性评价　应满足以下要求：

① 污染控制措施及各类排放口排放浓度限值等应满足国家和地方相关排放标准及符合有关标准规定的排水协议关于水污染物排放的条款要求。

② 水动力影响、生态流量、水温影响减缓措施应满足水环境保护目标的要求。

③ 涉及面源污染的，应满足国家和地方有关面源污染控制治理要求。

④ 受纳水体环境质量达标区的建设项目选择废水处理措施或多方案比选时，应满足行业污染防治可行技术指南要求，确保废水稳定达标排放且环境影响可以接受。

⑤ 受纳水体环境质量不达标区的建设项目选择废水处理措施或多方案比选时，应满足区（流）域水环境质量限期达标规划和替代源的削减方案要求、区（流）域环境质量改善目标要求及行业污染防治可行技术指南中最佳可行技术要求，确保废水污染物达到最低排放强度和排放浓度，环境影响可以接受。

（2）水环境影响评价　应满足以下要求：

① 排放口所在水域形成的混合区，应限制在达标控制（考核）断面以外水域，不得与已有排放口形成的混合区叠加，混合区外水域应满足水环境功能区或水功能区的水质目标要求。

② 水环境功能区或水功能区、近岸海域环境功能区水质达标。说明建设项目对评价范围内的水环境功能区或水功能区、近岸海域环境功能区的水质影响特征，分析水环境功能区或水功能区、近岸海域环境功能区水质变化状况，在考虑叠加影响的情况下，评价建设项目建成后各预测时期水环境功能区或水功能区、近岸海域环境功能区达标状况。涉及富营养化问题的，还应评价水温、水文要素、营养盐等变化特征与趋势，分析判断富营养化演变趋势。

③ 满足水环境保护目标水域水环境质量要求。评价水环境保护目标水域各预测时期的水质（包括水温）变化特征、影响程度与达标状况。

④ 水环境控制单元或断面水质达标。说明建设项目污染排放或水文要素变化对所在控制单元各预测时期的水质影响特征，在考虑叠加影响的情况下，分析水环境控制单元或断面的水质变化状况，评价建设项目建成后水环境控制单元或断面在各预测时期的水质达标状况。

⑤ 满足重点水污染物排放总量控制指标要求，重点行业建设项目，主要污染物排放满足等量或减量替代要求。

⑥ 满足区（流）域水环境质量改善目标要求。

⑦ 水文要素影响型建设项目同时应包括水文情势变化评价、主要水文特征值影响评价、生态流量符合性评价。

⑧ 对于新设或调整入河（湖库、近岸海域）排放口的建设项目，应包括排放口设置的环境合理性评价。

⑨ 满足"三线一单"（生态保护红线、水环境质量底线、资源利用上线和环境准入清单）管理要求。

（3）依托污水处理设施的环境可行性评价　主要从污水处理设施的日处理能力、处理工艺、设计进水水质、处理后的废水稳定达标排放情况及排放标准是否涵盖建设项目排放的有毒有害的特征水污染物等方面开展评价，满足依托的环境可行性要求。

## 6.5.2　污染源排放量核算

污染源排放量是新（改、扩）建项目申请污染物排放许可的依据。对改建、扩建项目，除应核算新增源的污染物排放量外，还应核算项目建成后全厂的污染物排放量，污染源排放量为污染物的年排放量。建设项目在批复的区域或水环境控制单元达标方案的许可排放量分配方案中有规定的，按规定执行。污染源排放量核算，应在满足水环境影响评价要求前提下进行核算。规划环评污染源排放量核算与分配应遵循水陆统筹、河海兼顾、满足"三线一单"约束要求的原则，综合考虑水环境质量改善目标、水环境功能区或水功能区和近岸海域环境功能区管理要求、经济社会发展、行业排污绩效等因素，确保发展不超载，底线不突破。

（1）直接排放建设项目污染源排放量核算　根据建设项目达标排放的地表水环境影响、污染源源强核算技术指南及排污许可申请与核发技术规范进行核算，并从严要求。应在满足水环境影响评价要求的基础上，遵循以下原则要求：

① 污染源排放量的核算水体为有水环境功能要求的水体。

② 建设项目排放的污染物属于现状水质不达标的，包括本项目在内的区（流）域污染源排放量应调减至满足区（流）域水环境质量改善目标要求。

③ 当受纳水体为河流时，不受回水影响的河段，建设项目污染源排放量核算断面位于排放口下游，与排放口的距离应小于 2km；受回水影响的河段，应在排放口的上下游设置建设项目污染源排放量核算断面，与排放口的距离应小于 1km。建设项目污染源排放量核算断面应根据区间水环境保护目标位置、水环境功能区或

水功能区及控制单元断面等情况调整。当排放口污染物进入受纳水体在断面混合不均匀时，应以污染源排放量核算断面污染物最大浓度作为评价依据。

④ 当受纳水体为湖库时，建设项目污染源排放量核算点位应布置在以排放口为中心、半径不超过50m的扇形水域内，且扇形面积占湖库面积比例不超过5%，核算点位应不少于3个。建设项目污染源排放量核算点应根据区间水环境保护目标位置、水环境功能区或水功能区及控制单元断面等情况调整。

⑤ 遵循地表水环境质量底线要求，主要污染物（化学需氧量、氨氮、总磷、总氮）需预留必要的安全余量。安全余量是考虑污染负荷和受纳水体水环境质量之间关系的不确定因素，为保障受纳水体水环境质量改善目标安全而预留的负荷量。安全余量可按地表水环境质量标准、受纳水体环境敏感性等确定：受纳水体为《地表水环境质量标准》（GB 3838—2002）Ⅲ类水域，以及涉及水环境保护目标的水域，安全余量按照不低于建设项目污染源排放量核算断面（点位）处环境质量标准的10%确定（安全余量≥环境质量标准×10%）；受纳水体水环境质量标准为《地表水环境质量标准》中Ⅳ、Ⅴ类水域，安全余量按照不低于建设项目污染源排放量核算断面（点位）环境质量标准的8%确定（安全余量≥环境质量标准×8%）；地方如有更严格的环境管理要求，按地方要求执行。

⑥ 当受纳水体为近岸海域时，参照《污水海洋处置工程污染控制标准》（GB 18486—2001）执行。

预测评价范围内的水质状况时，如预测的水质因子满足地表水环境质量管理及安全余量要求，污染源排放量即为水污染控制措施有效性评价确定的排污量。如果不满足地表水环境质量管理及安全余量要求，则进一步根据水质目标核算污染源排放量。

（2）间接排放建设项目污染源排放量核算　根据依托污水处理设施的控制要求核算确定。

## 6.5.3　生态流量确定

根据河流、湖库生态环境保护目标的流量（水位）及过程需求确定生态流量（水位）。河流确定生态流量，湖库确定生态水位。

根据河流和湖库的形态、水文特征及生物重要生境分布，选取代表性的控制断面综合分析评价河流和湖库的生态环境状况、主要生态环境问题等。生态流量控制断面或点位选择应结合重要生境和重要环境保护对象等保护目标的分布、水文站网分布以及重要水利工程位置等统筹考虑。

依据评价范围内各水环境保护目标的生态环境需水确定生态流量，生态环境需水的计算方法可参考有关标准规定执行。

（1）河流生态环境需水计算　河流生态环境需水包括水生生态需水、水环境需水、湿地需水、景观需水、河口压咸需水等。根据河流生态环境保护目标要求，选择合适方法计算河流生态环境需水及其过程，符合以下要求：

① 水生生态需水　采用水力学法、生态水力学法、水文学法等方法计算水生生态流量。最少采用两种方法计算，基于不同计算方法成果对比分析，合理选择水生生态流量成果；鱼类繁殖期的水生生态需水宜采用生境分析法计算，确定繁殖期所需的水文过程，并取外包线作为计算成果，鱼类繁殖期所需水文过程应与天然水文过程相似。水生生态需水应为水生生态流量与鱼类繁殖期所需水文过程的外包线。

② 水环境需水　根据水环境功能区或水功能区确定控制断面水质目标，结合计算范围内的河段特征和控制断面与概化后污染源的位置关系，采用相应数学模型方法计算水环境需水。

③ 湿地需水　综合考虑湿地水文特征和生态保护目标需水特征，综合不同方法合理确定湿地需水。河岸植被需水量采用单位面积用水量法、潜水蒸发法、间接计算法、彭曼公式法等方法计算；河道内湿地补给水量采用水量平衡法计算。保护目标在繁育生长关键期对水文过程有特殊需求时，应计算湿地关键期需水量及过程。

④ 景观需水　综合考虑水文特征和景观保护目标要求，确定景观需水。

⑤ 河口压咸需水　根据调查成果，确定河口类型，用相关数学模型计算河口压咸需水。

⑥ 其他需水　根据评价区域实际情况进行计算，主要包括冲沙需水、河道蒸发和渗漏需水等。对于多泥沙河流，需考虑河流冲沙需水计算。

（2）湖库生态环境需水计算　湖库生态环境需水包括维持湖库生态水位的生态环境需水及入（出）湖库河

流生态环境需水。可采用最小值、年内不同时段值和全年值表示。

湖库生态环境需水计算中，可采用不同频率最枯月平均值法或近 10 年最枯月平均水位法确定湖库生态环境需水最小值。年内不同时段值应根据湖库生态环境保护目标所对应的生态环境功能，分别计算各项生态环境功能敏感水期要求的需水量。维持湖库形态功能的水量，可采用湖库形态分析法计算。维持生物栖息地功能的需水量，可采用生物空间法计算。入（出）湖库河流的生态环境需水应根据河流生态环境需水计算确定，计算成果应与湖库生态水位计算成果相协调。

（3）河流、湖库生态流量综合分析与确定  河流根据水生生态需水、水环境需水、湿地需水、景观需水、河口压咸需水和其他需水等计算成果，考虑各项需水的外包关系和叠加关系，综合分析需水目标要求，确定生态流量。湖库应根据湖库生态环境需水确定最低生态水位及不同时段内的水位。

根据国家或地方政府批复的综合规划、水资源规划、水环境保护规划等成果中相关的生态流量控制等要求，综合分析生态流量成果的合理性。

## 6.5.4　环境保护措施与监测计划

在建设项目污染控制治理措施与废水排放满足排放标准与环境管理要求的基础上，针对建设项目实施可能造成地表水环境不利影响的阶段、范围和程度，提出预防、治理、控制、补偿等环保措施或替代方案等内容，并制订监测计划。

（1）环境保护措施  水环境保护对策措施的论证包括水环境保护措施的内容、规模及工艺、相应投资、实施计划，所采取措施的预期效果、达标可行性、经济技术可行性及可靠性分析等内容。对水文要素影响型建设项目，应提出减缓水文情势影响，保障生态需水的环保措施。

① 对建设项目可能产生的水污染物，需通过优化生产工艺和强化水资源的循环利用，提出减少污水产生量与排放量的保护措施，并对污水处理方案进行技术经济及环保论证比选，明确污水处理设施的位置、规模、处理工艺、主要构筑物或设备、处理效率；采取的污水处理方案要实现达标排放，满足总量控制指标要求，并对排放口设置及排放方式进行环保论证。

② 达标区建设项目选择废水处理措施或多方案比选时，应综合考虑成本和治理效果，选择可行技术方案。

③ 不达标区建设项目选择废水处理措施或多方案比选时，应优先考虑治理效果，结合区（流）域水环境质量改善目标、替代源的削减方案实施情况，确保废水污染物达到最低排放强度和排放浓度。

④ 对水文要素影响型建设项目，应考虑保护水域生境及水生态系统的水文条件以及生态环境用水的基本需求，提出优化运行调度方案或下泄流量及过程，并明确相应的泄放保障措施与监控方案。

⑤ 对于建设项目引起的水温变化可能对农业、渔业生产或鱼类繁殖与生长等产生不利影响，应提出水温影响减缓措施。对产生低温水影响的建设项目，对其取水与泄水建筑物的工程方案提出环保优化建议，可采取分层取水设施、合理利用水库洪水调度运行方式等。对产生温排水影响的建设项目，可采取优化冷却方式减少排放量，通过余热利用措施降低热污染强度，合理选择温排水口的布置和型式，控制高温区范围等。

（2）监测计划  按建设项目建设期、生产运行期、服务期满后等不同阶段，针对不同工况、不同地表水环境影响的特点，根据《排污单位自行监测技术指南  总则》（HJ 819—2017）、《水污染物排放总量监测技术规范》（HJ/T 92—2002）、相应的污染源源强核算技术指南和自行监测技术指南，提出水污染源的监测计划，包括监测点位、监测因子、监测频次、监测数据采集与处理、分析方法等。明确自行监测计划内容，提出应向社会公开的信息内容。

提出地表水环境质量监测计划，包括监测断面或点位位置（经纬度）、监测因子、监测频次、监测数据采集与处理、分析方法等。明确自行监测计划内容，提出应向社会公开的信息内容。

监测因子需与评价因子相协调。地表水环境质量监测断面或点位位置需与水环境现状监测、水环境影响预测的断面或点位相协调，并应强化其代表性、合理性。

建设项目排放口应根据污染物排放特点、相关规定设置监测系统，排放口附近有重要水环境功能区或水功能区及特殊用水需求时，应对排放口下游控制断面进行定期监测。

对下泄流量有泄放要求的建设项目，在闸坝下游应设置生态流量监测系统。

## 6.5.5　地表水环境影响评价结论

根据水污染控制和水环境影响减缓措施有效性评价、地表水环境影响评价的结果，明确给出地表水环境影响是否可接受的结论。

达标区的建设项目环境影响评价，同时满足水污染控制和水环境影响减缓措施有效性评价、水环境影响评价要求的情况下，认为地表水环境影响可以接受，否则认为地表水环境影响不可接受。

不达标区的建设项目环境影响评价，在考虑区（流）域环境质量改善目标要求、削减替代源的基础上，同时满足水污染控制和水环境影响减缓措施有效性评价、水环境影响评价要求的情况下，认为地表水环境影响可以接受，否则认为地表水环境影响不可接受。

 地表水环境影响评价案例

某玉米深加工项目地
表水环境影响评价

课后练习

## 一、正误判断题

1. 水文要素影响型建设项目的地表水环境影响评价因子，应根据建设项目对地表水体水文要素影响的特征确定，湖库主要评价因子不包括水温。（　　　）

2. 对于水污染影响型建设项目，除覆盖评价范围外，受纳水体为河流时，在不受回水影响的河流段，排放口上游调查范围宜不小于500m。（　　　）

3. 河流不利枯水条件下，河流设计水文条件宜采用75%保证率最枯月流量。（　　　）

4. 模型解析解为 $C=W/(Q+kV)$，该模型为湖库零维稳态水质模型。（　　　）

5. 某建设项目废水排入某河流（Ⅴ类水域），该项目污染源排放量核算断面（点位）所在水环境功能区COD的水环境质量标准限值为40mg/L，则至少需预留必要的安全余量为2mg/L。（　　　）

## 二、不定项选择题（每题的备选项中，至少有一个符合题意）

1. 关于第一类水污染物污染当量值，下列说法正确的是（　　　）。
   A. 总锌的污染物当量值为0.2kg　　　　　　　　B. 六价铬、总砷、总银的污染物当量值相同
   C. 总镉、总铅的污染物当量值不同　　　　　　D. 总铬的污染物当量值为0.04kg

2. 污染物在断面上均匀混合的河道型水库预测时，适用（　　　）模型。
   A. 垂向一维　　　　　B. 纵向一维　　　　　C. 平面二维　　　　　D. 立面二维

3. 某拟建项目排放3种污染物COD、NH₃-N、TP进入河流，各污染物设计水文条件的河流背景浓度占标率及项目排污负荷占标率如下。COD：75%，35%；NH₃-N：50%，20%；TP：55%，45%。按ISE筛选水环境影响预测因子，排序正确的是（　　　）。
   A. NH₃-N＞TP＞COD　　　B. COD＞TP＞NH₃-N　　　C. TP＞COD＞NH₃-N　　　D. COD＞NH₃-N＞TP

4. 企业排污口废水稳定排入某河流，河流流量为1.5m³/s，废水流量为0.3m³/s，河流所在水环境功能区COD环境质量标准限值为30mg/L，排放口上游COD浓度占标率为70%，忽略混合区的范围，需要预留10%的安全余量，该项目排放COD的浓度最大值为（　　　）。
   A. 54mg/L　　　　　B. 27mg/L　　　　　C. 57mg/L　　　　　D. 30mg/L

5. 某平直均匀河段，断面水质浓度变化规律 $C=C_0\times\exp(-kx/u)$，河段内无其他排放口且流量稳定，河宽15m，水深1.2m，流速0.5m/s，废水中BOD浓度为60mg/L，废水流量为0.5m³/s，排放口上游500m BOD浓度为

　4mg/L，降解系数为 0.15d$^{-1}$，下游 5km 处 BOD 浓度为（　　　）。

　　A. 5.48mg/L　　　　　　　　B. 4.68mg/L　　　　　　　　C. 6.83mg/L　　　　　　　　D. 2.98mg/L

6. 某恒定流量河段，上午、下午在同一断面现状监测 COD 浓度分别为 42mg/L 和 36mg/L，标准限值为 30mg/L，该河段水质标准指数是（　　　）。

　　A. 0.8　　　　　　　　　　B. 1.2　　　　　　　　　　C. 1.3　　　　　　　　　　D. 1.4

7. 河流水动力模型、水质（包括水温及富营养化）模型解析解的适用条件有（　　　）。

　　A. 河流顺直　　　　　　　B. 水流均匀　　　　　　　C. 排污稳定　　　　　　　D. 水域形态规则

8. 水污染影响型建设项目地表水环境影响评价中，应筛选为评价因子的有（　　　）。

　　A. 在车间或车间处理设施排放口排放的第一类污染物

　　B. 水温

　　C. 行业污染物排放标准中涉及的水污染物

　　D. 面源污染所含的主要污染物

9. 地表水环境影响预测模型中水文及水力学参数有（　　　）。

　　A. 流量　　　　　　　　　B. 坡降　　　　　　　　　C. 沉降系数　　　　　　　D. 流速

10. 关于地表水一维稳态水质模型的说法正确的是（　　　）。

　　A. 污染物降解符合一级动力学反应

　　B. 污染物连续稳定排放

　　C. 处于充分混合段

　　D. 降解系数为常数

## 三、问答题

1. S-P 模型是在什么条件下建立的？其主要应用于水体哪些指标的预测？

2. 废水排入河流后，废水与水体发生的混合过程由哪几个阶段组成？

3. 在地表水环境影响预测中，如何对河流进行概化？

4. 某建设项目建成投产后废水排放流量为 2.5m$^3$/s，废水中含总镉为 0.010mg/L，废水排入一条河流中，河水的流量为 100m$^3$/s，该河流上游含总镉的浓度为 0.003mg/L，计算废水排入河水后的充分混合段的达标情况（地表水总镉标准为 0.005mg/L）。

5. 某工厂投产后排放废水中的挥发酚浓度为 100mg/L，废水流量为 2.5m$^3$/s，受纳河流流量为 25m$^3$/s，流速为 3.6m/s，河水中不含挥发酚，请预测受纳河流下游 2km 处挥发酚的浓度（降解系数 $k = 0.2d^{-1}$）。

6. 某河段流量 $Q_h$ 为 $216 \times 10^4$ m$^3$/d，流速 $u$ 为 46km/d，水温 $T$ 为 13.6℃，$k_1$ 为 0.94d$^{-1}$，$k_2$ 为 1.82d$^{-1}$。某建设项目排放的废水流量 $Q_w$ 为 $21.6 \times 10^4$ m$^3$/d，BOD$_5$ 为 50mg/L，溶解氧为 0，上游河水 BOD$_5$ 为 0，溶解氧为 8.95mg/L。求建设项目下游 6km 处河水的 BOD$_5$ 值和溶解氧含量。

7. 若某水库枯水期的库容 $2 \times 10^8$ m$^3$，枯水期 80d，该水库的 BOD$_5$ 浓度限值 $C_s$ 为 3mg/L，BOD$_5$ 起始浓度 $C_0$ 为 12mg/L，枯水期水库排出水流量 $q$ 为 $1.5 \times 10^6$ m$^3$/d，$k$ 为 0.1d$^{-1}$。试求水库 BOD$_5$ 的环境容量。

---

## ⚡ 案例分析题

1. 某铜矿位于中南某省低山丘陵地区，矿区面积 0.375hm$^2$，开采标高 +320～+55m，矿石类型主要为黄铜矿（CuFeS$_2$），含少量硫砷铜矿（Cu$_3$AsS$_4$），脉石主要为石英、钾长石。矿山现有 200 t/d（$6.6 \times 10^4$ t/a）采选工程和集中办公生活区，现有工程井下涌水量为 563m$^3$/d，经中和沉淀处理后优先回用于生产，剩余的 255m$^3$/d 外排西边河，排放水质见表1，西边河傍矿区西侧边界由南向北流过。选矿产生的含固率 55% 的尾矿浆由 1.6km 长压力管道送往尾矿库，尾矿浆在库内沉淀后，澄清水通过溢流井排出尾矿库并全部回用于选矿生产。集中办公生活污水生化处理并消毒后用于矿区绿化，不外排。剩余尾矿浆在库内自然沉积形成堆体和干滩面。2018 年底，该区域列入落实"水

"十条"实施区域差别化环境准入的管控区域,该矿产资源开发项目执行水污染特别排放限值。

**表1** 现有工程井下涌水外排水质

| 污染物项目 | | pH（无量纲） | COD/（mg/L） | SS/（mg/L） | 石英/（mg/L） | 砷/（mg/L） | 铜/（mg/L） |
|---|---|---|---|---|---|---|---|
| 排放浓度 | | 7.7 | 16.8 | 13 | 0.04 | 0.03 | 0.3 |
| 铜镍钴工业污染物排放标准 | 排放限值 | 6~9 | 60 | 80 | 3.0 | 0.5 | 0.5 |
| | 特别排放限值 | 6~9 | 50 | 30 | 1.0 | 0.1 | 0.2 |

扩能工程实施后,矿山井下涌水正常产生量2441m³/d,采用三级接力排到地面中和沉淀处理后,905m³/d回用于采选生产,剩余1536m³/d依托现有排放口外排西边河。扩能工程建成后,尾矿浆澄清水、生活污水仍然回用,不外排。西边河矿山所在河段不涉及饮用水水源保护区等水环境保护目标,评价技术单位判定扩能工程地表水环境影响评价工作等级为一级;在地表水评价范围内有一处民采铜矿废水排放口,为保障区域水环境质量,政府已将该铜矿列入关停计划。

问题:(1)本扩能工程地表水环境影响评价工作等级判定是否正确?说明理由。(2)指出开展正常工况下的地表水环境影响预测需调查的水污染源。

2. 拟在某电镀工业园新建一铜线电镀加工项目。本项目工程建设内容主要有:铜线镀锡、镀镍电镀生产线各1条;五金件电镀铜、镍、铬生产线1条;污水处理站1座等。其中,镀镍电镀生产线设置在镀镍车间,设电镀前处理和镀镍两道工序。电镀前处理工艺流程见图1,该工序产生的废气以无组织形式弥散在车间中,产生的部分废水经处理后回用;镀镍工艺流程见图2。镀镍车间设置两套废水预处理设施。其中预处理设施1处理W1、W4混合废水,预处理后的废水进入企业污水处理站进行处理后送入园区污水处理厂;W2废水经预处理设施2处理后部分回用到两段逆流漂洗工段。

问题:(1)指出图1中W1的污染物。(2)镀镍车间废水预处理方案是否合理?说明理由。(3)提出一种W2废水的处理方案。

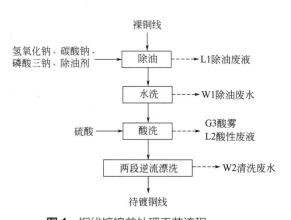

**图1** 铜线镀镍前处理工艺流程

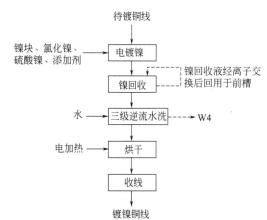

**图2** 铜线镀镍生产工艺流程

# 7 土壤环境影响评价

○○ ——— ○○ ○ ○○ ———————

## 案例引导

土壤环境是人类赖以生存的最基本环境要素之一，是大气、水、固废等各类污染物的最终受体。土壤一旦被污染，修复起来难度大、周期长、成本高。

提起土壤污染，不由令人想起半个多世纪前的"拉夫运河事件"，这是美国环境史上不堪回首的一段记忆，也是全世界知名的土壤污染事件之一。

拉夫运河位于纽约，靠近著名的尼亚加拉大瀑布，当初修建它是为了连通伊利湖和安大略湖两大水系，同时为当地工业提供水电。但由于资金问题，只挖了 1.6km。这条运河在 1942 年被美国胡克公司买下用作危险废物填埋场，1942 年至 1953 年间，运河里共填埋超过 2.1 万吨工业废弃物。1953 年，胡克公司把被填埋的拉夫运河出售给尼亚加拉瀑布学校董事会。很快，该董事会决定在那里建造一所小学，周围也随之发展成居民社区。然而，随着时间推移，填埋在地下的工业废弃物开始侵蚀封存容器，并渗入土壤。到 20 世纪 70 年代末，经过多年雨水冲刷，废弃物渗入了当地居民的院子乃至地下室。不正常的现象随之出现：高流产率，新生婴儿缺陷多发，有人出现精神疾病甚至罹患癌症，连哺乳期妈妈的乳汁都检测出毒素。随后，纽约州环境保护部门介入调查，在当地土壤中发现 82 种化学物质，其中 11 种为致癌物。

拉夫运河事件是美国历史上最可怕的环境灾难之一，时任美国总统吉米·卡特于 1978 年和 1980 年两次宣布拉夫运河事件为联邦突发性环境事件，大约 950 户家庭被转移到其他地方。这一惨痛教训直接促使美国政府出台法律，设立"超级基金"，不惜花费巨资治理历史遗留的"毒地"。拉夫运河的污染物清理工作直到 2004 年才宣告完成，用时 24 年，耗资 4 亿多美元。

我国为了摸清国内土壤污染状况，于 2005 年 4 月—2013 年 12 月进行了首次全国土壤污染状况调查，结果显示，全国土壤总的点位超标率为 16.1%，主要污染物为重金属。耕地土壤点位超标率为 19.4%，林地、草地和未利用地土壤点位超标率分别为 10.0%、10.4% 和 11.4%，土壤环境状况总体不容乐观。

2016 年 5 月 28 日《土壤污染防治行动计划》即"土十条"由国务院印发并实施，2019 年 1 月 1 日《中华人民共和国土壤污染防治法》实施。"污染担责"是土壤污染防治法的重要原则。2019 年 7 月 1 日《环境影响评价技术导则　土壤环境（试行）》实施，为防止或减轻土壤环境退化、保护土壤环境提供了技术依据和管理规范。

土壤是经济社会可持续发展的物质基础，关系人民群众身体健康，关系美丽中国建设，保护好土壤环境是推进生态文明建设和维护国家生态安全的重要内容。识别开发建设活动对土壤环境影响的因子、途径、范围、程度，以及采取何种措施可以减缓或消除不利影响，从土壤环境保护角度判断项目建设的土壤环境影响可接受性，是土壤环境影响评价的主要任务，也是实现"绿水青山就是金山银山"、人与自然和谐发展的需要。

---

◉ **学习目标**

○ 熟悉土壤环境影响评价的基础知识。

○ 了解土壤环境影响评价的发展历程。

○ 掌握土壤环境影响识别的方法，能判定土壤环境影响评价工作等级。

○ 掌握土壤环境现状调查的内容、现状监测及现状评价。

○ 掌握土壤环境影响预测与评价的方法。

○ 熟悉土壤环境保护措施与对策。

---

# 7.1  基础知识

## 7.1.1  基本概念

### 7.1.1.1  土壤环境

土壤环境是指受自然或人为因素作用的，由矿物质、有机质、水、空气、生物有机体等组成的陆地表面疏松综合体，包括陆地表面能够生长植物的土壤层和污染物能够影响的松散层等。土壤环境为人类生存和发展提供必需的生产和生活资料，是人类生存与发展的最基本、最重要、不可替代的环境要素。

### 7.1.1.2  土壤环境影响

土壤环境影响分为土壤环境生态影响和土壤环境污染影响。前者是指由于人为因素引起土壤环境特征变化导致其生态功能变化的过程或状态；后者是指因人为因素导致某种物质进入土壤环境，引起土壤物理、化学、生物学等方面特性的改变，导致土壤质量恶化的过程或状态。土壤环境受影响后引起的主要后果如下：

（1）土壤污染    2019 年实施的《中华人民共和国土壤污染防治法》第二条规定："本法所称土壤污染，是指因人为因素导致某种物质进入陆地表层土壤，引起土壤化学、物理、生物等方面特性的改变，影响土壤功能和有效利用，危害公众健康或者破坏生态环境的现象。"土壤污染具有隐蔽性或潜伏性、不可逆性和长期性以及后果的严重性等特点。

（2）土壤流失    是指土壤物质受到水力、风力、重力和冻融作用而被搬运移走的侵蚀过程，亦称土壤侵蚀、水土流失。

（3）土壤盐渍化（盐化）    是指可溶性盐分在土壤表层积累的现象或过程，一般发生在干旱、半干旱地区。其原因是土壤具有积盐的趋势或已在一定深度积盐，以及农业灌溉不当，灌溉水源的盐分含量较高时，会导致土壤盐渍化。此外，水库及尾矿库等项目建设可导致区域地下水位抬升，深层土壤中的盐分随水位变化而到达土壤表层，表层的水分因植物根系吸收、蒸腾、蒸发等作用减少，致使盐分滞留在土壤表层，可导致土壤盐渍化。土壤盐渍化与所在地的干燥度、地下水位埋深、土壤含盐量以及土壤质地有直接关系。土壤盐化程度主要以土壤盐化分级表征，盐化分级由土壤含盐量（SSC）确定。

（4）土壤酸化    指土壤胶体接受了一定数量的交换性氢离子或铝离子，使土壤中碱性（盐基）离子淋失的过程。土壤酸化导致土壤 pH 值降低。

（5）土壤碱化　指土壤表层碱性盐逐渐积累、交换性钠离子饱和度逐渐增高的现象。土壤碱化过程往往与脱盐过程相伴发生，但脱盐并不一定引起碱化。

（6）土壤潜育化　指土壤长期处于饱和、过饱和地下水浸润状态，土壤层中 Fe、Mn 被还原而形成的灰色斑纹层、腐泥层、青泥层或泥炭层的土壤形成过程。一般发生在地势低洼、排水不畅、地下水位较高、通气性差的地区。

（7）土壤沙化　指由于土壤侵蚀、植被遭破坏、草原上过度放牧或流沙入侵，导致土壤水分减少，土壤细粒缺乏凝聚而被风蚀，风力减弱后风沙颗粒堆积在土壤表面的过程。泛指土壤含沙量增高甚至变成沙漠的过程。土壤沙化多发生在干旱、半干旱生态环境脆弱地区，或者临近大沙漠地区及明沙地区。

## 7.1.2　土壤理化特性

按《中国土壤分类与代码》（GB/T 17296—2009），中国主要土壤类型可概括为红壤、棕壤、褐土、黑土、栗钙土、漠土、潮土（包括砂姜黑土）、灌淤土、水稻土、湿土（草甸土、沼泽土）、盐碱土、岩性土和高山土等系列。不同类型的土壤具有不同的物理特性、化学特性和生物学特性。下面仅介绍与土壤环境影响评价相关的土壤理化特性。

### 7.1.2.1　土壤物理特性

（1）土壤剖面与土体构型　土壤剖面指从地面向下挖掘出的一段垂直切面，深度一般在 2 m 以内。土体构型指土壤垂直切面从上到下不同土壤发生层（简称土层）有规律的组合、有序的排列状况，也称为土壤剖面构型，是土壤剖面最重要的特征。自然土壤的土体构型分为 4 种基本层次，即腐殖质层（覆盖层、淋溶层）、淀积层、母质层和基岩层（风化层），不同土层的物质组成和性质都有很大差异。

旱田耕作土壤发生层包括耕作层（表土层）、犁底层、心土层和底土层。水田耕作土壤发生层包括耕作层（淹育层）、犁底层、斑纹层（潴育层）和青泥层（潜育层）。

（2）土壤质地　土壤中各粒级土粒含量的相对比例或质量比称为土壤质地，也称土壤机械组成，对土壤肥力具有重要的影响。按土粒粒径的大小，土粒可分为 4 个级别：石砾（粒径大于 2mm）、砂粒（粒径为 2～0.05mm）、粉砂粒（粒径为 0.05～0.002mm）和黏粒（粒径小于 0.002mm）。我国土壤质地分为砂土、壤土、黏土三类。砂土是以砂粒为主的土壤，砂粒含量通常在 70% 以上；黏土中黏粒的含量一般不低于 40%；壤土是砂粒、粉砂粒和黏粒三者在比例上均不占绝对优势的一类混合土壤。

（3）土壤结构　自然界的土壤，往往不是以单粒状态存在，而是形成大小不同、形态各异的团聚体，称为土壤结构体。各种土壤结构体的存在及其排列状况，必然导致土壤孔隙状况呈现多样性，进而土壤中水、肥、气、热的动态平衡和耕作性能也有所不同。根据土壤结构体的形状和大小，可分为块状结构体、核状结构体、片状结构体、柱状结构体、团粒结构体等。

（4）土壤孔隙性　土壤孔隙性用土壤孔隙度表征。土壤孔隙度是单位容积土壤中孔隙容积所占百分数。土壤孔隙度一般不直接测定，而由土粒密度与土壤容重计算获得。土壤孔隙度大小取决于土壤的质地、结构和有机质的含量等。

土壤的孔隙性对进入土壤污染物的过滤截留、物理和化学吸附、化学分解、微生物降解等有重要影响。孔隙量大，土壤下渗强度大，渗透量大，表层的污染物容易被淋溶，从而进入地下水造成污染。

与土壤孔隙度相关的指标有土壤容重和土壤饱和导水率。

土壤容重是指烘干的土壤基质物质的质量与总容积之比。土壤容重是土壤十分重要的基本参数，可作为粗略判断土壤质地、结构、孔隙度和松紧程度的指标。依据土壤容重可计算任何体积的土重。一般旱地土壤容重在 $1.00～1.80g/cm^3$ 之间。

土壤饱和导水率，亦称水渗透系数，是指土壤被水饱和时，单位水势梯度下单位时间内通过单位面积的水量，与土壤质地、容重、孔隙分布特征相关。

## 7.1.2.2　土壤化学特性

（1）土壤肥力　土壤肥力的定义是土壤为植物生长提供和协调养分、水分、空气和热量的能力。土壤肥力是土壤的基本属性和本质特征，可体现土壤肥沃程度，是土壤物理、化学和生物学性质的综合反映。其中养分是土壤肥力的物质基础。其指标主要包括有机质、全氮、有效磷、有效钾等。

（2）土壤胶体　在土壤学中，一般认为土粒粒径小于 $2\mu m$ 的颗粒是土壤胶体。因为土壤胶体颗粒体积小，所以土壤胶体拥有巨大的比表面和表面能。土壤中胶体含量愈高，土壤比表面愈大，表面能也愈大，吸附性能也愈强。

土壤胶体微粒内部一般带负电荷，形成一个负离子层（决定电位离子层），其外部由于电性吸引而形成一个正离子层（反离子层或扩散层），合称双电层。

土壤胶体扩散层中的补偿离子，可以和溶液中相同电荷的离子以离子价为依据作等价交换，称为土壤胶体的阳离子交换吸附（可逆过程）。如 $Ca^{2+}$ 交换 $Na^+$：

$$\text{土壤胶体}\!\begin{array}{c} Na^+ \\ Na^+ \end{array} + Ca^{2+} \rightleftharpoons \text{土壤胶体}\!-\!Ca^{2+} + 2Na^+ \qquad (7\text{-}1)$$

土壤可交换阳离子包括盐基阳离子（$Ca^{2+}$、$Mg^{2+}$、$K^+$、$Na^+$ 等）和致酸阳离子（$Al^{3+}$、$H^+$）。土壤阳离子交换能力的强弱通常用土壤阳离子交换量表征。土壤阳离子交换量（CEC）为土壤溶液在一定的 pH 值时，土壤能吸附的可交换性阳离子的总量，其单位为 cmol/kg。一般在 pH 值为 7 的条件下测定土壤的阳离子交换量。

土壤阳离子的交换性能有助于调节土壤溶液中阳离子的浓度，能保证土壤溶液成分的多样性，从而达到土壤溶液的"生理平衡"。

土壤胶体可促使某些元素迁移，或吸附某些元素使之沉淀集中，或通过离子交换作用使交换力强的元素保留下来，而交换力弱的元素则被淋溶迁移。因此，土壤胶体对土壤中元素的迁移转化有着重大意义。

（3）土壤酸碱性与缓冲性

① 土壤酸碱性　在土壤物质的转化过程中，会产生各种酸性和碱性物质，使土壤溶液含有一定数量的 $H^+$ 和 $OH^-$，二者的浓度决定着土壤溶液的酸碱性。虽然土壤酸碱性表现为土壤溶液的反应，但是它与土壤的固相组成和吸附性能有着密切的关系，是土壤的重要化学性质。

② 土壤缓冲性　在自然条件下，土壤 pH 值不随环境条件的改变而发生剧烈变化，而是保持在一定的范围内，这种特殊的抵抗能力，称为土壤缓冲性。土壤缓冲性主要通过土壤胶体的离子交换作用和强碱弱酸盐的解离等过程来实现，$Ca^{2+}$、$Mg^{2+}$、$Na^+$ 等离子可对酸起缓冲作用，$H^+$、$Al^{3+}$ 可对碱起缓冲作用。因此，土壤缓冲性取决于土壤胶体的类型与总量，土壤中碳酸盐、重碳酸盐、硅酸盐、磷酸盐和磷酸氢盐的含量等。

（4）土壤氧化还原性　土壤氧化还原作用在土壤化学和生物反应中占有极重要地位。土壤环境中的氧化剂主要是土壤空气中游离的氧气、$NO_3^-$ 和高价金属离子等，还原剂主要是土壤有机质和低价金属离子。土壤中植物的根系和生物也是发生氧化还原反应的重要参与者。

土壤的氧化还原性质对植物的生长起着至关重要的作用，土壤中的各种生物化学过程都受电位值的制约，各物种的反应活性、迁移、毒性及能否被生物吸收利用，都与土壤的氧化还原状态有关。

## 7.1.3　土壤污染途径

土壤污染途径包括大气沉降、地面漫流、垂直入渗及其他途径。

（1）大气沉降　主要是指建设项目在施工及运营过程中，无组织或有组织向大气排放的污染物，经各种途径沉降至土壤，对土壤造成影响的过程。大气沉降是土壤重金属与有机物的重要来源之一。能源、运输、冶金和建筑材料生产行业产生的气体和粉尘中含有大量的重金属及有机物。除重金属汞以外，其他重金属常以气溶胶的形态进入大气，经过干湿沉降进入土壤。煤和石油中的一些微量元素如 Cd、Zn、As 和 Cu 等，以及为改善燃料或润滑剂性能而向其中加入的金属如硒、铅、钼等，经燃烧后，以飘尘、灰、颗粒物或气体形式进入大气，再经干湿沉降进入土壤，加剧了土壤重金属污染。

经大气沉降进入土壤的重金属及有机物，与重工业发达程度、城市的人口密度、土地利用率及交通发达程度有着直接的关系，距城市越近，污染越严重。大气沉降类污染物在水平方向上影响范围取决于污染物随大气扩散、沉降的范围，垂直方向上为土壤污染物的累积过程，在不受外界因素影响条件下污染深度较浅，因此大气沉降通常情况下仅对表层土壤环境造成影响。

（2）地面漫流　是指由于建设项目所在地域的坡度较大，产生的废水随地表径流而流动，导致废水对厂界内外土壤环境造成的大面积污染的过程。矿山、库、坝、独立渣场等建设项目污染土壤环境的面积较大，但影响的深度浅，除最低洼处以外，大多数仅对表层土壤环境造成影响。可将建设项目所在地的下游区域以及距离建设项目较近的沟渠、河流、湖、库之间的区域作为重点关注区域。

（3）垂直入渗　主要指厂区各类原料及产污装置，发生"跑、冒、滴、漏"或防渗设施老化破损的情况下，经泄漏点对土壤环境产生影响的过程。垂直入渗的影响主要表现为污染物垂直方向上的扩散，其污染深度与污染物性质、包气带渗透性能、地下水位埋深等因素密切相关。

（4）其他类途径　主要指除上述三种途径外的项目建设对土壤环境造成影响的过程，如车辆运输、风险事故中导致的原料或污染物的不均匀散落等过程。其主要表现为污染源呈点源分布且位置随机，污染物落地后与表层土壤混合，在不受外界条件影响下影响范围不大，垂向扩散深度不深。

## 7.1.4　土壤环境背景值与环境容量

### 7.1.4.1　土壤环境背景值

土壤环境背景值是指一定区域和一定时期内，未受或少受人类活动影响的土壤环境本身化学元素的自然含量。土壤环境背景值是自然成土因素和成土过程综合作用的产物。不同土壤类型的土壤环境背景值差别较大，土壤环境背景值是统计性的平均值或中位值，而不是简单的一个确定值。

目前，全球已很难找到绝对不受人类活动影响的土壤，所获得的土壤环境背景值也只能是尽可能不受或少受人类活动影响的数值。因而，所谓土壤环境背景值只是代表土壤环境发展中一个历史阶段的、相对意义上的数值。

土壤中各种元素的含量因成土母质类型、土壤类型而不同，加之气候生物带等成土因素对土壤形成过程影响程度的不同，导致土壤环境背景值在空间上的差异。因此，在一定区域内研究土壤环境背景值时，必须确定各种代表性土壤和母质类型中重要元素的自然含量。

研究土壤环境背景值的重要实践意义是：①土壤环境背景值是土壤环境质量评价，特别是土壤污染综合评价的基本依据，如评价土壤是否已被污染、划分污染等级等，必须依据土壤环境背景值；②土壤环境背景值是研究和确定土壤环境容量、制定土壤环境标准的基本数据；③土壤环境背景值也是研究污染元素和化合物在土壤环境中的迁移、转化等化学行为的依据；④在土地利用及其规划，研究土壤生态、施肥、污水灌溉，以及研究环境医学时，土壤环境背景值也是重要的参比数据。

### 7.1.4.2　土壤环境容量

（1）土壤环境容量概念　土壤环境容量是指在一定环境单元、一定时限内遵循环境质量标准，既能保证土壤质量，又不产生次生污染时所能容纳污染物的最大负荷量。土壤环境容量受土壤性质、环境因素、污染历程、污染物的类型与形态等因素的影响。

进入土壤中的外源物质可通过迁移、转化减轻或消除不良环境影响，包括过滤、挥发、扩散等物理作用，转化、分解等化学作用，代谢、降解等生物作用以及联合作用。这是土壤对外源物具有负载容量的基础，是保证土壤生态系统良性循环的前提。土壤自净能力的大小与土壤本身的性质、物质组成、质地结构以及污染物本身的组成及性质均有密切关系。土壤自净能力越大，土壤环境容量越大。

土壤环境容量是对污染物进行总量控制与环境管理的重要指标。对损害或破坏土壤环境的人类活动进行及时限制，进一步要求污染物排放必须限制在容许限度内，既能发挥土壤的自净作用，又能保证土壤环境处于良性循环状态。

（2）土壤环境容量的确定　目前用数学模型定量表达土壤环境容量的方法虽已有多种形式，但仍在探索之中，这里仅简单介绍基本的环境容量确定方法。

① 土壤静容量　土壤静容量是根据土壤的环境背景值和环境标准的差值来推算容量的一种简易方法，它是从静止的观点来度量土壤的容纳能力。土壤静容量的计算方法为：

$$C_S = M(C_i - C_{Bi}) \tag{7-2}$$

式中，$C_S$ 为土壤静容量，$g/hm^2$；$M$ 为每公顷耕层土壤质量，约等于 $2250 t/hm^2$；$C_i$ 为 $i$ 元素的土壤临界含量，$mg/kg$；$C_{Bi}$ 为 $i$ 元素的土壤背景值，$mg/kg$。

现存容量 $C_{SP}$ 的计算方法为：

$$C_{SP} = M(C_i - C_{Bi} - C_P) \tag{7-3}$$

式中，$C_{SP}$ 为现存容量，$g/hm^2$；$C_P$ 为土壤中人为污染的增加量，$mg/kg$；其他符号意义同前。

$$Q = (C_K - C_B) \times 2250 \tag{7-4}$$

式中，$Q$ 为土壤环境容量，$g/hm^2$；$C_K$ 为土壤环境标准值，$mg/kg$；$C_B$ 为区域土壤背景值，$mg/kg$；2250 为每公顷耕层土壤质量，$t/hm^2$。

根据土壤利用类型，环境标准值可选用《土壤环境质量　农用地土壤污染风险管控标准（试行）》（GB 15618—2018）和《土壤环境质量　建设用地土壤污染风险管控标准（试行）》（GB 36600—2018）中的风险筛选值。此外还可以将大田采样统计和单因子（或复因子）盆栽试验得到的土壤中不同污染物使某一作物体内残留达到食品卫生标准或使作物生长受阻时的浓度，作为土壤环境容量的标准。

② 土壤动容量　由于土壤是一个开放的物质体系，这种计算是根据污染物的残留计算出土壤的环境容量。污染物可以进出土壤，因此，假定年输入量为 $Q$（小于环境标准与背景值之差），年输出量为 $Q'$，并且 $Q > Q'$，则残留量为 $Q-Q'$。随着时间的推移，残留量不断增加，造成积累。残留量（$Q-Q'$）与输入量 $Q$ 之比，称为年累积率（$k$），也称年残留率。若计算 $n$ 年内土壤污染物累积总量 $A_T$（含当年输入量），则有：

$$A_T = Q + Qk + Qk^2 + \cdots + Qk^n \tag{7-5}$$

而 $n$ 年内的污染物残留总量 $R_T$（不含当年输入量）则为：

$$R_T = Qk + Qk^2 + \cdots + Qk^n \tag{7-6}$$

可见，污染物累积总量 $A_T$ 和残留总量 $R_T$ 均为等比级数之和，等比系数为 $k$。当年限 $n$ 足够长时，$Qk^n$ 趋于零，$A_T$ 达到最大极限值。因此，这种积累关系称为等比有限累积规律，其数学模型如下：

$$A_T' = k(B + Q) \tag{7-7}$$

式中，$A_T'$ 为污染物在土壤中的年累积量，$mg/kg$；$k$ 为土壤污染物年残留率，%；$B$ 为污染物土壤背景值，$mg/kg$；其他符号物理意义同前。

若 $k$ 和 $Q$ 不变，计算 $n$ 年内土壤的总量积累，则有：

$$A_T = Bk^n + Qk^n + Qk^{n-1} + \cdots + Qk = Bk^n + Qk\frac{1-k^n}{1-k} \tag{7-8}$$

因此，年残留率 $k$ 值的大小，对计算的结果影响很大，不同地区的土壤，不同的污染物，其 $k$ 值有差异，需通过试验求得。运用此计算方法，可预测出某污染物累积多少年将超过区域环境标准。

# 7.2　土壤环境影响评价概述

## 7.2.1　土壤环境影响评价发展历程

土壤与大气、地表水、地下水、生态等环境要素紧密联系，既是其他要素的污染源也是其受体，因土壤环境影响具有隐蔽性、滞缓性、累积性、难恢复性等特点，又因土壤条件复杂，评价方法难统一，评价标准欠完善，土壤环境影响评价相对于其他环境要素影响评价进展缓慢，土壤环境影响评价技术导则一直处于缺位状态。2019 年 7 月 1 日起实施的《环境影响评价技术导则  土壤环境（试行）》（HJ 964—2018）补充和完善了环境影响评价技术导则体系，标志着我国土壤环境影响评价进入了新的历史阶段。

1979 年的《中华人民共和国环境保护法（试行）》是我国最早明确提到保护土壤、防止土壤污染的法律。随后我国科学家开始关注矿区土壤、污灌区土壤和"六六六""滴滴涕"等农药大量使用造成的耕地污染等问题。"六五"和"七五"期间，国家科技攻关项目支持开展农业土壤背景值、全国土壤环境背景值和土壤环境容量等研究，积累了我国土壤环境背景的宝贵数据。1993 年《环境影响评价技术导则  总纲》中对土壤影响评价提出了要求，但尚未制定专门的土壤环境影响评价技术导则。1995 年 7 月发布了我国第一个《土壤环境质量标准》（GB 15618—1995）并于 1996 年 7 月 1 日实施，在我国土壤环境保护和管理中发挥了重要的基础性作用，但该阶段的工作重心在灌溉等农业生产活动对土壤环境的影响上。

进入 21 世纪以来，随着土壤污染问题日渐暴露，人们在应用《土壤环境质量标准》（GB 15618—1995）时逐渐发现了一些问题：①适用范围小。仅适用于农田、蔬菜地、茶园、果园、牧场、林地、自然保护区等土壤环境质量评价，缺少适用于商服、工矿仓储、住宅、公共管理与公共服务等建设用地的土壤环境质量评价指标。②项目指标少。仅规定了 8 项重金属指标和"六六六""滴滴涕"2 项农药指标，而土壤污染形势日益复杂，尤其是工业污染地块土壤环境管理需要评价的污染物种类繁多。③实施效果不理想。一级标准依据"七五"土壤环境背景调查数据做了全国"一刀切"规定，不能客观反映区域差异；二、三级标准规定的指标限值存在偏严（如镉）、偏宽（如铅）的争议，部分地区土壤环境质量评价与农产品质量评价结果差异较大。

2007 年环境保护部发布了《展览会用地土壤环境质量评价标准（暂行）》（HJ/T 350—2007），拉开了根据用地性质不同采用不同土壤环境质量标准的序幕。

2016 年环境保护部对环境影响评价技术导则体系进行了重新梳理，明确了"要素＋专题＋行业"的导则体系架构。2016 年 5 月 28 日，国务院印发了《土壤污染防治行动计划》（又称"土十条"），要求推进土壤污染防治立法，成为土壤污染防治的行动纲领。同年，土壤环境影响评价技术导则的制订被列入《国家环境保护标准"十三五"发展规划》"绿色通道"项目，推动并加快了土壤环境影响评价技术导则制订工作进程。

2018 年 8 月 31 日第十三届全国人民代表大会常务委员会第五次会议全票通过《中华人民共和国土壤污染防治法》。依据此法，2018 年 6 月 22 日生态环境部发布了《土壤环境质量 农用地土壤污染风险管控标准（试行）》（GB 15618—2018）和《土壤环境质量 建设用地土壤污染风险管控标准（试行）》（GB 36600—2018）。土壤环境影响评价技术导则与两项标准紧密联系、同步调整，于 2018 年 9 月 13 日发布。

2019 年起实施的《中华人民共和国土壤污染防治法》和《环境影响评价技术导则  土壤环境（试行）》（HJ 964—2018），填补了土壤污染防治法律和土壤环境影响评价技术标准的空白，将土壤环境定义扩展至污染物可能影响的深度。因土壤环境极其复杂，包括土壤组分、土壤水、土壤气和土壤生物等，土壤环境影响评价技术导则将土壤环境影响评价的关注点放在建设项目对土壤组分的物理、化学影响上，以保护农用地和建设用地不受污染、确保耕地安全和人居健康为基本原则，从土壤污染影响和土壤生态影响并重的角度出发，充分考虑不同行业对土壤环境影响程度存在的差异，抓住重点行业、豁免影响较小行业，保护土壤环境质量，管控土壤污染风险。土壤环境影响评价重在土壤污染和生态影响的前端预防。

## 7.2.2　评价的基本任务

土壤环境影响评价应对建设项目建设期、运营期和服务期满后（可根据项目情况选择）对土壤环境理化特性可能造成的影响进行分析、预测和评估，提出预防或者减轻不良影响的措施和对策，为建设项目土壤环境保护提供科学依据。

土壤环境影响评价基本任务是：识别建设项目土壤环境影响类型、影响途径、影响源及影响因子，依据等级划分标准确定土壤环境影响评价工作等级；按确定的评价工作等级，开展土壤环境现状调查，完成土壤环境现状监测与评价；预测与评价建设项目对土壤环境可能造成的影响，提出相应的防控措施与对策。

## 7.2.3　土壤环境影响识别

根据建设项目对土壤环境可能产生的影响，将土壤环境影响类型划分为生态影响型与污染影响型。土壤环境生态影响重点指土壤环境的盐化、酸化、碱化等。

土壤环境影响识别的具体内容如下：

（1）识别土壤环境影响评价项目类别　根据行业特征、工艺特点或规模大小等将建设项目分为Ⅰ类、Ⅱ类、Ⅲ类、Ⅳ类，其中Ⅳ类建设项目可不开展土壤环境影响评价；自身为敏感目标的建设项目，可根据需要仅对土壤环境现状进行调查。表7-1列出了不同行业类别建设项目的土壤环境影响评价项目类别。仅切割组装的、单纯混合和分装的、编织物及其制品制造的，列入Ⅳ类。建设项目土壤环境影响评价项目类别不在本表的，可根据土壤环境影响源、影响途径、影响因子的识别结果，参照相近或相似项目类别确定。

**表7-1**　土壤环境影响评价项目类别

<table>
<tr><td rowspan="2" colspan="2">行业类别</td><td colspan="4">项目类别</td></tr>
<tr><td>Ⅰ类</td><td>Ⅱ类</td><td>Ⅲ类</td><td>Ⅳ类</td></tr>
<tr><td colspan="2">农林牧渔业</td><td>灌溉面积大于50万亩的灌区工程</td><td>新建5万亩至50万亩的，改造30万亩及以上的灌区工程；年出栏生猪10万头（其他畜禽种类折合猪的养殖规模）及以上的畜禽养殖场或养殖小区</td><td>年出栏生猪5000头（其他畜禽种类折合猪的养殖规模）及以上的畜禽养殖场或养殖小区</td><td>其他</td></tr>
<tr><td colspan="2">水利</td><td>库容 $1\times10^8m^3$ 及以上水库；长度大于1000km的引水工程</td><td>库容 $1000\times10^4m^3$ 至 $1\times10^8m^3$ 的水库；跨流域调水的引水工程</td><td>其他</td><td></td></tr>
<tr><td colspan="2">采矿业</td><td>金属矿、石油、页岩油开采</td><td>化学矿采选；石棉矿采选；煤矿采选、天然气开采、页岩气开采、砂岩气开采、煤层气开采（含净化、液化）</td><td>其他</td><td></td></tr>
<tr><td rowspan="6">制造业</td><td>纺织、化纤、皮革等及服装、鞋制造</td><td>制革、毛皮鞣制</td><td>化学纤维制造；有洗毛、染整、脱胶工段及产生缫丝废水、精炼废水的纺织品；有湿法印花、染色、水洗工艺的服装制造；使用有机溶剂的制鞋业</td><td>其他</td><td></td></tr>
<tr><td>造纸和纸制品</td><td></td><td>纸浆、溶解浆、纤维浆等制造；造纸（含制浆工艺）</td><td>其他</td><td></td></tr>
<tr><td>设备制造、金属制品、汽车制造及其他用品制造①</td><td>有电镀工艺的；金属制品表面处理及热加工加工的；使用有机涂层的（喷粉、喷塑和电泳除外）；有钝化工艺的热镀锌</td><td>有化学处理工艺的</td><td>其他</td><td></td></tr>
<tr><td>石油、化工</td><td>石油加工、炼焦；化学原料和化学制品制造；农药制造；涂料、染料、颜料、油墨及其类似产品制造；合成材料制造；炸药、火工及焰火产品制造；水处理剂等制造；化学药品制造；生物、生化制品制造</td><td>半导体材料、日用化学品制造；化学肥料制造</td><td>其他</td><td></td></tr>
<tr><td>金属冶炼和压延加工及非金属矿物制品</td><td>有色金属冶炼（含再生有色金属冶炼）</td><td>有色金属铸造及合金制造；炼铁；球团；烧结炼钢；冷轧压延加工；铬铁合金制造；水泥制造；平板玻璃制造；石棉制品；含焙烧的石墨、碳素制品</td><td>其他</td><td></td></tr>
<tr><td colspan="2">电力热力燃气及水生产和供应业</td><td>生活垃圾及污泥发电</td><td>水力发电；火力发电（燃气发电除外）；矸石、油页岩、石油焦等综合利用发电；工业废水处理；燃气生产</td><td>生活污水处理；燃煤锅炉总容量65t/h（不含）以上的热力生产工程；燃油锅炉总容量65t/h（不含）以上的热力生产工程</td><td>其他</td></tr>
<tr><td colspan="2">交通运输仓储邮政业</td><td></td><td>油库（不含加油站的油库）；机场的供油工程及油库；涉及危险品、化学品、石油、成品油储罐区的码头及仓储；石油及成品油的输送管线</td><td>公路的加油站；铁路的维修场所</td><td>其他</td></tr>
</table>

| 行业类别 | 项目类别 | | | |
|---|---|---|---|---|
| | Ⅰ类 | Ⅱ类 | Ⅲ类 | Ⅳ类 |
| 环境和公共设施管理业 | 危险废物利用及处置 | 采取填埋和焚烧方式的一般工业固体废物处置及综合利用；城镇生活垃圾（不含餐厨废弃物）集中处置 | 一般工业固体废物处置及综合利用（除采取填埋和焚烧方式以外的）；废旧资源加工、再生利用 | 其他 |
| 社会事业与服务业 | | | 高尔夫球场；加油站；赛车场 | 其他 |
| 其他行业 | | | | 全部 |

① 其他用品制造包括：木材加工和木、竹、藤、棕、草制品业；家具制造业；文教、工美、体育和娱乐用品制造业；仪器仪表制造业等制造业。

（2）识别土壤环境影响类型、影响途径、影响源与影响因子　初步分析可能影响的范围。

在工程分析的基础上，结合土壤环境敏感目标，根据建设项目建设期、运营期和服务期满后（可根据项目情况选择）三个阶段的具体特征，分别识别土壤环境影响类型。

对于污染影响型项目，需识别影响途径（大气沉降、地面漫流、垂直入渗、其他），再根据工程分析结果，按照影响源（如车间／场地）对应的工艺流程／节点分别识别各影响途径污染物指标、特征因子，并描述影响源特征（如连续、间断，正常、事故等），涉及大气沉降途径的，还应识别建设项目周边的土壤环境影响敏感目标。对于运营期内土壤环境影响源可能发生变化的建设项目，还应按其变化特征分阶段进行环境影响识别。

对于生态影响型项目，需识别影响类型（盐化、酸化、碱化、其他），再识别影响途径（物质输入／运移、地下水位变化）的具体指标。

依据识别结果，结合建设项目所在地的气象条件、地形地貌、水文地质条件等初步分析判定建设项目可能影响的范围（即下文中建设项目的周边）。

（3）识别建设项目及周边的土地利用类型　依据《土地利用现状分类》（GB/T 21010—2017）识别建设项目及周边的土地利用类型，分析建设项目可能影响的土壤环境敏感目标。

我国现阶段的土地利用分为农用地、建设用地和未利用地三大类，其中，农用地包括耕地、园地、林地、草地等，建设用地包括商服用地、工矿仓储用地、住宅用地等。

## 7.2.4　评价工作等级

土壤环境影响类型不同，评价工作等级的划分方法也不同，评价工作等级划分为一级、二级、三级。在确定评价工作等级时需要符合以下规定：①建设项目同时涉及土壤环境生态影响型与污染影响型时，应分别判定评价工作等级，并按相应评价工作等级分别开展土壤环境影响评价工作。②同一建设项目涉及两个或两个以上场地时，各场地应分别判定评价工作等级，并按相应等级分别开展评价工作。③线性工程重点针对主要站场位置（如输油站、泵站、阀室、加油站、维修场所等）分段判定评价工作等级，并按相应等级分别开展评价工作。

### 7.2.4.1　生态影响型项目评价工作等级

将建设项目所在地的土壤环境敏感程度分为敏感、较敏感、不敏感，判断依据见表7-2；同一建设项目涉及两个或两个以上场地或地区，应分别判定其敏感程度；产生两种或两种以上生态影响后果的，敏感程度按相对高的级别判定。根据识别的土壤环境影响评价项目类别与敏感程度分级结果划分评价工作等级，详见表7-3。

### 7.2.4.2　污染影响型项目评价工作等级

首先将建设项目所在地周边的土壤环境敏感程度分为敏感、较敏感、不敏感，判别依据见表7-4，再将建设项目占地规模分为大型（≥50hm²）、中型（5～50hm²）、小型（≤5hm²），建设项目占地主要为永久占地；根据土壤环境影响评价项目类别、占地规模与敏感程度划分评价工作等级，如表7-5所示。

**表7-2**  生态影响型项目敏感程度分级

| 敏感程度 | 判别依据 | | |
|---|---|---|---|
| | 盐化 | 酸化 | 碱化 |
| 敏感 | 建设项目所在地干燥度①>2.5 且常年地下水位平均埋深<1.5m 的地势平坦区域；或土壤含盐量>4g/kg 的区域 | pH≤4.5 | pH≥9.0 |
| 较敏感 | 建设项目所在地干燥度>2.5 且常年地下水位平均埋深≥1.5m 的，或1.8<干燥度≤2.5 且常年地下水位平均埋深<1.8m 的地势平坦区域；建设项目所在地干燥度>2.5 或常年地下水位平均埋深<1.5m 的平原区；或2g/kg<土壤含盐量≤4g/kg 的区域 | 4.5<pH≤5.5 | 8.5≤pH<9.0 |
| 不敏感 | 其他 | 5.5<pH<8.5 | |

① 干燥度是指多年平均水面蒸发量与降水量的比值，即蒸降比值。

**表7-3**  生态影响型项目评价工作等级划分

| 敏感程度 | 项目类别 | | |
|---|---|---|---|
| | Ⅰ类 | Ⅱ类 | Ⅲ类 |
| 敏感 | 一级 | 二级 | 三级 |
| 较敏感 | 二级 | 二级 | 三级 |
| 不敏感 | 二级 | 三级 | — |

注："—"表示可不开展土壤环境影响评价工作。

**表7-4**  污染影响型项目敏感程度分级

| 敏感程度 | 判别依据 |
|---|---|
| 敏感 | 建设项目周边存在耕地、园地、牧草地、饮用水水源地或居民区、学校、医院、疗养院、养老院等土壤环境敏感目标的 |
| 较敏感 | 建设项目周边存在其他土壤环境敏感目标的 |
| 不敏感 | 其他情况 |

**表7-5**  污染影响型项目评价工作等级划分

| 敏感程度 | 项目类别 | | | | | | | | |
|---|---|---|---|---|---|---|---|---|---|
| | Ⅰ类 | | | Ⅱ类 | | | Ⅲ类 | | |
| | 占地规模 | | | | | | | | |
| | 大 | 中 | 小 | 大 | 中 | 小 | 大 | 中 | 小 |
| 敏感 | 一级 | 一级 | 一级 | 二级 | 二级 | 二级 | 三级 | 三级 | 三级 |
| 较敏感 | 一级 | 一级 | 二级 | 二级 | 二级 | 三级 | 三级 | 三级 | — |
| 不敏感 | 一级 | 二级 | 二级 | 二级 | 三级 | 三级 | 三级 | — | — |

注："—"表示可不开展土壤环境影响评价工作。

【**例7-1**】 某Ⅱ类土壤环境影响评价项目（污染影响型）永久占地 40hm²，建设项目用地边界紧邻耕地，请判定其土壤环境影响评价工作等级。

**解**：该项目类别为污染影响型建设项目Ⅱ类，占地规模 40hm²，属于中型（5～50hm²），建设项目占地主要为永久占地。因建设项目用地边界紧邻耕地，依据表 7-4，周边的土壤环境敏感程度为敏感。再依据表 7-5，确定该项目土壤环境影响评价工作等级为二级。

# 7.3  土壤环境现状调查与评价

土壤环境现状调查与评价工作应遵循资料收集与现场调查相结合、资料分析与现状监测相结合的原则；土壤环境现状调查与评价工作的深度应满足相应的评价工作等级要求，当现有资料不能满足要求时，应通过组织现场调查、监测等方法获取；建设项目同时涉及土壤环境生态影响型与污染影响型时，应分别按相应评价工作等级要求开展土壤环境现状调查，可根据建设项目特征适当调整、优化调查内容；工业园区内的建设项目，应重点在建设项目占地范围内开展现状调查工作，并兼顾其可能影响的园区外围土壤环境敏感目标。

## 7.3.1　现状调查

土壤环境现状调查的目的是在反映调查范围内的土壤理化特性、土壤环境质量状况，以及土壤环境影响源的基础上，为土壤环境现状评价和土壤环境影响预测评价提供数据支撑。现状调查方法有资料收集法、现场调查法和现状监测法。

### 7.3.1.1　现状调查内容

（1）资料收集　根据建设项目特点、可能产生的环境影响和当地环境特征，有针对性地收集调查范围内的相关资料，主要包括以下内容：①收集土地利用现状图、土地利用规划图、土壤类型分布图，目的在于掌握调查范围的土地利用现状情况、后期土地利用规划状况，分析建设项目所在地周边的土壤环境敏感程度，为后期监测布点提供依据。该部分资料可到地方国土部门网站或中国土壤科学数据库查阅。②收集气象资料（降雨量、风速、风向等）、地形地貌特征资料（地形地势、地貌分区类型等）、水文及水文地质资料（地表径流、包气带特征、地下水位埋深等）等，以上资料可通过国家地质资料数据中心及中国实物地质资料信息网查阅。③收集土地利用历史（土地利用变迁资料、土地使用权证明及变更记录、房屋拆除记录等）情况，重点收集场地作为工业用地时期的生产及污染状况，用来评价场地污染的历史状况，识别土壤污染影响源。④收集与建设项目土壤环境影响评价相关的其他资料，包括环境影响报告书（表）、场地环境监测报告、场地调查报告以及政府机关和权威机构所保存或发布的环境资料如环境质量公告、区域环境保护规划等。

（2）影响源调查　土壤环境影响源调查的核心目的是在建设项目开展实施之前查清厂区土壤环境质量现状，确定前期的污染事故状况，为建设项目未来可能出现的责任鉴定做好背景数据储备。因此，土壤环境现状调查应主要调查与建设项目产生同种特征因子或造成相同土壤环境影响后果的影响源。对于评价工作等级为一级、二级的改、扩建的污染影响型建设项目，应对现有工程的土壤环境保护措施情况进行调查，并重点调查主要装置或设施附近的土壤污染现状。影响源调查的方法有资料收集法、现场踏勘法和人员访谈法。

（3）土壤理化特性调查　是在所收集资料无法达到土壤现状调查相应的工作精度要求时，所开展的针对性现场调查工作。

在充分收集资料的基础上，根据土壤环境影响类型、建设项目特征与评价需要，有针对性地选择土壤理化特性调查内容，主要包括土体构型、土壤结构、土壤质地、阳离子交换量、氧化还原电位、饱和导水率、土壤容重、孔隙度、有机质、全氮、有效磷、有效钾等；评价工作等级为一级的建设项目还应进行土壤剖面调查。

土壤环境生态影响型建设项目在调查土壤理化特性基础上，还应调查植被覆盖率、地下水位埋深、地下水溶解性总固体等。

### 7.3.1.2　现状调查范围

现状调查范围应包括建设项目可能影响的范围，能满足土壤环境影响预测和评价要求；改、扩建类建设项目的现状调查范围还应兼顾现有工程可能影响的范围。建设项目（除线性工程外）土壤环境影响现状调查范围可按土壤环境影响识别方法确定并说明，或参照表7-6确定。建设项目同时涉及土壤环境生态影响与污染影响时，应各自确定调查范围。危险品、化学品或石油等输送管线应以工程边界两侧向外延伸0.2km作为调查范围。

现状调查范围包括水平调查范围和垂向调查范围。

**表7-6**　现状调查范围

| 评价工作等级 | 影响类型 | 调查范围[①] | |
| --- | --- | --- | --- |
| | | 占地[②]范围内 | 占地范围外 |
| 一级 | 生态影响型 | 全部 | 5km 范围内 |
| | 污染影响型 | | 1km 范围内 |
| 二级 | 生态影响型 | | 2km 范围内 |
| | 污染影响型 | | 0.2km 范围内 |
| 三级 | 生态影响型 | | 1km 范围内 |
| | 污染影响型 | | 0.05km 范围内 |

①涉及大气沉降途径影响的，可根据主导风向下风向的最大落地浓度点适当调整。②矿山类项目指开采区与各场地的占地；改、扩建类的指现有工程与拟建工程的占地。

　　水平调查范围是指建设项目可能对土壤环境的横向影响范围。污染影响型项目的水平调查范围多指污染物通过大气沉降或地面漫流影响途径的迁移扩散范围；生态影响型项目的水平调查范围多指由于地下水位变化区域或酸性、碱性废水地面漫流途径引起的土壤盐化、酸化、碱化等横向影响调查范围，同时兼顾土壤环境敏感目标的分布情况。

　　垂向调查范围是指建设项目可能对土壤环境的纵向影响范围。纵向影响范围与影响途径有关。一方面，生态影响型建设项目对土壤环境的影响多集中在表层及亚表层，经大气沉降、地面漫流等影响途径导致的土壤污染主要集中在表层，故对土壤表层进行调查。另一方面，由于土壤污染物迁移不局限于生长植物的疏松表层，还可能影响土壤更深层的相关自然地理要素的综合体，故需要结合土壤发生层分布情况、地下水位埋深和建设项目可能影响的深度，确定垂向调查范围。

## 7.3.2　现状监测

　　建设项目土壤环境现状监测应根据建设项目的影响类型、影响途径，有针对性地开展监测工作，了解或掌握调查范围内土壤环境现状。

### 7.3.2.1　监测点布设

　　土壤环境现状监测点布设应根据建设项目土壤环境影响类型、评价工作等级、土地利用类型确定，采用均布性与代表性相结合的原则，为充分反映建设项目调查范围内的土壤环境现状，可根据实际情况优化调整。监测点设置还应兼顾土壤环境影响跟踪监测计划。

　　（1）布点原则　调查范围内的每种土壤类型应至少设置 1 个表层样监测点，应尽量设置在未受人为污染或相对未受污染的区域。生态影响型建设项目应根据建设项目所在地的地形特征、地面径流方向设置表层样监测点。

　　涉及垂直入渗途径影响的，主要产污装置区应设置柱状样监测点，采样深度需至装置底部与土壤接触面以下，根据可能影响的深度适当调整。涉及大气沉降影响的，应在占地范围外主导风向的上、下风向各设置 1 个表层样监测点，可在最大落地浓度点增设表层样监测点；涉及大气沉降影响的改、扩建项目，可在主导风向下风向适当增加监测点位，以反映降尘对土壤环境的影响。涉及地面漫流途径影响的，应结合地形地貌，在占地范围外的上、下游各设置 1 个表层样监测点。

　　线性工程应重点在站场位置（如输油站、泵站、阀室、加油站及维修场所等）设置监测点，涉及危险品、化学品或石油等输送管线的应根据调查范围内土壤环境敏感目标或厂区内的平面布局情况确定监测点布设位置。

　　评价工作等级为一级、二级的改、扩建项目，应在现有工程厂界外可能产生影响的土壤环境敏感目标处设置监测点。

　　建设项目占地范围及其可能影响区域的土壤环境已存在污染风险的，应结合用地历史资料和现状调查情况，在可能受影响最重的区域布设监测点；取样深度根据其可能影响的情况确定。

（2）监测点数量要求    建设项目各评价工作等级的监测点数不少于表7-7的要求。生态影响型建设项目可优化调整占地范围内、外监测点数量，保持总数不变；占地范围超过5000hm² 的，每增加1000hm² 增加1个监测点。污染影响型建设项目占地范围超过100hm² 的，每增加20hm² 增加1个监测点。

**表7-7**　现状监测布点类型与数量

| 评价工作等级 | | 占地范围内 | 占地范围外 |
| --- | --- | --- | --- |
| 一级 | 生态影响型 | 5个表层样点① | 6个表层样点 |
| | 污染影响型 | 5个柱状样点②，2个表层样点 | 4个表层样点 |
| 二级 | 生态影响型 | 3个表层样点 | 4个表层样点 |
| | 污染影响型 | 3个柱状样点，1个表层样点 | 2个表层样点 |
| 三级 | 生态影响型 | 1个表层样点 | 2个表层样点 |
| | 污染影响型 | 3个表层样点 | — |

注："—"表示无现状监测布点类型与数量的要求。
① 表层样应在0～20cm取样。
② 柱状样点为深层取样，取样深度由建设项目可能影响的垂向深度范围确定，非固定值，应根据土体构型，选取最具代表性的土层进行取样（来源于生态环境部对相关问题的答复）。

### 7.3.2.2　现状监测因子

土壤环境现状监测因子分为基本因子和建设项目的特征因子。既是特征因子又是基本因子的，按特征因子对待。

基本因子为《土壤环境质量　农用地土壤污染风险管控标准（试行）》（GB 15618—2018）、《土壤环境质量建设用地土壤污染风险管控标准（试行）》（GB 36600—2018）中规定的基本项目（包括镉、汞、砷、铅、铬、铜、锌及挥发性有机物和半挥发性有机物，共45项），分别根据调查范围内的土地利用类型选取。

特征因子为建设项目产生的特有因子，根据工程分析确定。

调查范围内每种土壤类型设置的监测点位以及建设项目占地范围及其可能影响区域的土壤环境已存在污染风险的监测点位，须监测基本因子与特征因子；其他监测点位可仅监测特征因子。即全测样并非针对所有监测点，仅针对上述两类监测点位；全测指标亦非全测《土壤环境质量　建设用地土壤污染风险管控标准（试行）》中的基本因子，而是由监测点所处的用地性质确定，具体见表7-8。

**表7-8**　监测点基本因子选取标准

| 监测点位位置 | | 项目占地范围内 | 项目占地范围外 |
| --- | --- | --- | --- |
| 土地利用现状 | 农用地 | GB 36600 | GB 15618 |
| | 建设用地 | GB 36600 | GB 36600 |

注：来源于生态环境部关于土壤环境影响评价问题的答复。

### 7.3.2.3　取样方法及监测频次

（1）取样方法

① 表层样监测点及土壤剖面的土壤监测取样方法　一般监测采集表层土，采样深度0～20cm，特殊要求的监测（土壤背景、环境影响评价、污染事故等）必要时选择部分采样点采集剖面样品。剖面规格一般为长1.5m、宽0.8m、深1.2m。挖掘土壤剖面要使观察面向阳，表土和底土分两侧放置。一般每个剖面采集A、B、C三层土样。地下水位较高时，剖面挖至地下水出露时为止；山地丘陵土层较薄时，剖面挖至风化层。具体可参照《土壤环境监测技术规范》（HJ/T 166—2004）规定执行。

② 柱状样监测点和污染影响型改、扩建项目的土壤监测取样方法　可根据系统随机布点法、专业判断布点法、分区布点法、系统布点法确定采样点位，深层土的采样深度应考虑污染物可能释放和迁移的深度（如地

下管线和储槽埋深）、污染物性质、土壤的质地和孔隙度、地下水位和回填土等因素；采集含挥发性污染物的样品时应尽量减少对样品的扰动，严禁对样品进行均质化处理；土壤样品采集后，应根据污染物的理化性质等，选用合适的容器保存，含汞或有机污染物的土壤样品应在4℃以下保存和运输。具体可参照《建设用地土壤污染状况调查技术导则》（HJ 25.1—2019）、《建设用地土壤污染风险管控和修复监测技术导则》（HJ 25.2—2019）规定执行。

（2）监测频次

① 基本因子　评价工作等级为一级的建设项目，应至少开展1次现状监测；评价工作等级为二级、三级的建设项目，若掌握近3年至少1次的监测数据，可不再进行现状监测；引用监测数据应满足相关要求，并说明数据有效性。

② 特征因子　应至少开展1次现状监测。

### 7.3.3　现状评价

#### 7.3.3.1　现状评价因子与评价标准

（1）现状评价因子　同现状监测因子。

（2）评价标准　可根据调查范围内的土地利用类型，分别选取《土壤环境质量　农用地土壤污染风险管控标准（试行）》《土壤环境质量　建设用地土壤污染风险管控标准（试行）》等标准中的风险筛选值进行评价，土地利用类型无相应标准的可只给出现状监测值。其中，农用地指耕地、园地和草地；建设用地指建造建筑物、构筑物的土地，包括城乡住宅和公共设施用地、工矿用地、交通水利设施用地、旅游用地、军事设施用地等。其他建设用地可参照城市建设用地分类划分，分类依据为：第一类用地主要为儿童和成人均存在长期暴露风险，第二类用地主要是成人存在长期暴露风险。

评价因子在《土壤环境质量　农用地土壤污染风险管控标准（试行）》《土壤环境质量　建设用地土壤污染风险管控标准（试行）》等标准中未规定的，可参照行业、地方或国外相关标准进行评价，无可参照标准的可只给出现状监测值。

土壤盐化和酸化、碱化的分级标准分别见表7-9和表7-10。

表7-9　土壤盐化分级标准

| 分级 | 土壤含盐量（SSC）/（g/kg） | |
| --- | --- | --- |
| | 滨海、半湿润和半干旱地区 | 干旱、半荒漠和荒漠地区 |
| 未盐化 | SSC<1 | SSC<2 |
| 轻度盐化 | 1≤SSC<2 | 2≤SSC<3 |
| 中度盐化 | 2≤SSC<4 | 3≤SSC<5 |
| 重度盐化 | 4≤SSC<6 | 5≤SSC<10 |
| 极重度盐化 | SSC≥6 | SSC≥10 |

注：根据区域自然背景状况适当调整。

表7-10　土壤酸化、碱化分级标准

| 土壤pH值 | 土壤酸化、碱化强度 | 土壤pH值 | 土壤酸化、碱化强度 |
| --- | --- | --- | --- |
| pH<3.5 | 极重度酸化 | 8.5≤pH<9.0 | 轻度碱化 |
| 3.5≤pH<4.0 | 重度酸化 | 9.0≤pH<9.5 | 中度碱化 |
| 4.0≤pH<4.5 | 中度酸化 | 9.5≤pH<10.0 | 重度碱化 |
| 4.5≤pH<5.5 | 轻度酸化 | pH≥10.0 | 极重度碱化 |
| 5.5≤pH<8.5 | 无酸化或无碱化 | | |

注：土壤酸化、碱化强度指受人为影响后呈现的土壤pH值，可根据区域自然背景状况适当调整。

### 7.3.3.2　现状评价方法

对生态影响型建设项目的土壤环境质量现状评价，应对照表7-9和表7-10给出各监测点位土壤盐化、酸化、碱化的级别，统计样本数量、最大值、最小值和均值，并评价均值对应的级别。

对污染影响型建设项目的土壤环境质量现状评价应采用标准指数法评价，并进行统计分析，给出样本数量、最大值、最小值、均值、标准差、检出率和超标率、最大超标倍数等。评价标准通常采用国家土壤环境质量标准。当区域内土壤环境质量作为一个整体与外区域进行比较，或者与历史资料进行比较时，常采用累积指数法评价，以土壤环境背景值为评价标准，可客观反映区域土壤的实际质量状况。

（1）标准指数法　污染物标准指数是污染物实测浓度与标准限值的比值，能比较客观、简明地反映土壤受某污染物（现状评价因子）的影响程度。标准指数小则污染轻，指数大则污染重，大于 1 为超标。其计算方法如式（7-9）：

$$P_i = \frac{C_i}{C_s} \qquad (7\text{-}9)$$

式中，$P_i$ 为第 $i$ 个现状评价因子标准指数；$C_i$ 为第 $i$ 个现状评价因子实测值，mg/kg；$C_s$ 为第 $i$ 个现状评价因子标准限值，mg/kg。

（2）累积指数法　污染物累积指数是污染物实测浓度与该污染物土壤环境背景值的比值，能更好地反映土壤人为污染程度。如地区土壤环境背景值差异较大，尤其是矿藏丰富的地区，在矿藏裸露的区域，通常土壤环境背景值都比较高。累积指数的计算见式（7-10）：

$$p_i = \frac{C_i}{b_0} \qquad (7\text{-}10)$$

式中，$p_i$ 为污染物 $i$ 的累积指数；$C_i$ 为污染物 $i$ 的实测值，mg/kg；$b_0$ 为污染物 $i$ 的土壤环境背景值，mg/kg。

### 7.3.3.3　现状评价结论

生态影响型建设项目应给出土壤盐化、酸化、碱化的现状。

污染影响型建设项目应给出现状评价因子是否满足相关评价标准要求的结论；当现状评价因子存在超标时，应分析超标原因。

## 7.4　土壤环境影响预测与评价

土壤环境影响预测应根据影响识别结果与评价工作等级，结合当地土地利用规划确定预测的范围、时段、内容和方法。

选择适宜的预测方法，预测评价建设项目各实施阶段不同环节与不同环境影响防控措施下的土壤环境影响，给出预测因子的影响范围与程度，明确建设项目对土壤环境的影响结果。重点预测评价建设项目对占地范围外土壤环境敏感目标的累积影响，并根据建设项目特征兼顾对占地范围内的影响。

土壤环境影响分析可定性或半定量地说明建设项目对土壤环境产生的影响及趋势。

建设项目导致土壤潜育化、沼泽化、潴育化和土地沙漠化等影响的，可根据土壤环境特征，结合建设项目特点，分析土壤环境可能受到影响的范围和程度。

### 7.4.1　预测范围、预测时段与预测因子

（1）预测范围　一般与现状调查范围一致。

对于大气沉降、地面漫流影响途径的预测评价工作应重点考虑建设项目对占地范围外土壤环境敏感目标的累积影响，并根据建设项目特征兼顾对占地范围内的影响。

（2）预测时段和预测因子　根据建设项目土壤环境影响识别结果，确定重点预测时段。

污染影响型建设项目应根据环境影响识别出的特征因子选取关键预测因子。可能造成土壤盐化、酸化、碱化影响的建设项目，分别选取土壤盐分含量、pH 值等作为预测因子。

## 7.4.2　影响源强核算

分析土壤环境生态影响型建设项目的影响源情况，需通过开展调查工作，搜集建设项目所在地的降雨量与蒸发量、地下水位埋深、地下水溶解性总固体、土壤质地、土壤 pH 及土壤盐分的背景含量等资料。对于搜集不到的相关资料，需要通过实验室测定获取相关数据。

土壤环境污染影响型建设项目的影响源强按土壤污染途径可分为大气沉降类、地面漫流类及垂直入渗类三类，具体方法参照污染源源强核算技术指南。常用方法如下：

（1）大气沉降类　利用大气环境影响预测模型计算出经大气沉降落入土壤环境的污染物沉降量，单位 $kg/m^2$。

（2）地面漫流类

① 设定径流小区，在产生径流时收集径流液，然后测定径流液中排出物质的量。也可根据当地常年监测径流数据估算。

土壤中某种物质经径流排出量的计算需根据当地土壤质地和降水强度等因素决定。通过查阅资料获得流域土壤蓄水能力，只有降水超过一定强度，土壤处于饱和状态时，才产生径流。故可根据降水强度、蒸发量和土壤蓄水能力等指标，粗略计算径流量，具体见式（7-11）：

$$R = P - W_M - E + P_a \tag{7-11}$$

式中，$R$ 为径流量，mm；$P$ 为降水量（或灌溉量），mm；$W_M$ 为土壤蓄水能力（可查阅相关资料获取），mm；$E$ 为蒸发量，mm；$P_a$ 为前期影响雨量（与土壤含水量有关，可使用土壤含水量换算），mm。

② 可根据常规地面漫流产流量估算汇水面积中某种污染物的含量。

（3）垂直入渗类

① 采用室内土柱模拟测定法模拟降雨淋溶过程。土柱用原状土装填，在土柱底端用烧杯或其他器皿盛装淋溶物，记录一定时间内从土柱中淋溶排出的溶液体积，从而计算单位时间内土壤中某种物质经淋溶排出的量。

② 采用类比法类比物料中可溶于水中的某种污染物浓度的测定结果。

## 7.4.3　预测与评价方法

土壤环境影响预测与评价方法应根据建设项目土壤环境影响类型与评价工作等级确定。

评价工作等级为三级的污染影响型或生态影响型建设项目，可采用定性描述或类比法进行预测。

评价工作等级为一级、二级的污染影响型建设项目，采用面源污染和点源污染影响预测方法预测或进行类比分析；占地范围内还应根据土体构型、土壤质地、饱和导水率等分析其可能影响的深度。

评价工作等级为一级、二级的可能引起土壤盐化、酸化、碱化等的生态影响型建设项目，采用面源污染影响、点源污染影响和土壤盐化综合评分三种预测方法预测或进行类比分析。

### 7.4.3.1　面源污染影响预测方法

本方法适用于可概化为以面源形式进入土壤环境的某种物质的影响预测，包括大气沉降、地面漫流以及盐、酸、碱类等物质进入土壤环境引起的土壤盐化、酸化、碱化等。

（1）一般方法和步骤

① 通过工程分析计算土壤中某种物质的输入量；涉及大气沉降影响的，可参照《环境影响评价技术导则　大气环境》相关技术方法给出。

② 土壤中某种物质的输出量主要包括淋溶或径流排出、土壤缓冲消耗等两部分；植物吸收量通常较小，

不予考虑；涉及大气沉降影响的，可不考虑输出量。

③ 分析比较输入量和输出量，计算土壤中某种物质的增量。

④ 将土壤中某种物质的增量与土壤现状值进行叠加后，进行土壤环境影响预测。

（2）预测方法

① 单位质量土壤中某种物质的增加量可用式（7-12）计算：

$$\Delta S = \frac{n(I_S - L_S - R_S)}{\rho_b AD} \tag{7-12}$$

式中，$\Delta S$ 为单位质量表层土壤中某种物质的增加量，单位为 g/kg，若为表层土壤中游离酸或游离碱浓度增加量，单位为 mmol/kg；$I_S$、$L_S$、$R_S$ 分别为预测范围内单位年份表层土壤中某种物质的输入量、经淋溶排出的量、经径流排出的量，单位为 g，若输入、经淋溶排出、经径流排出的物质为游离酸或游离碱，单位为 mmol；$\rho_b$ 为表层土壤容重，kg/m³；$A$ 为预测范围，m²；$D$ 为表层土壤深度，一般取 0.2m，可根据实际情况适当调整；$n$ 为持续年份，a。

② 单位质量土壤中某种物质的预测值可根据其增加量叠加现状值进行计算，如式（7-13）：

$$S = S_b + \Delta S \tag{7-13}$$

式中，$S$ 为单位质量土壤中某种物质的预测值，g/kg；$S_b$ 为单位质量土壤中某种物质的现状值，g/kg。

③ 酸性物质或碱性物质排放后表层土壤 pH 预测值，可根据表层土壤游离酸或游离碱浓度的增加量进行计算，如式（7-14）：

$$pH = pH_b \pm \Delta S / BC_{pH} \tag{7-14}$$

式中，pH 为土壤 pH 预测值；$pH_b$ 为土壤 pH 现状值；$BC_{pH}$ 为缓冲容量，mmol/kg。

缓冲容量（$BC_{pH}$）测定方法：采集项目区土壤样品，加入不同量游离酸或游离碱后分别进行 pH 值测定，绘制游离酸或游离碱浓度和 pH 值间的曲线，曲线斜率即为缓冲容量。

### 7.4.3.2　点源污染影响预测方法

本方法适用于某种污染物以点源形式垂直进入土壤环境的影响预测，重点预测污染物可能影响到的深度。

（1）一维非饱和溶质垂向运移控制方程　如式（7-15）：

$$\frac{\partial(\theta c)}{\partial t} = \frac{\partial}{\partial z}\left(\theta D \frac{\partial c}{\partial z}\right) - \frac{\partial}{\partial z}(qc) \tag{7-15}$$

式中，$c$ 为介质中污染物的浓度，mg/L；$D$ 为弥散系数，m²/d；$q$ 为渗流速率，m/d；$z$ 为沿 $z$ 轴的距离，m；$t$ 为时间变量，d；$\theta$ 为土壤含水率，%。

（2）初始条件　如式（7-16）：

$$c(z,t) = 0 \qquad t = 0,\ L \leqslant z < 0 \tag{7-16}$$

（3）边界条件

① 第一类 Dirichlet 边界条件　式（7-17）适用于连续点源情景，式（7-18）适用于非连续点源情景。

$$c(z,t) = c_0 \qquad t > 0,\ z = 0 \tag{7-17}$$

$$c(z,t) = \begin{cases} c_0 & 0 < t \leqslant t_0 \\ 0 & t > t_0 \end{cases} \tag{7-18}$$

② 第二类 Neumann 零梯度边界　如式（7-19）：

$$-\theta D \frac{\partial c}{\partial z} = 0 \qquad t > 0,\ z = L \tag{7-19}$$

### 7.4.3.3　土壤盐化综合评分预测方法

根据表 7-11 选取各项影响因素的分值与权重，采用式（7-20）计算土壤盐化综合评分值（Sa），对照表 7-12 得出土壤盐化综合评分预测结果。

$$Sa = \sum_{i=1}^{n} Wx_i \times Ix_i \tag{7-20}$$

式中，$n$ 为影响因素指标数目；$Ix_i$ 为影响因素 $i$ 指标评分；$Wx_i$ 为影响因素 $i$ 指标权重。

**表7-11**　土壤盐化影响因素赋值

| 影响因素 | 分值 | | | | 权重 |
| --- | --- | --- | --- | --- | --- |
| | **0分** | **2分** | **4分** | **6分** | |
| 地下水水位埋深（GWD）/m | GWD≥2.5 | 1.5≤GWD<2.5 | 1.0≤GWD<1.5 | GWD<1.0 | 0.35 |
| 干燥度（蒸降比值）（EPR） | EPR<1.2 | 1.2≤EPR<2.5 | 2.5≤EPR<6 | EPR≥6 | 0.25 |
| 土壤本底含盐量（SSC）/（g/kg） | SSC<1 | 1≤SSC<2 | 2≤SSC<4 | SSC≥4 | 0.15 |
| 地下水溶解性总固体（TDS）/（g/L） | TDS<1 | 1≤TDS<2 | 2≤TDS<5 | TDS≥5 | 0.15 |
| 土壤质地 | 黏土 | 砂土 | 壤土 | 砂壤、粉土、砂粉土 | 0.10 |

**表7-12**　土壤盐化预测

| 土壤盐化综合评分值（Sa） | Sa<1 | 1≤Sa<2 | 2≤Sa<3 | 3≤Sa<4.5 | Sa≥4.5 |
| --- | --- | --- | --- | --- | --- |
| 土壤盐化综合评分预测结果 | 未盐化 | 轻度盐化 | 中度盐化 | 重度盐化 | 极重度盐化 |

## 7.4.4　预测评价结论

以下情况可得出建设项目土壤环境影响可接受的结论：

① 建设项目各不同阶段，土壤环境敏感目标处或占地范围内各评价因子均满足相关标准要求的。

② 生态影响型建设项目各不同阶段，出现或加重土壤盐化、酸化、碱化等问题，但采取防控措施后，可满足相关标准要求的。

③ 污染影响型建设项目各不同阶段，土壤环境敏感目标处或占地范围内有个别点位、层位或预测因子出现超标，但采取必要措施后，可满足《土壤环境质量　农用地土壤污染风险管控标准（试行）》《土壤环境质量　建设用地土壤污染风险管控标准（试行）》或其他土壤污染防治相关管理规定的。

以下情况不能得出建设项目土壤环境影响可接受的结论：

① 生态影响型建设项目，土壤盐化、酸化、碱化等对预测范围内土壤原有生态功能造成重大不可逆影响的。

② 污染影响型建设项目各不同阶段，土壤环境敏感目标处或占地范围内多个点位、层位或预测因子出现超标，采取必要措施后，仍无法满足《土壤环境质量　农用地土壤污染风险管控标准（试行）》《土壤环境质量　建设用地土壤污染风险管控标准（试行）》或其他土壤污染防治相关管理规定的。

# 7.5　土壤环境保护措施与对策

## 7.5.1　基本要求

① 土壤环境保护措施与对策应包括保护的对象、目标，措施的内容、设施的规模及工艺、实施部位和时间、实施的保证措施、预期效果的分析，在此基础上估算（概算）环境保护投资，并编制环境保护措施布置图。

② 在建设项目可行性研究提出的影响防控对策基础上，结合建设项目特点、调查评价范围内的土壤环境

质量现状，根据环境影响预测与评价结果，提出合理、可行、操作性强的土壤环境影响防控措施。

③ 改、扩建项目应针对现有工程引起的土壤环境影响问题，提出"以新带老"措施，有效减轻影响程度或控制影响范围，防止土壤环境影响加重。

④ 涉及取土的建设项目，所取土壤应满足占地范围对应的土壤环境相关标准要求，并说明其来源；弃土应按照固体废物相关规定进行处理处置，确保不产生二次污染。

## 7.5.2　环境保护措施

（1）土壤环境质量现状保障措施　对于建设项目占地范围内的土壤环境质量存在点位超标的，应依据土壤污染防治相关管理办法、规定和标准，采取有关土壤污染防治措施。

（2）源头控制措施　生态影响型建设项目应结合项目的生态影响特征、按照生态系统功能优化的理念、坚持高效适用的原则，提出源头防控措施。

污染影响型建设项目应针对关键污染源、污染物的迁移途径提出源头控制措施，并与《环境影响评价技术导则　大气环境》《环境影响评价技术导则　地表水环境》《环境影响评价技术导则　地下水环境》《环境影响评价技术导则　生态影响》及《建设项目环境风险评价技术导则》等相关标准要求相协调。

（3）过程防控措施　建设项目根据行业特点与占地范围内的土壤特性，按照相关技术要求采取过程阻断、污染物削减和分区防控措施。

对于生态影响型建设项目，涉及酸化、碱化影响的可采取相应措施调节土壤 pH 值，以减轻土壤酸化、碱化的程度；涉及盐化影响的，可采取排水排盐或降低地下水位等措施，以减轻土壤盐化的程度。

对于污染影响型建设项目，涉及大气沉降影响的，占地范围内应采取绿化措施，以种植具有较强吸附能力的植物为主；涉及地面漫流影响的，应根据建设项目所在地的地形特点优化地面布局，必要时设置地面硬化、围堰或围墙，以防止土壤环境污染；涉及入渗途径影响的，应根据相关标准规范要求，对设备设施采取相应的防渗措施，以防止土壤环境污染。

## 7.5.3　跟踪监测

土壤环境跟踪监测措施包括制订跟踪监测计划，建立跟踪监测制度，以便及时发现问题，采取措施。土壤环境跟踪监测计划应明确监测点位、监测指标、监测频次以及执行标准等。监测计划还应包括向社会公开的信息内容。

① 监测点位应布设在重点影响区和土壤环境敏感目标附近；

② 监测指标应选择建设项目特征因子；

③ 评价工作等级为一级的建设项目一般每 3 年内开展 1 次监测工作，二级的每 5 年内开展 1 次，三级的必要时可开展跟踪监测；

④ 生态影响型建设项目跟踪监测应尽量在农作物收割后开展；

⑤ 执行标准同现状评价标准。

**土壤环境影响评价案例**

**课后练习**

某新建煤制烯烃项目
土壤环境影响评价

一、正误判断题

1. 土壤环境是指受人为因素作用的，由矿物质、有机质、水、空气、生物有机体等组成的陆地表面疏松综合体。（　　）

2. 土壤环境影响评价工作中环境影响识别的内容包括识别建设项目土壤环境影响类型与影响方式、影响程度与

影响途径、影响源与影响因子，初步分析可能影响的范围。（　　　　）

3. 土壤环境现状调查范围应包括建设项目可能影响的范围，能满足土壤环境影响预测和评价要求；改、扩建类建设项目的现状调查评价范围还应兼顾现有工程可能影响的范围。（　　　　）

4. 建设项目（除线性工程外）土壤环境影响现状调查评价范围可根据建设项目影响类型、污染类型、用地类型、地形地貌、水文地质条件等确定并说明。（　　　　）

5. 生态影响型建设项目各不同阶段，出现或加重土壤盐化、酸化、碱化，评价范围内评价因子出现超标等问题，但采取防控措施后，可满足相关标准要求的，可得出建设项目土壤环境影响可接受的结论。（　　　　）

6. 土壤环境现状监测布点时，二级评价污染影响型建设项目占地范围内至少需布设 2 个表层样点。（　　　　）

7. 污染影响型建设项目在进行土壤环境现状监测布点时，若占地范围超过 $100hm^2$ 的，每增加 $20hm^2$ 增加 1 个监测点。（　　　　）

8. 大气沉降、地面漫流、垂直入渗和地下水位变化都属于污染影响型建设项目土壤环境污染途径。（　　　　）

9. 可能造成土壤盐化、酸化、碱化影响的建设项目，至少应分别选取土壤盐分含量、pH 值、阳离子交换量和氧化还原电位等作为预测因子。（　　　　）

10. 土壤环境质量现状评价方法应采用标准指数法。（　　　　）

## 二、不定项选择题（每题的备选项中，至少有一个符合题意）。

1. 某半干旱地区土壤含盐量为 2.0 g/kg，根据土壤盐化分级标准，判定该地区土壤为（　　　　）。
　　A. 未盐化　　　　　　　　　B. 轻度盐化　　　　　　　　　C. 中度盐化　　　　　　　　　D. 轻度或中度盐化

2. 土壤污染途径包括（　　　　）。
　　A. 大气沉降　　　　　　　　B. 地面漫流　　　　　　　　　C. 垂直入渗　　　　　　　　　D. 其他类途径

3. 关于建设项目土壤环境保护措施的说法正确的有（　　　　）。
　　A. 涉及地面漫流影响的，占地范围内应采取绿化措施
　　B. 涉及盐化影响的，可采取排水排盐等措施
　　C. 涉及盐化影响的，可采取提高地下水位等措施
　　D. 涉及大气沉降影响的，可采取设置地面硬化、围堰或围墙等措施

4. 危险品、化学品或石油等输送管线应以工程边界两侧向外延伸（　　　　）作为土壤环境影响现状调查范围。
　　A. 0.2km　　　　　　　　　B. 0.3km　　　　　　　　　　C. 0.5km　　　　　　　　　　D. 0.8km

5. 污染影响型建设项目土壤环境理化特性调查主要内容包括（　　　　）。
　　A. 土壤本底值　　　　　　　B. 蒸发系数　　　　　　　　　C. 土壤质地　　　　　　　　　D. 土壤饱和导水率

6. 下列关于土壤酸化、碱化分级说法正确的是（　　　　）。
　　A. 土壤酸化强度可分为极重度、重度、中度、轻度四个级别
　　B. 土壤碱化强度可分为极重度、重度、中度、轻度四个级别
　　C. 土壤酸化强度可分为重度、中度、轻度三个级别
　　D. 土壤碱化强度可分为重度、中度、轻度三个级别

7. 关于土壤环境影响预测计算，要分析比较输入量和输出量，计算土壤中某种物质的增量。通常来说，输出量应考虑（　　　　）。
　　A. 淋溶作用　　　　B. 径流排出　　　　C. 土壤缓冲消耗　　　D. 植物吸收量

8. 关于土壤环境影响评价，以下表述正确的是（　　　　）。
　　A. 评价工作等级为一级的建设项目，可采用类比分析法进行预测
　　B. 评价工作等级为二级的建设项目，可采用公式法进行预测
　　C. 评价工作等级为三级的建设项目，可采用定性描述预测
　　D. 评价工作等级为三级的建设项目，可采用类比分析法进行预测

9. 建设项目土壤环境影响现状调查评价时，应根据建设项目特点、可能产生的环境影响和当地环境特征，有针

对性收集调查评价范围内的相关资料，主要包括的内容有（    ）。

A. 土地利用历史情况、土地利用现状图　　　B. 土地利用规划图、地形地貌特征资料

C. 土壤类型分布图　　　　　　　　　　　　D. 气象资料、水文及水文地质资料

10. 下列关于土壤环境现状监测频次要求的说法正确的是（    ）。

A. 评价工作等级为一级的建设项目，基本因子应至少开展 1 次现状监测

B. 评价工作等级为三级的建设项目，若有 1 次监测数据，基本因子可不再进行现状监测

C. 引用基本因子监测数据应说明数据有效性

D. 特征因子应至少开展 1 次现状监测

## 三、问答题

1. 土壤环境影响类型如何划分？

2. 污染影响型建设项目土壤环境质量现状评价的方法是什么？

3. 如何确定生态影响型建设项目土壤环境影响评价工作等级？

4. 土壤环境影响评价现状调查与评价的原则要求有哪些？

5. 试述土壤面源污染的环境影响预测方法。

---

### 🔆 案例分析题

1. 某县新建污水处理厂项目，东北侧2km有一纸业有限公司，厂区附近有人工湿地，厂区南侧为林地和草地，西侧为农田，北侧为荒草地，建设项目的建设内容包括污水处理厂的装置及构筑物、环保设施、公用设施等，占地面积为4.5hm²，设计处理能力为50000m³/d（不含项目配套的厂外污水管网）。具体的处理工艺为旋流沉砂池+水解酸化池+改良A²/O反应池+二沉池+混凝沉淀池+滤布滤池+紫外线消毒，即改良A²/O工艺+滤布滤池深度处理技术。污水污染物主要为COD、BOD₅、SS、氨氮、TN、TP。

问题：（1）建设项目可能产生的土壤污染源及影响因子有哪些？（2）确定该项目的土壤环境影响评价工作等级和范围，并说明理由。

2. 某市一危险废物处置厂位于某化工园区内，周边均为企业。该厂现有废金属包装桶再生利用和废铅酸蓄电池、废润滑油的收集贮存转运项目，年收集废铅酸蓄电池20000t、废润滑油3000t、再生金属包装桶1000t。根据市场需要，拟将现有的废金属包装桶再生利用生产线及其配套暂存库停用并更新设备，投资建设年处理危险废物10000t项目，其中处置废油桶3000t，废机油滤芯1000t，废漆料桶5000t（油性漆，主要涉及甲苯、二甲苯和固废的漆渣），废塑料机油桶和溶剂桶［主要用于乙酸乙酯、二甲基乙酰胺（DMAC）、甲苯等有机溶剂］1000t。主体工程包括依托现有改造的暂存仓库、处理车间、成品库等。附属工程包括办公楼、废水处理站、废气处理装置、事故池等。该项目设置2条生产线，生产线A负责处置废油桶、废机油滤芯和废漆料桶，生产线B负责处置废塑料机油桶和溶剂桶。环评单位现场调查期间发现：危险废物暂存库主要是暂存废油桶，车间设置排气扇，空气经排气扇排入环境；危险废物仓库废油桶采用铁质托盘暂存；废油暂存罐区设置2个100m³常压罐，设置排气口与大气互通；根据现场踏勘和验收调查报告，位于厂区西南角设置1个100m³事故池，池子底部和四周采取普通硅酸盐水泥硬化；厂区地面冲洗废水、生活污水和经过隔油处理后的废油桶清洗废水混合达标排入市政污水管网；企业在厂区南侧设置1眼监控井用于跟踪监测地下水影响。根据建设单位反馈，完全做到环保守法，无现有环境问题。

问题：（1）判断土壤环境影响评价工作等级。（2）给出土壤环境影响评价现状调查的主要内容。

# 8 声环境影响评价

○○ ── ○○ ○ ○○ ──────

## 📚 案例引导

　　语言与听力是人类相互交流和认识世界的重要手段。美妙的声音给人美的享受，一曲《我爱你中国》唱响了新时代全中国人的心声，一曲《高山流水》成就了千古知音俞伯牙和钟子期……而工地上施工机械的轰鸣声、公路上来往车辆的鸣笛声、商场外大喇叭传出的叫卖声、广场上各种音响设备交织在一起的吵闹声，无一不刺激着人们的听觉神经，严重影响着附近正在学习、工作或休息的人们。当工业生产、建筑施工、交通运输和社会生活中所产生的声音干扰了周围的生活环境时，即形成噪声。而长时间暴露于噪声环境的人们，不仅听觉系统受到直接影响和损伤，神经系统、心血管系统、内分泌系统、消化系统等也会受到不同程度的间接影响，甚至产生身心疾病。

　　《2020年中国环境噪声污染防治报告》指出，2019年全国城市功能区声环境质量昼间总点次达标率为92.4%，夜间总点次达标率为74.4%。该报告同时指出，2019年全国噪声扰民问题举报20多万件，占全部举报的38.1%，仅次于大气污染的举报数量。在所有的扰民噪声中，建筑施工噪声占45.4%，工业噪声、社会生活噪声和交通噪声分别占26.5%、24.0%和4.1%。这些数据表明，对噪声污染的防治仍然任重道远。

　　正如图8-1中信息所示，声音与人的听觉感受有着密切关系。人们的各种生产、生活活动以及各种开发建设活动，都存在着这样或那样的噪声源。这就需要我们对建设项目的各种工程内容进行噪声影响因素的识别，依据噪声源的识别结果，分析评价建设项目实施可能引起的声环境质量的变化及其对声敏感目标的影响程度，进行建设项目总图的合理布局。在此基础上，结合噪声源与保护目标之间的时空关系，采取切实可行的预防或防治噪声污染的具体措施，确保声环境质量达到相应标准，以营造优雅宁静、安静祥和的声环境，并使之符合声环境功能区要求。

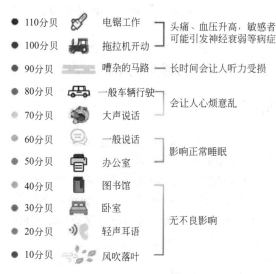

**图8-1** 不同声音与人的听觉感受

---

👁 **学习目标**

---

○ 掌握声的基础知识和基本概念。

○ 熟悉声环境影响评价的基本任务。

○ 掌握声环境影响评价工作等级和评价范围的确定依据。

○ 掌握噪声现状调查与评价、噪声影响预测与评价的主要内容。

○ 熟悉典型行业的噪声影响预测方法和计算模式。

○ 熟悉噪声防治常用措施。

# 8.1  基础知识

## 8.1.1  声与声源

声具有双重含义。一是指声波：它来源于发声体振动引起的周围介质的质点位移及质点密度的疏密变化；二是指声音：当声波传入人耳时，引起鼓膜振动并刺激听觉神经使人产生的一种主观感觉。

声源是指能够产生声波或声音的装置、设备、物体或行为，如火车行进时产生振动的车轮与铁轨、正在发声的汽笛、正在运行的车床、禽畜养殖场动物的叫声等。声源按照所在位置分为固定声源和移动声源；按照发声时间分为频发声源和偶发声源；按声波的辐射形式和传播距离分为点声源、线声源和面声源。

声的传播必须具备声源、传播介质、接收者三个要素，缺一不可。声源一旦离开传播介质即变得寂静无声。

## 8.1.2  噪声及噪声污染

### 8.1.2.1  噪声

噪声是指在工业生产、建筑施工、交通运输和社会生活中产生的干扰周围生活环境的声音（频率在20～20000Hz 的可听声范围内）。

噪声按来源分为工业噪声、建筑施工噪声、交通运输噪声、社会生活噪声；按发声机理分为机械噪声、空气动力性噪声和电磁噪声；按声波频率分为低频噪声（$<500Hz$）、中频噪声（$500\sim1000Hz$）和高频噪声（$>1000Hz$）；按时间变化分为稳态噪声（在测量时间内声源的声级起伏≤3dB）和非稳态噪声（在测量时间内声源的声级起伏>3dB）。

### 8.1.2.2  噪声污染

噪声污染是指超过噪声排放标准或者未依法采取防控措施产生噪声，并干扰他人正常生活、工作和学习的现象。噪声污染一般没有残余污染物，是局部性的物理性污染。声源停止振动或发出声音，噪声污染随之消除，不会引起区域或全球性污染。

噪声污染的危害主要有损害听力、诱发疾病、影响正常生活等。

## 8.1.3 声物理量

### 8.1.3.1 波长、频率和声速

（1）波长　声波使传播介质中的质点振动交替地达到最高值和最低值，相邻两个最高值或最低值之间的距离，记为$\lambda$，单位为nm。

（2）频率　单位时间内发声体引起周围介质中的质点振动的次数，记为$f$，单位为赫兹（Hz）。人耳能听到的声波频率范围是20～20000Hz，低于20Hz的声波为次声波，高于20000Hz的声波为超声波。

（3）声速　单位时间内声波在传播介质中通过的距离，记为$C$，单位为m/s。声速与介质的温度和密度有关。介质的温度越高，声速越快；介质的密度越大，声速越快。

### 8.1.3.2 声压与声压级

（1）声压　声波在介质中传播时所引起的介质压强的变化，记为$P$，单位为Pa。声波作用于介质时每一瞬间引起的介质内部压强的变化，称为瞬时声压。一段时间内瞬时声压的均方根称为有效声压，用于描述介质所受声压的有效值，实际中常用有效声压代替声压。

（2）声压级　对于1000Hz的声波，人耳的听阈声压为$2\times10^{-5}$Pa，痛阈声压为20Pa，相差6个数量级，用声压表示声音的大小不方便，加之人耳对声音的感觉与声音强度的对数值成正比，因此，以人耳对1000Hz声波的听阈值为基准声压，用声压比的对数值表示声音的大小，称为声压级，记为$L_P$，单位为dB（分贝）。某一声压$P$的声压级表示为：

$$L_P=20\lg(P/P_0) \tag{8-1}$$

式中，$P_0$为基准声压值，$P_0=2\times10^{-5}$Pa。

### 8.1.3.3 声强与声强级

（1）声强　单位时间内透过垂直于声波传播方向单位面积的有效声压，记为$I$，单位为W/m²。自由声场中某处的声强$I$与该处声压$P$的平方成正比，常温下：

$$I=P^2/(\rho C) \tag{8-2}$$

式中，$\rho$为介质密度，kg/m³；$C$为声速，m/s，常温下以空气为声波传播介质时，$\rho C=415$ N·s/m³。

（2）声强级　与确定声压级的原理相同，用$L_I$表示某一声强$I$的声强级，单位为dB。

$$L_I=10\lg(I/I_0) \tag{8-3}$$

式中，$I_0$为基准声强值，$I_0=1\times10^{-12}$W/m²。

### 8.1.3.4 声功率与声功率级

（1）声功率　单位时间内声波辐射的总能量，记为$W$，单位为W。声强与声功率之间的关系为：

$$I=W/S \tag{8-4}$$

式中，$S$为声波传播过程中通过的面积，m²。

（2）声功率级　同理，用$L_W$表示某一声功率$W$的声功率级，单位为dB。

$$L_W=10\lg(W/W_0) \tag{8-5}$$

式中，$W_0$为基准声功率值，$W_0=1\times10^{-12}$W。

声压级、声强级、声功率级都是描述空间声场中某处声音大小的物理量。实际工作中常用声压级评价声环境功能区的声环境质量，用声功率级评价声源源强。

### 8.1.3.5  倍频带声压级和倍频带声功率级

人耳能听到的声波频率范围是 20～20000Hz，上下限相差 1000 倍，一般情况下，不可能也没有必要对每一个频率逐一测量。为方便和实用，通常把声频的变化范围划分为若干个区段，称为频带（频段或频程）。

实际应用中，根据人耳对声音频率的反应，把可听声频率分成 10 段频带，每一段的上限频率是下限频率的两倍，即上下限频率之比为 2∶1（称为 1 倍频），同时取上限与下限频率的几何平均值作为该倍频带的中心频率，并以此表示该倍频带。噪声测量中常用的倍频带中心频率为 31.5Hz、63Hz、125Hz、250Hz、500Hz、1000Hz、2000Hz、4000Hz、8000Hz 和 16000Hz，这 10 个倍频带涵盖全部可听声范围。

在实际噪声测量中用 63～8000Hz 的 8 个倍频带就能满足测量需求。在同一个倍频带频率范围内，声压级的累加称为倍频带声压级（记为 $L_P$，单位为 dB），声功率级的累加称为倍频带声功率级（用 $L_W$ 表示，单位为 dB），实际中采用等比带宽滤波器直接测量。等比带宽是指滤波器上、下截止频率 $f_u$ 与 $f_l$ 之比以 2 为底的对数值 $[\log_2(f_u/f_l)]$，为一常数 $n$，常用 1 倍频程滤波器（$n=1$）和 1/3 倍频程滤波器（$n=1/3$）来测量。

## 8.1.4  噪声评价量

在声环境影响评价中，由于声源的不同，其产生的声音强弱和频率高低不同，而且有些声波是连续稳态的，有些是间歇非稳态的，同时声音在不同时空范围内对人的影响程度不同，对此需要采用不同的评价量对其进行客观评价。

### 8.1.4.1  A 声级和最大 A 声级

噪声的度量与噪声的特性和人耳对声音的主观感觉有关。人耳对声音的感觉与声压级和频率有关，声压级相同而频率不同时，高频声音比低频声音响。根据人耳的这种听觉特性，在声学测量仪器中设计了一种特殊的滤波器，称为计权网络。当声音进入网络时，中、低频率的声音按比例衰减通过，而 1000Hz 以上的高频声则无衰减通过。通常有 A、B、C、D 四种计权网络，其中被 A 网络计权的声压级称为 A 声级，记为 $L_A$，单位为 dB(A)。A 声级较好地反映了人们对噪声的主观感觉，是模拟人耳对 55dB 以下低强度噪声的频率特性而设计的，用来描述声环境功能区的声环境质量和声源源强，几乎成为一切噪声评价的基本量。

在规定的测量时段内或对于某独立的噪声事件，测得的 A 声级最大值，称为最大 A 声级，记为 $L_{max}$，单位为 dB(A)。对声环境中声源产生的夜间偶发、夜间突发、夜间频发噪声，或非稳态噪声，采用最大 A 声级描述。

### 8.1.4.2  等效连续 A 声级

对于非稳态噪声，在声场内的某一点上，将规定测量时段 $T$ 内的各瞬时 A 声级的能量平均值称为等效连续 A 声级，记为 $L_{Aeq,T}$，单位为 dB(A)。其数学表达式为：

$$L_{Aeq,T} = 10\lg\left[\frac{1}{T}\int_0^T 10^{0.1L_A}\,\mathrm{d}t\right] \tag{8-6}$$

式中，$L_A$ 为 $t$ 时刻的瞬时 A 声级，dB(A)；$T$ 为规定的测量时段，s。

实际噪声测量中，若缺少噪声自动监测设备，则采取等时间间隔取样，$L_{Aeq,T}$ 按式（8-7）计算：

$$L_{Aeq,T} = 10\lg\left[\frac{1}{N}\sum_{i=1}^{N}(10^{0.1L_{Ai}})\right] \tag{8-7}$$

式中，$L_{Aeq,T}$ 为 $N$ 次取样的等效连续 A 声级，dB(A)；$L_{Ai}$ 为第 $i$ 次取样的 A 声级，dB(A)；$N$ 为取样总次数。

### 8.1.4.3 昼间等效声级和夜间等效声级

噪声在昼间（6：00至22：00）和夜间（22：00至次日6：00）对人的影响程度不同，利用等效连续A声级计算公式可分别计算昼间等效声级［昼间时段内测得的等效连续A声级，记为$L_d$，单位为dB(A)］和夜间等效声级［夜间时段内测得的等效连续A声级，记为$L_n$，单位为dB(A)］，作为声环境功能区的声环境质量评价量和厂界（场界、边界）噪声的评价量。

### 8.1.4.4 列车通过时段内等效连续A声级

列车通过时段内等效连续A声级用于评价列车通过影响区域时，在规定测量时段内所产生的噪声对周围环境的影响。其中，单列车通过预测点处的等效连续A声级记为$L_{\mathrm{Aeq},T_P}$，单位为dB(A)，见式（8-8）；同一类型的所有列车通过预测点处的总等效连续A声级记为$L_{\mathrm{Aeq},T_R}$，单位为dB(A)，见式（8-9）。

$$L_{\mathrm{Aeq},T_P} = 10\lg\left[\frac{1}{t_2-t_1}\int_{t_1}^{t_2}\frac{P_A^2(t)}{P_0^2}\mathrm{d}t\right] \tag{8-8}$$

式中，$t_2$和$t_1$分别是测量时段的结束时间和开始时间，s；$P_A(t)$为瞬时噪声A声压，Pa；$P_0$为基准声压，$P_0 = 20\mu\mathrm{Pa}$。

$$L_{\mathrm{Aeq},T_R} = 10\lg\left[\frac{1}{T}\left(\sum nt_{\mathrm{eq}}10^{0.1L_{\mathrm{Aeq},T_P}}\right)\right] \tag{8-9}$$

式中，$T$为测量经过的时段，s；$n$为$T$时段内通过的同一类型的列车数量；$t_{\mathrm{eq}}$为列车通过时段的等效时间，s，计算见式（8-10）。

$$t_{\mathrm{eq}} = \frac{l}{v}\left(l + \frac{0.8d}{l}\right) \tag{8-10}$$

式中，$l$为列车的长度，m；$v$为列车的运行速度，m/s；$d$为预测点到线路中心线的水平距离，m。

### 8.1.4.5 机场区域飞机噪声评价量

（1）计权等效连续感觉噪声级　用于评价航空器（起飞、降落、低空飞越）通过机场周围区域时造成的声环境影响。其特点是同时考虑24h内航空器通过某一固定点所产生的总噪声级和不同时间内航空器对周围环境的影响，记为$L_{\mathrm{WECPN}}$，单位为dB。

$$L_{\mathrm{WECPN}} = \overline{L}_{\mathrm{EPN}} + 10\lg(N_1 + 3N_2 + 10N_3) - 39.4 \tag{8-11}$$

式中，$N_1$、$N_2$、$N_3$依次为白天7～19时、傍晚19～22时、夜间22～7时对某个预测点声环境产生噪声影响的飞行架次；$\overline{L}_{\mathrm{EPN}}$为$N$次飞行有效感觉噪声级的能量平均值，dB，计算方法见式（8-12），其中$N=N_1+N_2+N_3$。

$$\overline{L}_{\mathrm{EPN}} = 10\lg\left(\frac{1}{N_1+N_2+N_3}\sum_i\sum_j 10^{0.1L_{\mathrm{EPN}ij}}\right) \tag{8-12}$$

式中，$L_{\mathrm{EPN}ij}$为$j$航路第$i$架次飞机在预测点产生的有效感觉噪声级，dB。其值与发动机推力、预测点距离、飞机机型、起落及飞行速度、声音衰减等因素有关。一般直接利用国际民航组织、其他有关组织或航空器生产厂提供的数据，在必要情况下按有关规定进行实测。

（2）暴露声级　在规定测量时段内或对于某一独立噪声事件，将其声能量等效为1s作用时间的A计权声压级，记为$L_{\mathrm{AE}}$，单位为dB(A)。其计算公式为：

$$L_{AE} = 10 \lg \left[ \frac{1}{T_0} \int_0^T 10^{0.1L_A} \right] \tag{8-13}$$

式中，$L_A$ 为某时刻的瞬时 A 声级，dB(A)；$T$ 为规定的测量时段，s；$T_0$ 为 1s。

（3）昼夜等效声级　目前国际上广泛采用以 A 声级为基础的昼夜等效声级（$L_{dn}$）评价飞机起飞、降落、低空飞越时产生的噪声。为与国际接轨，并借鉴国际上近年来发表的大量噪声暴露与烦恼反应的研究数据，采用 $L_{dn}$ 评价量有利于我国参考国外机场噪声控制经验，减轻我国机场飞机噪声对周围环境的影响。考虑人们对飞机噪声的昼夜敏感性差异，将夜间产生的飞机噪声增加 10dB(A) 的补偿量。昼夜等效声级计算公式见式（8-14）：

$$L_{dn} = 10 \lg \left[ \frac{1}{86400} \left( \sum_{i=1}^{N_d} 10^{0.1L_{AEi}} + \sum_{j=1}^{N_n} 10^{0.1(L_{AEj}+10)} \right) \right] \tag{8-14}$$

式中，$L_{AEi}$ 为昼间第 $i$ 次飞机噪声事件的暴露声级，dB(A)；$L_{AEj}$ 为夜间第 $j$ 次飞机噪声事件的暴露声级，dB(A)；$N_d$ 为昼间飞行架次；$N_n$ 为夜间飞行架次。

（4）年均昼夜等效声级　每天昼夜等效声级的全年能量平均值，用作限定机场周围区域飞机排放噪声的标准值，符号 $YL_{dn}$，单位 dB(A)，计算方法见式（8-15）：

$$YL_{dn} = 10 \lg \left( \frac{1}{365} \sum_{i=1}^{365} 10^{0.1L_{dn}} \right) \tag{8-15}$$

式中，365 为平年的取值，闰年时取 366。

### 8.1.4.6　累积百分声级

累积百分声级是指占测量时段一定比例的累积时间内 A 声级的极小值，用作评价测量时段内噪声强度时间统计分布特征的指标，故又称为统计百分声级，记为 $L_N$。常用 $L_{10}$、$L_{50}$、$L_{90}$，其含义如下：

测定时间内，$L_{10}$ 表示在测量时段内有 10% 的时间超过的噪声级，相当于噪声平均峰值；$L_{50}$ 表示 50% 的时间超过的噪声级，相当于噪声平均中值；$L_{90}$ 表示 90% 的时间超过的噪声级，相当于噪声平均本底值。

实际工作中常将测得的 100 个或 200 个数据按照从大到小的顺序排列，总数为 100 个数据的第 10 个或总数为 200 个数据的第 20 个代表 $L_{10}$，第 50 个或第 100 个数据代表 $L_{50}$，第 90 个或第 180 个数据代表 $L_{90}$。由以上 3 个噪声级可按式（8-16）近似求出测量时段内的等效噪声级 $L_{eq}$：

$$L_{eq} \approx L_{50} + \frac{(L_{10} - L_{90})^2}{60} \tag{8-16}$$

### 8.1.5　噪声级的基本计算

在进行噪声的相关计算时，声能量可以进行代数加、减或乘、除运算，如两个声源的声功率分别为 $W_1$ 和 $W_2$ 时，总声功率 $W_{总} = W_1 + W_2$，但声压级不能直接进行加、减或乘、除运算，必须采用能量平均的方法对其进行运算。

### 8.1.5.1　噪声级的叠加

在声环境影响评价中经常要进行多声源的叠加，如将噪声源影响的贡献值和声环境现状的背景值叠加以获得噪声影响的预测值。声级的叠加是按照能量（声功率或声压平方）相加的，可按式（8-17）计算：

$$L_{PT} = 10 \lg \left[ \sum_{i=1}^{N} \left( 10^{0.1L_{Pi}} \right) \right] \tag{8-17}$$

式中，$L_{PT}$ 为各噪声源叠加后的总声压级，dB；$L_{Pi}$ 为第 $i$ 个噪声源的声压级，dB；$N$ 为噪声源总数。

实际工作中常利用表 8-1，根据两噪声源声压级的数值之差（$L_{P1}-L_{P2}$），查出对应的增值 $\Delta L$，再将此增值直接加到声压级数值大的 $L_{P1}$ 上，所得结果即为总声压级。

**表8-1** 噪声级叠加时的增值变化量　　　　　　　　　　　　　　　　　　　　　　单位：dB

| $L_{P1}-L_{P2}$ | 0 | 1 | 2 | 3 | 4 | 5 | 6 | 7 | 8 | 9 | 10 |
|---|---|---|---|---|---|---|---|---|---|---|---|
| 增值 $\Delta L$ | 3.0 | 2.5 | 2.1 | 1.8 | 1.5 | 1.2 | 1.0 | 0.8 | 0.6 | 0.5 | 0.4 |

#### 8.1.5.2　噪声级的相减

在声环境影响评价中，对于已经确定噪声级限值的声场，有时需要通过噪声级的相减计算确定新引进噪声源的噪声级限值，有时需要在噪声测量中通过相减计算减去背景噪声。其计算见式（8-18）：

$$L_{P2} = 10 \lg \left( 10^{0.1 L_{PT}} - 10^{0.1 L_{P1}} \right) \tag{8-18}$$

式中，$L_{PT}$ 为两个噪声源叠加后的总声压级，dB；$L_{P1}$ 为第 1 个噪声源的声压级，dB；$L_{P2}$ 为第 2 个噪声源的声压级，dB。

实际工作中常利用表 8-2，根据两噪声源的总声压级与其中一个噪声源的声压级的数值之差（$L_{PT}-L_{P1}$），查出对应的增值 $\Delta L$，再用总声压级减去此增值，所得结果即为另一个噪声源的声压级 $L_{P2}$。

**表8-2** 噪声级相减时的增值变化量　　　　　　　　　　　　　　　　　　　　　　单位：dB

| $L_{PT}-L_{P1}$ | 1 | 2 | 3 | 4 | 5 | 6 | 7 | 8 | 9 | 10 |
|---|---|---|---|---|---|---|---|---|---|---|
| 增值 $\Delta L$ | 6.8 | 4.3 | 3.0 | 2.2 | 1.6 | 1.3 | 1.0 | 0.8 | 0.6 | 0.5 |

#### 8.1.5.3　噪声级的平均值

若某声场中的噪声为非稳态噪声，则需要将各个噪声源的声压级通过能量平均的方法求得平均值，再进行相关评价，计算见式（8-19）：

$$\overline{L} = 10 \lg \sum_{i=1}^{N} 10^{0.1 L_i} - 10 \lg N \tag{8-19}$$

式中，$\overline{L}$ 为总数为 $N$ 的噪声源的平均声压级，dB；$L_i$ 为第 $i$ 个噪声源的声压级，dB。

【**例 8-1**】 噪声源 1 和 2 在 M 点产生的声压级分别为 $L_{P1}=98$dB，$L_{P2}=95$dB。求 M 点的总声压级 $L_{PT}$。

**解**：公式法：$L_{PT} = 10 \lg \left[ \sum_{i=1}^{N} \left( 10^{0.1 L_{Pi}} \right) \right] = 10 \lg \left( 10^{0.1 \times 98} + 10^{0.1 \times 95} \right)$
　　　　　　$= 10 \times 9.98 = 99.8$（dB）

查表法：两噪声源声压级之差 $L_{P1}-L_{P2}=3$dB，查表 8-1，$\Delta L=1.8$dB，则 $L_{PT}=L_{P1}+\Delta L=99.8$dB。

【**例 8-2**】 已知两个声源在 M 点的总声压级 $L_{PT}=100$dB，其中一个声源在该点的声压级 $L_{P1}=97$dB，则另一声源的声压级 $L_{P2}$ 为多少？

**解**：公式法：$L_{P2} = 10 \lg \left[ 10^{0.1 L_{PT}} - 10^{0.1 L_{P1}} \right] = 10 \lg \left( 10^{0.1 \times 100} - 10^{0.1 \times 97} \right)$
　　　　　　$= 10 \times 9.7 = 97$（dB）

查表法：总声压级与一个噪声源声压级之差 $L_{PT}-L_{P1}=3$dB，查表 8-2，$\Delta L=3.0$dB，则 $L_{P2}=L_{PT}-3.0=97$（dB）。

## 8.2　声环境影响评价概述

声环境影响评价是按照我国环境保护法律法规的要求，对建设项目和规划实施过程中产生的声环境影响进行分析、预测和评价，并提出相应的噪声影响防治对策和措施。

现行《环境影响评价技术导则　声环境》（HJ 2.4—2009）详细规定了声环境影响评价的工作内容、范围和技术方法，但随着环境保护管理制度的不断完善，现行导则的部分技术方法等内容已经不能满足实际需求。对此，生态环境部于 2019 年 10 月 9 日发布了《环境影响评价技术导则　声环境》（征求意见稿）（HJ 2.4—20□□）。为保证教材的前沿性及对实际工作的指导作用，本章相关内容以该征求意见稿的内容为主，正式发布时若有变化，以正式发布稿为准。

## 8.2.1　评价的基本任务

声环境影响评价作为环境影响评价的一个重要部分，遵循环境影响评价的一般工作程序，所要完成的基本任务包括以下几个方面：

① 评价建设项目实施引起的声环境质量的变化情况和外界噪声对拟建噪声敏感建筑物的影响程度。

② 提出合理可行的防治措施，把噪声影响降低到允许水平。

③ 从声环境影响角度评价建设项目实施的可行性。

④ 为建设项目的优化选址、选线，合理布局以及城市规划提供科学依据。

## 8.2.2　评价类别

声环境影响评价根据需要，有不同的分类。按评价对象分为建设项目声源对外环境的环境影响评价和外环境声源对拟建噪声敏感建筑物项目的环境影响评价。按声源种类分为固定声源和移动声源的环境影响评价。当建设项目既有固定声源又有移动声源时，应分别进行噪声源的环境影响评价；当同一声环境保护目标既受固定声源影响又受移动声源（机场航空器噪声除外）影响时，应进行叠加环境影响评价。

## 8.2.3　评价工作等级与评价范围

### 8.2.3.1　评价工作等级

声环境影响评价工作等级分为两级，一级为详细评价，二级为一般评价。具体判定依据见表 8-3。如果建设项目符合两个等级的划分原则，则按较高级别的评价工作等级进行评价。机场建设项目的声环境影响评价工作等级均为一级。

表8-3　声环境影响评价工作等级判定

| 功能区 | 对声环境保护目标的影响程度 | | 无声环境保护目标 |
| --- | --- | --- | --- |
| | 增量≥3dB | 增量<3dB | |
| 0 类 | 一级 | 一级 | 二级 |
| 1 类、2 类 | 一级 | 二级 | 二级 |
| 3 类、4 类 | 一级 | 二级 | 二级 |

### 8.2.3.2　评价范围

（1）以固定声源为主的建设项目　包括工厂、港口、施工工地、铁路站场等。一级评价项目一般以建设项目边界向外 200m 为评价范围。二级评价范围可根据建设项目所在区域和相邻区域的声环境功能区类别及敏感目标等实际情况适当缩小。如果依据建设项目声源计算得到的贡献值在 200m 处仍不能满足相应功能区标准值，应将其评价范围扩大到满足标准值的距离。

（2）以移动声源为主的建设项目　主要指城市道路、公路、铁路、城市轨道交通、水上航运等。一级评价项目一般以道路中心线外两侧 200m 以内为评价范围。二级评价范围和规定的评价范围处不满足功能区声环境质量标准值时，具体范围的确定方法与上述（1）中一致。

（3）机场建设项目　根据机场规模和类型给出相应噪声评价的推荐范围，具体见表8-4。

① 对于单跑道项目，以机场整体的吞吐量及起降架次判定评价范围；对于多跑道机场，根据各条跑道分别承担的飞行量情况各自划定机场噪声评价范围并取合集。

② 对增加跑道或变更跑道位置的建设项目，应在现状机场噪声影响评价和扩建机场噪声影响评价工作中，分别划定机场噪声评价范围。

③ 机场噪声评价范围应不小于计权等效连续感觉噪声级 70dB 等值线范围。

**表8-4**　机场项目噪声评价范围

| 机场类别 | 一条跑道承担起降量 $N$/万架次 | 跑道两端推荐范围/km | 跑道两侧推荐范围/km |
|---|---|---|---|
| 运输机场 | $N \geqslant 15$ | 15 | 3 |
|  | $10 \leqslant N < 15$ | 12 | 2 |
|  | $5 \leqslant N < 10$ | 10 | 1.5 |
|  | $3 \leqslant N < 5$ | 8 | 1 |
|  | $1 \leqslant N < 3$ | 6 | 1 |
|  | $N < 1$ | 3 | 0.5 |
| 通用机场 | 无直升机 | 3 | 0.5 |
|  | 有直升机 | 3 | 1 |

### 8.2.4　评价标准与评价年限

#### 8.2.4.1　评价标准

根据噪声源的类别和项目所处的声环境功能区类别等确定应采用的声环境影响评价标准，包括声环境质量标准和噪声排放标准，没有划分声环境功能区的区域由地方生态环境主管部门参照国家相关规定进行划定。

#### 8.2.4.2　评价年限

根据建设项目实施过程中噪声影响特点，按施工期和运行期分别开展声环境影响评价。运行期声源为固定声源时，应将固定声源投产运行年作为环境影响评价年限；运行期声源为移动声源时，应将工程预测的代表性水平年（运行初期、中期和末期各1年，一般选第1年、第7年和第15年）作为环境影响评价年限。

## 8.3　声环境现状调查与评价

声环境现状调查与评价主要包括声环境保护目标调查、声环境现状调查与评价。

### 8.3.1　声环境保护目标调查

声环境保护目标是指按照《声环境质量标准》（GB 3096—2008）的规定，在评价范围内划为 0 类和 1 类的区域及区域内的医院、学校、住宅（不区分规模）、机关、科研单位等需要保持安静的噪声敏感建筑物。

一级和二级评价时，声环境保护目标调查均应调查评价范围内声环境保护目标的名称、地理位置、行政区划、所在声环境功能区及区内人口分布情况、与工程的空间位置关系、建筑情况等。

## 8.3.2　声环境现状调查

### 8.3.2.1　现状调查内容

一级评价应调查评价范围内的声环境质量现状，二级评价只调查评价范围内具有代表性的声环境保护目标的声环境质量现状。

### 8.3.2.2　现状调查方法

一级评价时，采用现场监测法调查具有代表性的声环境保护目标的声环境质量现状，采用类比法或现场监测结合模式计算法调查其余声环境保护目标的声环境质量现状；二级评价时，首先利用评价范围内已有的监测资料，无监测资料时选择有代表性的声环境保护目标进行现场监测。

（1）现场监测法　依据相关噪声测量技术规范，实测设备在正常运行工况下产生的噪声强度。

① 布点原则

a. 布点范围应覆盖整个评价区域，包括厂界（场界、边界）和声环境保护目标。当声环境保护目标高于（含）三层建筑时，还应按照噪声垂直分布规律、项目与声环境保护目标高差等选取有代表性的声环境保护目标的代表性楼层设置测点。

b. 当评价范围内无明显的声源时（工业噪声、交通运输噪声、建设施工噪声、社会生活噪声等），可选择有代表性的区域布设测点。

c. 当评价范围内有明显的声源并影响声环境保护目标的声环境质量，或建设项目为改、扩建工程时，应根据声源种类采取不同的监测布点原则。

对固定声源，应重点布设在可能同时受现有声源和建设项目声源影响的声环境保护目标处及其他有代表性的声环境保护目标处；同时为满足预测需要，也可在距现有声源不同距离处布设衰减测点。

当声源为移动声源，且呈现线声源特点时，要兼顾声环境保护目标的分布状况、工程特点及线声源噪声影响随距离衰减的特点，布设在具有代表性的声环境保护目标处；同时为满足预测需要，在垂直于线声源不同水平距离处布设监测点。

d. 对机场项目，需要在各类用地中选择具有代表性的测点进行飞机噪声昼夜等效声级的测量。该测点应能无遮挡地观察到飞机的飞越过程，周围 3.5m 内无遮蔽物及反射物（地面除外），高度距地面 1.2m 以上。

对于改、扩建机场工程，一般在主要声环境保护目标处布设测点，重点关注航迹下方的声环境保护目标及跑道侧向较近处的声环境保护目标，测点数量可根据机场飞行量及周围声环境保护目标情况确定，现有单条跑道、二条跑道或三条跑道的机场可分别布设 3～9、9～14 或 12～18 个航空器噪声测点，跑道增多或保护目标较多时可进一步增加测点。对于评价范围内少于 3 个声环境保护目标的情况，应适当结合航迹下方的导航台站位置或跑道两端航迹 3km 以内的位置布点。

② 监测依据　声环境质量现状监测执行《声环境质量标准》（GB 3096—2008）；机场周围飞机噪声测量执行《机场周围飞机噪声测量方法》（GB 9661—88）；建筑施工场界环境噪声测量执行《建筑施工场界环境噪声排放标准》（GB 12523—2011）；工业企业厂界环境噪声测量执行《工业企业厂界环境噪声排放标准》（GB 12348—2008）；社会生活环境噪声测量执行《社会生活环境噪声排放标准》（GB 22337—2008）；铁路边界噪声测量执行《铁路边界噪声限值及其测量方法》（GB 12525—90）的修改方案；必要时按照《环境噪声监测技术规范　噪声测定值修正》（HJ 706—2014）对监测结果进行修正。

（2）类比法　是以同型号、同类设备、相同噪声控制措施的噪声源作为类比对象，通过类比实测或类比资料确定噪声源源强的方法。类比实测时需依据有关噪声测量标准和技术规范，测量设备正常运行工况下的噪声源源强（包括 A 计权和倍频带）；类比资料是通过收集文献、研究报告、符合国家相关产品质量标准的同型号设备的技术规格书或技术协议等资料，以类比资料中的源强作为噪声源源强。设备型号未定时，参考行业内常用设备的通用源强值。

（3）现场监测结合模式计算法　是依据现场调查得到的噪声源参数及相应的影响声传播的参数，利用各类噪声预测模型进行声环境保护目标的噪声影响计算，将计算和实测结果进行比较验证，实测结果和预测结果一致时，可利用该模型计算其他声环境保护目标的现状噪声值，并可用于拟建工程的噪声预测。

现场监测结合模式计算法适用于环境背景噪声声源复杂、不易分辨各噪声源贡献量以及声环境保护目标密集等情形，也适用于以城市道路、公路、铁路、城市轨道交通为主要噪声源的现状噪声以及机场改扩建工程的现状噪声的确定。

### 8.3.3　声环境现状评价

（1）绘制基本信息底图　包括评价范围内的声环境功能区划图，声环境保护目标分布图，工矿企业厂区（声源位置）平面布置图，城市道路、公路、铁路、城市轨道交通等的线路走向图，机场总平面图及飞行程序图，现状监测布点图，声环境保护目标与项目关系图等。

（2）声环境保护目标和声环境现状评价　一、二级评价均应按照《声环境质量标准》（GB 3096—2008）中不同功能区的环境噪声限值，列表说明对应功能区的声环境现状、功能区内各声环境保护目标的名称、建筑物类别及其数量、声环境保护目标的户数及其与拟建工程的空间位置关系，分析其受既有主要声源的影响状况及超标原因。

（3）噪声源评价　针对一级评价的噪声源，需按照厂界（场界、边界、机场区域、交通干线）环境噪声排放标准中规定的噪声排放限值，列表显示评价范围内既有主要声源种类、数量及相应的噪声级、噪声特性等，明确主要噪声源分布，评价厂界（场界、边界、机场区域、交通干线）噪声的超标和达标情况。

## 8.4　声环境影响预测与评价

### 8.4.1　预测范围、预测点和评价点

声环境影响的预测范围与评价范围相同，需要将建设项目评价范围内声环境保护目标和工业企业建设项目厂界（场界、边界）作为预测点和评价点。

为便于比较预测点和评价点的噪声水平变化情况，声环境影响预测的各受声点均选择在现状监测点的同一位置。同时，为便于绘制等声级线图，常采用网格法确定预测点。网格大小根据具体情况确定：对于包含点声源特征的建设项目，网格大小一般在 20m×20m～100m×100m 范围；对于包含线声源特征的建设项目，平行于线声源走向的网格间距一般为 100～300m，垂直于线声源走向的网格间距一般为 20～60m。

### 8.4.2　预测与评价内容

#### 8.4.2.1　预测内容

（1）声环境保护目标　应预测建设项目在施工期和运营期所有声环境保护目标处的噪声贡献值和预测值，预测工业企业建设项目排气放空、火车鸣笛等在声环境保护目标处的最大声级，预测铁路、城市轨道交通建设项目不同类型列车通过时段声环境保护目标处的噪声贡献值。

（2）噪声源　应预测建设项目噪声源在施工期和运营期的厂界（场界、边界）噪声贡献值。

（3）噪声级发生变化的项目　针对工程设计文件给出的不同代表性水平年噪声级可能发生变化的建设项目，应分别预测其不同代表时段的噪声级。

#### 8.4.2.2 评价内容

列表给出评价点位的噪声贡献值和各声环境保护目标处的环境背景值、贡献值、噪声预测值、超标和达标情况等。分析超标原因，明确引起超标的主要声源。机场项目还应给出评价范围内不同声级范围覆盖下的面积。

判定为一级评价的工业企业建设项目应给出等声级线图，比例尺应不小于1∶2000；判定为一级评价的交通建设项目应结合现有或规划保护目标给出典型路段的噪声贡献值的等值线图；机场项目应给出飞机噪声的等值线图及超标声环境保护目标与等值线关系的局部放大图，飞机噪声等值线图精度应和保护目标与项目关系图一致，局部放大图底图应采用近三年内空间分辨率不低于1m的遥感影像或航拍图。

### 8.4.3 预测需要的基础数据

#### 8.4.3.1 声源数据

建设项目的声源资料主要包括：声源种类、数量、空间位置、噪声级、频率特性、发声持续时间及对声环境保护目标的作用时间等。若声源置于室内，应给出建筑物门、窗、墙等围护结构的隔声量和室内平均吸声系数等参数。

一级和二级评价均需调查拟建项目的主要固定声源和移动声源，给出主要声源的数量、位置和声源源强，并在标有比例尺的图中标识固定声源的具体位置或移动声源的路线、跑道等位置。

#### 8.4.3.2 声源源强核算

声源源强指噪声污染源的强度，反映了噪声辐射的强度和特征。通常用辐射噪声的声功率级，或确定环境条件下确定距离的声压级（均含频谱）以及指向性等特征表示。

按照《污染源源强核算技术指南  准则》（HJ 884—2018）的要求，有行业污染源源强核算技术指南的，优先按照指南中规定的方法核算污染源源强；没有行业污染源源强核算技术指南的，按照行业导则中规定的源强核算方法进行核算；行业导则中没有规定污染源源强核算方法的，按照环境影响评价技术导则中的源强核算方法进行核算。

对评价范围内现有声源的源强核算优先采用现场监测法，其次采用类比测量法；对拟建项目的噪声源的源强核算采用类比测量法、已有资料或研究成果确定。

#### 8.4.3.3 环境数据

影响声波传播的各类参量应通过资料收集和现场调查获得，具体包括如下四类参量：
① 建设项目所处区域的年平均风速和主导风向，年平均气温、年平均相对湿度、大气压强。
② 声源和预测点之间的方位、地形、高差。
③ 声源和预测点间障碍物（如建筑物、围墙、声屏障等）的位置及长、宽、高等几何参数。
④ 声源和预测点间树林、灌木等的分布情况及地面覆盖情况（如草地、沼泽地、湿地、水面、水泥地面、土质地面等）。

### 8.4.4 预测方法

声环境影响预测方法包括参数模型法、经验模型法、半经验模型法、比例预测法和类比法等。一般采用《环境影响评价技术导则  声环境》（HJ 2.4—20□□）中推荐的预测方法，如采用导则外的其他预测模型，须注明来源并对所用预测模式进行验证，同时说明验证结果。

在声环境影响评价中，经常根据靠近发声源某一位置（即参照点）处的已知声级（一般通过实测或相关资料获得）计算距声源较远处预测点的声级。由于预测过程中遇到的声源经常是多种声源的叠加，故一般需要根据其时空分布情况进行简化处理。

对厂界噪声进行影响预测时各受声点的噪声预测值应为背景噪声值与新增贡献值的叠加。对于改、扩建工程，若有声源拆除时，应减去相应的噪声值。

对厂界外噪声敏感点进行影响预测时采用同样方式给出各预测点的计算值，如果预测值超过环境噪声标准要求，应结合控制措施进行复测。

对机场航空器噪声进行预测时，直接计算计权等效连续感觉噪声级 $L_{WECPN}$ 或昼、夜等效声级，不叠加其他噪声源产生的噪声或背景噪声。

## 8.4.5 预测模式

### 8.4.5.1 预测点的等效声级预测

首先按式（8-20）求得建设项目的噪声源在预测点的等效声级贡献值，再按式（8-21）将其与预测点处的噪声背景值进行叠加，求得预测点的总等效声级。

$$L_{eqg} = 10 \lg \left( \frac{1}{T} \sum_i t_i 10^{0.1L_{Ai}} \right) \tag{8-20}$$

式中，$L_{eqg}$ 为建设项目声源在预测点的等效声级贡献值，dB(A)；$L_{Ai}$ 为第 $i$ 个声源在预测点产生的 A 声级，dB(A)；$T$ 为预测时间段，s；$t_i$ 为第 $i$ 个声源在 $T$ 时段内的运行时间，s。

$$L_{eq} = 10 \lg \left( 10^{0.1L_{eqg}} + 10^{0.1L_{eqb}} \right) \tag{8-21}$$

式中，$L_{eq}$ 为预测点的总等效声级，dB(A)；$L_{eqb}$ 为预测点的噪声背景值，dB(A)。

### 8.4.5.2 户外声波传播衰减预测

户外声波传播衰减预测模式除不能应用于正在飞行的飞机或采矿、军事和相似操作的冲击波外，可直接或间接应用于有关路面、铁路交通、工业噪声源、建筑施工活动和其他以地面为基础的多种噪声源的衰减计算。

噪声源所发出的声波在户外向预测点方向传播的过程中会受各种因素的影响而衰减。引起点声源、线声源和面声源的声波在户外传播过程中衰减的因素主要有声波的几何发散、大气吸收、地面效应、障碍物屏蔽、其他多方面效应等。

根据噪声源的声功率级或噪声源在某参考位置处的声压级以及影响户外声波传播衰减的因素，计算预测点的声级贡献值，分别见式（8-22）和式（8-23）。

$$L_P(r) = L_W + D_C - (A_{div} + A_{atm} + A_{gr} + A_{bar} + A_{misc}) \tag{8-22}$$

$$L_P(r) = L_P(r_0) + D_C - (A_{div} + A_{atm} + A_{gr} + A_{bar} + A_{misc}) \tag{8-23}$$

式中，$L_P(r)$ 为预测点处声压级，dB；$L_W$ 为由点声源产生的声功率级（A 计权或倍频带，若只已知 A 计权声功率级，常用 500Hz 的衰减量估算最终衰减量），dB；$D_C$ 为指向性校正，是点声源的等效连续声压级与产生声功率级 $L_W$ 的全向点声源在规定方向的声级的偏差程度，dB；$A_{div}$、$A_{atm}$、$A_{gr}$、$A_{bar}$、$A_{misc}$ 依次为几何发散、大气吸收、地面效应、障碍物屏蔽、其他多方面效应引起的衰减，dB；$L_P(r_0)$ 为参考点处声压级，dB。

（1）几何发散衰减（$A_{div}$）

① 点声源的几何发散衰减　当发声设备自身的几何尺寸比噪声影响预测距离小得多时，可将其看作点声源。点声源的波阵面随扩散距离的增加而导致声能分散和声强减弱，但当点声源与预测点处于反射体同一侧附近时，达到预测点的声级是直达声与反射声叠加的结果，从而使预测点声级增高。

a. 无指向性点声源几何发散衰减的基本公式　见式（8-24）。

$$L_P(r) = L_P(r_0) - 20\lg\frac{r}{r_0} \tag{8-24}$$

式中，$L_P(r_0)$ 和 $L_P(r)$ 是距离点声源 $r_0$ 和 $r$ 处的同一方向上的倍频带声压。距离点声源 $r_0$ 至 $r$ 处声压级的衰减值 $A_{\mathrm{div}}$ 为：

$$A_{\mathrm{div}} = 20\lg\frac{r}{r_0} \tag{8-25}$$

由式（8-25）可知，当无指向性点声源声波传播距离增加 1 倍时，因几何发散引起的声压级衰减值为 6dB。

若已知点声源的倍频带声功率级 $L_W$ 或 A 声功率级 $L_{AW}$，如声源处于自由声场，则距离声源 $r$ 处的倍频带声压级 $L_P(r)$ 和 A 声级 $L_A(r)$ 分别由式（8-26）和式（8-27）计算；如声源处于半自由声场，则距离声源 $r$ 处的 $L_P(r)$ 和 $L_A(r)$ 的计算方法分别见式（8-28）和式（8-29）。

$$L_P(r) = L_W - 20\lg r - 11 \tag{8-26}$$

$$L_A(r) = L_{AW} - 20\lg r - 11 \tag{8-27}$$

$$L_P(r) = L_W - 20\lg r - 8 \tag{8-28}$$

$$L_A(r) = L_{AW} - 20\lg r - 8 \tag{8-29}$$

b. 有指向性点声源几何发散衰减的基本公式  此类声源在自由空间中辐射声波时，其强度分布的主要特性是指向性。如喇叭的发声在其正前方声音大，两侧或背面声音小。自由空间的点声源在某一 $\theta$ 方向上距离 $r$ 处的倍频带声压级 $[L_P(r)_\theta]$ 为：

$$L_P(r)_\theta = L_W - 20\lg r + D_{I\theta} - 11 \tag{8-30}$$

式中，$D_{I\theta}$ 为 $\theta$ 方向上的指向性指数，$D_{I\theta} = 10\lg R_\theta$；$R_\theta$ 为指向性因数，$R_\theta = I_\theta/I$；$I$ 为所有方向上的平均声强，$\mathrm{W/m^2}$；$I_\theta$ 为某一 $\theta$ 方向上的声强，$\mathrm{W/m^2}$。

c. 反射体反射声波引起的修正  当点声源与预测点处在反射体同侧附近时，预测点所受到的声级是声源直达声与反射声的叠加，因而使预测点声级增高，如图 8-2 所示。此时声源在预测点的声级值应为直达声计算值加上反射体引起的修正量。

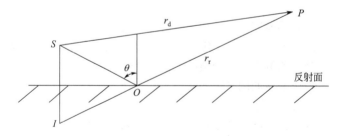

**图 8-2**  反射体的影响

图 8-1 中 $S$ 代表点声源，$I$ 代表反射体对点声源的反射点，$P$ 代表预测点，$O$ 代表反射点和预测点之间的连线与反射面的交点，$r_d$ 代表点声源与预测点之间的距离，$r_r$ 代表反射点与预测点之间的距离，$\theta$ 代表点声源到反射面的入射角。

当满足反射体表面平整、光滑、坚硬，反射体尺寸远大于所有声波波长 $\lambda$，入射角 $\theta < 85°$ 的条件时，需考虑反射体引起的声级增高。反射体引起的声级增高值与 $r_r/r_d$ 之间的关系为：$r_r/r_d \approx 1$ 时声级增高 3dB；$r_r/r_d \approx 1.4$ 时声级增高 2dB；$r_r/r_d \approx 2$ 时声级增高 1dB；$r_r/r_d > 2.5$ 时声级增高 0dB。

② 线声源的几何发散衰减  当许多点声源连续分布在一条直线上时，可看作线声源，如公路上的汽车流、铁路列车等。实际工作中分为无限长线声源和有限长线声源。

a. 无限长线声源  无限长线声源几何发散衰减的基本公式为：

$$L_P(r) = L_P(r_0) - 10\lg\frac{r}{r_0} \tag{8-31}$$

　　式中，$r$、$r_0$ 分别为垂直于线状声源的距离，m；$L_P(r)$、$L_P(r_0)$ 分别为垂直于线声源距离 $r$、$r_0$ 处的声压级，dB。式中第二项为无限长线声源的几何发散衰减。由式（8-31）可见，当噪声沿垂直于线声源方向的传播距离增加 1 倍时，因几何发散引起的声压级衰减值为 3dB。

　　b. 有限长线声源　设线声源长为 $l_0$，在线声源垂直平分线上距离声源 $r$ 处的声压级可简化为以下三种情况：

　　当 $r>l_0$ 且 $r_0>l_0$ 时，在有限长线声源的远场，可将有限长线声源当作点声源，即：

$$L_P(r) = L_P(r_0) - 20\lg\frac{r}{r_0} \tag{8-32}$$

　　当 $r<l_0/3$ 且 $r_0<l_0/3$ 时，在有限长线声源的近场，可将有限长线声源当作无限长线声源，即：

$$L_P(r) = L_P(r_0) - 10\lg\frac{r}{r_0} \tag{8-33}$$

　　当 $l_0/3<r<l_0$ 且 $l_0/3<r_0<l_0$ 时，有限长线声源的声压级近似为：

$$L_P(r) = L_P(r_0) - 15\lg\frac{r}{r_0} \tag{8-34}$$

　　③ 面声源的几何发散衰减　一个大型设备的振动表面或车间透声的墙壁，均可认为是面声源。若已知面声源单位面积的声功率 $W$，各面积单元中噪声的位相是随机的，则面声源可看作由无数点声源连续分布组合而成，其合成声级可按能量叠加法求出。

　　当预测点和长方形面声源中心的距离 $r$ 处于以下条件时，对于长方形面声源中心轴线上的声衰减，可按下述方法近似计算：$r<a/\pi$ 时，声级几乎不衰减（$A_{\text{div}}\approx 0\text{dB}$）；当 $a/\pi<r<b/\pi$ 时，距离加倍，声级衰减 3dB 左右，类似线声源衰减特性 $[A_{\text{div}}\approx 10\lg(r/r_0)]$；当 $r>b/\pi$ 时，距离加倍，声级衰减趋近于 6dB，类似点声源衰减特性 $[A_{\text{div}}\approx 20\lg(r/r_0)]$。此处 $a$ 和 $b$ 分别代表长方形的宽和长（$b>a$）。图 8-3 为长方形面声源中心轴线上的声衰减曲线。

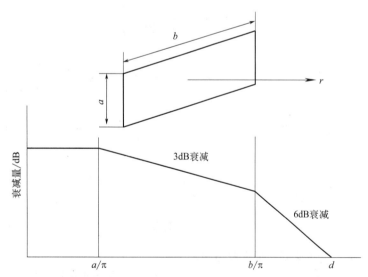

**图 8-3**　长方形面声源中心轴线上的声衰减曲线

　　（2）大气吸收衰减（$A_{\text{atm}}$）　大气吸收引起的衰减量为：

$$A_{\text{atm}} = \frac{a(r-r_0)}{1000} \tag{8-35}$$

　　式中，$r$ 和 $r_0$ 意义同前；$a$ 为大气吸收衰减系数，是湿度、温度和声波频率的函数。预测计算中一般根据建设项目所处区域常年平均气温和湿度选择相应的大气吸收衰减系数，具体见表 8-5。

**表8-5**　倍频带噪声的大气吸收衰减系数 $a$ 　　　　　　　　　　　　　　　单位：dB/km

| 温度/℃ | 相对湿度/% | 倍频带中心频率/Hz | | | | | | | |
|---|---|---|---|---|---|---|---|---|---|
| | | 63 | 125 | 250 | 500 | 1000 | 2000 | 4000 | 8000 |
| 10 | 70 | 0.1 | 0.4 | 1.0 | 1.9 | 3.7 | 9.7 | 32.8 | 117.0 |
| 20 | 70 | 0.1 | 0.3 | 1.1 | 2.8 | 5.0 | 9.0 | 22.9 | 76.6 |
| 30 | 70 | 0.1 | 0.3 | 1.0 | 3.1 | 7.4 | 12.7 | 23.1 | 59.3 |
| 15 | 20 | 0.3 | 0.6 | 1.2 | 2.7 | 8.2 | 28.2 | 28.8 | 202.0 |
| 15 | 50 | 0.1 | 0.5 | 1.2 | 2.2 | 4.2 | 10.8 | 36.2 | 129.0 |
| 15 | 80 | 0.1 | 0.3 | 1.1 | 2.4 | 4.1 | 8.3 | 23.7 | 82.8 |

（3）声屏障衰减（$A_{bar}$）　位于声源和预测点之间的围墙、建筑物、土坡或地堑、绿化林带等起声屏障作用，从而引起声能量的较大衰减。

在环境影响评价中，可将各种形式的声屏障简化为具有一定高度的薄屏障。如图8-4所示，$S$、$O$、$P$ 三点在同一平面内且该平面垂直于地面。定义 $\delta = SO+OP-SP$ 为声程差，$N=2\delta/\lambda$ 为菲涅尔数，其中 $\lambda$ 为声波波长，nm。

① 薄屏障衰减　对于有限长薄屏障，其在点声源声场中引起的衰减量计算过程是：首先计算图8-5所示三个传播途径的声程差 $\delta_1$、$\delta_2$、$\delta_3$ 和相应的菲涅尔数 $N_1$、$N_2$、$N_3$，再按式（8-36）计算声屏障引起的衰减。

$$A_{bar} = -10\lg\left(\frac{1}{3+20N_1} + \frac{1}{3+20N_2} + \frac{1}{3+20N_3}\right) \tag{8-36}$$

当屏障很长时，看作无限长薄屏障，则：

$$A_{bar} = -10\lg\left(\frac{1}{3+20N_1}\right) \tag{8-37}$$

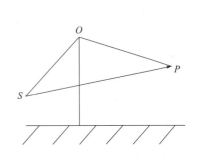

**图8-4**　无限长声屏障

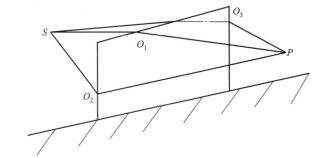

**图8-5**　有限长声屏障上不同的传播途径

在任何频带上，薄屏障引起的衰减量最大取 20dB。

② 绿化林带衰减　声源附近的绿化林带、预测点附近的绿化林带或两者均有的情况都可以使声波衰减。密集林带对宽带噪声典型的附加衰减量为每 10m 衰减 1～2dB，具体取值与树种类型、林带结构、树种密度等因素有关，最大衰减量一般不超过 10dB。

计算声屏障衰减后，不再考虑地面效应衰减。

（4）地面效应衰减（$A_{gr}$）　地面效应是指声波在地面附近传播时由于地面的反射和吸收而引起的声衰减现象。地面效应引起的声衰减与地面类型（铺筑或夯实的坚实地面、被草或作物覆盖的疏松地面、坚实地面和疏松地面组成的混合地面）有关。不管传播距离多远，地面效应引起的声级衰减量最大不超过 10dB。

若同时存在声屏障和地面效应，则声屏障和地面效应引起的声级衰减量之和≤25dB。

（5）其他多方面原因引起的衰减（$A_{misc}$） 指通过工业场所或房屋群的衰减等。在声环境影响评价中，一般不考虑自然条件（风、温度梯度、雾等）引起的附加修正。

### 8.4.5.3 倍频带声压级预测

当环境中同时存在多个不同频率的声源时，应采用倍频带声压级进行预测点声压级的相关计算。其过程是首先计算出预测点的每个倍频带声压级，再将每个倍频带的声压级按照声级求和公式进行叠加以求得预测点的声压级。计算过程如下：

（1）预测点的倍频带声压级 已知距离无指向性点声源参照点 $r_0$ 处的第 $i$ 个倍频带（63～8000Hz 的 8 个倍频带中心频率）声压级 $L_{Pi}(r_0)$，同时计算出参照点（$r_0$）和预测点（$r$）之间的各种户外声波传播衰减，则预测点的第 $i$ 个倍频带声压级可按式（8-38）计算。

$$L_{Pi}(r) = L_{Pi}(r_0) - (A_{div} + A_{atm} + A_{bar} + A_{gr} + A_{misc})$$ （8-38）

式中，$L_{Pi}(r)$ 为预测点的第 $i$ 个倍频带声压级，dB；$L_{Pi}(r_0)$ 为参照点的第 $i$ 个倍频带声压级，dB；$A_{div}$ 为几何发散引起的倍频带衰减，dB；$A_{bar}$ 为声屏障引起的倍频带衰减，dB；$A_{atm}$ 为大气吸收引起的倍频带衰减，dB；$A_{gr}$ 为地面效应引起的倍频带衰减，dB；$A_{misc}$ 为其他多方面效应引起的倍频带衰减，dB。

若只考虑声源的几何发散衰减，则式（8-38）可简化为：

$$L_{Pi}(r) = L_{Pi}(r_0) - A_{div}$$ （8-39）

式（8-38）和式（8-39）同样适用于只有一个频率的声源在预测点处声压级的计算。

（2）预测点的 A 声级 $L_A(r)$ 将 8 个倍频带声压级进行叠加，则可按式（8-40）计算出预测点的 A 声级 $L_A(r)$。

$$L_A(r) = 10\lg\left\{\sum_{i=1}^{8} 10^{0.1[L_{Pi}(r)-\Delta L_i]}\right\}$$ （8-40）

式中，$L_{Pi}(r)$ 为预测点 $r$ 的第 $i$ 个倍频带声压级，dB；$\Delta L_i$ 为第 $i$ 个倍频带的 A 计权网络修正值，dB，具体修正值见表 8-6。

**表8-6** 不同倍频带的A计权网络修正值　　　　　　　　　　　　　　　　单位：dB

| 频率 /Hz | 63 | 125 | 250 | 500 | 1000 | 2000 | 4000 | 8000 | 16000 |
|---|---|---|---|---|---|---|---|---|---|
| $\Delta L_i$ | -26.2 | -16.1 | -8.6 | -3.2 | 0.0 | 1.2 | 1.0 | -1.1 | -6.6 |

## 8.4.6 典型行业噪声预测

### 8.4.6.1 工业噪声预测

在环境影响评价中一般将工业企业声源按点声源进行预测，常用倍频带声功率级、A 声功率级或靠近声源某一位置的倍频带声压级、A 声压级预测计算距离工业企业声源不同位置处的声级。工业企业噪声源分为室外和室内两种，应分别进行计算。

（1）单个室外点声源的倍频带声压级 $L_P(r)$ 如已知声源的倍频带声功率级 $L_W$，预测点处的倍频带声压级 $L_P(r)$ 可按式（8-41）计算，其中 $A$ 按式（8-42）计算：

$$L_P(r) = L_W + D_C - A$$ （8-41）

$$A = A_{\mathrm{div}} + A_{\mathrm{atm}} + A_{\mathrm{gr}} + A_{\mathrm{bar}} + A_{\mathrm{misc}} \qquad (8\text{-}42)$$

式中，$L_W$ 为由点声源产生的倍频带声功率级，dB；$D_C$ 为指向性校正，对辐射到自由空间的全向点声源，$D_C = 0$dB；其他符号意义同前。

如已知靠近声源处某点的倍频带声压级 $L_P(r_0)$，则相同方向预测点位置的倍频带声压级 $L_P(r)$ 按式（8-38）或式（8-39）计算，A 声级 $L_A(r)$ 按式（8-40）计算。

在不能取得声源的倍频带声功率级或倍频带声压级，只能获得声源的 A 声功率级 $L_{AW}$ 或 A 声级 $L_A(r_0)$ 时，可按式（8-43）和式（8-44）近似计算预测点的 A 声级：

$$L_A(r) = L_{AW} + D_C - A \qquad (8\text{-}43)$$

$$L_A(r) = L_A(r_0) - A \qquad (8\text{-}44)$$

此两式中 $A$ 所代表的意义同式（8-42），计算时可选择对 A 声级影响最大的倍频带，一般可选中心频率为 500Hz 的倍频带作估算。

（2）室内声源等效室外声源声功率级　如图 8-6 所示，当声源位于室内时，室内声源的声功率级可采用等效室外声源声功率级法进行计算。

① 室外的倍频带声压级　设靠近开口处（或窗户）室内、室外某倍频带的声压级分别为 $L_{P1}$ 和 $L_{P2}$，若室内声场近似为扩散声

**图 8-6** 噪声从室内向室外传播

场，则室外的倍频带声压级可按式（8-45）计算：

$$L_{P2} = L_{P1} - (\mathrm{TL} + 6) \qquad (8\text{-}45)$$

式中，TL 为隔墙（或窗户）倍频带隔声量，dB；$L_{P1}$ 可通过测量获得，也可按式（8-46）计算。

$$L_{P1} = L_W + 10\lg\left(\frac{Q}{4\pi r_1^2} + \frac{4}{R}\right) \qquad (8\text{-}46)$$

式中，$L_W$ 为某个室内声源在靠近开口处产生的倍频带声功率级，dB；$r_1$ 为某个室内声源到靠近围护结构某点处的距离，m；$R$ 为房间常数，m²，$R = Sa/(1-a)$，$S$ 为房间内表面面积，m²，$a$ 为平均吸声系数；$Q$ 为指向性因数。一般对无指向性声源，当声源放在房间中心时，$Q = 1$；当放在一面墙的中心时，$Q = 2$；当放在两面墙夹角处时，$Q = 4$；当放在三面墙夹角处时，$Q = 8$。

② 室内外声源靠近围护结构处的倍频带叠加声压级　按式（8-47）计算出所有室内声源靠近围护结构处产生的第 $i$ 个倍频带叠加声压级 $L_{P1i}(T)$：

$$L_{P1i}(T) = 10\lg\left(\sum_{j=1}^{N} 10^{0.1 L_{P1ij}}\right) \qquad (8\text{-}47)$$

式中，$L_{P1i}(T)$ 为靠近围护结构处室内 $N$ 个声源第 $i$ 个倍频带的叠加声压级，dB；$L_{P1ij}$ 为室内第 $j$ 个声源第 $i$ 个倍频带的声压级，dB；$N$ 为室内声源总数。

设室内近似为扩散声场，则按式（8-48）计算出靠近室外围护结构处的共 $N$ 个声源的第 $i$ 个倍频带的叠加声压级 $L_{P2i}(T)$：

$$L_{P2i}(T) = L_{P1i}(T) - (\mathrm{TL}_i + 6) \qquad (8\text{-}48)$$

式中，$L_{P2i}(T)$ 为靠近围护结构处室外的共 $N$ 个声源的第 $i$ 个倍频带的叠加声压级；$\mathrm{TL}_i$ 为围护结构的第 $i$ 个倍频带的总隔声量。

③ 室外等效声源的倍频带声功率级　将室外声源的声压级和透过面积换算成等效的室外声源，按式（8-49）计算出中心位置位于透声面积（$S$）处等效声源的倍频带声功率级 $L_W$。

$$L_W = L_{P2}(T) + 10\lg S \tag{8-49}$$

式中，$S$ 为透声面积，$m^2$。

④ 室外等效声源在预测点处的 A 声级　求出 $L_W$ 后，先按式（8-41）计算倍频带的声压级，再按照式（8-40）计算室外声源在预测点处的 A 声级。

（3）噪声贡献值　设第 $i$ 个室外声源在预测点产生的 A 声级为 $L_{Ai}$，在 $T$ 时间内该声源工作时间为 $t_i$；第 $j$ 个等效室外声源在预测点产生的 A 声级为 $L_{Aj}$，在 $T$ 时间内该声源工作时间为 $t_j$，则拟建工程声源对预测点产生的贡献值 $L_{eqg}$ 为：

$$L_{eqg} = 10\lg\left(\frac{1}{T}\right)\left[\sum_{i=1}^{N}t_i10^{0.1L_{Ai}} + \sum_{j=1}^{M}t_j10^{0.1L_{Aj}}\right] \tag{8-50}$$

式中，$t_i$ 为在 $T$ 时间内第 $i$ 个声源工作时间，s；$t_j$ 为在 $T$ 时间内第 $j$ 个声源工作时间，s；$T$ 为用于计算等效声级的时间，s；$N$ 为室外声源个数；$M$ 为等效室外声源个数。

（4）预测值　按式（8-21）计算。

【例 8-3】某印染企业位于声环境 2 类功能区，厂界噪声现状值和噪声源及其离厂界东和厂界南的距离分别见表 8-7 和表 8-8。假设噪声源为点源，若只考虑其随距离引起的几何发散衰减和建筑墙体的隔声量，可采用公式：$L_A(r) = L_{AW} - 20\lg r - 8 - TL$ [TL 为墙壁隔声量，取 10dB(A)；其他符号意义同前]。

表8-7　厂界噪声现状值　　　　　　　　　　　　　　　　　　　　　　　　单位：dB(A)

| 昼间 | | 夜间 | |
| --- | --- | --- | --- |
| 厂址东边界 | 厂址南边界 | 厂址东边界 | 厂址南边界 |
| 59.8 | 53.7 | 41.3 | 49.7 |

表8-8　噪声源及离厂界距离

| 噪声源 | 声源设备名称 | 数量 | 噪声级/[dB(A)] | 厂界东/m | 厂界南/m |
| --- | --- | --- | --- | --- | --- |
| 车间 A | 印花机 | 1 套 | 85 | 160 | 60 |
| 锅炉房 | 风机 | 3 台 | 90 | 250 | 60 |

问：（1）锅炉房 3 台风机合成后的总噪声级（不考虑距离）为多少？（2）若不考虑背景值，厂界东和厂界南的噪声预测值应分别为多少？（3）叠加背景值后，厂界东和厂界南的噪声预测值是否超标？

**解：**（1）利用求和公式计算总噪声级

$$L_{PT} = 10\lg\left[\sum_{i=1}^{N}(0.1L_{Ai})\right] = 10\lg(10^{0.1\times90}\times3) = 10\times(\lg10^9 + \lg3) = 94.8[\text{dB(A)}]$$

（2）不考虑背景值　车间 A 在厂界东的噪声预测值为：

$$L_A(r)_{车} = L_{AW} - 20\lg r - 8 - TL = 85 - 20\lg160 - 8 - 10 = 22.9[\text{dB(A)}]$$

同理，锅炉房在厂界东的噪声预测值为：$L_A(r)_{锅} = 28.8\text{dB(A)}$

则车间 A 和锅炉房在厂界东的总预测值用上述求和公式计算为：$L_{PT} = 29.8\text{dB(A)}$

同理，求得车间 A 和锅炉房在厂界南的噪声预测值分别为 31.4dB(A) 和 41.2dB(A)，车间 A 和锅炉房在厂界南的总预测值为 41.6dB(A)。

（3）叠加背景值　同样，按照噪声求和公式，求得昼间厂界东和夜间厂界东的总噪声预测值分别为 59.8dB(A) 和 41.6dB(A)。

同理，昼间厂界南和夜间厂界南的总噪声预测值分别为 54.0dB(A) 和 50.3dB(A)。

按照《声环境质量标准》（GB 3096—2008）规定，2 类声环境功能区执行标准为昼间 60dB(A)、夜间 50dB(A)，因此，厂界东在昼间和夜间均不超标，厂界南在昼间不超标，夜间略超标。

### 8.4.6.2　公路（城市道路）交通运输噪声预测

（1）第 $i$ 类车等效声级的预测

$$L_{eq}(h)_i = (\overline{L}_{0E})_i + 10\lg\left(\frac{N_i}{V_iT}\right) + 10\lg\left(\frac{7.5}{r}\right) + 10\lg\left(\frac{\psi_1 + \psi_2}{\pi}\right) + \Delta L - 16 \qquad (8\text{-}51)$$

式中，$L_{eq}(h)_i$ 为第 $i$ 类车的小时等效声级，dB(A)，第 $i$ 类车是指将机动车辆分为大、中、小型，具体分类参照《公路工程技术标准》（JTG B01—2014）的规定；$(\overline{L}_{0E})_i$ 为第 $i$ 类车平均车速为 $V_i$（km/h）、水平距离为 7.5m 处的能量平均 A 声级，dB(A)，具体计算可以按照《公路建设项目环境影响评价规范》（JT GB03—2006）中的相关模式进行，也可通过类比测量进行修正；$N_i$ 为昼间、夜间通过某预测点的第 $i$ 类车平均小时车流量，辆 /h；$r$ 为从车道中心线到预测点的距离，m，式（8-52）适用于 $r > 7.5$ m 的预测点的噪声预测；$T$ 为计算等效声级的时间，$T=1$h；$\psi_1$、$\psi_2$ 为预测点到有限长路段两端的张角，rad；$\Delta L$ 为其他因素引起的修正量，单位为 dB(A)，可按式（8-52）计算。

$$\Delta L = \Delta L_{坡度} + \Delta L_{路面} + \Delta L_{反射} - A_{atm} - A_{gr} - A_{bar} - A_{misc} \qquad (8\text{-}52)$$

式中，$\Delta L_{坡度}$ 为公路纵坡修正量，dB(A)；$\Delta L_{路面}$ 为公路路面材料引起的修正量，dB(A)；$\Delta L_{反射}$ 为反射等引起的修正量，dB(A)；其他符号的意义和计算同前。

（2）总车流等效声级的计算

$$L_{eq}(T) = 10\lg\left(10^{0.1L_{eq}(h)_大} + 10^{0.1L_{eq}(h)_中} + 10^{0.1L_{eq}(h)_小}\right) \qquad (8\text{-}53)$$

如某预测点受多条道路交通噪声影响（如高架桥周边预测点受桥上和桥下多条车道的影响，路边高层建筑预测点受地面多条车道的影响），应分别计算每条道路对该预测点的声级，再叠加计算总的影响值。

（3）修正量和衰减量的计算

① 纵坡修正量 $\Delta L_{坡度}$　大、中、小型车的 $\Delta L_{坡度}$ 分别为 $98\beta$dB(A)、$73\beta$dB(A)、$50\beta$dB(A)，其中 $\beta$ 为公路纵坡坡度，%。

② 路面修正量 $\Delta L_{路面}$　沥青混凝土路面：$\Delta L_{路面}$ 为 0dB(A)；水泥混凝土路面：车辆行驶速度为 30km/h、40km/h、≥50km/h 时的 $\Delta L_{路面}$ 依次为 1.0dB(A)、1.5dB(A)、2.0dB(A)。

③ 反射修正量（$\Delta L_{反射}$）　城市道路交叉路口可造成车辆加速或减速，使单车噪声声级发生变化，交叉路口的噪声附加值与受声点至最近快车道中轴线交叉点的距离有关，其最大增量为 3dB(A)。

当道路两侧建筑物间距小于总计算高度的 30% 时，其反射修正量为：两侧建筑物是反射面时，$\Delta L_{反射} \leqslant$ 3.2dB(A)；两侧建筑物是一般吸收表面时，$\Delta L_{反射} \leqslant$1.6dB(A)；两侧建筑物为全吸收表面时，$\Delta L_{反射} \approx$ 0dB(A)。

【例 8-4】某一有限长双向行驶公路，交通高峰时段（早 7：30～8：30）的车流量为 800 辆 /h，其中大型车占 10%，中型车占 15%，其余为小型车。距离为 7.5m 时大型、中型和小型车的能量平均 A 声级分别为 80dB(A)、74dB(A) 和 70dB(A)，车速均为 50km/h。预测点与道路中心线垂直距离为 50m，预测点到该有限长路段两端的张角为 150°，其间无遮挡物。道路地面为沥青混凝土，平均坡度为 3%。试求预测点在该时段的交通噪声等效声级。

**解：**根据题意，此有限长双向行驶公路为沥青混凝土，则路面噪声修正量 $\Delta L_{路面}$ 为 0dB(A)。

平均坡度为 3%，则按 8.4.6.2（3）① 中的表达式，求得大、中、小型车的纵坡修正量 $\Delta L_{坡度}$ 分别为：2.9dB(A)、2.2dB(A)、1.5dB(A)。

预测点与道路中心线之间无遮挡物，忽略空气吸收等户外衰减，则 $A_{atm}$、$A_{gr}$、$A_{misc}$、$A_{bar}$ 可取 0dB(A)；忽略反射引起的修正量，则取 $\Delta L_{反射}$ 为 0dB(A)。

预测点到该有限长路段两端的张角为 150°，则 $\psi_1 + \psi_2 = (150/180)\pi$。利用式（8-51）求得大、中、小型车的等效声级分别为：

$$L_{eq}(h)_{大} = 80 + 10\lg\left(\frac{80}{50\times1}\right) + 10\lg\left(\frac{7.5}{50}\right) + 10\lg\left(\frac{150}{180}\right) + 2.94 - 16$$
$$= 59.95 \approx 60.0[dB(A)]$$

同理，求得 $L_{eq}(h)_{中} = 54.96 \approx 55.0dB$，$L_{eq}(h)_{小} = 57.26 \approx 57.3[dB(A)]$。

故该预测点总车流的等效声级可按式（8-53）计算：

$$L_{eq}(T) = 10\lg\left(10^{0.1\times59.95} + 10^{0.1\times54.96} + 10^{0.1\times57.26}\right)$$
$$= 10\lg[10^5\times(9.88+3.13+5.32)] = 62.6[dB(A)]$$

### 8.4.6.3 铁路、城市轨道交通噪声预测

铁路和城市轨道交通噪声预测方法需根据工程和噪声源的特点确定，目前以比例预测法和模式预测法为主。比例预测法以评价对象现场实测的噪声数据为基础，结合工程前后声源的变化和不相干声源声能叠加的声学理论预测铁路既有线改、扩建项目中以列车运行噪声为主的线路区段的噪声，具体模式参照《环境影响评价技术导则 声环境》（征求意见稿）（HJ 2.4—20□□）。模式预测法主要依据声学理论的计算方法和经验公式，预测新建铁路和城市轨道交通的噪声。速度低于 200km/h 的铁路和城市轨道交通，在预测点处列车运行噪声的等效声级的基本预测计算式见式（8-54），其他具体计算内容详见上述声环境导则和《环境影响评价技术导则 城市轨道交通》（HJ 453—2018）。

$$L_{Aeq,P} = 10\lg\left\{\frac{1}{T}\left[\sum_i n_i t_{eq,i} 10^{0.1\left(L_{P0,t,i}+C_{t,i}\right)} + \sum_i t_{f,i} 10^{0.1\left(L_{P0,f,i}+C_{f,i}\right)}\right]\right\} \tag{8-54}$$

式中，$T$ 为规定的评价时间，s；$n_i$ 为 $T$ 时间内通过的第 $i$ 类列车列数；$t_{eq,i}$ 为第 $i$ 类列车通过的等效时间，s；$L_{P0,t,i}$ 为第 $i$ 类列车最大垂向指向性方向上的噪声辐射源强的 A 计权声压级或倍频带声压级，dB；$C_{t,i}$ 为第 $i$ 类列车的噪声修正项的 A 计权声压级或倍频带声压级，dB；$t_{f,i}$ 为固定声源的作用时间，s；$L_{P0,f,i}$ 为固定声源的噪声辐射源强的 A 计权声压级或频带声压级，dB；$C_{f,i}$ 为固定声源的噪声修正项的 A 计权声压级或倍频带声压级，dB。列车通过的等效时间 $t_{eq}$ 的计算见式（8-10）。

### 8.4.6.4 机场航空器噪声预测

机场航空器噪声可用噪声距离特性曲线或噪声-功率-距离数据表达，预测时一般利用国际民航组织、其他有关组织或航空器生产厂提供的数据。由于机场航空器噪声资料是在一定的飞行速度和设定功率下获取的，因此，当实际预测情况和资料获取时的条件不一致时，应做修正。目前，我国采用的机场周围噪声的预测评价量为计权等效连续感觉噪声级 $L_{WECPN}$，其中单架航空器的有效感觉噪声级 $L_{EPN}$ 按式（8-55）计算：

$$L_{EPN} = L(F,d) + \Delta V - \Lambda(\beta,l,\varphi) - A_{atm} + \Delta L \tag{8-55}$$

式中，$L(F, d)$ 为发动机的推力 $F$ 和地面预测点与航迹的最短距离 $d$ 在已知的机场航空器噪声基本数据上进行插值获得的声级，dB，$L_F$ 由推力修正计算得到，dB。$L_d$ 根据"各种机型噪声距离关系式及其飞行剖面""斜线距离计算模式"确定，dB；$\Delta V$ 为速度修正因子，dB；$\Lambda(\beta, l, \varphi)$ 为侧向衰减因子，dB；$A_{atm}$ 为大气吸收引起的衰减，dB；$\Delta L$ 为航空器起跑点后面的预测点声级的修正因子，dB。

某一飞行事件的有效感觉噪声级 $L_{EPN}$ 也可按式（8-56）近似计算：

$$L_{EPN} = L_{max} + 10 \lg\left(\frac{T_d}{20}\right) + 13 \tag{8-56}$$

式中，$L_{max}$ 为一次噪声事件中测量时段内单架航空器通过时的最大 A 声级，dB(A)；$T_d$ 为在 $L_{max}$ 下 10dB 的延续时间，s。

# 8.5　噪声防治对策

## 8.5.1　噪声防治措施要求

① 坚持预防为主原则，加强源头控制，合理规划噪声源与声环境保护目标布局；从噪声源、传播途径、声环境保护目标等方面采取措施；在技术经济可行条件下，优先考虑对噪声源和传播途径采取工程技术措施，实施噪声主动控制。

② 评价范围内存在声环境保护目标时，工业（工矿企业和事业单位）建设项目噪声防治措施应针对建设项目投产后噪声影响的最大预测值制定，以满足厂界（或场界、边界）和厂界（或场界、边界）外声环境保护目标的达标要求。

③ 交通运输类建设项目（如公路、城市道路、铁路、城市轨道交通、机场等）的噪声防治措施应针对建设项目代表性水平年的噪声影响预测值进行制定。同时，铁路建设项目的噪声防治措施还应同时满足铁路边界噪声限值要求。

④ 结合工程特点和环境特点，在交通流量较大的情况下，铁路、城市轨道交通、机场等项目可考虑瞬时噪声对声环境保护目标的影响，提出控制要求。

## 8.5.2　噪声防治途径

（1）规划防治对策　主要指从建设项目的选址（选线）、规划布局、总图布置（跑道方位布设）和设备布局等方面进行调整，提出减少噪声影响的建议。如采用"闹静分开"和"合理布局"的设计原则，使高噪声设备尽可能远离声环境保护目标；对建设项目选址（选线）提出优化建议，对城乡规划的用地布局提出有关用地布局防治噪声的建议等。

（2）噪声源控制措施　主要包括：选用低噪声设备；采取声学控制措施，如对声源采用吸声、消声、隔声、减振等措施；改进工艺、设施结构和操作方法等。

（3）噪声传播途径控制措施　主要包括：在噪声传播途径上增设声屏障等措施；利用自然地形物（如利用位于声源和声环境保护目标之间的山丘、土坡、地堑、围墙等）降低噪声；将声源设置于地下或半地下的室内等。

（4）保护目标自身的防护措施　主要包括：声环境保护目标自身增设吸声、隔声等措施；合理布局声环境保护目标中的建筑物功能，合理调整建筑物平面布局；声环境保护目标功能置换或拆迁；交通干线两侧声环境保护目标设置隔声窗。

（5）管理措施　主要包括提出环境噪声管理方案（如合理制定施工方案、优化调度方案、优化飞行程序等），制定噪声监测方案，提出降噪、减噪设施的运行使用、维护保养等方面的管理要求，提出跟踪评价要求等。

## 8.6　噪声监测计划

按《排污单位自行监测技术指南　总则》（HJ 819—2017）的要求，提出项目在生产运行阶段的厂界（场界、边界）噪声监测计划和代表性声环境保护目标监测计划。监测计划应根据噪声源特点、环境保护管理要求选择自动监测或者人工监测，同时明确监测点位置、监测因子、执行标准及其限值、监测频次、监测分析方法、质量保证与质量控制以及向社会公开的信息内容等。

## 8.7　声环境影响评价结论

根据评价范围内声环境保护目标的声环境现状评价结果、噪声源影响的预测结果、噪声影响防治措施的有效性评价，明确给出从声环境影响角度分析拟建项目是否可行的结论。

 **声环境影响评价案例**

**课后练习**

某新区公路建设项目
声环境影响评价

⑧

### 一、正误判断题

1. 对于声级起伏较大的非稳态噪声或间歇性噪声，采用等效连续 A 声级为评价量。（　　　）
2. 对公路扩建项目，在监测现有道路对声环境敏感目标的噪声影响时，车辆运行密度应达到现有道路高峰车流量。（　　　）
3. 某机场有 2 条飞机跑道，因飞行量增加需扩大飞机场停机坪，则飞机噪声现状监测布点数量至少应为 14 个。（　　　）
4. 某冷却塔位于城市区域 2 类声环境功能区，现测得距离塔 5m 处的昼、夜噪声级分别为 72dB(A) 和 68dB(A)，距离冷却塔 20m 处有一栋居民楼。冷却塔噪声经过几何发散衰减后，达到居民楼时，居民楼处仍满足相应的声环境功能区标准。（　　　）
5. 公路建设项目环境影响评价的噪声防治措施中，应优先考虑线路与敏感目标的合理距离。（　　　）

### 二、不定项选择题（每题的备选项中，至少有一个符合题意）

1. 在评价噪声源现状时，需要测量最大 A 声级和噪声持续时间的是（　　　）。
   A. 较强的突发噪声　　　　　B. 稳态噪声　　　　　C. 起伏较大的噪声　　　　　D. 脉冲噪声

2. 对于拟建公路、铁路工程，环境噪声现状调查的重点是（ ）。
    A. 线路的噪声源强及其边界条件参数     B. 工程组成中固定噪声源的情况分析
    C. 环境敏感目标分布及相应的执行标准     D. 环境噪声随时间和空间变化情况分析

3. 我国现有环境噪声标准中的主要评价量为（ ）。
    A. 等效声级和计权有效感觉噪声级     B. 等效声级和计权有效连续感觉噪声级
    C. 等效连续A声级和计权有效连续感觉噪声级     D. A计权等效声级和计权有效感觉噪声级

4. 在环境噪声现状测量时，对噪声起伏较大的情况，需要（ ）。
    A. 采用不同的环境噪声测定量     B. 测量最大A声级和持续时间
    C. 增加昼间和夜间的测量次数     D. 增加测量噪声的频率特性

5. 进行环境噪声现状调查和评价时，对环境噪声现状测量时段的要求包括（ ）。
    A. 在声源正常运行工况条件下选择测量时段     B. 各测点分别进行昼间和夜间时段测量
    C. 噪声起伏较大时应增加昼、夜间测量次数     D. 布点、采样和读数方式按规范要求进行

6. 评价范围内环境噪声现状评价的主要内容包括（ ）。
    A. 功能区声环境质量状况     B. 厂界或边界的噪声级及超标状况
    C. 受噪声影响的人口分布情况     D. 土地利用现状

7. 环境噪声现状监测布点应考虑的因素有（ ）。
    A. 固定声源情况     B. 流动声源情况
    C. 地表植被情况     D. 敏感点的高度

8. 某列车长度为600m，列车在直线段运行时在距轨道中心线10m处测得的最大A声级为82dB(A)。只考虑几何发散衰减情况下，按线声源简化公式计算，距轨道中心线100m处的最大A声级为（ ）。
    A. 72dB(A)     B. 67dB(A)     C. 64dB(A)     D. 62dB(A)

9. 与噪声预测值有关的参数有（ ）。
    A. 噪声源位置     B. 声源类型和源强     C. 评价区内的人口分布     D. 声源的传播条件

10. 影响声波大气吸收衰减系数的因素有（ ）。
    A. 大气温度     B. 大气湿度     C. 声波频率     D. 大气气压

## 三、问答题

1. 声环境影响评价的主要评价量有哪些？
2. 声环境影响评价的基本任务是什么？
3. 声环境影响预测和评价内容有哪些？
4. 防治噪声污染的主要途径有哪些？
5. 在某铁路旁声环境监测点处昼间测得货车经过时2min内的平均声压级为75dB，客车经过时1min内的平均声压级为70dB，无车通过时的环境噪声为60dB。此铁路白天1h内有25列货车和15列客车通过，计算此处的昼间等效声级（忽略噪声修正项）。
6. 某一无限长单向行驶公路，交通高峰时段（下午4：00~5：00）的车流量为800辆/h，其中大型车占10%，其余为小型车。大型车辐射声级距离为7.5m时是83dB(A)，小型车辐射声级距离为7.5m时是75dB(A)，车速均为60km/h。预测点与道路中心线垂直距离为20m，其间无遮挡物。道路地面为沥青混凝土，平坦无坡。试求预测点在该时段的交通噪声等效声级。

 **案例分析题**

1. 某省拟建设四车道全封闭全立交高速公路，全长90km，设计行车速度80km/h，路基宽度24.5 m，分离式路基宽12.5m。全线共设计大桥35座，其中跨河多处。隧道22座，互通式立交5处，分离式立交8处，生活服务区1

处，项目总投资66亿元。公路沿线多数路段地处山岭重丘区，相对高差300～1000m，公路中心线两侧200m范围内分布有居民住宅区58处，公路中心线两侧100m范围内各有一所中学和小学，两学校均有3层教学楼面向公路，且小学门前30m处有二级公路通过。

问题：（1）如何确定本项目的声环境影响评价工作等级？如何确定评价范围？（2）施工期和运营期对声环境的主要影响是什么？（3）简述对声环境保护目标的噪声影响预测与评价的主要内容。

2.某城市有人口450万，其距离最近的机场在300km以外，现在拟在其东北30km处建设能够起降波音737机型的飞机场。机场工程内容包括飞行场区跑道工程、站场和导航助航工程三大部分，其中跑道3800～6000m，道肩宽度7.5m；2条平行滑道，4条快速出口滑道，滑道宽度17.5～25m，采用水泥混凝土道面。厂区总占地面积4.5km²。站场工程包括航站楼、空管楼、货运仓库、公安安检用房等，总占地面积62530m²。机场所在地包含一个自然村，有50户148人。在机场跑道延长线10km内有村庄4个，居民5400人，中心学校2所，在跑道延长线5km内有村庄2个，居民2100人，学校1所。

问题：（1）本项目运营期的评价重点是什么？（2）飞机噪声评价的评价量是什么？（3）如何进行噪声现状评价？（4）机场噪声控制的对策有哪些？

# 9  生态影响评价

○○ ———— ○○ ○ ○○ ————————

 **案例引导**

　　生态系统是生物群落与自然环境长期相互作用而形成的统一整体，人类开发活动必然对生态系统产生影响，有时虽然只影响其中某一部分，但是其他部分以及相关联的生态系统也可能受到间接影响；自然环境条件不同，生态系统特性不同，对人类开发活动的响应与承受能力均有差异。人类开发活动实施前应充分评估其对生态系统的直接影响与间接影响、区域性的相关影响等，才能采取相应措施避免或减轻其生态影响。

　　位于埃及境内尼罗河干流上的阿斯旺水坝是一座大型综合利用水利枢纽工程，具有灌溉、发电、防洪、航运、旅游、水产等多种效益。由于设计时对环境保护认识不足，大坝建成后对生态环境造成了一定的破坏。失去了尼罗河定期泛滥带来的沃土作为肥料，下游沿岸平原的土地肥力持续下降；缺少雨季的大量河水带走土壤中的盐分，不断灌溉使地下水位上升，深层土壤内的盐分被带至地表，加上灌溉水中的盐分，导致了土壤盐碱化；土地肥力下降使农民不得不使用化肥，部分残留的化肥流回尼罗河，导致河水富营养化，增加了灌溉系统的维护开支，污染了尼罗河下游居民的饮用水；河口外海域内的某些鱼类因失去饵料而减少；下游河床遭受严重侵蚀，尼罗河出海口处海水倒灌。

　　我国三峡大坝是迄今世界上综合效益最大的水利枢纽，发挥着防洪、发电、航运、养殖、旅游、南水北调、供水灌溉等功能。在生态影响评估的基础上，三峡大坝在建设期与运营期采取了多种有效管理措施保护陆生生态和水生生态。在陆生生态保护上，采取种质资源保存、植物园保存、野外迁地保存、建设培育基地等多种措施，开展了以三峡珍稀特有植物为重点的保护与研究工作；对古树名木实行了就地或移栽保护；根据水土保持方案，分区进行了水土保持与生态修复。在水生生态保护上，开展了长江干流水生野生动物自然保护区工程设施建设和长江珍稀特有鱼类的研究保护工作，采取了鱼类增殖放流、生态调度、分层取水、底流消能等工程减缓措施；通过合理的水文调度（制造生态洪峰），创造适合鱼类繁殖的水文条件，实现了各种鱼类的自然繁殖。建立了生态与环境保护监测系统，监测内容包括污染源、水环境、农业生态、陆生生态、湿地生态、水生生态、大气环境等。

　　只有一个地球，人类与万物为一个共同体。人类开发活动只有维系生态结构与生态功能，才能实现代际的可持续发展。加强开发建设活动生态影响因素识别，注重开发活动过程中防止生态破坏对策与措施的建设与管理，注重生态恢复的工程实施，维持生态系统服务功能，强化生态保护红线、生境连通性和完整性、野生动物及其栖息地保护，才能实现"绿水青山就是金山银山"、促进人与自然和谐发展的目标。

---

**◉ 学习目标**

○ 掌握生态影响、生态保护红线、自然保护地、关键种等相关概念。

○ 了解生态影响评价基本任务、生态影响特点与主要类型。

○ 掌握如何识别生态影响，确定生态保护目标，划分评价工作等级，确定评价范围。

○ 掌握生态现状调查与评价以及生态影响预测与评价的基本内容。

○ 熟悉常用的评价方法、生态保护措施、生态监测与环境管理和生态影响评价图件构成。

# 9.1 概述

生态影响评价的主要任务是识别、预测和评价建设项目在施工期、运行期和退役期（可根据项目情况选择）等不同阶段对物种（种群）及其生境、生物群落、生态系统可能造成的影响，提出预防或减缓不利影响的对策和措施，制定相应的环境管理和生态监测计划，明确给出建设项目生态影响是否可接受的结论。生态影响评价的现行导则为《环境影响评价技术导则 生态影响》（HJ 19—2011），为保持内容更新，本章采用了《环境影响评价技术导则 生态影响》（征求意见稿）（HJ 19—20□□）的基本内容，正式发布时若有变化，以正式发布稿为准。

## 9.1.1 生态影响的特点

生态影响是指建设项目对物种（种群）及其生境、生物群落、生态系统所产生的不利或有利的作用。建设项目生态影响有如下特点：

（1）阶段性 项目建设对生态环境的影响从规划设计开始就有表现，贯穿全过程，并且在不同建设时段影响不同。因此，生态影响评价应从项目开始时介入，注重整个过程。

例如公路建设项目，在勘探选线阶段就应考虑对居民集中区等敏感目标的避让；施工期往往是生态影响最严重的阶段，可能造成生境破坏、栖息地片段化、生物多样性降低或消失、生物通道隔断、景观破坏等影响，但施工结束后部分影响可以恢复；在运营期可能因为交通噪声及汽车尾气影响沿线生境，阻隔生物迁移与传播，可能因公路运营影响自然景观，并增加外来物种入侵概率，可能因交通便利导致猎取动物、采伐植物的现象增多，以及矿产资源过度开采等，从而加重对生态环境的影响；公路退役后，这些不利影响仍可能存在。

（2）区域性或流域性 由于生态系统具有显著的地域特点，相同建设项目在不同区域或流域不可能产生完全相同的影响。因此在进行生态影响评价特别是影响分析与提出相应措施时，应有针对性，分析所在区域或流域的主要生态环境特点与生态问题。

例如，跨流域调水工程可能对区域植被、生物资源、栖息地、沼泽化、洪涝灾害、疾病传播，以及下游水生生态等产生影响，这些影响在调水区、沿线区和受水区均有较大差异。

（3）高度相关性和综合性 生态因子间的关系错综复杂，生态系统的开放性也使得各系统之间彼此密切相关，项目建设通常会影响到所在地整个区域或流域的生态环境，即使只是直接影响其中一部分，也可能通过该部分直接或间接影响全部。因此，在进行生态影响评价时，应有整体观念，即不管影响到生态系统的哪些因子，其影响效应是系统综合性的。

例如，在河流上修建水库项目，不仅水库本身直接占地会影响库区植被与生物多样性，上游污染源还可能使水库水质恶化，上游流域水土流失会增加水库淤积，而水土流失又与植被覆盖情况紧密联系，所以水库库区的森林与水、陆地及河流是一个高度相关的综合整体。

（4）累积性　累积生态影响是指建设项目与其他相关活动（包括过去、现在、未来）之间造成生态影响的相互叠加。某些相同或类似的建设项目可能带来复合影响，其环境影响总和往往超过单个建设项目；当影响积累到一定程度，超过生态阈值（从一种状态转变为另一种状态时的临界值）时，可能带来最低限度及饱和限度影响，生态系统的结构或功能将发生质变，开始退化，最终将导致不可逆转的质的恶化或破坏。

例如，水利工程建设可能引起泥沙淤积进而抬升河床，造成水库上游抵御洪涝灾害的能力下降，就是一种长期累积的不利影响。水库建成后可能使支流回水段加长而引起泥沙淤积，削弱支流的过洪能力，加重其防洪负担。

（5）多样性　项目建设对生态系统的影响是多方面的，包括直接的、间接的、显见的、潜在的，长期的、短期的，暂时的、累积的，等等。有时间接影响比直接影响更大，或潜在影响比显见影响重要。

例如大坝建设为发展水产养殖提供了良好条件，使许多水库成为水产供应基地，但同时影响了野生动植物原有生存、繁衍的生态环境，阻隔了洄游性鱼类的洄游通道，影响了物种交流；建坝改变了河流的洪泛特性，对洪泛区环境的不利影响主要表现在使洪泛区湿地景观减少、生物多样性减损、生态功能退化等。

## 9.1.2　评价工作阶段与内容

（1）生态影响识别阶段　收集、整理相关资料，开展初步的工程方案分析和野外调查，识别主要的生态影响，筛选生态保护目标，确定评价工作等级和评价范围。当建设项目占用或穿（跨）越自然保护地、生态保护红线、重要生境或产生显著不利生态影响时，应提出替代方案并进行比选论证。替代方案主要包括项目选线、选址，项目组成、内容和平面布局，工艺和生产技术，施工和运营方案等的替代。

（2）生态现状评价和影响分析阶段　对生态保护目标开展详细调查，评价生态现状。选择合适的评价方法和指标，预测和评价工程建设和运行对生态保护目标的影响。

（3）生态影响缓解对策与措施制定阶段　根据生态影响预测和评价结果，提出预防或减缓不利影响的对策和措施，制定相应的环境管理和生态监测计划，明确生态影响评价结论。

## 9.1.3　生态影响识别

生态影响识别应涵盖施工期、运行期和退役期（可根据项目情况选择）等不同阶段。结合建设项目特点和环境特征，识别主要影响源、影响方式或途径和影响范围。

（1）建设项目特征　主要包括地理位置、规模、总平面及现场布置，不同阶段各种工程行为及其发生的地点、时间、方式和持续时间，排放污染物的类型、强度和范围，设计方案中的生态保护措施等。当需要进行替代方案比选时，应调查和分析替代方案的相关信息。

（2）环境特征　通过已有的生态学数据、地图、文献资料，咨询专家及初步的实地调查，获取有关物种分布、生境现状与各类自然保护地空间分布、主要保护对象等基本信息。当已有信息不足时，应针对当前数据空缺制定适宜的调查方案。

（3）生态影响类型　应识别建设项目产生的或其某一特定活动相关的所有直接、间接和累积生态影响，重视生态影响相互作用的机制。直接生态影响是指建设项目所导致的、与项目建设和运行同时同地发生的生态影响。它通常是指特定活动对某一特定生态保护目标的影响，不存在通过与其他生态因子相互作用产生的任何形式的调节。间接生态影响是指建设项目及其直接生态影响引起的、与项目建设和运行不在同一地点或不在同一时间发生的生态影响。生态影响的主要类型见表9-1。

## 9.1.4　生态保护目标确定

生态影响评价不可能对受影响环境中的所有生态系统及其组成成分进行详细调查和研究，而是需要通过有效聚焦，选择重要的生态系统及其组成成分，确定生态保护目标，使评价工作更合理。确定生态保护目标时通常需要考虑物种、生境、生态系统、特殊保护区域等。

**表9-1**　生态影响的主要类型

| 主要类型 | 举例 |
|---|---|
| 直接生态影响 | 临时、永久占地导致生境直接破坏或丧失。<br>工程施工、运营导致个体直接死亡。<br>物种迁徙（或洄游）、扩散、种群交流受到阻隔。<br>施工活动及运营期噪声、振动、灯光等对野生动物行为产生干扰。<br>生境破碎化等 |
| 间接生态影响 | 生境面积和质量下降导致个体死亡、种群数量下降或种群生存能力降低。<br>资源减少、分布变化等导致种群结构或种群动态发生变化。<br>因阻隔影响造成种群间基因交流减少，最终导致小种群灭绝风险增加。<br>生境破碎化造成边缘效应增加，导致物种和生境组成发生变化，或生物多样性降低。<br>滞后效应（如，由于关键种的消失使得捕食者和被捕食者的关系发生变化）等 |
| 累积生态影响 | 整个区域生境的破碎化和逐渐丧失。<br>在景观尺度上生境的多样性减少。<br>不可逆转的生物多样性的丢失。<br>生态系统稳定性的破坏等 |

### 9.1.4.1　物种

在初步调查了解项目影响范围内分布的物种状况后，基于物种的保护地位、濒危程度、稀有程度、经济价值、公众关注度、对特定影响的敏感性或响应性、维持生态系统功能的作用等方面筛选生态保护目标，见表 9-2。

**表9-2**　生态保护目标的确定——物种

| 生态保护目标 | 物种名录及相关参考资料说明 |
|---|---|
| 重点保护野生动植物 | 国家及地方重点保护野生动物、植物名录 |
| 受威胁物种 | 世界自然保护联盟《濒危物种红色名录》，《中国生物多样性红色名录》，地方发布的物种红色名录中列为极危、濒危和易危的物种 |
| 极小种群野生植物 | 指野外种群数量极少、人为干扰严重、随时有灭绝危险且生境要求独特、分布地域狭窄的野生植物。名录可参考《全国极小种群野生植物拯救保护工程规划（2011—2015 年）》 |
| 特有种 | 中国特有种，可参见《中国生物多样性红色名录》及相关文献资料 |
| 有重要生态、科学、社会价值的陆生野生动物 | 根据《国家林业局关于贯彻实施〈野生动物保护法〉的通知》（林护发〔2016〕181 号），在 2017 年 1 月 1 日新《野生动物保护法》实施后至相关配套法规和规章制度发布前，对新《野生动物保护法》规定的《有重要生态、科学和社会价值的陆生野生动物保护名录》暂按国家林业局 2000 年发布的《国家保护的有益的或者有重要经济、科学研究价值的陆生野生动物名录》（国家林业局令第 7 号）执行 |
| 重要经济水生生物 | 尚无具体名录，可通过查阅相关文献资料、咨询专家并结合调查确定 |
| 旗舰种、关键种、伞护种 | 尚无具体名录，可通过查阅相关文献资料、咨询专家并结合群落调查进行识别。<br>旗舰种是指自然界中具有较高的濒危等级和保护价值的特殊生物种类，并被公众普遍喜爱、可以激发大众自然保护意识的物种。<br>关键种是指对群落结构和功能有重要影响的物种，这些物种从群落中消失会使群落结构发生严重改变，可能导致物种的灭绝和多度剧烈变化。<br>伞护种是指生境需求能够涵盖其他物种生境需求的物种 |
| 其他 | 其他依法或国际公约约定的保护物种 |

### 9.1.4.2　生境

生境是指生物个体或种群的天然栖息场所，又称栖息地，是生物生存空间和一切影响到生物生存的生态因子的总和。具有维持物种生存、繁衍、迁徙（或洄游）、扩散、种群交流等作用的生境均应纳入生态保护目标进行详细评价。例如，重点保护野生植物、受威胁野生植物、极小种群野生植物的天然集中分布区，重点保护野生动物、受威胁野生动物的重要栖息地，珍稀濒危水生生物的产卵场、索饵场、越冬场、洄游通道，候鸟的重要繁殖地、越冬地、停歇地，已明确作为栖息地保护的河流和区域以及生态廊道等。

### 9.1.4.3 生态系统

当建设项目生态影响范围达到区域或流域水平，应将生态系统结构、功能及过程纳入生态保护目标进行详细评价。

### 9.1.4.4 特殊保护区域

（1）生态保护红线　是指在生态空间范围内具有特殊重要生态功能、必须强制性严格保护的区域，是保障和维护国家生态安全的底线和生命线。包括具有重要水源涵养、生物多样性维护、水土保持、防风固沙、海岸生态稳定等功能的生态功能重要区域，以及水土流失，土地沙化、石漠化、盐渍化等生态环境敏感脆弱区域。

（2）生物多样性保护优先区域　综合考虑生态系统类型的代表性、特有程度、特殊生态功能，以及物种的丰富程度、珍稀濒危程度、受威胁因素、地区代表性、经济用途、科学研究价值、分布数据的可获得性等因素，我国划定了 35 个生物多样性保护优先区域，包括大兴安岭、三江平原区、祁连山区、秦岭区等 32 个内陆陆地及水域生物多样性保护优先区域，以及黄渤海保护区域、东海及台湾海峡保护区域和南海保护区域等 3 个海洋与海岸生物多样性保护优先区域。具体范围可参考《中国生物多样性保护战略与行动计划（2011—2030 年）》、《中国生物多样性保护优先区域范围》（环境保护部公告 2015 年第 94 号）、《关于做好生物多样性保护优先区域有关工作的通知》（环发〔2015〕177 号）。

（3）自然保护地　是由各级政府依法划定或确认，对重要的自然生态系统、自然遗迹、自然景观及其所承载的自然资源、生态功能和文化价值实施长期保护的陆域或海域。中国现有 10 多种不同的自然保护地类型，见表 9-3。

**表 9-3**　我国主要的自然保护地类型

| 名称 | 定义 | 依据 |
|---|---|---|
| 国家公园 | 由国家批准设立并主导管理，边界清晰，以保护具有国家代表性的大面积自然生态系统为主要目的，实现自然资源科学保护和合理利用的特定陆地或海洋区域 | 《建立国家公园体制总体方案》（2017 年） |
| 自然保护区 | 对有代表性的自然生态系统、珍稀濒危野生动植物物种的天然集中分布区、有特殊意义的自然遗迹等保护对象所在的陆地、陆地水体或者海域，依法划出一定面积予以特殊保护和管理的区域 | 《中华人民共和国自然保护区条例》（2017 年修订） |
| 世界自然遗产 | 从审美或科学角度具有突出的普遍价值的由物质和生物结构或这类结构群组成的自然面貌；从科学或保护角度具有突出的普遍价值的地质和自然地理结构以及明确划为受威胁的动物和植物生境区；从科学、保护或自然美角度具有突出的普遍价值的天然名胜或明确划分的自然区域 | 《保护世界文化和自然遗产公约》（1972 年） |
| 风景名胜区 | 具有观赏、文化或者科学价值，自然景观、人文景观比较集中，环境优美，可供人们游览或者进行科学、文化活动的区域 | 《风景名胜区条例》（2006 年） |
| 森林公园 | 森林景观优美，自然景观和人文景物集中，具有一定规模，可供人们游览、休息或进行科学、文化、教育活动的场所 | 《森林公园管理办法》（2016 年修订） |
| 湿地公园 | 以保护湿地生态系统、合理利用湿地资源、开展湿地宣传教育和科学研究为目的，经国家林业局批准设立，按照有关规定予以保护和管理的特定区域 | 《国家湿地公园管理办法》（2018 年） |
| 沙漠公园 | 以沙漠景观为主体，以保护荒漠生态系统为目的，在促进防沙治沙和保护生态功能的基础上，合理利用沙区资源，开展公众游憩、旅游休闲和进行科学、文化、宣传和教育活动的特定区域 | 《国家沙漠公园试点建设管理办法》（2014 年） |
| 地质公园 | 对具有国际、国内和区域性典型意义的地质遗迹，可建立国家级、省级、县级地质遗迹保护段、地质遗迹保护点或地质公园 | 《地质遗迹保护管理规定》（1995 年） |
| 海洋特别保护区 | 具有特殊地理条件、生态系统、生物与非生物资源及海洋开发利用特殊要求，需要采取有效的保护措施和科学的开发方式进行特殊管理的区域。根据海洋特别保护区的地理区位、资源环境状况、海洋开发利用现状和社会经济发展的需要，海洋特别保护区可以分为海洋特殊地理条件保护区、海洋生态保护区、海洋公园、海洋资源保护区等类型 | 《海洋特别保护区管理办法》（2010 年） |
| 水产种质资源保护区 | 为保护水产种质资源及其生存环境，在具有较高经济价值和遗传育种价值的水产种质资源的主要生长繁育区域，依法划定并予以特殊保护和管理的水域、滩涂及其毗邻的岛礁、陆域 | 《水产种质资源保护区管理暂行办法》（2011 年） |
| 重要湿地 | 包括国际、国家和地方重要湿地。<br>国际重要湿地：具有代表性、典型性、稀有性或特殊性的湿地，保持生物多样性的湿地；国际重要湿地的指定标准包括 2 大组 9 小项。<br>国家和地方重要湿地：按照其生态区位、生态系统功能和生物多样性等重要程度，分为国家重要湿地、地方重要湿地和一般湿地。确定标准参照《国家重要湿地确定指标》（GB/T 26535—2011） | 《关于特别是作为水禽栖息地的国际重要湿地公约》（1975 年）。《湿地保护管理规定》（2017 年修订），截至 2018 年，26 个省份出台省级湿地保护立法 |

根据 2019 年 6 月中共中央办公厅、国务院办公厅印发的《关于建立以国家公园为主体的自然保护地体系的指导意见》，将对现有的自然保护区、风景名胜区、地质公园、森林公园、海洋公园、湿地公园、冰川公园、草原公园、沙漠公园、草原风景区、水产种质资源保护区、野生植物原生境保护区（点）、自然保护小区、野生动物重要栖息地等各类自然保护地开展综合评价，按照保护区域的自然属性、生态价值和管理目标进行梳理调整和归类，逐步形成以国家公园为主体、自然保护区为基础、各类自然公园为补充的自然保护地分类系统。

## 9.1.5 评价工作等级

依据项目影响方式和影响区域的生态敏感性，生态影响评价工作等级划分见表 9-4。

**表9-4** 生态影响评价工作等级划分

| 影响方式 | 影响区域 | | | | |
| --- | --- | --- | --- | --- | --- |
| | 自然保护地 | | 生态保护红线[②] | 其他区域 | |
| | 国家公园、自然保护区、世界自然遗产 | 其他自然保护地[①] | | 重要生境[③] | 一般区域[④] |
| 施工临时占用（含水域）、工程构筑物或建筑物永久占用（含水域） | 一级 | 二级 | 一级 | 一级 | 三级 |
| 水库淹没占用 | | | | | |
| 矿山开采引起的地表沉陷 | | | | | |
| 线路穿（跨）越 | | | | | |
| 通过改变土壤、地下水、地表水等环境条件间接影响 | 二级 | 二级 | 二级 | 二级 | |

①指除国家公园、自然保护区、世界自然遗产以外的自然保护地，如风景名胜区、森林公园、地质公园、湿地公园、沙漠公园、水产种质资源保护区、海洋特别保护区等。②除饮用水水源地、自然保护地以外的划入生态保护红线的区域。③指既未纳入现有自然保护地范围内，也未纳入生态保护红线范围内，通过资料收集、专家咨询、初步野外调查等手段识别的国家及地方重点保护野生动植物，极危、濒危和易危物种，极小种群野生植物以及特有种的集中分布区、重要栖息地，重要经济水生生物的产卵场、索饵场、越冬场、洄游通道。④指除自然保护地、生态保护红线、重要生境等生态敏感区域以外的区域。

实际工作中，划分评价工作等级时还需遵循如下规定：

① 项目影响区域为一般区域，但可能导致所在区域生态系统结构、过程以及重要生态功能明显改变的情况下，评价工作等级为二级。

② 线路以隧道或桥梁一跨而过的形式通过自然保护地、生态保护红线、重要生境等生态敏感区域，并在影响区域内无永久工程和临时工程的情况下，评价工作等级可由一级下调至二级。

③ 公路、铁路、管道等线性工程可结合工程特点、影响区域的生态敏感性按照不同评价工作等级的技术要求进行分段评价。

④ 涉水工程可针对陆生生态、水生生态分别确定评价工作等级。

## 9.1.6 评价范围

生态影响评价应能够充分体现生态完整性，涵盖评价项目全部活动的直接影响区域和间接影响区域。不同行业生态影响评价应结合行业特征和所在区域的环境特点，在具体评价中视情况确定评价范围。确定评价范围应遵循如下基本原则：

① 不小于工程占用范围。

② 项目涉及通过土壤、地下水、地表水等环境要素间接影响生态保护目标的，其评价范围不小于土壤、地下水、地表水等环境要素的评价范围。

③ 项目涉及具有迁徙（或洄游）习性物种的，其评价范围应涵盖工程影响范围内的迁徙路线或洄游通道。

④ 对于公路、铁路等线性工程，一级评价中针对陆生野生动物的评价范围不小于线路两侧各 2km 范围。

⑤ 对于机场项目，评价范围不小于占地范围向外延伸 3～5km。

## 9.2　生态现状调查与评价

### 9.2.1　基本要求

生态现状调查是生态现状评价、影响预测的基础和依据，应遵循资料收集、专家和公众咨询与野外调查相结合的原则。收集与引用资料应能真实反映生态现状背景情况，明确其来源、时间与有效性。实地调查应依据国家正式发布的相关标准、技术规范，针对生态保护目标制定具体调查方案。基础数据缺乏时适当增加调查频次。

实地调查时应选择不同的植被类型（或生境类型）布设调查样方或样线，调查结果应能代表影响区域内的物种多样性水平和空间分布特征。水生生物调查断面和站位布设应遵循控制性、代表性原则，在涉水施工活动强度较大的区域，应增加调查断面和站位的布设密度。

对于改扩建、分期实施、属于流域规划中的建设项目，应对既有工程、前期已实施工程的实际生态影响、已采取生态保护措施的有效性和存在问题进行评价。位于原厂界（或永久用地）范围内的工业类改扩建项目，主要调查和评价现状污染物排放对生态保护目标的影响。

### 9.2.2　生态现状调查内容

#### 9.2.2.1　一级评价

项目通过直接占用、破坏等方式对生态保护红线、国家公园、自然保护区、世界自然遗产和物种的重要生境产生不利影响时，应结合保护对象和功能定位，开展相应现状调查和评价，包括基本生态背景状况、重要物种及生境、群落及生态系统、自然遗迹或重要的自然景观以及主要生态问题等。

（1）基本生态背景状况　调查评价范围内的陆生生态系统类型、土地利用类型、植被类型、陆生野生动物的种类组成和主要分布区域。调查评价范围内的水生哺乳类、鱼类、浮游植物、着生藻类、浮游动物、底栖动物、水生维管束植物、潮间带生物以及渔业资源等数量（或密度）及分布。可采用植被覆盖指数、物种丰富度及多样性指数等进行定量评价。

（2）重要物种及生境　在充分收集已有资料的基础上，选择有代表性的季节和月份开展野外调查，兼顾主要保护动物的繁殖期、越冬期、迁徙（或洄游）期等关键活动期以及主要保护植物的生长期、繁殖期。对于重点保护野生动植物，极危、濒危和易危物种，极小种群野生植物，特有种，群落关键种，调查其种群规模、分布、生境状况，保护级别或濒危等级、保护状况、受威胁因素等。项目涉及的具有迁徙（或洄游）习性物种，调查其迁徙（或洄游）路线与工程的位置关系。生境状况的调查包括生境分布、面积和质量。涉及国家重点保护动植物，极危、濒危物种的项目，可采用生境适宜度指数模型或其他生境评价模型对物种生境现状进行评价。

（3）群落及生态系统　调查评价范围内群落组成、空间格局和群落演替的基本规律，调查群落中的关键种、建群种、优势种、指示种的分布和种群现状。调查生态系统的质量、结构、功能。可采用多样性指数、景观指数、生物量、生产力、生态系统服务功能相关评价指标对评价范围内的生物多样性水平、景观格局以及生态系统的质量、功能进行评价。涉及河流生态系统的，可采用生物完整性指数对评价范围内的水生生态系统状况进行评价。

（4）自然遗迹或重要的自然景观　涉及有自然遗迹或重要的自然景观分布的保护目标，调查其类型、保护要求以及与工程的位置关系。

（5）主要生态问题　调查已经存在的制约工程所在区域可持续发展的主要生态问题，如水土流失、沙漠化、石漠化、盐渍化、自然灾害、生物入侵和环境污染危害等；调查已经存在的对工程评价范围内的生态保护目标产生不利影响的干扰因素。指出其类型、成因、空间分布、发生特点、历史发展过程和发展趋势等。

#### 9.2.2.2　二级评价

项目通过直接占用、破坏等方式对自然保护地（不包括国家公园、自然保护区、世界自然遗产）产生不利影响时，可结合自然保护地的类型、保护对象和保护要求，有选择性地开展对重要物种及生境、自然生态系统、自然遗迹和自然景观的调查与评价。

项目通过改变土壤、地下水、地表水等环境条件间接影响生态保护红线、国家公园、自然保护区、世界自然遗产和物种的重要生境时，可结合土壤、地下水、地表水现状调查与评价结论，有选择性地开展对重要物种及生境、群落及生态系统、自然遗迹或重要的自然景观以及主要生态问题的调查与评价。

项目建设可能导致所在区域生态系统结构、过程以及重要生态功能明显改变时，应重点开展对项目所在区域生态系统完整性、稳定性以及主要生态问题的调查与评价。

### 9.2.2.3 三级评价

三级评价可尽量利用已有资料说明影响区域内的生态现状。给出评价范围内的生态系统类型、土地利用类型、植被类型、野生动物种类组成及分布区域。可采用面积、比例、覆盖度等指标对生态背景状况进行定量评价。

## 9.2.3 生态现状调查方法

### 9.2.3.1 资料收集法

可以从相关部门收集现有的能反映生态现状或生态背景的历史资料和现状资料，其表现形式可以是文字资料和图形资料，如相关的区划、规划、规定、调查报告、考察报告、已批复的环境影响报告书，以及其他生态调查材料等。使用资料收集法时，应保证资料的时效性，引用资料必须建立在现场校验的基础上。

### 9.2.3.2 现场勘察法

现场勘察法在生态现状调查中通常是必须使用的，该方法可以获取其他方法无法获得的实地资料，还可以核实收集资料的准确性，提供遥感调查法判读的实际依据。

现场勘察应遵循整体与重点相结合的原则，采用全面调查与抽样调查相结合的方法获取实地数据。在实际工作中应综合考虑主导因子、生态系统结构与功能的完整性，突出重点区域和关键时段，选取典型性、代表性与关键性的空间地段与时间段进行调查。

### 9.2.3.3 专家和公众咨询法

专家和公众咨询法是对现场勘察的有益补充。通过咨询有关专家，收集评价工作范围内公众、社会团体和相关管理部门对项目生态影响的意见，发现现场踏勘中遗漏的生态问题。专家和公众咨询应与资料收集和现场勘察同步开展。

### 9.2.3.4 生态监测法

当资料收集、现场勘察、专家和公众咨询提供的数据无法满足评价的定量需要，或项目可能产生潜在的或长期累积效应时，可考虑选用生态监测法。

生态监测应根据监测因子的生态学特点和干扰活动的特点布设有代表性的监测点，确定监测位置和频次。生态监测方法与技术要求应符合国家现行的有关生态监测规范和监测标准分析方法；对于生态系统生产力的调查，必要时需现场采样、实验室测定。

### 9.2.3.5 遥感调查法

遥感调查法包括卫星遥感、无人机遥感等方法。当涉及区域范围较大或主导因子的空间等级尺度较大，通过人力踏勘较为困难或难以完成评价时，可采用遥感调查法。

一级评价通常要求具有遥感调查数据。遥感调查过程中应注意获取代表性的影像，并且必须辅助必要的现场勘察工作。

### 9.2.3.6  其他方法

根据调查对象选取相应方法，方法应满足调查内容所涉及相关学科的要求。海洋生态调查应依据《海洋调查规范》（GB/T 12763.9—2007）；水库渔业资源调查应遵循《水库渔业资源调查规范》（SL 167—2014）；陆生、水生动植物调查方法可参考《生物多样性观测技术导则》（HJ 710.1～11—2014）、《生物多样性观测技术导则  水生维管植物》（HJ 710.12—2016）、《生物多样性观测技术导则  蜜蜂类》（HJ 710.13—2016）；淡水浮游生物调查方法应依据《淡水浮游生物调查技术规范》（SC/T 9402—2010）。

# 9.3  生态影响预测与评价

## 9.3.1  基本要求

生态影响预测与评价内容应与现状评价内容相对应，从保护生态功能出发，结合工程项目特点以及区域生态具体情况，根据区域生态保护的需要、物种及其生境保护要求、受影响生态系统的主导生态功能等选择评价预测指标。

生态影响预测与评价应尽量采用定量方法进行描述和分析，对于尚无标准的评价指标，可用生态背景状况、阈值、目标值进行评价。

## 9.3.2  预测与评价内容

生态影响预测与评价的主要内容包括基本生态状况变化趋势分析、重要物种及生境影响分析、群落及生态系统影响分析、自然保护地影响分析和累积影响分析等。不同评价等级可根据现状调查情况开展相应评价，三级评价可主要分析生态系统功能、自然植被类型及覆盖度、野生动物分布、土地利用类型等变化情况。

（1）基本生态状况变化趋势  陆生生态影响分析应给出项目施工及建成后评价范围内的土地利用类型、植被类型、陆生野生动物的种类组成和分布区域的总体变化趋势。水生生态影响分析应给出项目施工及建成后影响区域内水生生物种类组成、数量（或密度）、空间分布的总体变化趋势，预测生物资源损失量。

（2）重要物种及生境  对于重点保护野生动植物，极危、濒危和易危物种，极小种群野生植物，特有种和群落中的关键种，应分析其种群规模、分布及生境状况的变化趋势，分析施工活动和运行产生的噪声、灯光等对动物行为的干扰影响。涉及具有迁徙（或洄游）习性物种的项目，应分析项目建设对物种迁徙和扩散、种群交流等产生的阻隔影响，预测种群分布或迁徙路线的变化。分析项目建设对生境的占用情况和造成的破碎化程度，分析施工活动以及运行期污染物排放对生境质量的影响，预测项目建成后生境面积、质量和空间变化。涉及国家重点保护野生动植物、极危和濒危物种的项目，可采用生境适宜度指数模型或其他生境评价模型预测项目建成后生境适宜度的空间变化。

（3）群落及生态系统  分析群落组成、空间格局和群落演替的变化趋势，预测群落中的关键种、建群种、优势种变化，可利用指示种反映群落或生境的变化情况。分析生态系统类型、面积、质量、结构、功能以及景观格局的变化趋势，分析影响区域生产力、物种丰富度、生物多样性水平的变化趋势。涉及河流生态系统的，可采用生物完整性指数预测项目建成后水生生态系统状况。

（4）自然遗迹或重要的自然景观  分析项目施工和运行对自然遗迹或重要的自然景观的影响程度。

（5）累积生态影响  结合已存在的生态问题和干扰因素，分析项目建设的累积生态影响。

关键的评价指标及其评价标准见表 9-5。

**表9-5**　关键的评价指标及其评价标准

| 评价对象 / 指标 | 评价标准 |
|---|---|
| 物种 / 种群规模 | 最小可存活种群（阈值） |
| 群落 / 群落组成、空间格局和群落演替 | 区域现状背景状况 |
| 生态系统 / 生产力、物种丰富度、生物多样性指数、生物完整性指数、生态系统服务功能 | 区域现状背景状况或目标值 |
| 生境破碎化程度 | 最小可存活生境（阈值） |
| 生境适宜度 | 根据物种的生态学特征和需求确定 |

## 9.3.3　生态影响评价方法

### 9.3.3.1　相关分析法

相关分析法是指通过观测物种对某一特定干扰的反应，建立相关关系，预测建设项目可能产生的影响。建立相关关系可利用已有研究成果，或通过生态机理分析，也可通过对已有类似建设项目的影响分析获得，进而用于拟建项目的生态影响预测与评价。其基本步骤如下：

① 根据现状调查和工程分析确定目标物种和拟建项目施工和运行产生的干扰因素。

② 结合拟建项目特点选择已有类似项目。

③ 观测已有类似项目施工和运行过程中，目标物种对某一特定干扰因素的反应，建立相关关系。

④ 基于相关关系分析，预测拟建项目对目标物种的影响。

已有类似项目应符合类比条件，在工程性质、工艺和规模等方面应与拟建项目基本相当，所在区域的环境背景、生态因子相似，项目建成已有一定时间，所产生影响已基本全部显现。

### 9.3.3.2　生物多样性评价方法

生物多样性是指各种生命形式的资源，包括地球上各种植物、动物和微生物以及各物种所拥有的基因，由生物与环境相互作用所形成的生态系统，以及与此相关的各种生态过程。包括物种多样性、遗传多样性和生态系统多样性，其物质体现即是生物资源。建设项目生态影响评价中常用的评价指标有 Margalef 物种丰富度指数、Shannon-Wiener 多样性指数、Pielou 均匀度指数、Simpson 优势度指数等。

（1）Margalef 物种丰富度指数 $D$

Margalef 物种丰富度指数是反映调查群落（或样品）中物种种类丰富程度的指数。

$$D =(S-1)/\ln N \tag{9-1}$$

式中，$S$ 为群落（或样品）中的种类总数；$N$ 为群落（或样品）中的物种个体总数。

（2）Shannon-Wiener 多样性指数 $H$

Shannon-Wiener 多样性指数是反映调查群落（或样品）中种类多样性的指数。

$$H = -\sum(P_i \ln P_i) \tag{9-2}$$

式中，$P_i$ 为群落（或样品）中属于第 $i$ 种的个体比例，$P_i=n_i/N$，$n_i$ 为第 $i$ 物种在样本中出现的个体数，$N$ 为总个体数，$N = \sum n_i$。

（3）Pielou 均匀度指数 $E$

均匀度指数是反映调查群落（或样品）中各物种个体数目分配均匀程度的指数。

$$E = H/H_{\max} \tag{9-3}$$

式中，$H_{\max}$ 为多样性指数的最大值，$H_{\max} = \ln S$，$S$ 为群落（或样品）中的种类总数。

（4）Simpson 优势度指数 $D$

优势度指数与均匀度指数相对应，反映调查群落（或样品）中物种个体数目的集中度。

$$D = 1-\sum P_i^2 \tag{9-4}$$

式中，$P_i$ 为群落（或样品）中属于第 $i$ 种的个体比例。

### 9.3.3.3 生态系统评价方法

生态系统评价涉及生态系统的格局、质量、生态服务功能及其所面临的生态环境问题与胁迫等，建设项目生态影响评价关注较多的是项目对生态系统结构、质量和功能的影响。

（1）生产力评价方法 初级生产力是生态系统功能最重要的参数之一。群落（或生态系统）初级生产力是单位面积、单位时间群落（或生态系统）中植物利用太阳能固定的能量或生产的有机质的量。净初级生产力（NPP）是固定的总能量和产生的有机质总量减去植物呼吸所消耗的量，反映了植物群落在自然环境条件下的生产能力，用于表征生态系统的质量状况。在建设项目可能导致区域生态系统结构和质量发生变化时，可采用生产力评价方法。

NPP 测算方法主要包括站点实测法、实验法和模型法（如统计模型、参数模型和过程模型），在区域以上的大尺度水平，基于遥感数据反演植被 NPP 的方法发展较快、应用较广。近年来，估算 NPP 的模型通过不断改进、完善，应用能力得到了很大提高。实际工作中，应注意选择适用模型开展预测和评价，必要时应对模型模拟结果进行验证。

（2）生物完整性指数评价方法 生物完整性指数主要用于评价河流、湿地等水生生态系统健康。近年来，鱼类完整性指数、底栖无脊椎动物完整性指数、浮游生物完整性指数的构建及应用较为成熟。生物完整性指数最早由美国学者 Karr 等于 1981 年提出，根据鱼类群落对水质变化的反应如物种组成和丰富度、食性组成、状态等指标来描述水域，通过比较受影响和未受影响水域的标准值来评估水生生态系统的健康程度；随后，其应用领域扩展到底栖无脊椎动物、周丛生物、着生藻类、浮游生物以及高等维管束植物。其工作步骤如下：

① 选择参照点 选择未受干扰或受干扰极小的样点作为参考点，用以反映生物完整性的背景状况；选择已受各种干扰如环境污染、森林覆盖率降低、城镇化、大坝建设等的样点作为干扰点，作为类比分析的依据。

② 参数筛选 结合工程影响特点和所在区域水生生态系统特征，选择指示物种，根据指示物种特征，在指标库中确定其状况参数指标。采集参数指标数据。

③ 建立指标体系 通过对参数指标值的分布范围分析、判别能力分析（敏感性分析）和相关关系分析，建立评价指标体系。

④ 分值计算 确定每种参数指标值与生物完整性指数的计算方法，分别计算参考点和干扰点的指数值。

⑤ 建立标准 建立生物完整性指数的评分标准。

⑥ 预测评价 评价工程建设前所在区域水生生态系统健康程度，预测工程建设后水生生态系统健康状态和变化趋势。

（3）生态系统服务功能评价方法 生态系统服务功能是指生态系统与生态过程所形成及维持的人类赖以生存的自然环境条件与作用。生态系统服务主要包括供给服务、调节服务和文化服务，评价指标与方法可参考相关文献与标准。

### 9.3.3.4 景观生态学方法

景观生态学通过景观要素空间结构各特征参数分析，判别工程建设前后生态系统类型及其结构变化，进而分析与评价生态影响，是生态影响评价中的常用方法。

（1）景观要素总体密度 PD

$$PD = (\sum N_i)/A \tag{9-5}$$

$$PD_i = N_i/A_i \tag{9-6}$$

式中，$PD_i$ 为第 $i$ 类景观要素的密度；$N_i$ 为第 $i$ 类景观要素斑块数；$A_i$ 为第 $i$ 类景观要素面积；$A$ 为景观总面积。

（2）景观要素优势度 $D_i$

$$D_i = 0.5[0.5(DD_i + DF_i) + DC_i] \times 100\% \tag{9-7}$$

式中，$DD_i$ 为密度；$DF_i$ 为频度；$DC_i$ 为景观比例。

（3）景观多样性指数 $H$ 与均匀度 $E$

$$H = -\sum DC_i \ln DC_i \qquad (9-8)$$

$$H_{max} = \ln M \qquad (9-9)$$

$$E = H/H_{max} \qquad (9-10)$$

式中，$H_{max}$ 为最大多样性指数；$M$ 为景观要素类型数；其他符号意义同前。

（4）景观破碎度 $F_i$

$$F_i = [(N_i-1)/A_i] \times 100\% \qquad (9-11)$$

式中符号意义同前。

可以对景观生态功能进行评价，可以采用连通性与环通度指标进行定量分析，即景观与流（物流、能流、物种流）的相互作用来表述。

景观之间（网络）连通性 $r$ 采用式（9-12）计算：

$$r = L/L_{max} = L/[3(V-2)] \qquad (9-12)$$

景观环通度 $a$ 采用式（9-13）计算：

$$a = (L-V+1)/(2V-5) = 实际环路数/最大可能环路数 \qquad (9-13)$$

式中，$L$ 为网络中实际存在的连接数；$L_{max}$ 为最大可能连接数；$V$ 为结点数。$r$ 值在 0～1.0 之间，0 表示结点间没有一条连线，1.0 表示每个点与其他点都连通。

### 9.3.3.5　生境适宜度评价方法

生境适宜度评价是通过分析目标物种的生境要求及其与当地自然环境的匹配关系，建立适合的生境评价模型，对某一区域的物种生境进行适宜度分析。由于每个物种与其生境密不可分，因此生境评价方法在生态影响评价中更具重要性。其工作步骤如下：

（1）明确目标物种及其生境条件　明确受工程影响的珍稀濒危野生生物，分析其生境条件，明确影响种群分布及行为的限制因子或主导因子。

（2）适宜度评价　建立评价指标体系，收集整理相关数据，建立各项影响因素的评价准则，完成空间分析处理，根据一定的评价准则，进行各单项因素的适宜度评价及其叠加分析。

（3）现状评价与预测　根据模型模拟结果，综合评价工程所在区域的生境现状；叠加拟建工程，对生境适宜度变化情况进行预测。

一般地，影响物种潜在分布的生态因子可以分为物理因子（温度、光照、水分、海拔、坡度、坡向等）、生物因子（食物、植被类型、种内和种间关系等）和人类干扰（施工、交通、放牧、采伐等）。目标物种的生境状况评价模型通常可选择生态位模型，其基本原理是根据目标物种已知分布区，利用数学模型归纳或模拟其生态位需求，将其投射到目标地区即可得到目标物种的适生区分布。目前国内针对多种濒危、保护物种如大熊猫、金丝猴、羚牛、鹅喉羚、东北虎、亚洲象、丹顶鹤、大天鹅等开展了生境适宜度评价的研究。

### 9.3.3.6　生态环境状况评价方法

县域、省域和生态区的生态环境状况及变化趋势的具体评价方法可参见《生态环境状况评价技术规范》（HJ 192—2015）。该规范提出了两类评价指数：生态环境状况指数（EI）适用于县级（含）以上行政区域生态环境状况及变化趋势评价，该综合指数包含了生物丰度、植被覆盖、水网密度、土地胁迫、污染负荷五个分指数与一个约束性的环境限制指数；专题生态区生态状况评价根据其适用对象又分为三类指标。

（1）生态功能区生态功能状况指数（FEI）　适用于各类型生态功能区的生态功能状况及变化趋势评价，所采用的三级指标体系包括生态状况、环境状况和生态功能调节 3 个指标，5 个分指数和 12 个分指标。评价时应根据各类功能区的功能特点、主导功能等选择相应的评价指标与方法。

（2）城市生态环境状况指数（CEI）　适用于地级（含）以上城市辖区及城市群生态环境质量状况及变化趋势评价，所采用的二级指标体系包括环境质量、污染负荷和生态建设 3 个分指数，18 个分指标。

（3）自然保护区生态保护状况指数（NEI） 适用于自然保护区生态环境保护状况及变化趋势评价，也适用于与自然保护区重叠的国家公园、风景名胜区等生态区的评价。其评价指标体系包含面积适宜性、外来物种入侵度、生境质量和开发干扰程度 4 个指标。

生态影响评价还有许多方法，可根据实际情况选用。如海洋生物资源可参照《建设项目对海洋生物资源影响评价技术规程》（SC/T 9110—2007）等，水生生物资源影响评价技术方法可适当参照该技术规程及其他推荐的适用方法进行，近岸海域海洋生物多样性评价可参见《近岸海域海洋生物多样性评价技术指南》（HY/T 215—2017）。

## 9.3.4 生态影响评价图件

生态影响评价图件是指以图形、图像的形式对生态影响评价有关空间内容的描述、表达或定量分析。它是生态影响评价报告的必要组成内容，是评价分析的主要依据和成果的重要表示形式，也是指导生态保护措施设计的重要依据。应遵循有效、实用、规范的原则，根据评价工作等级和成图范围以及所表达的主题内容选择适当的成图精度和图件构成，充分反映出工程与周边生态保护目标的空间位置关系和影响特征，以及生态影响减缓措施等内容。

根据评价项目自身性质特点、评价工作等级以及区域生态敏感性不同，生态影响评价图件由基础图件和推荐图件构成。基础图件是指根据生态影响评价工作等级需要提供的必要图件，当建设项目涉及各类自然保护地时应提供功能区划图和主要保护对象空间分布图，当开展生态监测工作时应提供相应的生态监测点位图。推荐图件是在现有技术条件下能以图形和图像形式表达的、有助于阐明生态影响评价结果的图件。生态影响评价图件构成要求如表 9-6 所示。

**表9-6** 生态影响评价图件构成要求

| 评价工作等级 | 基础图件 | 推荐图件 |
|---|---|---|
| 一级 | （1）项目区域地理位置图<br>（2）工程平面图<br>（3）土地利用现状图<br>（4）地表水系图<br>（5）植被类型图<br>（6）生态保护目标空间分布图<br>（7）动物迁徙（或洄游）路线图（涉及迁徙或洄游物种）<br>（8）调查样方（或样线）、调查断面和站位布设图<br>（9）主要评价因子的评价成果和预测图<br>（10）生态监测布点图<br>（11）典型生态保护措施平面布置示意图 | （1）当评价范围内涉及山岭重丘区时，可提供地形地貌图、土壤类型图和土壤侵蚀分布图。<br>（2）当评价范围内涉及河流、湖泊等地表水时，可提供水环境功能区划图；当涉及地下水时，可提供水文地质图件等。<br>（3）当评价范围内涉及海洋和海岸带时，可提供海域岸线图、海洋功能区划图，根据评价需要做海洋渔业资源分布图、主要经济鱼类产卵场分布图、滩涂分布现状图。<br>（4）当评价范围内已有土地利用规划时，可提供已有土地利用规划图和生态功能分区图。<br>（5）评价范围内涉及地表塌陷时，可提供塌陷等值线图 |
| 二级 | （1）项目区域地理位置图<br>（2）工程平面图<br>（3）土地利用现状图<br>（4）地表水系图<br>（5）植被类型图<br>（6）生态保护目标空间分布图<br>（7）动物迁徙（或洄游）路线图（涉及迁徙或洄游物种）<br>（8）调查样方（或样线）、调查断面和站位布设图（可选）<br>（9）主要评价因子的评价成果和预测图（可选）<br>（10）生态监测布点图<br>（11）典型生态保护措施平面布置示意图 | （1）当评价范围内涉及山岭重丘区时，可提供地形地貌图和土壤侵蚀分布图。<br>（2）当评价范围内涉及河流、湖泊等地表水时，可提供水环境功能区划图；当涉及地下水时，可提供水文地质图件。<br>（3）当评价范围内涉及海域时，可提供海域岸线图和海洋功能区划图。<br>（4）当评价范围内已有土地利用规划时，可提供已有土地利用规划图和生态功能分区图 |
| 三级 | （1）项目区域地理位置图<br>（2）工程平面图<br>（3）土地利用或水体利用现状图<br>（4）典型生态保护措施平面布置示意图 | （1）评价工作范围内，陆域可根据评价需要选做植被类型图。<br>（2）当评价范围内涉及山岭重丘区时，可提供地形地貌图。<br>（3）当评价范围内涉及河流、湖泊等地表水时，可提供地表水系图。<br>（4）当评价范围内涉及海域时，可提供海洋功能区划图 |

生态影响评价成图应能准确、清晰地反映评价的主题内容，图件基础数据来源应满足生态影响评价的时效要求，选择与评价基准时段相匹配的数据源，主要包括：已有图件资料、采样、实验、地面勘测和遥感信息等。各类自然保护地分布图应在行政主管部门公布的功能分区图上叠加工程要素，准确反映其与工程的位置关系。

制图工作精度应与工程可行性研究保持一致，成图精度应满足生态影响判别和生态保护措施的实施；当基础图件底图的工作精度不满足评价要求时，应开展针对性的测绘工作。图件需要有正规比例，制图比例应与评价因子和生态影响的空间尺度相对应。当成图范围过大而不能准确清晰地反映评价主题内容时，可采用点、线、面相结合的方式，分幅成图；当涉及生态保护目标时，应分幅单独成图，提高成图精度。生态影响评价图件应符合专题地图制图的整饬规范要求，成图应包括图名、比例尺、方向标/经纬度、图例、注记、制图数据源（调查数据、实验数据、遥感信息源或其他）、成图时间等要素。图式应符合《国家基本比例尺地图图式》（GB/T 20257—2017）的有关规定。

# 9.4　生态影响缓解对策与措施

## 9.4.1　基本原则

生态影响缓解对策与措施原则上应按照避让、减缓、补偿和重建的次序提出并编制，所采取对策和措施的效果应有利于修复和增强区域生态功能、维持物种种群的生存和发展。

应优先采取避让方案，包括通过选线、选址调整或局部方案优化避让关键区域，施工作业避让关键时期，取消或改变产生显著不利影响的施工方式等。一般地，凡涉及不可替代、极具价值、极敏感、被破坏后很难恢复的重要生态保护目标时，应提出可靠的避让措施或生境替代方案，并进行生态可行性论证。

根据生态保护措施应按项目实施阶段分别提出生态影响缓解对策与措施，并估算（概算）环境保护投资，给出预期效果、实施地点、实施时限和责任主体。涉及不同行政区的亦应分行政区提出。

## 9.4.2　生态保护措施

根据生态影响特点和保护对象的要求，有针对性地提出生态保护措施，绘制生态保护措施平面布置示意图和典型措施设施工艺图。

对重点保护野生植物，极危、濒危和易危植物，极小种群野生植物和古树名木造成不利影响的，应提出避让、工程防护、移栽或种质库保存等措施。工程施工破坏植被的，应提出植被恢复与生态修复等措施。

对重点保护野生动物，极危、濒危和易危动物，特有种及其生境造成影响的，应提出生态保护、合理安排工期、救护、构建活动廊道或食源地建设等措施。造成动物迁徙（包括水生生物洄游）受阻的，应提出减缓阻隔、恢复生境连通的措施，如野生动物通道、过鱼设施等；造成生物资源损失的，应提出促进资源恢复的措施，如生境修复、增殖放流等。

工程建设和运行噪声、灯光等对动物造成影响的，应提出优化工程施工方案、设计方案或降噪遮光等防护措施。

生态保护措施通常可从注重生态环境特点与注重工程项目两个方面提出。前者从生态环境的特点和环境保护的要求考虑，按优先程度进行避让、减缓、补偿和建设。后者从工程建设特点考虑，主要有替代方案、生产技术改革、生态保护工程措施和加强管理等。

减少生态影响的工程措施主要有：①选点、选线。规避环境敏感目标；选择减少资源消耗的方案（如收缩边坡）；采用环境友好方案（如桥隧代填挖）；建设环境保护方案（如生物通道、屏障、移植等）。②施工。规范化操作（如控制施工作业带）；合理安排季节、时间、次序；改变传统落后施工组织（如"会战"）。③管理。施工期环境工程监理、队伍管理；运营期环境监测与"达标"管理（如环境建设）。

减缓生态影响常用的措施主要有：屏蔽以减少噪声、光及其他视觉干扰；为野生生物修建"生物走廊"隧道或桥梁、涵洞；建立栅栏以防止野生生物进入危险地区；管理某些道路或水道、闸门，保证迁徙生物或洄游性鱼类通过障碍物；异地保护珍稀濒危生物；改善退化的生境以满足野生生物的需求等。

### 9.4.3　生态监测和环境管理

针对生态保护目标，分别制定施工期、运行期生态监测计划，明确监测因子、方法、频次、点位等。基本要求如下：

① 对可能具有重大、敏感生态影响的建设项目，区域、流域开发项目，应提出长期的生态监测计划（5年以上）和科技支撑方案。

② 监测调查位置、频次以及采用的技术方法应根据监测目标合理确定，并尽量与现状背景状况调查一致，使不同阶段的数据具有可比性。

③ 施工期重点监测施工活动扰动下保护目标的受影响状况，如植物群落变化、动物迁徙、觅食、繁殖等行为变化，生境质量变化等；运行期重点监测实际影响状况、生态保护措施的有效性以及生态恢复情况等。

明确施工期和运行期管理原则与技术要求。可根据相关规定提出开展施工期工程环境监理、环境影响后评价等环保管理技术方案。

## 9.5　生态影响评价结论

对生态现状调查、生态影响预测和评价结果、生态保护措施等内容进行概括总结，明确给出建设项目生态影响是否可以接受的结论。

对严重威胁重点保护野生动植物，极危、濒危和易危物种，极小种群野生植物，特有种以及群落中的关键种等种群生存，造成重要生境丧失或不可恢复，或严重损害生态系统结构和功能的建设项目，应提出生态影响不可接受的结论。

 **生态影响评价案例**

**课后练习**

某河流河道治理项目
生态影响评价

### 一、正误判断题

1. 累积生态影响是指建设项目与过去其他相关活动之间造成生态影响的相互叠加。（　　　）

2. 生态影响识别应涵盖施工期、运行期和退役期（可根据项目情况选择）等不同阶段。（　　　）

3. 具有维持物种生存、繁衍、迁徙（或洄游）、扩散、种群交流等作用的生境应确定并纳入生态保护目标中。（　　　）

4. 确定生态影响评价工作等级时，涉水工程可针对陆生生态、水生生态分别确定评价工作等级。（　　　）

5. 生态影响评价范围应能充分体现生态的完整性，涵盖评价项目全部活动的直接影响区域和间接影响区域。（　　　）

6. 生态影响预测与评价内容主要包括基本生态状况变化趋势分析，重要物种及生境影响分析，群落及生态系统影响分析，自然保护地影响分析和累积影响分析。（　　　）

7. 生态影响评价基础图件不需要典型生态保护措施平面布置示意图。（　　　）

8. 生态影响缓解对策与措施一般无须按照避让、减缓、补偿和重建的次序提出。（　　　）

9. 提出生态影响缓解对策与措施时，工程施工破坏植被，只能提出避让措施。（　　　）

10. 生态影响评价时，对严重威胁重点保护野生动植物，极危、濒危和易危物种，极小种群野生植物，特有种以及群落中的关键种等种群生存，造成重要生境丧失或不可恢复，或严重损害生态系统结构和功能的建设项目，也可提出生态影响可以接受的结论。（　　　）

## 二、不定项选择题（每题的备选项中，至少有一个符合题意）

1. 生态影响识别中需要在识别的基础上确定（　　　），主要包括物种、生境、生态系统、特殊保护区域。
   A. 生态保护目标　　　　　　B. 生态景观　　　　　　C. 环境保护目标　　　　　　D. 生态保护红线

2. 下列生境中，（　　　）应考虑纳入生态保护目标。
   A. 珍稀濒危水生生物的越冬场　　　　　　B. 候鸟的停歇地
   C. 重点保护野生植物的天然集中分布区　　　　　　D. 甘蔗园

3. 当建设项目占用或穿越/跨越（　　　）时，应提出替代方案并进行比选论证。
   A. 自然保护地　　　　　　B. 生态保护红线　　　　　　C. 重要生境　　　　　　D. 生态养殖鱼塘

4. 当项目影响方式为施工临时占用（含水域）、工程构筑物或建筑物永久占用（含水域）时，生态影响评价工作等级应为（　　　）。
   A. 一级　　　　　　B. 二级　　　　　　C. 三级　　　　　　D. 四级

5. 当某项目影响到（　　　）时，其生态影响评价工作等级应为一级。
   A. 自然保护区　　　　　　B. 国家公园　　　　　　C. 湿地公园　　　　　　D. 生态保护红线

6. 公路、铁路等线性工程，一级评价中针对陆生野生动物的评价范围不小于线路两侧各（　　　）范围。
   A. 500m　　　　　　B. 1km　　　　　　C. 2km　　　　　　D. 3km

7. 生态影响预测与评价中，分析群落组成、空间格局和群落演替的变化趋势，预测群落中的（　　　）变化，可利用指示种反映群落或生境的变化情况。
   A. 关键种　　　　　　B. 建群种　　　　　　C. 偶见种　　　　　　D. 优势种

8. 生态影响缓解对策和措施应优先采取（　　　）方案，包括选线、选址调整或局部方案、施工作业时期优化，取消或改变产生显著不利影响的施工方式等。
   A. 减缓　　　　　　B. 补偿　　　　　　C. 避让　　　　　　D. 重建

9. 生态影响评价工作等级为三级时，基础图件至少应包括（　　　）。
   A. 土地利用现状图　　　　　　B. 地形地貌图
   C. 土壤侵蚀分布图　　　　　　D. 典型生态保护措施平面布置示意图

10. 生态监测计划应明确（　　　）等内容。
   A. 监测因子　　　　　　B. 监测方法　　　　　　C. 监测频次　　　　　　D. 监测点位

## 三、问答题

1. 如何划分生态影响评价的工作等级？

2. 生态影响评价中需要纳入生态保护目标的重要生境主要有哪些？

3. 生态影响评价中，确定评价范围的基本原则是什么？

4. 生态现状调查的主要方法有哪些？

5. 提出生态影响缓解对策与措施应遵守的原则是什么？

**案例分析题**

1. 拟在某河流下游建一河道型水库，建设目标为发电与航运，运行方式为日调节，水坝高度14m，正常蓄水位36m（黄海高程），回水长度38km，水库面积28km²，库区无大的支流汇入。该河流经低丘和冲积平原，沿岸地面高程30～38m（黄海高程），工程处于亚热带季风气候区，汛期为6～10月。坝址处河流丰、枯水期水位变幅为29～35m，含沙量小（0.3kg/m³），区内已无原生植被，无重点保护野生动物分布。拟建工程库区有半洄游性鱼类产卵场分布，水库回水末端有一中型城市，工农业与生活取排水口皆布置于该河流两岸，水库淹没区主要为河漫滩地，不涉及移民。施工区布置在坝址两岸，对外交通主要利用现有公路和航运。施工期为五年半，施工高峰人数为550人，水库管理区生活污水和生活垃圾均能得到妥善处置。

　　问题：（1）识别运营期主要不利生态环境影响。（2）简要说明水坝对半洄游性鱼类的影响。（3）如确定该项目生态影响评价工作等级为二级评价，至少应提供哪些生态图件？（4）河道生态用水需考虑哪些因素？

2. 拟建生产规模8×10⁶t/a的露天铁矿，位于山区，露天开采境内有大量灌木，周边有耕地。露天采场北800m处有一村庄，生活用水取浅层地下水。采矿前需清理地表，剥离大量岩土。生产工艺：采矿-选矿-精矿外运。露天采场平均地下涌水12500m³/d，用泵抽取送选矿厂。矿厂年排尾矿3.06×10⁴m³，尾矿属第Ⅰ类一般工业固废，尾矿库选在距露天采场南1000m沟谷内，东西走向，汇水面积15km²，沟底有少量耕地，两侧生长灌木，有一自北向南河流从沟口外1000m经过，河流沿岸为耕地。沟口附近有20户居民的村庄。尾矿坝设在沟口，初期利用坝高55m的堆石坝，后期利用尾矿分台阶逐级筑坝，最终坝高140m，下设渗水收集池，渗水、澄清水回用于生产，不外排。设有符合防洪标准的库内、外排洪设施，为保证安全，生产运营时坝前保持滩长＞100m的尾矿干滩。

　　问题：（1）应从哪些方面分析地表清理、岩土剥离引起的主要生态问题？（2）给出尾矿库区植被现状调查内容。

3. 某拟建高速公路线路总长98km。主要工程为：路基筑建和路面铺设；大桥57座共11603m；中桥143座共9752m；小桥38座共1149m；涵洞132道共4052m；隧道16座共10080m；立交桥9座（处）；通道105座；服务区、养路用房、收费站多处；改移道路14.28km，改移河道10.4km；施工进场道路20.5km。工程挖方11001m³，填方7500m³，弃方3501m³；沿线设置取土场与弃渣场。道路沿线穿越某国家级自然保护区实验区。沿线区域雨热丰富，植被主要为天然林、竹林、灌木林、荒草丛和人工植被，森林覆盖率30%～70%；沿线发现珍稀濒危植物31种，狭域特有植物14种；几十种国家级、省级重点保护动物。沿线两侧分布有18处村庄、4处学校。

　　问题：（1）确定生态影响评价工作等级，并说明理由。（2）简述生态现状调查的主要内容。（3）本工程应划分为几个评价时段？简述各评价时段的生态影响评价重点。（4）简述生态影响评价过程中应注意的问题。

4. 某高速公路全长178.8km，设大、中桥6座共767.52m，小桥101座共2147.22m，涵洞173道，通道14处，互通式立交4处，分离式立交2处。沿线设服务区2处、收费站2处、养护工区2处、港湾式停车场1处。路基填方949.14×10⁴m³，挖方34.17×10⁴m³。新建施工便道269.3km，占地约148.01hm²，全线设取土场15处，弃渣场尚未使用；设预制场、拌和站和掺配碎石场等施工场地共7处，占地41.8hm²；设砂、砾石料场共4处，占地143.33hm²。沿线经过荒漠区域，分布有荒漠植被、生态公益林；评价范围内无国家级重点保护野生植物，有省（区）Ⅰ级重点保护野生植物4种；分布有国家Ⅰ级重点保护野生动物4种、Ⅱ级重点保护野生动物6种，并分布有野生动物的觅食、栖息区域；拟建公路两侧各20km范围内共有泉眼24处，为野生动物的主要饮水地，其中常年有水6处、不定期有水5处、已干涸13处。

　　问题：（1）工程内容介绍应重点关注哪些生态影响问题？（2）野生动物现状调查应关注哪些问题？（3）野生动物影响分析应重点关注哪些问题？（4）线性工程野生动物通道的常用形式有几种？设计时需要关注哪些问题？

# 10 环境风险评价

○○ ——— ○○ ○ ○○ ———————————————

## 📚 案例引导

突发性事故引起环境污染事件尽管是小概率事件，但一旦发生，往往会引起灾难性后果。譬如在某港口发生的输油管道爆炸事故。

该港口作为中国石油对外出口的重要基地，每年都有上千万吨的原油装船运往国内和世界各地。某日傍晚，一艘 30 万吨级外籍油轮在该港口附近进行卸油作业。在卸油作业停止后，现场操作的工人没有停止手中向管道注入脱硫剂的工作，使输油管道内局部发生强氧化反应，引发输油管道起火爆炸。全区域的电力系统瞬间瘫痪，储油罐的大型阀门失灵，自动喷淋装置也无法启动灭火程序，局面逐渐失控，导致火势蔓延至各个油罐。这场爆炸不仅造成了 1 名消防人员重伤，1 名消防人员牺牲，而且泄漏的原油顺着市政排水渠流入大海造成对海洋生态环境的严重危害，严重影响了水生生物的生长。

这起突发性事故一方面造成了周边海域的污染，入海油污分布范围一度达到 183km$^2$，其中较重污染面积达 50km$^2$；另一方面，石油所含苯类物质入海后会影响海气交换和海洋植物的光合作用，影响水生生物的生长发育，有害物质进入食物链后可造成从藻类到鱼类最终到人类的逐级富集，对人类健康产生危害。这次突发性事故累计造成约 2.2 亿元的直接财产损失，累计给该港口周边海域的水产品造成 25 万多吨的损失。

事实上，项目在建设和运行过程中不仅是正常工况和异常工况下会产生环境影响，而且还可能因为突发性事故引起更为严重的环境污染事件。随着经济的发展，偶发的事故也会变成频发和常发事故。这些突发性事故具有偶然性，往往会在短时间内造成大量人员伤亡和不可估计的经济损失。事故一旦发生，污染物扩散速度快且不可控，使环境监测及事故后续处置工作难以进行，将给人身健康和周围环境带来严重的影响。

因此，对于建设项目，在其筹划、建设的前期，通过风险识别找出事故隐患，通过源项分析和后果预测确定事故产生的后果及发生的概率，预测不确定性事件发生后可造成后果的严重程度及波及范围，以及分析采取何种对策能够减少危害和影响，这些工作有助于人们了解事故发生的途径、概率及事故对环境可能造成的影响和后果，有效防范风险事故的发生，及时采取应急措施。

环境风险评价可以为环境风险管理部门提供科学依据，以便在事故发生时采取必要的防范与应急措施，使损失降低到最低程度。因此，对具有潜在风险的建设项目进行科学、客观、全面的环境风险评价工作是保障人类健康安全的生活和生态系统良性循环的需要。

近年来国家非常重视建设项目环境安全，倡导绿色可持续发展，生态环境部先后颁布了环境风险防范相关文件，包括《建设项目环境影响技术评估导则》《企业事业单位突发环境事件应急预案备案管理方法（试行）》《建设项目环境风险评价技术导则》等，为环境风险评价提供了强有力的支撑。

---

**◉ 学习目标**

○ 了解环境风险的概念及分类。

○ 掌握环境风险评价相关概念。

○ 重点掌握建设项目环境风险潜势判断及环境风险评价工作等级的确定。

○ 熟悉风险调查内容及风险识别方法。

○ 掌握风险事故情形设定及源项分析方法。

○ 熟悉风险预测与评价相关内容。

○ 了解环境风险管理内容及环境风险防范措施。

---

# 10.1　概述

在现代工业高速发展的同时，突发性事故频现。在世界环境史上曾发生几起震惊国际的重大环境污染事件，其中影响最大和后果最严重的当数 20 世纪 80 年代发生的印度博帕尔市农药厂异氰酸酯毒气泄漏与苏联切尔诺贝利核电站事故。这些灾难性的突发事件引起了环境学者的极大关注，人们逐渐认识并关心重大突发性事故造成的环境危害的评价问题。

环境风险评价的研究在 20 世纪 70 年代到 80 年代期间处于高速发展期，在此期间，评价体系基本形成。最具代表性的评价体系是美国原子能委员会 1975 年完成的《核电厂概率风险评价实施指南》，亦即著名的 WASH1400 报告，该报告系统地建立了环境风险评价的方法。而具有里程碑意义的文件则是 1983 年美国国家科学院出版的《联邦政府风险评价管理》，该文件提出了健康风险评价的"四步法"，即危害识别、暴露评价、剂量效应关系评价和风险表征，也成为环境风险评价的指导性文件，目前已被世界各国和国际组织普遍采用。在 20 世纪 90 年代后，生态环境风险评价逐渐成为新的研究热点，美国在 1998 年正式出台了《生态风险评价指南》。其他国家如加拿大、英国、澳大利亚等也在 20 世纪 90 年代中期分别提出并开展了生态风险评价的研究工作。

我国的环境风险评价研究起步于 20 世纪 90 年代，早期以介绍和应用国外的研究成果为主，没有适合中国国情的环境风险评价程序和方法的相关技术性文件。国家环境保护局于 1990 年下发第 057 号文件，要求对重大环境污染事故隐患进行风险评价。其间我国的重大项目环境影响报告书中普遍开展了环境风险评价，尤其是世界银行和亚洲开发银行贷款项目的环境影响报告书中均要求必须包含环境风险评价的专题。1993 年，国家环境保护局发布的《环境影响评价技术导则　总纲》（HJ/T 2.1—93）规定："目前环境风险评价的方法尚不成熟，资料的收集及参数的确定尚存在诸多困难。在有必要也有条件时，应进行建设项目的环境风险评价或环境风险分析。"1997 年国家环境保护局、农业部、化工部联合发布的《关于进一步加强对农药生产单位废水排放监督管理的通知》规定：新建、扩建、改建生产农药的建设项目必须针对生产过程中可能产生的水污染物，特别是特征污染物进行风险评价。2001 年国家经济贸易委员会发布的《职业安全健康管理体系指导意见》和《职业安全健康管理体系审核规范》中也提出"用人单位应建立和保持危害辨识、风险评价和实施必要控制措施的程序""风险评价的结果应形成文件，作为建立和保持职业安全健康管理体系中各项决策的基础"。为了规范环境风险评价技术工作，2004 年 12 月国家环境保护总局发布了《建设项目环境风险评价技术导则》（HJ/T 169—2004）。2005 年发生的吉林化工厂爆炸导致松花江水污染特大风险事故后，国家环境保护总局先后下达了《关于加强环境影响评价管理防范环境风险的通知》（环办〔2005〕152 号)、《关于检查化工石化等新建项目环境风险的通知》(环办〔2006〕4 号)、《关于在石化企业集中区域开展环境风险后评价试点工作的通知》(环函〔2006〕386 号)、《关于进一步加强环境影响评价管理防范环境风险的通知》(环发〔2012〕77 号)、《关于切实加强风险防范严格环境影响评价管理的通知》(环发〔2012〕98 号)。

尽管《建设项目环境风险评价技术导则》(HJ/T 169—2004)自颁布以来,极大地促进了建设项目环境风险评价工作的开展,但是仍然不尽完善。近年来突发性环境污染事故,特别是重化工行业环境污染事故频发,加剧了公众对环境风险隐患的担忧。2015 年 8 月 12 日天津市发生的特别重大火灾爆炸事故,一方面暴露出企业和政府在安全生产、环境风险事故防范与应急处置方面存在疏漏,另一方面也引发了对现行风险导则如何更好地适应当前环境保护需求的思考。

2018 年生态环境部修订并发布了《建设项目环境风险评价技术导则》(HJ 169—2018),这次修订从我国环境风险管理实际需求出发,对环境风险评价思路进行了优化调整,定位于建设项目事故风险评价,侧重于急性伤害影响分析,引入实践检验中有效的及国际先进的风险管理方法、分析技术、防控措施,以提高风险潜势的预判能力,强化风险识别的针对性、风险预测的科学性、风险防控的有效性,以期更科学有效地指导环境风险评价工作的开展。

## 10.1.1　风险

### 10.1.1.1　风险概念

风险一词有着广泛的应用,由于对风险的理解和认识程度不同,或对风险的研究角度不同,不同学者对风险概念有着不同的解释,但从众多的"风险"定义中能够得到比较集中的定义:风险是指不希望的,对人类生命、健康和环境产生的有害结果出现的可能性。风险最通用的定义是:风险是指人员遭受死亡、受伤或环境遭到破坏的可能性。由于风险描述的是一种可能性,因此,也可将风险定义为不良结果发生的概率。任何一种风险,都具有二重性:其一,风险具有发生人们不期望后果的可能性;其二,风险的某些方面具有不确定性或不肯定性。

风险是由风险因素、风险事故和损失三者构成的统一体。风险因素是指引起或增加风险事故发生的机会或扩大损失幅度的条件,是风险事故发生的潜在原因;风险事故是造成生命财产损失的偶发事件,是造成损失的直接或外在的原因,是损失的媒介;损失是指非故意、非预期和非计划的某种价值的减少。风险因素引起或增加风险事故;风险事故发生可能造成损失。

### 10.1.1.2　风险分类

风险分类有多种方法,常用的有以下几种:

① 按照风险的性质分为纯粹风险(只有损失机会而没有获利可能的风险)和投机风险(既有损失机会也有获利可能的风险)。

② 按照产生风险的环境分为静态风险(社会、经济、科技或政治环境正常的情况下,自然力的不规则变动或人们的过失行为导致的风险,如地震、洪水、飓风等自然灾害,交通事故、火灾、工业伤害等意外事故)和动态风险(社会、经济、科技或政治环境变动产生的风险)。

③ 按照风险发生的原因分为自然风险(自然因素和物理现象所造成的风险)、社会风险(个人或团体在社会上的行为导致的风险)和经济风险(经济活动过程中,因市场因素影响或者经营管理不善导致经济损失的风险)。

④ 按照风险致损的对象分为财产风险(各种财产损毁、灭失或者贬值的风险)、人身风险(个人的疾病、意外伤害等造成残疾、死亡的风险)和责任风险(法律或者有关合同规定,因行为人的行为或不作为导致他人财产损失或人身伤亡,行为人所负经济赔偿责任的风险)。

## 10.1.2 环境风险

环境风险是指突发事故对环境造成的危害程度及可能性。环境风险具有不确定性和危害性。不确定性是指人们对事件发生的时间、地点、强度等事先很难预测；危害性是指具有风险的事件对风险的承受者可能造成损失或危害，包括对人身健康、经济财产、社会福利以及生态系统等带来不同程度的危害。

环境风险广泛存在于人类的生产和其他各项活动中，其性质和表现方式多种多样，可从以下两方面进行分类：

① 按风险源（存在物质或能量意外释放，并可产生环境危害的源）分为化学风险、物理风险和自然灾害引发的风险。化学风险是指对人类、动物和植物能产生毒害或其他不利作用的化学物品的排放、泄漏，或是易燃易爆材料的泄漏所引发的风险；物理风险是指因机械结构或机械设备故障所引发的风险；自然灾害引发的风险是指地震、洪水、台风、火山等自然灾害所带来的化学性和物理性的风险。显然，自然灾害引发的风险具有综合性。

② 按承受风险的对象分为人群风险、设施风险和生态风险。人群风险是指因危害性事件而导致人群发生病、伤、残、死等损失的概率；设施风险是指危害性事件对人类社会的经济活动的依托设施（如水库大坝、房屋、桥梁等）造成破坏的概率；生态风险是指危害性事件对生态系统中的某些要素或生态系统本身造成破坏的概率。

## 10.1.3 环境风险评价

环境风险评价广义上讲是指对由于人类的各种社会经济活动、开发行为所引发的或面临的危害（包括自然灾害）对人体健康、社会经济发展、生态系统等可能造成的损失进行评估，并据此进行管理和决策的过程。狭义上讲是指对有毒有害物质危害人体健康和生态系统的影响程度进行概率估计，并提出减小环境风险的方案和对策。

环境风险评价主要评价人为环境风险，即预测人类活动引起的危害生态环境事件发生的概率，以及在不同概率下事件后果的严重性，并决定应采取的适宜对策。其最终目的是确定什么样的风险是社会可接受的，需花多大的代价才能将风险降至社会可接受的水平。因此，环境风险评价也可以说是评判环境风险的概率及其后果可接受性的过程。判断一种环境风险是否能被接受，通常采用比较的方法，即将这个环境风险与已经存在的其他风险、承担风险所带来的效益、减缓风险所消耗的成本进行适当的比较。

依据不同的分类方法，环境风险评价的类型有以下几种。

① 按评价工作与事件发生的时间关系分为概率风险评价和事故后果实时评价。概率风险评价是指在环境风险事件发生前，预测某危险单元可能发生的环境事故及其可能造成的健康风险或生态风险，其中危险单元是指由一个或多个风险源构成的具有相对独立功能的单元，事故状况下应可实现与其他功能单元的分割；事故后果实时评价是指在环境事故发生期间给出实时的有毒有害物质的迁移轨迹及实时浓度分布，以便做出正确的防护决策，减轻事故的危害。

② 按评价范围分为微观风险评价、系统风险评价和宏观风险评价。微观风险评价是指对环境中某单一风险单元进行环境风险评价。系统风险评价是指对整个系统中所包含的各个风险单元进行环境风险评价，它可以包含系统中不同环节（如运输、贮藏、加工等），涉及不同的活动（如建造、运行、拆除等），包含不同的风险种类（如致癌、事故损伤等）；限定评价范围的四个要素是相关联的空间范围、相关联的时间长度、相关联的人群和相关联的效应。宏观风险评价是指从国家、政府和生态环境管理部门层面上进行的环境风险评价，如针对某一特定产业或行业的环境风险评价。

③ 按评价内容分为环境化学品风险评价和建设项目环境风险评价。环境化学品风险评价是确定某种化学品（化学物）从生产、运输、消耗直至最终进入环境的整个过程中乃至进入环境后，对人体健康、生态系统造成危害的可能性及其后果。对化学品的环境风险评价，要从化学品的生产技术、产量、毒理性质等方面综合考虑，同时应考虑人体健康效应、生态效应、环境效应。

建设项目环境风险评价是指针对建设项目本身引起的环境风险进行评价，主要考虑建设项目引发的环境事故发生的概率及其危害后果。危害范围包括：工程项目在建设阶段和生产运行阶段所产生的各种事故及其引发的急性和慢性危害；人为事故、自然灾害等外界因素对工程项目的破坏所引发的各种事故及其急性和慢性危害。

④ 按影响受体分为健康风险评价与生态风险评价。健康风险评价主要是指通过对有害因子对人体产生不

良影响发生概率的估算，评价暴露于该有害因子的个体健康受到影响的风险。

生态风险评价是环境风险评价的重要组成部分，从不同角度理解，可以有不同的定义。从生态系统整体考虑，生态风险评价可以研究一种或多种压力形成或可能形成不利生态效应可能性的过程，也可以主要评价干扰对生态系统或其组分产生不利影响的概率以及干扰作用效果。从评价对象考虑，生态风险评价可以重点评价污染物排放、自然灾害及环境变迁等环境事故对动植物和生态系统产生不利作用的大小和概率，也可以主要评价人类活动或自然灾害产生负面影响的概率和作用。从方法学角度，生态风险评价可以被视为一种解决环境问题的实践和哲学方法，或被看作收集、整理表达科学信息以服务于管理决策的过程。

生态风险评价的主要对象是生态系统或生态系统中不同生态水平的组分，健康风险评价则主要侧重于人群的健康风险。人群是生态系统的特殊种群，可把人体健康风险评价看成个体或种群水平的生态风险评价。

## 10.1.4　环境风险评价与其他评价的区别

### 10.1.4.1　环境风险评价与环境要素环境影响评价的区别

环境风险评价是环境影响评价中的重要组成部分，但是环境风险评价与环境要素环境影响评价研究的重点、方法等却存在一定的差异。环境要素环境影响评价是指对拟建的建设项目实施后可能对环境要素产生的影响进行分析、预测和评估，提出污染控制措施并进行跟踪监测的方法和制度。而环境风险评价是对危险物质（具有易燃易爆、有毒有害等特性，会对环境造成危害的物质）危害人体健康和生态系统的影响程度进行概率估计，并提出减小环境风险的对策和方案的方法和制度。

环境风险评价与环境要素环境影响评价的主要区别见表 10-1。由表可以看出：环境要素环境影响评价偏重于项目运行过程中排放的污染物对环境产生长期、持续性影响的评价，它通过提出污染控制措施等手段降低项目对环境产生的不良影响；环境风险评价则偏重于项目运行中，由于突发性事故导致在短期内对周围环境产生的危害，这种事故的发生具有一定的随机性，且造成的后果往往是灾难性的，通常采用事故预防和应急预案等风险管理措施来降低危害发生的概率，减少危害发生后的损失。因此，从完整的环境影响评价角度来说，环境风险评价是特定条件下、特殊类型的环境影响评价，是涉及风险问题的环境影响评价。

**表10-1**　环境风险评价与环境要素环境影响评价的主要区别

| 序号 | 项目 | 环境风险评价 | 环境要素环境影响评价 |
|---|---|---|---|
| 1 | 分析重点 | 突发性事故 | 正常运行工况 |
| 2 | 持续时间 | 很短 | 很长 |
| 3 | 应计算的物理效应 | 火灾、爆炸，向空气、地表水、地下水中释放污染物 | 向空气、地表水、地下水、土壤释放污染物、噪声、热污染等 |
| 4 | 释放类型 | 瞬时或短时间连续释放 | 瞬间、短时间或长时间连续释放 |
| 5 | 应考虑的影响类型 | 突发性的激烈的效应及事故后期的长远效应 | 连续的累积效应 |
| 6 | 主要危害受体 | 人、建筑、生态 | 人和生态 |
| 7 | 危害性质 | 急性中毒，灾难性的 | 慢性中毒 |
| 8 | 影响时间 | 很短 | 很长 |
| 9 | 源项确定性 | 较大的不确定性 | 不确定性很小 |
| 10 | 评价方法 | 概率方法 | 确定论方法 |
| 11 | 防范措施与应急计划 | 需要 | 不需要 |

资料来源：引自胡二邦，2009，有修改。

### 10.1.4.2　环境风险评价与安全评价的区别

环境风险评价与安全评价两者联系紧密，是实际工作中最容易混淆的，但事实上，两者的侧重点不同，在研究内容上也存在差别。

安全评价以实现工程和系统安全为目的，应用安全系统工程原理和方法，对工程、系统中存在的危险、有害因素进行辨识与分析，判断工程、系统发生事故和职业危害的可能性及其严重程度，从而为制定预防措施和管理决策提供科学依据。

表 10-2 列出了常见事故类型下环境风险评价与安全评价的内容。从表中可以看出，环境风险评价侧重于通过自然环境如空气、水体和土壤等传递的突发性环境危害，而安全评价则主要针对人为因素和设备因素等引起的火灾、爆炸、中毒等重大安全危害。

概括而言，环境风险评价与安全评价的主要区别是：

① 环境风险评价主要关注事故对厂（场）界外环境和人群的影响，而安全评价主要关注事故对厂（场）界内环境和职工的影响。

② 环境风险评价不仅关注由火灾产生的热辐射、爆炸产生的冲击波带来的破坏影响，而且更关注由火灾、爆炸产生、伴生或诱发的有毒有害物质泄漏于环境造成的危害或环境污染影响；安全评价主要关注火灾产生的热辐射、爆炸产生的冲击波带来的破坏影响。

③ 我国目前环境风险评价导则关注的是概率很小或极小但环境危害严重的最大可信事故，而安全评价主要关注的是概率相对较大的各类事故。

**表10-2**  常见事故类型下环境风险评价与安全评价的内容对比

| 序号 | 事故类型 | 环境风险评价 | 安全评价 |
|---|---|---|---|
| 1 | 石油化工厂输管线油品泄漏 | 土壤污染和生态破坏 | 火灾、爆炸 |
| 2 | 大型码头油品泄漏 | 海洋污染 | 火灾、爆炸 |
| 3 | 储罐、工艺设备有毒物质泄漏 | 空气污染、人员毒害 | 火灾、爆炸；人员急性中毒 |
| 4 | 油井井喷 | 土壤污染和生态破坏 | 火灾、爆炸 |
| 5 | 高硫化氢井井喷 | 空气污染、人员毒害 | 火灾、爆炸 |
| 6 | 石化工艺设备易燃烃类泄漏 | 空气污染、人员毒害 | 火灾、爆炸；人员急性中毒 |
| 7 | 炼化厂二氧化硫等事故排放 | 空气污染、人员毒害 | 人员急性中毒 |

资料来源：引自白志鹏等，2009。

# 10.2  建设项目环境风险评价

建设项目环境风险评价应以防控突发性事故导致的危险物质环境急性损害为目标，对建设项目的环境风险进行分析、预测和评估，提出针对性的预防、控制、消减措施，明确环境风险监控及应急预案要求，为建设项目环境风险防控提供科学依据。

## 10.2.1  建设项目环境风险评价程序与内容

### 10.2.1.1  评价工作程序

环境风险评价工作程序见图 10-1。

### 10.2.1.2  环境风险评价内容

建设项目环境风险评价的基本内容包括以下八个方面：

（1）风险调查  风险调查是建设项目环境风险评价的基础，包括建设项目风险源调查和环境敏感目标调查。

（2）环境风险潜势初判  环境风险潜势是指对建设项目潜在环境危害程度的概化分析表达，是基于建设项

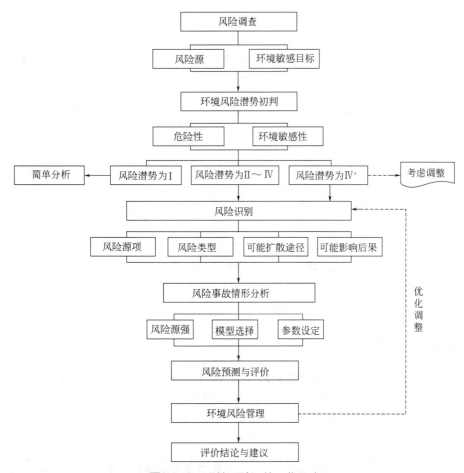

**图 10-1**　环境风险评价工作程序

目涉及的物质和工艺系统危险性及其所在地环境敏感程度的综合表征。建设项目环境风险潜势划分为Ⅰ、Ⅱ、Ⅲ、Ⅳ/Ⅳ⁺级，其中Ⅳ⁺为极高环境风险。环境风险潜势初判包括危险物质与工艺系统危险性（P）的分级确定、环境敏感程度（E）的分级确定以及建设项目环境风险潜势判断。

（3）评价工作等级与范围确定　基于风险调查，分析建设项目物质及工艺系统危险性和环境敏感性，进行风险潜势的判断，确定各环境要素风险评价工作等级，并依此确定相应的风险评价范围。

（4）风险识别　风险识别包括物质危险性识别、生产系统危险性识别和危险物质向环境转移的途径识别。其中物质危险性识别包括主要原辅材料、燃料、中间产品、副产品、最终产品、污染物、火灾和爆炸伴生/次生物等。生产系统危险性识别包括主要生产装置、储运设施、公用工程和辅助生产设施，以及环境保护设施等。危险物质向环境转移的途径识别包括分析危险物质特性及可能的环境风险类型，识别危险物质影响环境的途径，分析可能影响的环境敏感目标。

（5）风险事故情形分析　在风险识别的基础上，选择对环境影响较大并具有代表性的事故类型，设定风险事故情形。设定内容包括环境风险类型、风险源、危险单元、危险物质和影响途径等。基于风险事故情形的设定，合理估算事故源强。

（6）风险预测与评价　在风险事故情形分析基础上，选取各环境要素风险事故的预测模型，设定好模型参数，进行事故后果预测。结合各要素风险预测结果分析说明建设项目环境风险的危害范围与程度，按大气、地表水等要素分别进行。大气环境风险的影响范围和程度由大气毒性终点浓度（人员短期暴露可能会导致出现健康影响或死亡的大气污染物浓度，用于判断周边环境风险影响程度）确定；地表水、地下水对照功能区质量标准浓度（或参考浓度）进行分析。

各环境要素按确定的风险评价工作等级分别开展风险预测评价，分析说明环境风险危害范围与程度，提出环境风险防范的基本要求。

（7）环境风险管理　提出环境风险管理对策，明确环境风险防范措施及突发环境事件应急预案编制要求。

（8）评价结论与建议　综合环境风险评价过程，给出评价结论与建议。

## 10.2.2　环境风险评价工作等级

建设项目的性质不同，其潜在的环境风险可能存在差异，环境风险评价的内容也有所不同。根据潜在环境风险的大小和发生的可能性，将环境风险评价工作分成不同的等级。

建设项目潜在的环境风险水平主要受两方面因素的影响。一方面是项目涉及的危险物质生产、使用、储运中的危险性，危险性越高，项目潜在的环境风险水平就越高；另一方面是项目所在地的环境敏感程度，项目一旦发生突发环境事故，对周围环境（包括大气、水体、土壤等环境要素）可能造成严重的影响后果。项目所在地的环境敏感程度越高，后果就越严重，从而该项目潜在的环境风险水平就越高。根据项目涉及的物质危险性、周围环境敏感程度两方面，并结合事故情形下的环境影响途径，初步判断建设项目在未采取任何风险防控措施情况下固有的、潜在的风险状况。以此初判结果指导评价工作等级和工作重点的确定，并为风险防控措施建议提供依据，为管理部门差别化管理提供技术支持。

### 10.2.2.1　环境风险潜势级别划分

建设项目环境风险潜势划分是根据建设项目涉及的危险物质和工艺系统的危险性（P）及其所在地的环境敏感程度（E），结合事故情形下环境影响途径，对建设项目环境风险水平进行概化分析，按照表10-3确定环境风险潜势。建设项目环境风险潜势等级取各环境要素等级的相对高值。

**表10-3**　建设项目环境风险潜势划分

| 环境敏感程度（E） | 危险物质及工艺系统危险性（P） | | | |
|---|---|---|---|---|
| | 极高危害（P1） | 高度危害（P2） | 中度危害（P3） | 轻度危害（P4） |
| 环境高度敏感区（E1） | IV$^+$ | IV | III | III |
| 环境中度敏感区（E2） | IV | III | III | II |
| 环境低度敏感区（E3） | III | III | II | I |

（1）危险物质及工艺系统危险性（P）的分级　分析建设项目生产、使用、储存过程中涉及的有毒有害、易燃易爆物质，参照《建设项目环境风险评价技术导则》（HJ 169—2018）附录B中突发环境事件风险物质及临界量表，确定危险物质的临界量。定量分析危险物质数量与临界量的比值（Q）和所属行业及生产工艺特点（M），按表10-4对危险物质及工艺系统危险性（P）等级进行判断。

**表10-4**　危险物质及工艺系统危险性（P）等级判断

| 危险物质数量<br>与临界量比值（Q） | 行业及生产工艺（M） | | | |
|---|---|---|---|---|
| | M1 | M2 | M3 | M4 |
| Q≥100 | P1 | P1 | P2 | P3 |
| 10≤Q<100 | P1 | P2 | P3 | P4 |
| 1≤Q<10 | P2 | P3 | P4 | P4 |

① 危险物质数量与临界量比值（Q）　计算所涉及的每种危险物质在厂界内的最大存在总量（在不同厂区的同一种物质，按其在厂界内的最大存在总量计算）与其在突发环境事件风险物质及临界量表中对应临界量的比值Q。对于长输管线项目，按照两个截断阀室之间管段危险物质最大存在总量计算。

当只涉及一种危险物质时，计算该物质的总量与其临界量比值，即为Q。

当存在多种危险物质时,则按式(10-1)计算物质总量与其临界量比值($Q$):

$$Q = \frac{q_1}{Q_1} + \frac{q_2}{Q_2} + \ldots + \frac{q_n}{Q_n} \tag{10-1}$$

式中,$q_1$,$q_2$,…,$q_n$ 为每种危险物质的最大存在总量,t;$Q_1$,$Q_2$,…,$Q_n$ 为每种危险物质的临界量,t。

当 $Q<1$ 时,该项目环境风险潜势为 I 。

当 $Q \geqslant 1$ 时,将 $Q$ 值划分为:$1 \leqslant Q<10$;$10 \leqslant Q<100$;$Q \geqslant 100$。

② 行业及生产工艺(M) 分析项目所属行业及生产工艺特点,按照表10-5评估生产工艺情况。具有多套工艺单元的项目,对每套生产工艺分别评分并求和,得出 $M$ 值。将 $M$ 值划分为 $M>20$、$10<M \leqslant 20$、$5<M \leqslant 10$、$M=5$,分别以 M1、M2、M3、M4 表示。

**表10-5 行业及生产工艺(M)**

| 行业 | 评估依据 | 分值 |
|---|---|---|
| 石化、化工、医药、轻工、化纤、有色冶炼等 | 涉及光气及光气化工艺、电解工艺(氯碱)、氯化工艺、硝化工艺、合成氨工艺、裂解(裂化)工艺、氟化工艺、加氢工艺、重氮化工艺、氧化工艺、过氧化工艺、胺基化工艺、磺化工艺、聚合工艺、烷基化工艺、新型煤化工工艺、电石生产工艺、偶氮化工艺 | 10/套 |
| | 无机酸制酸工艺、焦化工艺 | 5/套 |
| | 其他高温或高压,且涉及危险物质的工艺过程[①]、危险物质贮存罐区 | 5/套(罐区) |
| 管道、港口/码头等 | 涉及危险物质管道运输项目、港口/码头等 | 10 |
| 石油天然气 | 石油、天然气、页岩气开采(含净化)、气库(不含加气站的气库)、油库(不含加气站的油库)、油气管线[②](不含城镇燃气管线) | 10 |
| 其他 | 涉及危险物质使用、贮存的项目 | 5 |

① 高温指工艺温度 $\geqslant 300 \,^{\circ}\!C$,高压指压力容器的设计压力($P$)$\geqslant 10.0 \, MPa$;② 长输管道运输项目应按站场、管线分段进行评价。

(2)环境敏感程度(E)的分级 分析危险物质在事故情形下的环境影响途径,如大气、地表水、地下水等,对建设项目各环境要素的环境敏感程度(E)等级进行判断。

① 大气环境 依据环境敏感目标环境敏感性及人口密度划分环境风险受体的敏感性,共分为三种类型,E1 为环境高度敏感区,E2 为环境中度敏感区,E3 为环境低度敏感区,分级原则见表10-6。

**表10-6 大气环境敏感程度分级**

| 分级 | 大气环境敏感性 |
|---|---|
| E1 | 周边5km范围内居住区、医疗卫生、文化教育、科研、行政办公等机构人口总数大于5万人,或其他需要特殊保护区域;或周边500m范围内人口总数大于1000人;油气、化学品输送管线管段周边200m范围内,每千米管段人口数大于200人 |
| E2 | 周边5km范围内居住区、医疗卫生、文化教育、科研、行政办公等机构人口总数大于1万人,小于5万人;或周边500m范围内人口总数大于500人,小于1000人;油气、化学品输送管线管段周边200m范围内,每千米管段人口数大于100人,小于200人 |
| E3 | 周边5km范围内居住区、医疗卫生、文化教育、科研、行政办公等机构人口总数小于1万人;或周边500m范围内人口总数小于500人;油气、化学品输送管线管段周边200m范围内,每千米管段人口数小于100人 |

② 地表水环境 依据事故情况下危险物质泄漏到水体的排放点受纳地表水体功能敏感性,与下游环境敏感目标情况,共分为三种类型,E1 为环境高度敏感区,E2 为环境中度敏感区,E3 为环境低度敏感区,分级原则见表10-7。其中地表水功能敏感性分区和环境敏感目标分级分别见表10-8和表10-9。

**表10-7 地表水环境敏感程度分级**

| 环境敏感目标 | 地表水功能敏感性 | | |
|---|---|---|---|
| | F1 | F2 | F3 |
| S1 | E1 | E1 | E2 |
| S2 | E1 | E2 | E3 |
| S3 | E1 | E2 | E3 |

**表10-8** 地表水功能敏感性分区

| 敏感性 | 地表水环境敏感特征 |
|---|---|
| 敏感 F1 | 排放点进入地表水水域环境功能为Ⅱ类及以上，或海水水质分类第一类；或以发生风险事故时危险物质泄漏到水体的排放点算起，排放进入受纳河流最大流速时，24h 流经范围内涉跨国界的 |
| 较敏感 F2 | 排放点进入地表水水域环境功能为Ⅲ类，或海水水质分类第二类；或以发生风险事故时危险物质泄漏到水体的排放点算起，排放进入受纳河流最大流速时，24h 流经范围内涉跨省界的 |
| 低敏感 F3 | 上述地区之外的其他地区 |

**表10-9** 地表水环境敏感目标分级

| 分级 | 地表水环境敏感目标 |
|---|---|
| S1 | 发生事故时，危险物质泄漏到内陆水体的排放点下游（顺水流向）10km 范围内、近岸海域一个潮周期水质点可能达到的最大水平距离的两倍范围内，有如下一类或多类环境风险受体：集中式地表水饮用水水源保护区（包括一级保护区、二级保护区及准保护区），农村及分散式饮用水水源保护区，自然保护区，重要湿地，珍稀濒危野生动植物天然集中分布区，重要水生生物的自然产卵场及索饵场、越冬场和洄游通道，世界文化和自然遗产地，红树林、珊瑚礁等滨海湿地生态系统，珍稀濒危海洋生物的天然集中分布区，海洋特别保护区，海上自然保护区，盐场保护区，海水浴场，海洋自然历史遗迹，风景名胜区，或其他特殊重要保护区域 |
| S2 | 发生事故时，危险物质泄漏到内陆水体的排放点下游（顺水流向）10km 范围内、近岸海域一个潮周期水质点可能达到的最大水平距离的两倍范围内，有如下一类或多类环境风险受体的：水产养殖区，天然渔场，森林公园，地质公园，海滨风景游览区，具有重要经济价值的海洋生物生存区域 |
| S3 | 排放点下游（顺水流向）10km 范围、近岸海域一个潮周期水质点可能达到的最大水平距离的两倍范围内无上述 S1 和 S2 包括的敏感保护目标 |

③ 地下水环境　依据地下水功能敏感性与包气带（地面以下潜水面以上的地带）防污性能，共分为三种类型，E1 为环境高度敏感区，E2 为环境中度敏感区，E3 为环境低度敏感区，分级原则见表 10-10。其中地下水功能敏感性分区和包气带防污性能分级分别见表 10-11 和表 10-12。当同一建设项目涉及两个 G 分区或 D 分级及以上时，取相对高值。

**表10-10** 地下水环境敏感程度分级

| 包气带防污性能 | 地下水功能敏感性 | | |
|---|---|---|---|
| | G1 | G2 | G3 |
| D1 | E1 | E1 | E2 |
| D2 | E1 | E2 | E3 |
| D3 | E2 | E3 | E3 |

**表10-11** 地下水功能敏感性分区

| 敏感性 | 地下水环境敏感特征 |
|---|---|
| 敏感 G1 | 集中式饮用水水源（包括已建成的在用、备用、应急水源，在建和规划的饮用水水源）准保护区；除集中式饮用水水源以外的国家或地方政府设定的与地下水环境相关的其他保护区，如热水、矿泉水、温泉等特殊地下水资源保护区 |
| 较敏感 G2 | 集中式饮用水水源（包括已建成的在用、备用、应急水源，在建和规划的饮用水水源）准保护区以外的补给径流区；未划定准保护区的集中式饮用水水源，其保护区以外的补给径流区；分散式饮用水水源地；特殊地下水资源（如热水、矿泉水、温泉等）保护区以外的分布区等其他未列入上述敏感分级的环境敏感区[①] |
| 不敏感 G3 | 上述地区之外的其他地区 |

① "环境敏感区"是指《建设项目环境影响评价分类管理名录》中所界定的涉及地下水的环境敏感区。

**表10-12** 包气带防污性能分级

| 分级 | 包气带岩土的渗透性能 |
|---|---|
| D3 | Mb≥1.0m，$K \leq 1.0 \times 10^{-6}$cm/s，且分布连续、稳定 |
| D2 | 0.5m≤Mb<1.0m，$K \leq 1.0 \times 10^{-6}$cm/s，且分布连续、稳定<br>Mb≥1.0m，$1.0 \times 10^{-6}$cm/s$<K \leq 1.0 \times 10^{-4}$cm/s，且分布连续、稳定 |
| D1 | 岩（土）层不满足上述"D2"和"D3"条件 |

注：Mb 为岩土层单层厚度；$K$ 为渗透系数。

#### 10.2.2.2　评价工作等级划分

（1）评价工作等级划分依据　突发性事件发生的可能性以及造成的后果取决于建设项目是否存在重大危险源，对环境造成的风险影响则与建设项目选址周围是否存在环境敏感目标关系重大。因此，在确定环境风险评价工作等级时，考虑的主要因素有如下两种：

①　物质及工艺系统危险性　突发性事件发生导致的严重后果与事件发生时涉及的物质的性质密切相关，如果事件发生时存在危险物质，则其危害影响往往是重大的。危险物质的危险性因其作用的机理不同，造成危害的形式与程度也不同。根据物质的理化性质，可对危险物质发生火灾、爆炸的可能性进行判断。

②　环境敏感程度　《建设项目环境影响评价分类管理名录（2021年版）》规定的环境敏感区是环境风险评价中需要特别关注的区域，如果建设项目选址于环境敏感区域，则项目一旦发生突发性事故，其造成的环境风险影响相对于非敏感区域而言则更为严重。

（2）评价工作等级划分　环境风险评价工作等级划分为一级、二级、三级。根据建设项目涉及的物质及工艺系统危险性和所在地的环境敏感性确定环境风险潜势，进而确定评价工作等级。

①　风险潜势为Ⅳ及以上，进行一级评价；

②　风险潜势为Ⅲ，进行二级评价；

③　风险潜势为Ⅱ，进行三级评价；

④　风险潜势为Ⅰ，开展简单分析，即相对详细评价工作内容而言，在描述危险物质、环境影响途径、环境危害后果、风险防范措施等方面给出定性的说明。

### 10.2.3　环境风险评价范围

依据各环境要素风险评价工作等级确定相应的风险评价范围。

（1）大气环境风险评价范围　一级、二级评价距建设项目边界一般不低于5km；三级评价距建设项目边界一般不低于3km。油气、化学品输送管线项目，一级、二级评价距管道中心线两侧一般均不低于200m，三级评价距管道中心线两侧一般均不低于100m。当大气毒性终点浓度预测到达距离超出评价范围时，应根据预测到达距离进一步调整评价范围。

（2）地表水环境风险评价范围　参照《环境影响评价技术导则　地表水环境》（HJ 2.3—2018）确定。

（3）地下水环境风险评价范围　参照《环境影响评价技术导则　地下水环境》（HJ 610—2016）确定。

环境风险评价范围应根据环境敏感目标分布情况、事故后果预测可能对环境产生危害的范围等综合确定。项目周边所在区域，评价范围外存在需要特别关注的环境敏感目标时，评价范围需延伸至所关心的目标。

### 10.2.4　风险调查

（1）建设项目风险源调查　调查建设项目危险物质数量和分布情况、生产工艺特点，收集危险物质安全技术说明书等基础资料。

（2）环境敏感目标调查　根据危险物质可能的影响途径，明确环境敏感目标，给出环境敏感目标区位分布图，列表明确调查对象及其属性、相对方位及距离等信息。

### 10.2.5　风险识别

（1）资料收集和准备　根据危险物质泄漏、火灾、爆炸等突发性事故可能造成的环境风险类型，收集和准备建设项目工程资料，周边环境资料，国内外同行业、同类型事故统计分析及典型事故案例资料。对已建工程应收集环境管理制度，操作和维护手册，突发环境事件应急预案，应急培训、演练记录，历史突发环境事件及生产安全事故调查资料，设备失效统计数据等。

（2）物质危险性识别　按突发环境事件风险物质及临界量表识别出的危险物质，以图表的方式给出其易燃易爆、有毒有害危险特性，明确危险物质的分布。

（3）生产系统危险性识别　按工艺流程和平面布置功能区划，结合物质危险性识别，以图表的方式给出危险单元划分结果及单元内危险物质的最大存在量。按生产工艺流程分析危险单元内潜在的风险源。按危险单元分析风险源的危险性、存在条件和转化为事故的触发因素。采用定性或定量分析方法筛选确定重点风险源。

（4）环境风险类型及危害分析　环境风险类型包括危险物质泄漏，以及火灾、爆炸等引发的伴生/次生污染物排放。根据物质及生产系统危险性识别结果，分析环境风险类型、危险物质向环境转移的可能途径和影响方式。

在风险识别的基础上，图示危险单元分布。给出建设项目环境风险识别汇总，包括危险单元、风险源、主要危险物质、环境风险类型、环境影响途径、可能受影响的环境敏感目标等，说明风险源的主要参数。

## 10.2.6　风险事故情形分析

### 10.2.6.1　风险事故情形设定

（1）风险事故情形设定原则　①同一种危险物质可能有多种环境风险类型。风险事故情形应包括危险物质泄漏以及火灾、爆炸等引发的伴生/次生污染物排放情形。对不同环境要素产生影响的风险事故情形，应分别进行设定。②对于火灾、爆炸事故，需将事故中在高温下迅速挥发释放至大气的未完全燃烧的危险物质，以及燃烧过程中产生的伴生/次生污染物对环境的影响作为风险事故情形设定的内容。③设定的风险事故情形发生可能性应处于合理的区间，并与经济技术发展水平相适应。一般而言，发生频率小于 $10^{-6}a^{-1}$ 的事件是极小概率事件，可作为代表性事故情形中最大可信事故设定的参考。其中最大可信事故是指基于经验统计分析，在一定可能性区间内发生的事故中，造成环境危害最严重的事故。

（2）风险事故情形设定的不确定性与筛选　由于事故触发因素具有不确定性，因此事故情形的设定并不能包含全部可能的环境风险，但通过具有代表性的事故情形分析可为风险管理提供科学依据。事故情形的设定应在环境风险识别的基础上筛选，设定的事故情形应具有危险物质、环境危害、影响途径等方面的代表性。

### 10.2.6.2　源项分析

（1）源项分析方法　泄漏频率可采用行业归纳统计的泄漏频率的推荐值，也可采用事故树分析法、事件树分析法或类比法等确定。

① 行业归纳统计的推荐值　行业归纳统计法是通过行业发生事故频次的统计，归纳出事件发生概率大小的方法。泄漏事故类型如容器、管道、泵体、压缩机、装卸臂和装卸软管的泄漏和破裂等的泄漏频率的推荐值详见表 10-13。

**表10-13**　泄漏频率的推荐值

| 部件类型 | 泄漏模式 | 泄漏频率 |
|---|---|---|
| 反应器/工艺储罐/气体储罐/塔器 | 泄漏孔径为10mm孔径 | $1.00\times10^{-4}\,a^{-1}$ |
|  | 10min内储罐泄漏完 | $5.00\times10^{-6}\,a^{-1}$ |
|  | 储罐全破裂 | $5.00\times10^{-6}\,a^{-1}$ |
| 常压单包容储罐 | 泄漏孔径为10mm孔径 | $1.00\times10^{-4}\,a^{-1}$ |
|  | 10min内储罐泄漏完 | $5.00\times10^{-6}\,a^{-1}$ |
|  | 储罐全破裂 | $5.00\times10^{-6}\,a^{-1}$ |
| 常压双包容储罐 | 泄漏孔径为10mm孔径 | $1.00\times10^{-4}\,a^{-1}$ |
|  | 10min内储罐泄漏完 | $1.25\times10^{-8}\,a^{-1}$ |
|  | 储罐全破裂 | $1.25\times10^{-8}\,a^{-1}$ |

续表

| 部件类型 | 泄漏模式 | 泄漏频率 |
|---|---|---|
| 常压全包容储罐 | 储罐全破裂 | $1.00 \times 10^{-8}\ a^{-1}$ |
| 内径≤75mm 的管道 | 泄漏孔径为 10% 孔径 | $5.00 \times 10^{-6}\ (m \cdot a)^{-1}$ |
| | 全管径泄漏 | $1.00 \times 10^{-6}\ (m \cdot a)^{-1}$ |
| 75mm＜内径≤150mm 的管道 | 泄漏孔径为 10% 孔径 | $2.00 \times 10^{-6}\ (m \cdot a)^{-1}$ |
| | 全管径泄漏 | $3.00 \times 10^{-7}\ (m \cdot a)^{-1}$ |
| 内径＞150mm 的管道 | 泄漏孔径为 10% 孔径（最大 50mm） | $2.40 \times 10^{-6}\ (m \cdot a)^{-1}$ |
| | 全管径泄漏 | $1.00 \times 10^{-7}\ (m \cdot a)^{-1}$ |
| 泵体和压缩机 | 泵体和压缩机最大连接管泄漏孔径为 10% 孔径（最大 50mm） | $5.00 \times 10^{-4}\ a^{-1}$ |
| | 泵体和压缩机最大连接管全管径泄漏 | $1.00 \times 10^{-4}\ a^{-1}$ |
| 装卸臂 | 装卸臂连接管泄漏孔径为 10% 孔径（最大 50mm） | $3.00 \times 10^{-7}\ h^{-1}$ |
| | 装卸臂全管径泄漏 | $3.00 \times 10^{-8}\ h^{-1}$ |
| 装卸软管 | 装卸软管连接管泄漏孔径为 10% 孔径（最大 50mm） | $4.00 \times 10^{-5}\ h^{-1}$ |
| | 装卸软管全管径泄漏 | $4.00 \times 10^{-6}\ h^{-1}$ |

② 事故树分析法　事故树是一种演绎分析工具，用以系统地描述能导致到达某一特定危险状态（通常称为顶事件）的所有可能的故障。顶事件是一个事故序列。通过事故树的分析，能估算出某一特定事故（顶事件）的发生概率。该方法主要通过建立顶事件发生的逻辑树图，自上而下地分析导致顶事件发生的原因及其相互逻辑关系，直至可直接求解的基本事件为止。事故树分析的关键是需要知道每个基本事件发生的概率。

③ 事件树分析法　以污染系统向环境的事故排放为顶事件的事故树分析，给出了导致事故排放的故障原因事件及其发生概率，而事故排放的源强或事故后果的各种可能性需要结合事件树的分析做进一步的分析。事件树分析法是从初因事件出发，按照事件发展的时序，分成若干阶段，对后继事件一步一步地进行分析；每一步都从成功和失败（可能和不可能）两种或多种状态进行考虑（分支），最后直到用水平树枝图表示其可能后果的一种分析方法，以定性、定量了解整个事故的动态变化过程及其各种状态的发生概率。

需要注意的是，事件树分析中后继事件的出现是以前一事件发生为条件而与再前面的事件无关，是许多事件按时间顺序相继出现、发展的结果。以所选择的不同故障事件作为初因事件，事件树分析可能得出不同的相应事件链。事故排放事故树分析所确定的能导致向环境排放污染物的各种事件，由于其故障原因和所导致的污染物排放形态各异，使得事故排放的强度有所差别，因此都应作为源强事件树分析的初因事件。简单的污染源源强分析，可取其事故排放顶事件为事件树的初因事件。

（2）事故源强的确定　事故源强是为事故后果预测提供分析模拟情形。事故源强确定可采用计算法、经验估算法和其他估算方法。计算法适用于以腐蚀或应力作用等引起的泄漏型为主的事故；经验估算法适用于以火灾、爆炸等突发性事故伴生 / 次生的污染物释放。

① 物质泄漏量的计算　这里介绍液体、气体和两相流泄漏速率的计算。泄漏时间应结合建设项目探测和隔离系统的设计原则确定。一般情况下，设置紧急隔离系统的单元，泄漏时间可设定为 10min；未设置紧急隔离系统的单元，泄漏时间可设定为 30min。

a. 液体泄漏速率 $Q_L$　用伯努利方程计算（限制条件为液体在喷口内不应有急骤蒸发）：

$$Q_L = C_d A \rho \sqrt{\frac{2(P - P_0)}{\rho} + 2gh} \tag{10-2}$$

式中，$Q_L$ 为液体泄漏速率，kg/s；$P$ 为容器内介质压力，Pa；$P_0$ 为环境压力，Pa；$\rho$ 为泄漏液体密度，$kg/m^3$；$g$ 为重力加速度，$9.81m/s^2$；$h$ 为裂口之上液位高度，m；$C_d$ 为液体泄漏系数，按表 10-14 选取；$A$ 为裂口面积，$m^2$，按事故实际裂口情况或按表 10-15 选取。

**表10-14** 液体泄漏系数（$C_d$）

| 雷诺数 Re | 裂口形状 | | |
|---|---|---|---|
| | 圆形（多边形） | 三角形 | 长方形 |
| >100 | 0.65 | 0.60 | 0.55 |
| ≤100 | 0.50 | 0.45 | 0.40 |

**表10-15** 事故裂口情况

| 序号 | 设备名称 | 设备类型 | 典型泄漏 | 损坏尺寸 |
|---|---|---|---|---|
| 1 | 管道 | 管道、法兰、接头、弯头 | （1）法兰泄漏 | 20% 管径 |
| | | | （2）管道泄漏 | 20% 或 100% 管径 |
| | | | （3）接头损坏 | 20% 或 100% 管径 |
| 2 | 绕行连接器 | 软管、波纹管、铰接管 | （1）破裂泄漏 | 20% 或 100% 管径 |
| | | | （2）接头泄漏 | 20% 管径 |
| | | | （3）连接机构损坏 | 100% 管径 |
| 3 | 过滤器 | 滤器、滤网 | （1）滤体泄漏 | 20% 或 100% 管径 |
| | | | （2）管道泄漏 | 20% 管径 |
| 4 | 阀 | 球、阀门、栓、阻气门、保险等 | （1）壳泄漏 | 20% 或 100% 管径 |
| | | | （2）盖子泄漏 | 20% 管径 |
| | | | （3）杆损坏 | 20% 管径 |
| 5 | 压力容器、反应槽 | 分离器、气体洗涤器、反应器、热交换器、火焰加热器等 | （1）容器破裂 | 全部破裂 |
| | | | （2）容器泄漏 | 100% 管径 |
| | | | （3）进入孔盖泄漏 | 20% 管径 |
| | | | （4）喷嘴断裂 | 100% 管径 |
| | | | （5）仪表管路破裂 | 20% 或 100% 管径 |
| | | | （6）内部爆炸 | 全部破裂 |
| 6 | 泵 | 离心泵、往复泵 | （1）机壳损坏 | 20% 或 100% 管径 |
| | | | （2）密封压盖泄漏 | 20% 管径 |
| 7 | 压缩机 | 离心式、轴流式、往复式 | （1）机壳损坏 | 20% 或 100% 管径 |
| | | | （2）密封套泄漏 | 20% 管径 |
| 8 | 贮罐 | 露天贮罐 | （1）容器损坏 | 全部破裂 |
| | | | （2）接头泄漏 | 20% 或 100% 管径 |
| 9 | 贮存容器（用于加压或冷冻） | 压力、运输、冷冻、填埋、露天等容器 | （1）气爆（不埋设情况下） | 全部破裂（点燃） |
| | | | （2）破裂 | 全部破裂 |
| | | | （3）焊点断裂 | 20% 或 100% 管径 |
| 10 | 放空燃烧装置/放空管 | 放空燃烧装置或放空管 | （1）多歧接头/圆筒泄漏 | 20% 或 100% 管径 |
| | | | （2）超标排气 | |

b. 气体泄漏速率 假定气体特性是理想气体，气体泄漏速率 $Q_G$ 按式（10-3）计算：

$$Q_G = YC_d AP \sqrt{\frac{M\gamma}{RT_G}\left(\frac{2}{\gamma+1}\right)^{\frac{\gamma+1}{\gamma-1}}} \tag{10-3}$$

式中，$Q_G$ 为气体泄漏速率，kg/s；$P$ 为容器压力，Pa；$C_d$ 为气体泄漏系数，当裂口形状为圆形时取 1.00，三角形时取 0.95，长方形时取 0.90；$A$ 为裂口面积，$m^2$；$M$ 为物质的摩尔质量，kg/mol；$R$ 为气体常数，J/（mol·K）；$T_G$ 为气体温度，K；$\gamma$ 为气体的绝热指数（比热容比），即定压比热容 $C_p$ 与定容比热容 $C_V$ 之比；$Y$ 为流出系数，对于临界流 $Y=1.0$，对于次临界流按式（10-4）计算。

$$Y = \left(\frac{P_0}{P}\right)^{\frac{1}{\gamma}} \times \left\{1 - \left(\frac{P_0}{P}\right)^{\frac{\gamma-1}{\gamma}}\right\}^{\frac{1}{2}} \times \left\{\left(\frac{2}{\gamma-1}\right) \times \left(\frac{\gamma+1}{2}\right)^{\frac{\gamma+1}{\gamma-1}}\right\}^{\frac{1}{2}} \tag{10-4}$$

当气体流速在音速范围时（临界流）：

$$\frac{P_0}{P} \leqslant \left(\frac{2}{\gamma+1}\right)^{\frac{\gamma}{\gamma-1}} \tag{10-5}$$

当气体流速在亚音速范围时（次临界流）：

$$\frac{P_0}{P} > \left(\frac{2}{\gamma+1}\right)^{\frac{\gamma}{\gamma-1}} \tag{10-6}$$

式中，$P$ 为容器压力，Pa；$P_0$ 为环境压力，Pa；其他符号意义同前。

c. 两相流泄漏速率　假定液相和气相是均匀的，且互相平衡，两相流泄漏速率 $Q_{LG}$ 按式（10-7）计算：

$$Q_{LG} = C_d A \sqrt{2\rho_m (P - P_C)} \tag{10-7}$$

$$\rho_m = \frac{1}{\dfrac{F_v}{\rho_1} + \dfrac{1-F_v}{\rho_2}} \tag{10-8}$$

$$F_v = \frac{C_p (T_{LG} - T_C)}{H} \tag{10-9}$$

式中，$Q_{LG}$ 为两相流泄漏速率，kg/s；$C_d$ 为两相流泄漏系数，取 0.8；$P_C$ 为临界压力，Pa，可取 0.55Pa；$P$ 为操作压力或容器压力，Pa；$A$ 为裂口面积，m²；$\rho_m$ 为两相混合物的平均密度，kg/m³；$\rho_1$ 为液体蒸发的蒸气密度，kg/m³；$\rho_2$ 为液体密度，kg/m³；$F_v$ 为蒸发的液体占液体总量的比例；$C_p$ 为两相混合物的定压比热容，J/(kg·K)；$T_{LG}$ 为两相混合物的温度，K；$T_C$ 为液体在临界压力下的沸点，K；$H$ 为液体的汽化热，J/kg。

当 $F_v > 1$ 时，表明液体将全部蒸发成气体，此时应按气体泄漏计算；如果 $F_v$ 很小，则可近似地按液体泄漏公式计算。

② 经验法估算物质释放量　对火灾、爆炸事故在高温下迅速挥发释放至大气的未完全燃烧危险物质，以及在燃烧过程中产生的伴生/次生污染物，采用经验法估算释放量。

a. 火灾爆炸事故中未参与燃烧的有毒有害物质的释放比例　取值见表 10-16。

表10-16　火灾爆炸事故中未参与燃烧的有毒有害物质的释放比例　　　　　　　　　　　单位：%

| $Q$/t | LC$_{50}$/（mg/m³） | | | | | |
| | <200 | ≥200～<1000 | ≥1000～<2000 | ≥2000～<10000 | ≥10000～<20000 | ≥20000 |
| ≤100 | 5 | 10 | | | | |
| >100～≤500 | 1.5 | 3 | 6 | | | |
| >500～≤1000 | 1 | 2 | 4 | 5 | 8 | |
| >1000～≤5000 | | 0.5 | 1 | 1.5 | 2 | 3 |
| >5000～≤10000 | | | 0.5 | 1 | 1 | 2 |
| >10000～≤20000 | | | | 0.5 | 1 | 1 |
| >20000～≤50000 | | | | | 0.5 | 0.5 |
| >50000～≤100000 | | | | | | 0.5 |

注：LC$_{50}$ 为物质半致死浓度；$Q$ 为有毒有害物质在线量。

b. 火灾伴生/次生污染物产生量估算　常用于二氧化硫、一氧化碳产生量估算。

（a）二氧化硫产生量估算　油品火灾伴生/次生二氧化硫产生量按式（10-10）计算：

$$G_{二氧化硫} = 2BS \tag{10-10}$$

式中，$G_{二氧化硫}$ 为二氧化硫排放速率，kg/h；$B$ 为物质燃烧量，kg/h；$S$ 为物质中硫的含量，%。

（b）一氧化碳产生量估算　油品火灾伴生/次生一氧化碳产生量按式（10-11）计算：

$$G_{一氧化碳} = 2330qCQ \tag{10-11}$$

式中，$G_{-氧化碳}$ 为一氧化碳的产生量，kg/s；$C$ 为物质中碳的含量，取 85%；$q$ 为化学不完全燃烧值，取 1.5%～6.0%；$Q$ 为参与燃烧的物质量，t/s。

③ 其他估算方法

a. 装卸事故　泄漏量按装卸物质流速和管径及失控时间计算，失控时间一般可按 5～30min 计。

b. 油气长输管线泄漏事故　按管道截面 100% 断裂估算泄漏量，应考虑截断阀启动前、后的泄漏量。截断阀启动前，泄漏量按实际工况确定；截断阀启动后，泄漏量以管道泄压至与环境压力平衡所需要时间计。

c. 水体污染事故　源强应结合污染物释放量、消防用水量及雨水量等因素综合确定。

（3）源强参数确定　根据风险事故情形确定事故源参数（如泄漏点高度、温度、压力，泄漏液体蒸发面积等）、释放/泄漏速率、释放/泄漏时间、释放/泄漏量、泄漏液体蒸发量等，给出源强汇总。

## 10.2.7　风险预测与评价

### 10.2.7.1　风险预测内容

（1）大气环境风险预测　一级评价需选取最不利气象条件和事故发生地的最常见气象条件，选择适用的数值方法进行分析预测，给出风险事故情形下危险物质释放可能造成的大气环境影响范围与程度。对于存在极高大气环境风险的项目，应进一步开展关心点概率分析。二级评价需选取最不利气象条件，选择适用的数值方法进行分析预测，给出风险事故情形下危险物质释放可能造成的大气环境影响范围与程度。三级评价应定性分析说明大气环境影响后果。

（2）地表水环境风险预测　一级、二级评价应选择适用的数值方法预测地表水环境风险，给出风险事故情形下可能造成的影响范围与程度；三级评价应定性分析说明地表水环境影响后果。

（3）地下水环境风险预测　一级评价应优先选择适用的数值方法预测地下水环境风险，给出风险事故情形下可能造成的影响范围与程度；低于一级评价的，风险预测分析与评价要求参照《环境影响评价技术导则　地下水环境》（HJ 610—2016）执行。

### 10.2.7.2　风险预测模型

（1）有毒有害物质在大气中的扩散　大气风险预测推荐模型主要包括 SLAB 模型和 AFTOX 模型。

SLAB 模型适用于平坦地形下重质气体排放的扩散模拟，其处理的排放类型包括地面水平挥发池、抬升水平喷射、烟囱或抬升垂直喷射以及瞬时体源。SLAB 模型可以在一次运行中模拟多组气象条件，但不适用于实时气象数据输入。

AFTOX 模型适用于平坦地形下中性气体和轻质气体排放以及液池蒸发气体的扩散模拟。该模型可模拟连续排放或瞬时排放，液体或气体，地面源或高架源，点源或面源的指定位置浓度、下风向最大浓度及其位置等。

① 预测模型筛选　推荐模型的筛选主要考虑气体性质（重质气体与轻质气体）和地形条件，其中重质气体和轻质气体依据理查德森数进行判定。然后采用推荐模型进行气体扩散后果预测，并结合模型的适用范围、参数要求等说明模型选择的依据。选用推荐模型以外的其他技术成熟的大气风险预测模型时，需说明模型选择理由及适用性。

a. 理查德森数定义及计算公式　判定烟团/烟羽是否为重质气体，取决于它相对空气的"过剩密度"和环境条件等因素。通常采用理查德森数（$Ri$）作为标准进行判断。$Ri$ 的概念公式为：

$$Ri = \frac{烟团的势能}{环境的湍流动能} \qquad (10\text{-}12)$$

$Ri$ 是一个流体动力学参数。根据不同的排放性质，理查德森数的计算公式不同。一般地，依据排放类型，理查德森数的计算分连续排放、瞬时排放两种形式：

$$Ri = \frac{\left[\dfrac{g(Q/\rho_{rel})}{D_{rel}}\left(\dfrac{\rho_{rel}-\rho_a}{\rho_a}\right)\right]^{\frac{1}{3}}}{U_r}$$

连续排放：

（10-13）

瞬时排放：

$$Ri = \frac{g(Q_t/\rho_{rel})^{\frac{1}{3}}}{U_r^2}\left(\frac{\rho_{rel}-\rho_a}{\rho_a}\right)$$

（10-14）

式中，$\rho_{rel}$ 为排放物质进入大气的初始密度，$kg/m^3$；$\rho_a$ 为环境空气密度，$kg/m^3$；$Q$ 为连续排放烟羽的排放速率，$kg/s$；$Q_t$ 为瞬时排放的物质质量，$kg$；$D_{rel}$ 为初始的烟团宽度，即源直径，$m$；$U_r$ 为10m 高处风速，$m/s$。

判定连续排放还是瞬时排放，可以通过对比排放时间 $T_d$ 和污染物到达最近的受体点（网格点或敏感点）的时间 $T$ 确定。

$$T = 2X/U_r$$

（10-15）

式中，$X$ 为事故发生地与计算点的距离，$m$；$U_r$ 为 10 m 高处风速，$m/s$。假设风速和风向在 $T$ 时间段内保持不变。

当 $T_d > T$ 时，可被认为是连续排放；当 $T_d \leqslant T$ 时，可被认为是瞬时排放。

b. 判断标准　对于连续排放，$Ri \geqslant 1/6$ 为重质气体，$Ri < 1/6$ 为轻质气体；对于瞬时排放，$Ri > 0.04$ 为重质气体，$Ri \leqslant 0.04$ 为轻质气体。当 $Ri$ 处于临界值附近时，说明烟团/烟羽既不是典型的重质气体扩散，也不是典型的轻质气体扩散，可以进行敏感性分析，分别采用重质气体模型和轻质气体模型进行模拟，选取影响范围最大的结果。

c. 地形条件　当泄漏事故发生在丘陵、山地等区域时，应考虑地形对扩散的影响，选择适合的大气风险预测模型。选择其他技术成熟的风险扩散模型时应说明模型选择理由，分析其应用合理性。

② 预测范围与计算点　预测范围即预测物质浓度达到评价标准时的最大影响范围，通常由预测模型计算获取。一般来说预测范围不超过 10km。计算点分特殊计算点和一般计算点。特殊计算点指大气环境敏感目标等关心点，一般计算点指下风向不同距离点。一般计算点的设置应具有一定分辨率，距离风险源 500m 范围内可设置 10～50m 间距，大于 500m 范围内可设置 50～100m 间距。

③ 事故源参数　根据大气风险预测模型的需要，调查泄漏设备类型、尺寸、操作参数（压力、温度等），泄漏物质理化特性（摩尔质量、沸点、临界温度、临界压力、比热容比、气体定压比热容、液体定压比热容、液体密度、液体汽化热等）。

④ 气象参数　不同风险评价工作等级对气象参数要求不同。

a. 一级评价，需选取最不利气象条件及事故发生地的最常见气象条件分别进行后果预测。其中最不利气象条件取 F 类稳定度，1.5m/s 风速，温度 25℃，相对湿度 50%；最常见气象条件由当地近 3 年内的至少连续 1 年气象观测资料统计分析得出，包括出现频率最高的稳定度、该稳定度下的平均风速（非静风）、日最高平均气温、年平均湿度。

b. 二级评价，需选取最不利气象条件进行后果预测。最不利气象条件取 F 类稳定度，1.5m/s 风速，温度 25℃，相对湿度 50%。

⑤ 大气毒性终点浓度值选取　大气毒性终点浓度即预测评价标准。大气毒性终点浓度值分为 1、2 级。其中 1 级为当大气中危险物质浓度低于该限值时，绝大多数人员暴露 1h 不会对生命造成威胁，当超过该限值时，有可能对人群造成生命威胁；2 级为当大气中危险物质浓度低于该限值时，暴露 1h 一般不会对人体造成不可逆的伤害，或出现的症状一般不会损伤该个体采取有效防护措施的能力。重点关注的危险物质大气毒性终点浓度值选取参照《建设项目环境风险评价技术导则》（HJ 169—2018）中附录 H，其他危险物质大气毒性终点浓度可在"国家环境保护环境影响评价数值模拟重点实验室"网站查询（共 3146 种）。

⑥ 预测结果表述　预测结果表述要求应包含以下动态分析内容：

a. 给出下风向不同距离处有毒有害物质的最大浓度，以及预测浓度达到不同毒性终点浓度的最大影响范围。

b. 给出各关心点的有毒有害物质浓度随时间变化情况，以及关心点的预测浓度超过评价标准时对应的时刻和持续时间。

c. 对于存在极高大气环境风险的建设项目，应开展关心点概率分析，即有毒有害气体（物质）剂量负荷对个体的大气伤害概率、关心点处气象条件的频率、事故发生概率的乘积，以反映关心点处人员在无防护措施条件下受到伤害的可能性。有毒有害气体大气伤害概率估算参见《建设项目环境风险评价技术导则》附录I。

（2）有毒有害物质在地表水、地下水环境中的运移扩散

① 有毒有害物质进入水环境的方式  有毒有害物质进入水环境方式包括事故直接进入和事故处理处置过程间接进入。事故一般为瞬时排放源和有限时段内排放源。

② 预测模型

a. 地表水  根据风险识别结果、有毒有害物质进入水体的方式、水体类别及特征以及有毒有害物质的溶解性，选择适用的预测模型。

对于油品类泄漏事故，流场计算按《环境影响评价技术导则  地表水环境》（HJ 2.3—2018）的相关要求，选取适用的预测模型，溢油漂移扩散过程按《海洋工程环境影响评价技术导则》（GB/T 19485—2004）的溢油粒子模型进行溢油轨迹预测。其他事故，地表水风险预测模型及参数参照 HJ 2.3。

b. 地下水  地下水风险预测模型及参数参照《环境影响评价技术导则  地下水环境》（HJ 610—2016）。

③ 终点浓度值选取  终点浓度即预测评价标准。终点浓度值根据水体分类及预测点水体功能要求，按照《地表水环境质量标准》（GB 3838—2002）、《生活饮用水卫生标准》（GB 5749—2006）、《海水水质标准》（GB 3097—1997）或《地下水质量标准》（GB/T 14848—2017）选取。对于未列入上述标准，但确需进行分析预测的物质，其终点浓度值选取可参照 HJ 2.3、HJ 610。对于难以获取终点浓度值的物质，可按质点运移到达判定。

④ 预测结果表述

a. 地表水  根据风险事故情形对水环境的影响特点，给出有毒有害物质进入地表水体最远超标距离及时间。给出有毒有害物质经排放通道到达下游（按水流方向）环境敏感目标处的到达时间、超标时间、超标持续时间及最大浓度，对于在水体中漂移类物质，应给出漂移轨迹。

b. 地下水  给出有毒有害物质进入地下水体到达下游厂区边界和环境敏感目标处的到达时间、超标时间、超标持续时间及最大浓度。

### 10.2.7.3  风险评价

结合各环境要素风险预测，分析说明建设项目环境风险的危害范围与程度。大气环境风险的影响范围和程度由大气毒性终点浓度确定，明确影响范围内的人口分布情况；地表水、地下水对照功能区质量标准浓度（或参考浓度）进行分析，明确对下游环境敏感目标的影响情况。环境风险可采用后果分析、概率分析等方法开展定性或定量评价，以避免急性损害为重点，确定环境风险防范的基本要求。

## 10.2.8  评价结论与建议

（1）项目危险因素  简要说明主要危险物质、危险单元及其分布，明确项目危险因素，提出优化平面布局、调整危险物质存在量及危险性控制的建议。

（2）环境敏感性及事故环境影响  简要说明项目所在区域环境敏感目标及其特点，根据预测分析结果，明确突发性事故可能造成环境影响的区域和涉及的环境敏感目标，提出保护措施及要求。

（3）环境风险防范措施和应急预案  结合区域环境条件和园区／区域环境风险防控要求，明确建设项目环境风险防控体系，重点说明防止危险物质进入环境及进入环境后的控制、消减、监测等措施，提出优化调整风险防范措施建议及突发环境事件应急预案原则要求。

（4）环境风险评价结论与建议  综合环境风险评价专题的工作过程，明确给出建设项目环境风险是否可防控的结论。根据建设项目环境风险可能影响的范围与程度，提出缓解环境风险的建议措施。对存在较大环境风险的建设项目，必须提出环境影响后评价的要求。

# 10.3 环境风险管理

## 10.3.1 环境风险管理的概念

风险管理最早起源于 20 世纪 20 年代，在发展过程中，不同学者对风险管理出发点、目标、手段和管理范畴等强调的侧重点不同，因此形成了不同的学说，其中最具有代表性的风险管理学说有美国学说和英国学说。美国学者通常从狭义的角度解释风险管理，把风险管理的对象局限于纯粹风险，且将重点放在风险处理上，如阿瑟阿姆等学者将风险管理定义为：风险管理是处理个人、家庭、企业或其他团体所面临纯粹风险的一种有组织的方法。英国学者对风险管理的定义侧重于对经济的控制和处理程序方面，如狄克逊将风险管理定义为对威胁企业的生产和收益能力的一切因素予以确认、评价和经济的控制。上述学说是从不同的角度来理解风险管理的，都具有一定的局限性。现代的风险管理发展过程中，形成了许多较为成熟全面的定义，如美国学者威廉姆斯和海因斯认为"风险管理是通过对风险的识别、衡量和控制，以最少的成本将风险导致的各种不利后果减少到最低限度的科学管理方法"。

环境风险管理是风险管理在环境保护领域的应用，它既可以看作是一种特殊的管理功能，也可以归为风险管理学科的分支学科。具体来说，环境风险管理就是由生态环境部门、企事业单位和生态环境科研机构运用各种先进的管理工具，通过对环境风险的分析、评价，考虑到环境的种种不确定性，提出供决策的方案，力求以较少的环境成本获得较多的安全保障。

## 10.3.2 环境风险管理的内容

环境风险管理是基于建设项目风险识别及可能的后果分析，提出针对性风险管理对策措施。重点在于建立、明确包括"单元—厂区—园区 / 区域"的环境风险防控体系，提出事故产生的有毒有害物质进入环境的防范措施和应急处置要求。

环境风险管理的内容包括环境风险管理目标、环境风险防范措施和突发环境事件应急预案编制要求。

（1）环境风险管理目标　采用最低合理可行原则管控环境风险。采取的环境风险防范措施应与社会经济技术发展水平相适应，运用科学的技术手段和管理方法，对环境风险进行有效的预防、监控、响应。

（2）环境风险防范措施　对于大气环境风险防范，应结合风险源状况明确环境风险的防范、减缓措施，提出环境风险监控要求，并结合环境风险预测分析结果、区域交通道路和安置场所位置等，提出事故状态下人员的疏散通道及安置等应急建议。

对于事故废水环境风险防范，应明确"单元—厂区—园区 / 区域"的环境风险防控体系要求，设置事故废水收集（尽可能以非动力自流方式）和应急储存设施，以满足事故状态下收集泄漏物料、污染消防水和污染雨水的需要。明确并图示防止事故废水进入外环境的控制、封堵系统。应急储存设施应根据发生事故的设备容量、事故时消防用水量及可能进入应急储存设施的雨水量等因素综合确定。应急储存设施内的事故废水，应及时进行有效处置，做到回用或达标排放。结合环境风险预测分析结果，提出实施监控和启动相应的园区 / 区域突发环境事件应急预案的建议要求。

对于地下水环境风险防范，应重点采取源头控制和分区防渗措施，加强地下水环境的监控、预警，提出事故应急减缓措施。

针对主要风险源，提出设立风险监控及应急监测系统，实现事故预警和快速应急监测、跟踪，提出应急物资、人员等的管理要求。

对于改建、扩建和技术改造项目，应分析依托企业现有环境风险防范措施的有效性，提出完善意见和建议。

环境风险防范措施应纳入环境保护投资和建设项目竣工环境保护验收内容。考虑事故触发具有不确定性，厂内环境风险防控系统应纳入园区 / 区域环境风险防控体系，明确风险防控设施、管理的衔接要求。极端事故风险防控及应急处置应结合所在园区／区域环境风险防控体系筹考虑，按分级响应要求及时启动园区／区域环境风险防范措施，实现厂内与园区／区域环境风险防控设施及管理有效联动，有效防控环境风险。

（3）突发环境事件应急预案编制要求　按照国家、地方和相关部门要求，提出突发环境事件应急预案编制或完善的原则要求，包括预案适用范围、环境事件分类与分级、组织机构与职责、监控和预警、应急响应、应急保障、善后处置、预案管理与演练等内容。突发环境事件应急预案应明确企业、园区／区域、地方政府环境风险应急体系。企业突发环境事件应急预案应体现分级响应、区域联动的原则，与地方政府突发环境事件应急预案相衔接，明确分级响应程序。

### 10.3.3　环境风险管理方法

#### 10.3.3.1　政府环境风险管理方法

风险管理是政府的职责，是建立在风险评价的基础之上，实施预防性政策的基础工作。风险分析和评价为风险管理在两个主要方面创造了条件：一是告诉决策者应如何计算风险，并将可能的代价和减少风险的效益在制定政策时考虑进去。与此相关联的是确定"可承受风险"。二是使公众接受风险。受价值观、心理因素、社会学、伦理道德等多方面因素的影响，公众对不同风险的接受程度不尽相同。公众往往对一些风险较小的开发行为或建设项目（如建核电站）不愿接受，而对一些从客观标准看来风险较大的行为或项目（如建火力发电站、登山等）则易接受。重视环境风险对公众的影响，保护社会和公众免受灾难，始终是政府的职责。政府环境风险管理可从以下几方面考虑：

① 风险管理必须考虑社会、政治和经济因素，使可能受事故风险影响的公众感到满意。因此，政府制定的制度和措施必须明确和容易理解。

② 为了减少风险，必须通过规划从布局上解决问题，例如生产危险化学品的工厂应规划在远离居住区、位于下风向、重要的水资源流域范围之外。当然，零风险是不现实的，应当考虑技术经济上的可行性。

③ 应该允许居住在风险较大的环境中而又无法使其动迁到不受影响的区域的人们能在风险的资源分配中得到效益作为补偿回报。

④ 应加强环境风险评价的科学研究。无论是识别、预测还是评价风险都有许多不清楚的问题需要深入研究。对于环境风险，当前非常重要的是建立完善的释放、迁移模型，人群照射损害模型，合理的可接受风险水平等。

环境风险管理具有 3 个层次：

企业级：要求其修改或采用与提高安全性有关操作规程和技术措施。

部门级：形成良好的管理制度和工作方式。

社会级：制定和修改法规、管理条例等。政府在制定和修改有关法规时，应充分考虑各种能产生环境风险的因素，同时要制定良好的管理制度，并遵照执行。

#### 10.3.3.2　建设单位环境风险管理方法

在政府生态环境及有关职能部门的监督和指导下，项目建设和运行单位应加强风险管理。对于项目建设和运行单位来说，应将拟订环境风险管理计划作为其首要职责，把所有的风险源都纳入风险管理计划，但是，非控制或非正常控制的环境风险源也可能呈现出不可接受的健康和经济风险。在风险管理中，应以能够获得的和尽可能少的资金或代价来最大限度地减少风险为目标。具体的管理方法有：

① 环境风险的控制。对可能出现的或已出现的风险源开展风险评价，事先拟订可行的风险控制行动方案。环境风险的控制措施主要有：

a. 减轻环境风险　如在工业生产中，使用质量好的零部件，减少设备故障；改进生产工艺和生产设备；加强操作人员的技术培训和管理，尽量减少人为失误而导致的事故；采用安全报警与控制系统来阻止事故的蔓延；采用缓冲系统，建设各种预防设施，防止事故的发生或减少事故所造成的损失。

b. 转移环境风险　在某些情况下，可采取迁移厂址、迁出居民等措施使环境风险转移。

c. 替代环境风险　通过改变生产原料、能源结构或改变产品品种等，达到用另一种较小的环境风险来替代原来的环境风险的日的。

d. 避免环境风险　只有关闭造成环境风险的工厂或生产线，才能真正避免该环境风险。

② 由专家参与环境风险管理计划的评判和负责行动计划的执行。

③ 将潜在风险的状况及其控制方案和具体措施公之于众。

④ 加强风险控制人员队伍训练及应急行动方案的演习，同时还应加强风险管理计划实施效果的规范化的核查。

最根本的措施是将风险管理与全局管理相结合，实现"整体安全"，不局限于技术上预防，也包含提高效率、效益和产品质量。

## 10.3.4　突发环境事件的风险管理

### 10.3.4.1　突发环境事件应急管理

2005 年 1 月，国务院常务会议原则通过《国家突发公共事件总体应急预案》和 25 件专项预案、80 件部门预案，共计 105 件。2005 年 7 月，国务院召开全国应急管理工作会议，标志着中国应急管理纳入了经常化、制度化、法制化的工作轨道。作为 25 件专项预案之一，《国家突发环境事件应急预案》于 2006 年 1 月 24 日颁布实施。

2014 年 12 月 29 日国务院颁布了修订的《国家突发环境事件应急预案》，根据突发环境事件的发生过程、性质和机理，突发环境事件主要分为两类：突发环境污染事件和辐射环境污染事件。《国家突发环境事件应急预案》从总则、组织指挥体系、监测预警和信息报告、应急响应、后期工作、应急保障、附则七个方面对应对突发环境事件进行了全面的要求。其目的就是建立健全突发环境事件应急机制，提高政府应对涉及公共危机的突发环境事件的能力，维护社会稳定，保障公众生命健康和财产安全，保护环境，促进社会全面、协调、可持续发展。

2014 年环境保护部办公室下发了《关于印发〈企业突发环境风险评估指南（试行）的通知》（环办〔2014〕34 号），2015 年以来出台了《企业事业单位突发环境事件　应急预案备案管理办法（试行）》（环发〔2015〕4 号）、《企业突发环境事件风险分级方法》（HJ 941—2018）等一系列管理性文件。这些文件对于企业如何进行突发环境事件风险评估、划分企业环境风险等级，进而编制针对性更强的风险应急预案，降低突发环境事件的不良后果与损失，具有操作性更强的指导意义。

### 10.3.4.2　建设项目环境风险应急预案

在建设项目环境影响评价文件中，应从环境风险防范的角度，提出突发环境事件应急预案编制的原则要求。

对于改建、扩建和技术改造项目，应当对依托企业现有突发环境事件应急预案的有效性进行评估，提出完善的意见和建议；对于新建项目，应当明确事故响应和报警条件，规定应急处置措施，对各级别应急预案提出要求。

应急预案基本内容包括：

① 总则，包括编制目的、编制依据、预案适用范围、环境事件分类与分级、工作原则；

② 组织机构与职责；

③ 监控与预警；

④ 应急响应，包括分级响应机制、应急响应程序、信息报送与处理、指挥和协调、应急处置措施、应急监测、应急终止；

⑤ 应急保障，包括资金保障、装备保障、通信保障、人力资源保障、技术保障、宣传、培训与演练、应急能力评价；

⑥ 善后处置；

⑦ 预案管理与演练。

### 环境风险评价案例

### 课后练习

某聚合硫酸铁技改项
目环境风险评价

#### 一、正误判断题

1. 危险物质仅指会对环境造成危害的物质。（　　　）

2. 环境风险潜势是对建设项目潜在环境危害程度的概化分析表达，是基于建设项目涉及的物质和工艺系统危险性及其所在地环境敏感程度的综合表征。（　　　）

3. 环境风险指事故对环境造成的危害程度及可能性。（　　　）

4. 最大可信事故是基于经验统计分析，在一定可能性区间内发生的事故中，造成环境危害最严重的事故。（　　　）

5. 大气环境风险一级评价范围是距离项目边界一般不低于3km。（　　　）

#### 二、不定项选择题（每题的备选项中，至少有一个符合题意）

1. 根据建设项目涉及的物质及工艺系统危险性和所在地的环境敏感性确定环境风险潜势，将环境风险评价工作等级划分为（　　　）。
   A. 一、二、三级　　　　　B. 二、三级　　　　　C. 一、二、三、四级　　　D. 一、二级

2. 以下选项中可不作为二级环境风险评价基本内容的是（　　　）。
   A. 源项分析　　　　　　　B. 最常见气象条件下的后果预测
   C. 风险识别　　　　　　　D. 风险管理

3. 确定最大可信事故发生概率和估算危险化学品的泄漏量两项工作内容的是（　　　）。
   A. 风险分析　　　　　　　B. 风险管理　　　　　C. 风险计算　　　　　　D. 源项分析

4. 风险事故情形应包括（　　　）。
   A. 危险物质泄漏　　　　　　　　　　　　B. 火灾、爆炸等引发的伴生/次生污染物排放
   C. 易燃物质泄漏　　　　　　　　　　　　D. 有毒有害物质排放

5. 应进行环境风险评价的建设项目是（　　　）。
   A. 钢材物流中心　　　　　B. 海滨浴场　　　　　C. 鞭炮贮运仓库　　　　D. 核电站

6. 在环境风险评价工作环节中，如果经风险评价得出"可接受风险水平"，则应提出（　　　）。
   A. 应急预案编制要求　　　　　　　　　　B. 风险管理指标
   C. 风险管理方案　　　　　　　　　　　　D. 风险后管理方案

7. 环境风险评价的基本内容包括（　　　）。
   A. 风险决策　　　　　　　B. 风险识别　　　　　C. 源项分析　　　　　　D. 风险评价

8. 环境风险评价划分评价工作等级的依据是（　　　）。
   A. 评价物质危险性　　　　　　　　　　　B. 工艺系统危险性
   C. 环境敏感程度　　　　　　　　　　　　D. 风险识别范围

9. 源项分析可采用（　　　）确定最大可信事故及概率。
   A. 外推法　　　　　　　　B. 事件树法　　　　　C. 类比法　　　　　　　D. 概率法

10. 风险识别内容包括（　　　）。
    A. 物质危险性识别　　　　　　　　　　　B. 生产系统危险性识别
    C. 危险物质向环境转移的途径识别　　　　D. 环境敏感源识别

## 三、问答题

1. 环境风险评价的主要内容是什么？
2. 如何确定环境风险潜势？环境风险潜势分为哪几级？
3. 环境风险评价工作等级如何确定？
4. 如何明确大气环境风险防范措施？
5. 确定事故源强的方法有哪些？
6. 突发环境事件应急预案编制要求有哪些？

 **案例分析题**

1. 某公司拟开发的天然气田面积约1500km²，设计井位215个，集气站7个，防冻液甲醇回收站1座，天然气集气管线总长约1700km。该区降水量小于200mm，属干旱气候区。主要植被类型为灌丛和沙生草地。在拟开发区块内的东北部有一面积约14.5km²天然湖泊，为省级自然保护区。保护区总面积为52.6km²（含岸线以上部分陆地），没有划分核心区、缓冲区和实验区。拟开发区块的东南部有一面积约1km²的古墓葬群，属国家级文物保护单位，文物专家判定不宜发掘。

　　问题：（1）说明气田运行期环境风险源。（2）试分析集气站与防冻液甲醇回收站的环境影响。应采取哪些措施预防或减缓不利影响？

2. 某油田拟开发一个35km²区块，年产原油60×10⁴t，采用注水开采，管道输送。该区块新建油井800口，大多数采用丛式井；钻井废弃泥浆、钻井岩屑、钻井废水在井场泥浆池中自然风化，就地处理；集输管线长约110km，均采用埋地敷设方式。开发区块土地类型主要为林地、草地和耕地。区内有小水塘分布，小河甲流经区内，并在区块外9km处汇入中型河乙，在交汇口下游8km处进入县城集中式饮用水水源地二级保护区，区块内有一省级天然林自然保护区，面积约600hm²，在自然保护区内不进行任何生产活动，井场和管线与自然保护区边缘的最近距离为500m。集输管线穿越河流甲一次。开发区块内主要土地类型和工程永久占地类型见表1。

**表1**　开发区块内主要土地类型和工程永久占地类型　　　　　　　　　　　单位：hm²

| 类型 | 基本农田 | 草地 | 林地 | 河流水塘 | 合计 |
|---|---|---|---|---|---|
| 区块现状 | 1210 | 900 | 1300 | 90 | 3500 |
| 工程占用 | 7.9 | 11.9 | 0.8 | 0.4 | 21.0 |

　　问题：（1）识别本项目环境风险事故源项。（2）判断事故的主要环境影响。

# 11 规划环境影响评价

○○ ——— ○○ ○ ○○ ———

## 案例引导

20 世纪 90 年代，我国化工、农药、冶金等行业发展迅速，在追求经济效益快速增长思想的驱动下，个别地方小型化工厂、农药厂分散布局于农村周边，使得多处农村空气环境受到污染，这些工厂排放的废气、粉尘在农村附近扩散，危害了周围人群的健康。出现这种情况与未充分考虑乡镇工业规划合理布局高度相关。

何为规划？规划由"规（法则、章程、标准、谋划）"和"划（合算、刻画）"组成，"规"是起（战略层面），"划"为落（战术层面）。规划方案的科学合理性对社会经济发展、环境保护、人群健康至关重要。2014 年 2 月 25 日习近平总书记在考察北京市规划展览馆时指出，"规划科学是最大的效益，规划失误是最大的浪费，规划折腾是最大的忌讳"。要促进区域、城市经济与环境协同发展，就需要制定科学、合理的规划。

判定规划方案是否合理，除了考虑经济、社会因素外，还要评价规划对环境的影响。1970 年美国联邦政府通过的《国家环境政策法》中要求：各机构在计划、方案、政策制定前，要提出环境报告，要对计划造成的环境影响做出详细评价。这是国际上首次提出对规划进行环境影响评价的要求，即要求从保护环境的角度对规划进行评价，以期使规划方案更具科学合理性，保证规划与环境协调发展。我国在 20 世纪 70 年代开始注重国家计划及规划对生态环境保护的相关内容。如在《国民经济和社会发展第七个五年计划》（1986—1990）中提出：大中型工矿企业和污染危害严重的企业，都要做好废水、废气、废渣的治理。《全国生态示范区建设规划纲要（1996—2050 年）》提出：根据国民经济和社会发展的总目标，以保护和改善生态环境、实现资源的合理开发和永续利用为重点，通过统一规划，有组织、有步骤地开展生态示范区的建设，促进区域生态环境的改善，推动国民经济和社会持续、健康、快速地发展，逐步走上可持续发展的道路。2002 年颁布的《中华人民共和国环境影响评价法》规定，在规划编制阶段，必须对规划可能产生的环境影响进行评价，开启了我国对规划进行环境影响评价工作的序幕。

规划环境影响评价通过对规划内容的分析，进而从环境保护角度，对规划实施可能产生的不良环境影响进行识别、分析和评估，提出避免或减轻不良环境影响的对策和措施，对规划方案进行调整与优化，使规划的制定更为合理，以实现经济、社会、环境可持续发展。

# 11.1　概述

在《中华人民共和国环境影响评价法》实施前，我国环境影响评价工作主要针对建设项目。从实际情况来看，对环境产生重大、深远、不可逆影响的，往往是政府制定和实施的有关产业发展、区域开发和资源开发等方面的规划。为此，2002 年发布的《中华人民共和国环境影响评价法》首次将规划纳入环境影响评价范畴，标志着我国环境影响评价领域的重大变化。2003 年国家环境保护总局发布了《规划环境影响评价技术导则（试行）》（HJ/T 130—2003），对规范和指导规划环境影响评价工作的开展起到了积极作用。

为贯彻《中华人民共和国环境保护法》和《中华人民共和国环境影响评价法》，2009 年国务院颁布了《规划环境影响评价条例》，规范和指导规划环境影响评价工作，从决策源头预防环境污染和生态破坏，促进经济、社会和环境的全面协调可持续发展。2019 年生态环境部对《规划环境影响评价技术导则　总纲》（HJ 130—2014）进行了修订，发布了《规划环境影响评价技术导则 总纲》（HJ 130—2019），该导则新增了与"生态保护红线、环境质量底线、资源利用上线和生态环境准入清单"工作的衔接内容，进一步提高了规划环境影响评价的可操作性，加强了规划环境影响评价对建设项目环境影响评价的指导。

## 11.1.1　基本概念

（1）规划　是指比较全面、长远的发展计划。规划是指人们对未来事业发展所做的预见、部署和安排，具有很大的决策性。它一般具有明确的预期目标，规定具体的执行者及应采取的措施，以保证预定目标的实现。一般情况下，在我国凡调控期间为 5 年或者 5 年以上的部署和安排，无论名称为计划还是规划，均属于规划。

（2）规划要素　指规划方案中的发展目标、定位、规模、布局、结构、建设（或实施）时序以及规划包含的具体建设项目的建设计划等。

（3）规划环境影响评价　是指规划编制阶段，对规划实施可能造成的环境影响进行分析、预测和评价，并提出预防或者减轻不良环境影响的对策和措施，进行跟踪监测的方法与制度。

不同于建设项目环境影响评价，规划环境影响评价有助于解决无法在项目层次上解决的冲突，且能够分析众多项目的累积环境影响。进行规划环境影响评价就是要将环境保护的思想尽早地纳入决策的过程中，使环境因素与社会、经济因素一样，在规划形成之初即得到重视，使规划更加符合可持续发展的要求。

（4）"三线一单"　规划环境影响评价中的"三线一单"指生态保护红线、环境质量底线、资源利用上线和生态环境准入清单。

① 生态保护红线　指在生态空间范围内具有特殊重要生态功能、必须强制性严格保护的区域，是保障和维护国家生态安全的底线和生命线，通常包括具有重要水源涵养、生物多样性维护、水土保持、防风固沙、海岸生态稳定等功能的生态功能重要区域，以及水土流失、土地沙化、石漠化、盐渍化等生态环境敏感脆弱区域。

② 环境质量底线　指按照水、大气、土壤环境质量不断优化的原则，结合环境质量现状和相关规划、功能区划要求，考虑环境质量改善潜力，确定的分区域分阶段环境质量目标及相应的环境管控、污染物排放控制等要求。

③ 资源利用上线　以保障生态安全和改善环境质量为目的，结合自然资源开发管控，提出的分区域分阶段的资源开发利用总量、强度、效率等管控要求。

④ 生态环境准入清单　指基于环境管控单元，统筹考虑生态保护红线、环境质量底线、资源利用上线的管控要求，以清单形式提出的空间布局、污染物排放、环境风险防控、资源开发利用等方面的生态环境准入要求。环境管控单元是指集成生态保护红线及生态空间、环境质量底线、资源利用上线的管控区域。

## 11.1.2　规划环境影响评价的原则

规划环境影响评价需遵循以下原则。

（1）早期介入、过程互动　规划环境影响评价应在规划编制的早期阶段介入，在规划前期研究和方案编制、论证、审定等关键环节和过程中充分互动，不断优化规划方案，提高环境合理性。

（2）统筹衔接、分类指导　规划环境影响评价工作应突出不同类型、不同层级规划及其环境影响特点，充分衔接"三线一单"成果，分类指导规划所包含建设项目的布局和生态环境准入。

（3）客观评价、结论科学　依据现有知识水平和技术条件对规划实施可能产生的不良环境影响的范围和程度进行客观分析，评价方法应成熟可靠，数据资料应完整可信，结论建议应具体明确且具有可操作性。

## 11.1.3　规划环境影响评价的方法

目前规划环境影响评价针对不同评价环节常用的评价方法见表 11-1。开展具体评价工作时可根据需要选用，也可选用其他已广泛应用、可验证的技术方法。

**表11-1**　规划环境影响评价的常用方法

| 评价环节 | 主要方式和方法[①] |
|---|---|
| 规划分析 | 核查表、叠图分析、矩阵分析、专家咨询（如智暴法、德尔斐法等）、情景分析、类比分析、系统分析 |
| 环境现状调查与评价 | 现状调查：资料收集、现场踏勘、环境监测、生态调查、问卷调查、访谈、座谈会<br>现状分析与评价：专家咨询、指数法（单指数、综合指数）、类比分析、叠图分析、生态学分析法、灰色系统分析法 |
| 环境影响识别与评价指标确定 | 核查表、矩阵分析、网络分析、系统流图、叠图分析、灰色系统分析法、层次分析、情景分析、专家咨询、类比分析、压力-状态-响应分析 |
| 规划实施生态环境压力分析 | 专家咨询、情景分析、负荷分析（估算单位国内生产总值物耗、能耗和污染物排放量等）、趋势分析、弹性系数法、类比分析、对比分析、供需平衡分析 |
| 环境要素影响预测与评价 | 类比分析、对比分析、负荷分析、弹性系数法、趋势分析、系统动力学法、投入产出分析、供需平衡分析、数值模拟、环境经济学分析（影子价格、支付意愿、费用效益分析等）、综合指数法、生态学分析法、灰色系统分析法、叠图分析、情景分析、相关性分析、剂量-反应关系评价 |
| 环境风险评价 | 灰色系统分析法、模糊数学法、数值模拟、风险概率统计、事件树分析、生态学分析法、类比分析 |

① 部分常用的规划环境影响评价方法详情可参见《规划环境影响评价技术导则　总纲》（HJ 130—2019）附录B.1。

## 11.1.4　规划环境影响评价适用范围与评价要求

《中华人民共和国环境影响评价法》和《规划环境影响评价条例》明确规定"一地三域"综合性规划及"十专项"规划应进行环境影响评价。

"一地三域"综合性规划是指国务院有关部门、设区的市级以上地方人民政府及其有关部门组织编制的土地利用的有关规划和区域、流域、海域的建设、开发利用规划。应当在规划编制过程中组织进行环境影响评价，编写该规划有关环境影响的篇章或说明。

"十专项"规划是指工业、农业、畜牧业、林业、能源、水利、交通、城市建设、旅游、自然资源开发的

11

有关专项规划。"十专项"规划分为指导性规划和非指导性规划，其中指导性规划应当编制规划有关环境影响的篇章或说明，非指导性规划应当编制环境影响报告书。

### 11.1.5 规划环境影响评价文件编制要求

规划环境影响评价文件主要包括规划环境影响报告书和规划环境影响篇章或说明，要求图文并茂、数据翔实、论据充分、结构完整、重点突出、结论和建议明确。

规划环境影响报告书内容主要包括总则、规划分析、环境现状调查与评价、环境影响识别与评价指标体系构建、环境影响预测与评价、规划方案综合论证和优化调整建议、环境影响减缓对策和措施、环境影响跟踪评价、公众参与及会商意见、评价结论。同时附环境现状和区域规划相关图件及环境现状评价、环境影响评价、规划优化调整、环境管控、跟踪评价计划等成果图件。

规划环境影响篇章或说明内容主要包括环境影响分析依据、环境现状调查与评价、环境影响预测与评价、环境影响减缓措施。根据评价需要，在篇章（或说明）中附必要的图表。

# 11.2 规划环境影响评价范围和流程

## 11.2.1 评价范围

规划环境影响评价按照规划实施的时间维度和可能影响的空间尺度来界定评价范围。

（1）时间维度　包括整个规划期，并根据规划方案的内容、年限等选择评价重点时段。

（2）空间尺度　包括规划空间范围以及可能受到规划实施影响的周边区域。周边区域确定应考虑各环境要素评价范围，兼顾区域流域污染物传输扩散特征、生态系统完整性和行政边界。

## 11.2.2 评价流程

规划环境影响评价流程包括工作流程和技术流程。

（1）规划环境影响评价的工作流程　规划环境影响评价应在规划编制的早期阶段介入，并与规划编制、论证及审定等关键环节和过程充分互动，互动内容一般包括：

① 规划前期阶段　同步开展规划环境影响评价工作，通过对规划内容的分析，收集与规划相关的法律法规、环境政策等，收集上层位规划和规划所在区域战略环境影响评价及"三线一单"成果，对规划区域及可能受影响的区域进行现场踏勘，收集相关基础数据资料，初步调查环境敏感区情况，识别规划实施的主要环境影响，分析提出规划实施的资源、生态、环境制约因素，反馈给规划编制机关。

② 规划方案编制阶段　完成现状调查与评价，提出环境影响评价指标体系，分析、预测和评价拟定规划方案实施的资源、生态、环境影响，并将评价结果和结论反馈给规划编制机关，作为方案比选和优化的参考和依据。

③ 规划审定阶段　进一步论证拟推荐的规划方案的环境合理性，形成必要的优化调整建议，反馈给规划编制机关。针对推荐的规划方案提出不良环境影响减缓措施和环境影响跟踪评价计划，编制环境影响报告书。如果拟选定的规划方案在资源、生态、环境方面难以承载，或者可能造成重大不良生态环境影响且无法提出切实可行的预防或减缓对策和措施，或者根据现有的数据资料和专家知识对可能产生的不良生态环境影响的程度、范围等无法做出科学判断，应向规划编制机关提出对规划方案做出重大修改的建议并说明理由。

④ 规划环境影响报告书审查会后　根据审查小组提出的修改意见和审查意见对规划环境影响报告书进行修改完善。

⑤ 规划报送审批前　应将修改完善的环境影响评价文件及其审查意见正式提交给规划编制机关。

（2）规划环境影响评价的技术流程　规划环境影响评价的技术流程见图 11-1。编写规划环境影响篇章或说明的技术流程可参照执行。

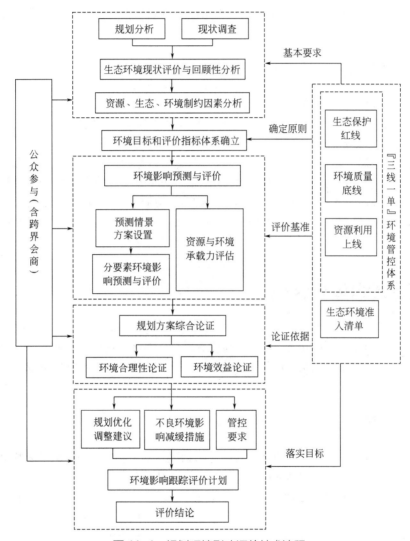

**图 11-1**　规划环境影响评价技术流程

# 11.3　规划分析

规划分析包括规划概述和规划协调性分析。规划概述应明确可能对生态环境造成影响的规划内容；规划协调性分析应明确规划与相关法律、法规、政策的相符性，以及规划在空间布局、资源保护与利用、生态环境保护等方面的冲突和矛盾。

### 11.3.1　规划概述

　　介绍规划编制背景和定位，结合图、表梳理分析规划的空间范围和布局，规划不同阶段目标、发展规模、布局、结构（包括产业结构、能源结构、资源利用结构等）、建设时序，配套基础设施等可能对生态环境造成影响的规划内容，梳理规划的环境目标、环境污染治理要求、环境保护基础设施建设、生态保护与建设等方面的内容。如规划方案包含的具体建设项目有明确的规划内容，应说明其建设时段、内容、规模、选址等。

### 11.3.2　规划协调性分析

　　规划的协调性主要从以下三个方面进行分析：
　　① 筛选出与本规划相关的生态环境保护法律法规、环境经济政策、环境技术政策、资源利用和产业政策，分析本规划与其相关要求的符合性。
　　② 分析规划规模、布局、结构等规划内容与上层位规划、区域"三线一单"管控要求、战略或规划环境影响评价成果的符合性，识别并明确在空间布局以及资源保护与利用、生态环境保护等方面的冲突和矛盾。
　　③ 筛选出在评价范围内与本规划同层位的自然资源开发利用或生态环境保护相关规划，分析与同层位规划在关键资源利用和生态环境保护等方面的协调性，明确规划与同层位规划间的冲突和矛盾。

## 11.4　环境现状调查与评价

　　规划环境影响评价应对资源利用和生态环境现状进行调查，对环境影响进行回顾性分析，明确评价区域资源利用水平和生态功能、环境质量现状、污染物排放状况；分析主要生态环境问题及成因，梳理规划实施的资源、生态、环境制约因素。

### 11.4.1　现状调查内容

　　现状调查应包括自然地理状况、环境质量现状、生态状况及生态功能、环境敏感区和重点生态功能区、资源利用现状、社会经济概况、环境保护基础设施建设及运行情况等内容。
　　（1）自然地理状况　主要包括地形地貌，河流、湖泊（水库）、海湾的水文状况，水文地质状况，气候与气象特征等。
　　（2）环境质量现状
　　① 地表水环境　水功能区划、海洋功能区划、近岸海域环境功能区划、保护目标及各功能区水质达标情况；主要水污染因子和特征污染因子、水环境控制单元主要污染物排放现状、环境质量改善目标要求；地表水控制断面位置及达标情况、主要水污染源分布和污染贡献率（包括工业、农业、生活污染源和移动源）、单位国内生产总值废水及主要水污染物排放量。
　　② 地下水环境　环境水文地质条件，包括含（隔）水层结构及分布特征、地下水补径排条件，地下水流场等；地下水利用现状，水质达标情况，主要污染因子和特征污染因子。
　　③ 大气环境　大气环境功能区划、保护目标及各功能区环境空气质量达标情况；主要大气污染因子和特征污染因子、大气环境控制单元主要污染物排放现状、环境质量改善目标要求；主要大气污染源分布和污染贡献率（包括工业、农业和生活污染源）、单位国内生产总值主要大气污染物排放量。

④ 声环境　声环境功能区划、保护目标及各功能区声环境质量达标情况。

⑤ 土壤环境　土壤主要理化特征、主要土壤污染因子和特征污染因子、土壤中污染物含量、土壤污染风险防控区及防控目标，以及海洋沉积物质量达标情况。

（3）生态状况及生态功能　主要包括：生态保护红线与管控要求；生态功能区划、主体功能区划；生态系统的类型及其结构、功能和过程；植物区系与主要植被类型，珍稀、濒危、特有、狭域野生动植物的种类、分布和生境状况；主要生态问题的类型、成因、空间分布、发生特点等。

（4）环境敏感区和重点生态功能区

① 环境敏感区的类型、分布、范围、敏感性（或保护级别）、主要保护对象及相关环境保护要求等，环境敏感区与规划布局空间位置关系。

② 重点生态功能区的类型、分布、范围和生态功能，重点生态功能区与规划布局空间位置关系。

（5）资源利用现状

① 土地资源　主要用地类型、面积及其分布，土地资源利用上线及开发利用状况，土地资源重点管控区。

② 水资源　水资源总量、时空分布，水资源利用上线及开发利用状况和耗用状况（包括地表水和地下水），海水与再生水利用状况，水资源重点管控区。

③ 能源　能源利用上线及能源消费总量、能源结构及利用效率。

④ 矿产资源　矿产资源类型与储量、生产和消费总量、资源利用效率等。

⑤ 旅游资源　旅游资源和景观资源的地理位置、范围和开发利用状况等。

⑥ 岸线和滩涂资源　滩涂、岸线资源及其利用状况。

⑦ 重要生物资源　重要生物资源，如林地资源、草地资源、渔业资源、海洋生物资源，以及其他对区域经济社会发展有重要价值的资源地理分布、储量及其开发利用状况。

（6）社会经济概况　主要调查评价范围内的人口规模、分布，经济规模与增长率，交通运输结构、空间布局等；重点关注评价区域的产业结构、主导产业及布局、重大基础设施布局及建设情况等。

（7）环境保护基础设施建设及运行情况　主要调查评价范围内的污水处理设施（含管网）规模、分布、处理能力和处理工艺、服务范围；集中供热、供气情况；大气、水、土壤污染综合治理情况；区域噪声污染控制情况；一般工业固体废物与危险废物利用处置方式和利用处置设施情况（包括规模、分布、处理能力、处理工艺、服务范围和服务年限等）；现有生态保护工程及实施效果；环保投诉情况等。

（8）其他　如固体废物应调查一般工业固体废物、一般农业固体废物、危险废物、生活垃圾产生量及单位国内生产总值固体废物产生量，危险废物的产生量、产生源分布等。

## 11.4.2　现状评价

（1）资源利用现状评价　明确与规划实施相关的自然资源、能源种类，结合区域资源禀赋及其合理利用水平或上线要求，分析区域水资源、土地资源、能源等各类资源利用的现状水平和变化趋势。

（2）环境与生态现状评价

① 结合各类环境功能区划及其目标质量要求，评价区域水、大气、土壤、声等环境要素的质量现状和演变趋势，明确主要污染因子和特征污染因子，并分析其主要来源；分析区域环境质量达标情况、主要环境敏感区保护等方面存在的问题及成因，明确需解决的主要环境问题。

② 结合区域生态系统的结构与功能状况，评价生态系统的重要性和敏感性，分析生态状况和演变趋势及驱动因子。当评价区域涉及环境敏感区和重点生态功能区时，应分析其生态现状、保护现状和存在的问题等；当评价区域涉及受保护的关键物种时，应分析该物种种群与重要生境的保护现状和存在问题。明确需解决的主要生态保护和修复问题。

### 11.4.3 回顾性分析与制约因素分析

（1）环境影响回顾性分析　结合上一轮规划实施情况或区域发展历程，分析区域生态环境演变趋势和现状生态环境问题与上一轮规划实施或发展历程的关系，调查分析上一轮规划环境影响评价及审查意见落实情况和环境保护措施的效果。提出本次评价应重点关注的生态环境问题及解决途径。

（2）制约因素分析　通过分析评价区域资源利用水平、生态状况、环境质量等现状与区域资源利用上线、生态保护红线、环境质量底线等管控要求间的关系，明确提出规划实施的资源、生态、环境制约因素。

# 11.5　环境影响识别与评价指标体系构建

主要通过识别规划实施可能产生的资源、生态、环境影响，初步判断影响的性质、范围和程度，确定评价重点，明确环境目标，建立评价指标体系。

### 11.5.1 环境影响识别

环境影响识别是指识别环境可行的规划方案实施后可能导致的主要环境影响及其性质，编制规划的环境影响识别表，并结合环境目标，选择评价指标。

环境影响识别的目的是通过对各规划包含的资源、环境要素的识别，从中筛选出受规划实施影响显著的资源、生态、环境要素，作为环境影响预测与评价的重点。

环境影响识别包括以下具体内容：

① 根据规划方案的内容、年限，识别和分析评价期内规划实施对资源、生态、环境造成影响的途径、方式，以及影响的性质、范围和程度。识别规划实施可能产生的主要生态环境影响和风险。

② 对于可能产生具有易生物蓄积、长期接触对人群和生物产生危害作用的无机和有机污染物、放射性污染物、微生物等的规划，还应识别规划实施产生的污染物与人体接触的途径以及可能造成的人群健康风险。

③ 对资源、生态、环境要素的重大不良影响，可从规划实施是否导致区域环境质量下降和生态功能丧失、资源利用冲突加剧、人居环境明显恶化三个方面进行分析与判断。

### 11.5.2 环境目标与评价指标确定

（1）确定环境目标　分析国家和区域可持续发展战略、生态环境保护法规与政策、资源利用法规与政策等的目标及要求，重点依据评价范围涉及的生态环境保护规划、生态建设规划以及其他相关生态环境保护管理规定，结合规划协调性分析结论，衔接区域"三线一单"成果，设定各评价时段有关生态功能保护、环境质量改善、污染防治、资源开发利用等的具体目标及要求。

（2）建立评价指标体系　结合规划实施的资源、生态、环境等制约因素，从环境质量、生态保护、资源利用、污染排放、风险防控、环境管理等方面构建评价指标体系。评价指标应符合评价区域生态环境特征，体现环境质量和生态功能不断改善的要求，体现规划的属性特点及其主要环境影响特征。

（3）确定评价指标值　评价指标应易于统计、比较和量化，指标值符合相关产业政策、生态环境保护政策、相关标准中规定的限值要求，如国内政策、标准中没有相应的规定，也可参考国际标准来确定；对于不易量化的指标可参考相关研究成果或经过专家论证，给出半定量的指标值或定性说明。

规划环境影响评价的评价指标是与环境目标紧密联系在一起的，由于各行业的规划层次和类型千差万别，评价指标的内涵更广，其表述更丰富和多样化，不存在一套相对固定的、通用的评价指标体系适合所有的规划环境影响评价。规划的环境目标和评价指标需要根据规划类型、规划层次，以及涉及的区域或行业的发展状况和环境状况来确定。各类规划的环境目标和评价指标可参见相应的规划环境影响评价技术导则。

# 11.6　环境影响预测与评价

## 11.6.1　环境影响预测与评价的基本要求

针对环境影响识别出的资源、生态、环境要素，开展多情景的影响预测与评价，一般包括预测情景设置、规划实施生态环境压力分析，环境质量、生态功能的影响预测与评价，对环境敏感区和重点生态功能区的影响预测与评价，环境风险预测与评价，资源与环境承载力评估等内容。

给出规划实施对评价区域资源、生态、环境的影响程度和范围，叠加环境质量、生态功能和资源利用现状，分析规划实施后能否满足环境目标要求，评估区域资源与环境承载能力。

充分考虑不同层级和属性规划的环境影响特征以及决策需求，采用定性和定量相结合的方式开展评价。对主要环境要素的影响预测和评价可参考相应的环境影响评价技术导则来进行。

## 11.6.2　环境影响预测与评价的内容

（1）预测情景设置　应结合规划所依托的资源环境和基础设施建设条件、区域生态功能维护和环境质量改善要求等，从规划规模、布局、结构、建设时序等方面，设置多种情景开展环境影响预测与评价。

（2）规划实施生态环境压力分析

① 依据环境现状评价和回顾性分析结果，考虑技术进步等因素，估算不同情景下水、土地、能源等规划实施支撑性资源的需求量和主要污染物（包括常规污染物和特征污染物）的产生量、排放量。

② 依据生态现状评价和回顾性分析结果，考虑生态系统演变规律及生态保护修复等因素，评估不同情景下主要生态因子，如生物量、植被覆盖度/率、重要生境面积等的变化量。

（3）影响预测与评价

① 水环境影响预测与评价　预测不同情景下规划实施导致的区域水资源、水文情势、海洋水文动力环境和冲淤环境、地下水补径排状况等的变化，分析主要污染物对地表水和地下水、近岸海域水环境质量的影响，明确影响的范围、程度，评价水环境质量的变化能否满足环境目标要求，绘制必要的预测与评价图件。

② 大气环境影响预测与评价　预测不同情景下规划实施产生的大气污染物对环境空气质量的影响，明确影响范围、程度，评价大气环境质量的变化能否满足环境目标要求，绘制必要的预测与评价图件。

③ 土壤环境影响预测与评价　预测不同情景下规划实施的土壤环境风险，评价土壤环境的变化能否满足相应环境管控要求，绘制必要的预测与评价图件。

④ 声环境影响预测与评价　预测不同情景下规划实施对声环境质量的影响，明确影响范围、程度，评价声环境质量的变化能否满足相应的功能区目标，绘制必要的预测与评价图件。

⑤ 生态影响预测与评价　预测不同情景下规划实施对生态系统结构、功能的影响范围和程度，评价规划实施对生物多样性和生态系统完整性的影响，绘制必要的预测与评价图件。

⑥ 环境敏感区影响预测与评价　预测不同情景下规划实施对评价范围内生态保护红线、自然保护区等环境敏感区的影响，评价其是否符合相应的保护和管控要求，绘制必要的预测与评价图件。

⑦ 人群健康风险分析　对可能产生具有易生物蓄积、长期接触对人群和生物产生危害作用的无机和有机污染物、放射性污染物、微生物等的规划，根据上述特定污染物的环境影响范围，估算暴露人群数量和暴露水平，开展人群健康风险分析。

⑧ 环境风险预测与评价　对于涉及重大环境风险源的规划，应进行风险源及源强、风险源叠加、风险源与受体响应关系等方面的分析，开展环境风险评价。

（4）资源与环境承载力评估

① 资源与环境承载力分析　分析规划实施的支撑性资源，如水资源、土地资源、能源等可利用或配置的上线和规划实施的主要环境影响要素（如大气、水等）污染物允许排放量，结合现状利用和排放量、区域削减量，分析各评价时段剩余可利用的资源量和剩余污染物允许排放量。

② 资源与环境承载状态评估　根据规划实施新增资源消耗量和污染物排放量，分析规划实施对各评价时段剩余可利用资源量和剩余污染物允许排放量的占用情况，评估资源与环境对规划实施的承载状态。

# 11.7　规划方案综合论证与优化调整建议

规划方案的综合论证以改善环境质量和保障生态安全为核心，综合环境影响预测与评价结果，论证规划目标、规模、布局、结构等规划内容的环境合理性以及评价设定的环境目标的可达性，分析判定规划实施的重大资源、生态、环境制约的程度、范围、方式等，提出规划方案的优化调整建议并推荐环境可行的规划方案。如果规划方案优化调整后资源、生态、环境仍难以承载，不能满足资源利用上线和环境质量底线要求，应提出规划方案的重大调整建议。

## 11.7.1　规划方案综合论证

规划方案的综合论证包括环境合理性论证和环境效益论证。前者从规划实施对资源、生态、环境综合影响的角度，论证规划内容的合理性；后者从规划实施对区域经济、社会与环境发挥的作用，以及协调当前利益与长远利益之间关系的角度，论证规划方案的合理性。

（1）规划方案的环境合理性论证　主要从以下五个方面进行论证。

① 基于区域环境保护目标以及"三线一单"要求，结合规划协调性分析结论，论证规划目标与发展定位的环境合理性。

② 基于环境影响预测与评价和资源与环境承载力评估结论，结合资源利用上线和环境质量底线等要求，论证规划规模和建设时序的环境合理性。

③ 基于规划布局与生态保护红线、重点生态功能区、其他环境敏感区的空间位置关系和对以上区域的影响预测结果，结合环境风险评价的结论，论证规划布局的环境合理性。

④ 基于环境影响预测与评价和资源与环境承载力评估结论，结合区域环境管理和循环经济发展要求，以及规划重点产业的环境准入条件和清洁生产水平，论证规划用地结构、能源结构、产业结构的环境合理性。

⑤ 基于规划实施环境影响预测与评价结果，结合生态环境保护措施的经济技术可行性、有效性，论证环境目标的可达性。

（2）规划方案的环境效益论证　分析规划实施在维护生态功能、改善环境质量、提高资源利用效率、减少温室气体排放、保障人居安全、优化区域空间格局和产业结构等方面的环境效益。

（3）不同类型规划方案综合论证重点　不同类型和不同层级规划在进行综合论证时，应针对其环境影响特点，选择论证方向，突出重点。

① 对于资源能源消耗量大、污染物排放量高的行业规划，重点从流域和区域资源利用上线、环境质量底线对规划实施的约束、规划实施可能对环境质量的影响程度、环境风险、人群健康风险等方面，论述规划拟定的发展规模、布局（选址）和产业结构的环境合理性。

② 对于土地利用的有关规划和区域、流域、海域的建设、开发利用规划，农业、畜牧业、林业、能源、

水利、旅游、自然资源开发专项规划，重点从流域或区域生态保护红线、资源利用上线对规划实施的约束，以及规划实施对生态系统及环境敏感区、重点生态功能区结构、功能的影响和生态风险等角度，论述规划方案的环境合理性。

③ 对于公路、铁路、城市轨道交通、航运等交通类规划，重点从规划实施对生态系统结构、功能所造成的影响，规划布局与评价区域生态保护红线、重点生态功能区、其他环境敏感区的协调性等方面，论述规划布局（选线、选址）的环境合理性。

④ 对于产业园区等规划，重点从区域资源利用上线、环境质量底线对规划实施的约束、规划及包括的交通运输实施可能对环境质量的影响程度以及环境风险与人群健康风险等方面，综合论述规划规模、布局、结构、建设时序以及规划环境基础设施、重大建设项目的环境合理性。

⑤ 对于城市规划、国民经济与社会发展规划等综合类规划，重点从区域资源利用上线、生态保护红线、环境质量底线对规划实施的约束，城市环境基础设施对规划实施的支撑能力，规划及相关交通运输实施对改善环境质量、优化城市生态格局、提高资源利用效率的作用等方面，综合论述规划方案的环境合理性。

### 11.7.2　规划方案的优化调整建议

根据规划方案的环境合理性和环境效益论证结果，对规划内容提出明确的、具有可操作性的优化调整建议，出现以下情形时，规划方案应进行优化调整。

① 规划的主要目标、发展定位不符合上层位主体功能区规划、区域"三线一单"等要求。

② 规划空间布局和包含的具体建设项目选址、选线不符合生态保护红线、重点生态功能区，以及其他环境敏感区的保护要求。

③ 规划开发活动或包含的具体建设项目不满足区域生态环境准入清单要求，属于国家明令禁止的产业类型或不符合国家产业政策、环境保护政策。

④ 规划方案中配套的生态保护、污染防治和风险防控措施实施后，区域的资源、生态、环境承载力仍无法支撑规划实施，环境质量无法满足评价目标，或仍可能造成重大的生态破坏和环境污染，或仍存在显著的环境风险。

⑤ 规划方案中有依据现有科学水平和技术条件，无法或难以对其产生的不良环境影响的程度或范围作出科学、准确判断的内容。

规划方案优化调整时，应明确优化调整后的规划布局、规模、结构、建设时序，给出相应的优化调整图、表，说明优化调整后的规划方案具备资源、生态和环境方面的可支撑性。优化调整后的规划方案，可作为评价推荐的规划方案。

# 11.8　环境影响减缓对策与措施

规划的环境影响减缓对策与措施是针对评价推荐的规划方案实施后可能产生的不良环境影响，在充分评估规划方案中已明确的环境污染防治、生态保护、资源能源增效等相关措施的基础上，提出的环境保护方案和管控要求。

规划的环境影响减缓对策与措施应具有针对性和可操作性，能够指导规划实施中的生态环境保护工作，有效预防重大不良生态环境影响的产生，并促进环境目标在相应的规划期限内可以实现。

规划的环境影响减缓对策与措施一般包括生态环境保护方案和管控要求。其主要内容包括：

① 提出现有生态环境问题解决方案，规划区域整体性污染治理、生态修复与建设、生态补偿等环境保护方案，以及与周边区域开展联防联控等预防和减缓环境影响的对策措施。

② 提出规划区域资源能源可持续开发利用、环境质量改善等目标、指标性管控要求。

③ 对于产业园区等规划，从空间布局约束、污染物排放管控、环境风险防控、资源开发利用等方面，以清单方式列出生态环境准入要求。

# 11.9　环境影响跟踪评价计划

规划环境影响跟踪评价指规划编制机关在规划的实施过程中，对已经和正在产生的环境影响进行监测、分析和评价的过程，用以检验规划实施的实际环境影响以及不良环境影响减缓措施的有效性，并根据评价结果，提出完善环境管理方案的建议，或者对正在实施的规划方案进行修订。

《规划环境影响评价条例》第二十四条明确规定，对环境有重大影响的规划实施后，规划编制机关应当及时组织规划环境影响的跟踪评价，将评价结果报告规划审批机关，并通报环境保护（现为生态环境）等有关部门。

对于可能产生重大环境影响的规划，在编制规划环境影响评价文件时，结合规划实施的主要生态环境影响，拟定跟踪评价计划，监测和调查规划实施对区域环境质量、生态功能、资源利用等的实际影响，以及不良生态环境影响减缓措施的有效性。

跟踪评价取得的数据、资料和结果应能够说明规划实施带来的生态环境质量的实际变化，反映规划优化调整建议、环境管控要求和生态环境准入清单等对策措施的执行效果，并为后续规划实施、调整、修编，完善生态环境管理方案和加强相关建设项目环境管理等提供依据。

跟踪评价计划应包括工作目的、监测方案、调查方法、评价重点、执行单位、实施安排等内容。具体包括：

① 明确需重点调查、监测、评价的资源生态环境要素，提出具体监测计划及评价指标，以及相应的监测点位、频次、周期等。

② 提出调查和分析规划优化调整建议、环境影响减缓措施、环境管控要求和生态环境准入清单落实情况和执行效果的具体内容和要求，明确分析和评价不良生态环境影响预防和减缓措施有效性的监测要求和评价准则。

③ 提出规划实施对区域环境质量、生态功能、资源利用等的阶段性综合影响，环境影响减缓措施和环境管控要求的执行效果，后续规划实施调整建议等跟踪评价结论的内容和要求。

# 11.10　公众参与和会商

## 11.10.1　公众参与

对可能造成不良环境影响并直接涉及公众环境权益的专项规划，应当公开征求有关单位、专家和公众对规划环境影响报告书的意见，依法需要保密的除外。同时应公开的环境影响报告书的主要内容包括：规划概况、规划的主要环境影响、规划的优化调整建议和预防或者减轻不良环境影响的对策与措施、评价结论。

公众参与可采取调查问卷、座谈会、论证会、听证会等形式进行。对于政策性、宏观性较强的规划，参与人员以规划涉及的部门代表和专家为主；对于内容较为具体的开发建设类规划，参与人员还应包括直接环境利益相关群体的代表。

## 11.10.2 会商

对规划进行环境影响评价后，在形成环境影响报告书时，需要对该报告书完成的质量进行商讨，这个工作就是会商。规划环境影响评价会商工作具体要明确参与会商各方职责、确定会商范围、规范会商程序。

（1）会商各方职责

① 规划编制机关是依法组织开展会商的主体，应在环境影响报告书报送审查前组织完成会商，并将会商意见与环境影响报告书一并报送生态环境主管部门。

② 会商对象一般为会商范围内省（自治区、直辖市）人民政府或者相关部门，由规划编制机关根据规划特点和可能产生的跨省（自治区、直辖市）界环境影响情况具体确定。

③ 生态环境主管部门协助指导规划编制机关组织开展规划环境影响评价会商，要关注会商意见的采纳落实情况。

（2）会商范围

① 京津冀、长三角、珠三角区域内，主导产业包括石化、化工、有色冶炼、钢铁、水泥的国家级产业园区规划环境影响报告书，京津冀及周边地区的煤电基地规划环境影响报告书，国家级流域综合规划、水电开发规划环境影响报告书，应在规划环境影响评价编制阶段进行会商。

② 国家级产业园区规划环境影响评价一般应会商受影响最大的省（自治区、直辖市），跨界影响轻微的可会商主要受影响的相邻地级城市；京津冀及周边地区的煤电基地规划环境影响评价应会商受影响最大的两个省（自治区、直辖市）；国家级流域综合规划环境影响评价、水电开发规划环境影响评价应会商规划涉及的所有省（自治区、直辖市），也可根据需要适当扩大会商范围。

（3）会商程序

① 会商材料包括规划环境影响报告书等相关文件。会商材料应采用科学合理的方法评价跨界环境影响的程度和范围，提出拟采取的规划优化调整方案，以及最大程度预防、减缓跨界影响的对策措施。对不同类型的规划，会商材料还可结合跨界影响和资源环境承载情况，提出禁止开发的生态空间红线、区域污染物行业排放总量、禁止新建的产业以及适宜发展产业的环境准入要求等，便于规划采纳和实施。

② 规划编制机关应在启动会商时正式函告会商对象，同意参加会商的受邀单位应在收到函件5个工作日内明确联系人和联系方式。规划编制机关在确定会商对象后10个工作日内确定会商形式并通知会商对象，向其提供会商材料。会商完成后15个工作日内应形成会商意见。

③ 规划编制机关可采取书面征求意见、召开座谈会、启动区域和流域污染防治协作机制等形式组织开展会商。

④ 会商意见应聚焦跨界环境影响，明确说明规划实施可能产生环境影响的范围和程度；评价预防和减缓跨界环境影响对策措施的有效性；提出优化调整规划方案的具体建议，以及进一步完善和加强联防联控的措施建议。

实际工作中应收集整理公众意见和会商意见，对于已采纳的，应在环境影响评价文件中明确说明修改的具体内容；对于未采纳的，应说明理由。

# 11.11 评价结论

评价结论是对全部评价工作内容和成果的归纳总结，应文字简洁、观点鲜明、逻辑清晰、结论明确。在评价结论中应明确以下内容：

① 区域生态保护红线、环境质量底线、资源利用上线，区域环境质量现状和演变趋势，资源利用现状和

演变趋势，生态状况和演变趋势，区域主要生态环境问题、资源利用和保护问题及成因，规划实施的资源、生态、环境制约因素。

　　② 规划实施对生态、环境影响的程度和范围，区域水、土地、能源等各类资源要素和大气、水等环境要素对规划实施的承载能力，规划实施可能产生的环境风险，规划实施环境目标可达性分析结论。

　　③ 规划的协调性分析结论，规划方案的环境合理性和环境效益论证结论，规划优化调整建议等。

　　④ 减缓不良环境影响的生态环境保护方案和管控要求。

　　⑤ 规划包含的具体建设项目环境影响评价的重点内容和简化建议等。

　　⑥ 规划实施环境影响跟踪评价计划的主要内容和要求。

　　⑦ 公众意见、会商意见的回复和采纳情况。

## 规划环境影响评价案例

某园区产业发展规划
环境影响评价

## 课后练习

### 一、正误判断题

1. 凡调控期间为 10 年及以上的部署和安排，无论名称为计划还是规划，均属于规划。（　　　）
2. 专项规划报送审批前，应编制环境影响篇章或者说明。（　　　）
3. 规划可通过分析评价区域资源利用水平，提出规划实施的环境制约因素。（　　　）
4. 规划编制机关组织规划环境影响的跟踪评价，并将评价结果报告规划审批机关。（　　　）
5. 规划环境影响评价编制单位是依法组织开展会商的主体。（　　　）

### 二、不定项选择题（每题的备选项中，至少有一个符合题意）

1. 生态保护红线通常包括（　　　）。
　　A. 具有重要水源涵养、生物多样性维护功能的生态功能重要区域
　　B. 具有重要水土保持、防风固沙、海岸生态稳定功能的生态功能重要区域
　　C. 水土流失及土地沙化的生态环境敏感脆弱区域
　　D. 石漠化及盐渍化的生态环境敏感脆弱区域
2. 规划环境影响评价中的"三线一单"包括（　　　）。
　　A. 生态保护红线　　　　　　　　　B. 环境质量底线
　　C. 资源利用上线　　　　　　　　　D. 生态环境准入清单
3. 下列选项表述正确的是（　　　）。
　　A. 环境管控单元指集成生态空间、环境质量底线、资源利用上线的管控区域
　　B. 环境管控单元指集成生态保护红线、环境质量底线、资源利用上线的管控区域
　　C. 环境管控单元指集成生态保护红线、生态空间、环境质量底线、资源利用上线的管控区域
　　D. 环境管控单元指集成生态保护红线、生态空间、资源利用上线的管控区域
4. 专项规划的环境影响报告书的主要内容应当包括（　　　）。
　　A. 规划实施对环境造成影响的分析、预测和评估
　　B. 预防或减轻不良环境影响的对策和措施
　　C. 有关环境影响的篇章或者说明的规划草案的编写
　　D. 环境影响评价的结论
5. 下列选项中属于规划分析方法的是（　　　）。

A. 叠图分析       B. 类比分析      C. 灰色系统分析法    D. 博弈论

6. 规划环境影响评价的范围包括（   ）。

  A. 规划初期                 B. 整个规划期

  C. 规划空间范围           D. 可能受到规划实施影响的周边区域

7. 下列选项中（   ）属于规划环境影响评价在政策方面需关注的内容。

  A. 与相关规划的协调性        B. 与国家产业政策的符合性

  C. 产业布局的合理性          D. 总量控制

8. 规划方案的环境合理性论证主要包括（   ）。

  A. 论证规划目标与发展定位的环境合理性   B. 论证规划规模和建设时序的环境合理性

  C. 论证规划布局的环境合理性及环境目标的可达性  D. 论证规划用地、能源及产业结构的环境合理性

9. 规划的环境影响减缓对策与措施主要内容包括（   ）。

  A. 提出现有生态环境问题解决方案

  B. 提出规划区域整体性污染治理、生态修复与建设、生态补偿等环境保护方案

  C. 提出规划区域资源能源可持续开发利用、环境质量改善等目标、指标性管控要求

  D. 从污染物排放管控、环境风险防控、资源开发利用等方面，以清单方式列出生态环境准入要求

10. 下列选项中属于规划环境影响评价会商范围的有（   ）。

  A. 京津冀及周边地区的煤电基地规划    B. 国家级水电开发规划

  C. 化工行业的产业园区规划       D. 有色冶炼行业的产业园区规划

## 三、问答题

1. 简述规划环境影响的评价范围及要求。

2. 如何进行规划的协调性分析？

3. 规划环境影响识别的内容包括哪些？

4. 何种情形下规划方案需进行优化调整？

5. 规划环境影响跟踪评价计划的主要内容包括哪些？

---

## 案例分析题

1. 某城市拟规划一工业开发区，以能源重化工为主，规划用地面积 10km²。该城市所在区域常年主导风向为西北风，城市北部有一河流为本市饮用水水源，城市西南方向有较大面积的基本农田及1处国家森林公园。该城市规划总体发展方向沿城市毗邻河流向东西两个方向发展，近期拟建设1座污水处理厂，位于城市东南方向16km处，用于处理城市生活污水及部分工业废水，处理后最大化中水回用后，少量排入北部河流城市下游段。该城市拟在城市东东南方向15km（A区）、东南方向20km（B区）、南东南方向17km（C区）建设3处工业开发区，分别发展能源重化工业、轻工纺织业和机械加工业，但未明确哪一区块用于发展能源重化工业。

  问题：（1）请指出哪处工业开发区适合发展能源重化工业，并说明理由。（2）从区域发展层次考虑，该能源重化工开发区环境影响评价需考虑哪些宏观因素？

2. 某度假区位于太湖沿岸、河网地区，包括2个湖心岛，面积为16.8km²，规划以太湖为核心资源，依托太湖丰富的水上旅游资源组织水上游线，打造环太湖地区水上旅游新中心，湖心岛上设2座游船码头，沿岸设7座游船码头。规划建设用地635.4hm²，以旅游度假用地为主；规划非建设用地1044.6hm²，以农林用地为主。废水分片区由3个污水处理厂接管，2个湖心岛废水通过小型污水深度处理设施处理后全部回用。该度假区周边2.5km范围内无工业、企业等重大废气污染源。度假区约97%区域位于太湖重要保护区（二级管控区），部分区域位于太浦河清水通道维护区以及饮用水水源二级保护区，选址水环境敏感性强，土地资源承载力受到制约。

  问题：（1）本规划应重点关注哪些生态环境影响？（2）本规划的主要优化调整建议有哪些？

# 参考文献

[1] Rédey Á. Theory and Practise of Environmental Impact Assessment[M]. Switzerland：Springer International Publishing，2016.

[2] AERMIC. Formulation of the AERMIC MODEL（AERMOD）(draft ）[R]. Regulatory Docket AQM-95-01. AMS/EPA Regulatory Model Improvement Committee（AERMIC），1995.

[3] CimorelliA J. AERMOD Description of Model Formulation（draft ）[R]. AMS/EPA Regulatory Model Improvement Committee，1998.

[4] Canter L W. Environmental Impact Assessment [M]. 2nd ed. Singapore：McGraw-Hill Inc，1996.

[5] GB 12348—2008.工业企业厂界环境噪声排放标准[S].

[6] GB 12523—2011.建筑施工场界环境噪声排放标准[S].

[7] GB 15618—2018.土壤环境质量　农用地土壤污染风险管控标准（试行）[S].

[8] GB 3096—2008.声环境质量标准[S].

[9] GB 36600—2018.土壤环境质量　建设用地土壤污染风险管控标准（试行）[S].

[10] GB/T 15190—2014.声环境功能区划分技术规范[S].

[11] GB/T 17296—2009.中国土壤分类与代码[S].

[12] GB/T 21534—2008.工业用水节水　术语[S].

[13] HJ 130—2019.规划环境影响评价技术导则　总纲[S].

[14] HJ 169—2018.建设项目环境风险评价技术导则[S].

[15] HJ 19—2011.环境影响评价技术导则　生态影响[S].

[16] HJ 2.1—2016.建设项目环境影响评价技术导则　总纲[S].

[17] HJ 2.2—2018.环境影响评价技术导则　大气环境[S].

[18] HJ 2.3—2018.环境影响评价技术导则　地表水环境[S].

[19] HJ 453—2018.环境影响评价技术导则　城市轨道交通[S].

[20] HJ 633—2012.环境空气质量指数（AQI）技术规定（试行）[S].

[21] HJ 663—2013.环境空气质量评价技术规范（试行）[S].

[22] HJ 664—2013.环境空气质量监测点位布设技术规范（试行）[S].

[23] HJ 706—2014.环境噪声监测技术规范　噪声测定值修正[S].

[24] HJ 819—2017.排污单位自行监测技术指南　总则[S].

[25] HJ 884—2018.污染源源强核算技术指南　准则[S].

[26] HJ 964—2018.环境影响评价技术导则　土壤环境（试行）[S].

[27] Shao H Y, Sun X F, Wang H X, et al. A method to the impact assessment of the returning grazing land to grassland project on regional eco-environment vulnerability [J]. Environmental Impact Assessment Review，2016，56：155-167.

[28] JTG B01—2014.公路工程技术标准[S].

[29] JTG B03—2006.公路建设项目环境影响评价规范[S].

[30] Pinho P , Maia R , Monterroso A . The quality of Portuguese environmental impact studies: The case of small hydropower projects [J]. Environmental Impact Assessment Review，2007，27（3）：189-205.

[31] Bhatt R P, Khanal S N. Environmental Impact Assessment System in Nepal - An Overview of Policy，Legal Instruments and Process [M]. Switzerland：Springer International Publishing，2016.

[32] Ruiz-Padillo A , Ruiz D P , Torija A J , et al. Selection of suitable alternatives to reduce the environmental impact of road traffic noise using a fuzzy multi-criteria decision model [J]. Environmental Impact Assessment Review，2016，61：8-18.

[33] 白志鹏，王珺，游燕.环境风险评价[M].北京：高等教育出版社，2009.

[34]    包存宽,陆雍森,尚金城. 规划环境影响评价方法及实例[M]. 北京:科学出版社,2004.

[35]    伯鑫,段钢,李重阳,等. 首都国际机场大气污染模拟研究[J]. 环境工程,2017,35(3):97-100.

[36]    伯鑫,傅银银,丁峰,等. 新一代大气污染估算模式AERSCREEN对比分析研究[J]. 环境工程,2012,30(5):71-76,99.

[37]    陈广洲,徐圣友. 环境影响评价[M]. 合肥:合肥工业大学出版社,2015.

[38]    陈怀满,朱永官,董元华,等. 环境土壤学[M]. 北京:科学出版社,2018.

[39]    崔龙哲,李社锋. 污染土壤修复技术与应用[M]. 北京:化学工业出版社,2016.

[40]    冯启申,李彦伟. 水环境容量研究概述[J]. 水科学与工程技术,2010(1):11-13.

[41]    郭廷忠. 环境影响评价学[M]. 北京:科学出版社,2007.

[42]    郭振仁,张剑鸣,李文禧,等. 突发性环境污染事故防范与应急[M]. 北京:中国环境科学出版社,2009.

[43]    国家环境保护总局环境工程评估中心. 建设项目环境影响技术评估指南[M]. 北京:中国环境科学出版社,2003.

[44]    国务院. 规划环境影响评价条例. 中华人民共和国国务院令第559号. 2009.

[45]    胡二邦. 环境风险评价实用技术、方法和案例[M]. 北京:中国环境科学出版社,2009.

[46]    环境保护部. 关于开展规划环境影响评价会商的指导意见(试行). 环发〔2015〕179号.

[47]    环境保护部. 建设项目环境影响登记表备案管理办法. 2016.

[48]    黄健平,宋新山,李海华. 环境影响评价[M]. 北京:化学工业出版社,2013.

[49]    黄夏银,崔云霞. 旅游度假区规划环评技术要点研究及案例分析[J]. 环境科技,2016,29(6):51-55,60.

[50]    贾建丽. 环境土壤学[M]. 北京:化学工业出版社,2016.

[51]    蒋志刚. 论保护地分类与以国家公园为主体的中国保护地建设[J]. 生物多样性,2018,26(7):775-779.

[52]    金腊华. 环境影响评价[M]. 北京:化学工业出版社,2015.

[53]    李爱贞,周兆驹,林国栋,等. 环境影响评价实用技术指南[M]. 北京:机械工业出版社,2008.

[54]    李俊生,李果,吴晓莆,等. 陆地生态系统生物多样性评价技术研究[M]. 北京:中国环境科学出版社,2012.

[55]    李有,刘文霞,吴娟. 环境影响评价实用教程[M]. 北京:化学工业出版社,2015.

[56]    李庄,朱邦辉,刘青龙. 环境影响评价[M]. 武汉:武汉理工大学出版社,2015.

[57]    林芳惠,苏祖鹏. 中美环境影响评价制度比较[J]. 中国水土保持,2005(7):14-16.

[58]    刘晓冰. 环境影响评价[M]. 北京:中国环境科学出版社,2012.

[59]    马铭锋,陈帆,吴春旭,等. 规划环境影响评价技术方法的研究进展及对策探讨[J]. 生态经济,2008(9):25-27.

[60]    毛文永. 生态环境影响评价概论(修订版)[M]. 北京:中国环境科学出版社,2003.

[61]    欧阳志云,徐卫华,肖燚,等. 中国生态系统格局、质量、服务与演变[M]. 北京:科学出版社,2017.

[62]    彭杨靖,樊简,邢韶华,等. 中国大陆自然保护地概况及分类体系构想[J]. 生物多样性,2018,26(3):315-325.

[63]    钱瑜. 环境影响评价[M]. 南京:南京大学出版社,2009.

[64]    饶未欣. 从2018版新导则的发布浅析石化项目环境风险评价的新思路[J]. 石油化工安全环保技术,2019,35(2):26-31.

[65]    尚玉昌. 普通生态学[M]. 第3版. 北京:北京大学出版社,2010.

[66]    沈洪艳. 环境影响评价教程[M]. 北京:化学工业出版社,2017.

[67]    生态环境部环境工程评估中心. 环境影响评价案例分析[M]. 北京:中国环境出版集团,2020.

[68]    生态环境部环境工程评估中心. 环境影响评价技术导则与标准[M]. 北京:中国环境出版集团,2020.

[69]    生态环境部环境工程评估中心. 环境影响评价技术方法[M]. 北京:中国环境出版集团,2020.

[70]    生态环境部环境工程评估中心. 环境影响评价相关法律法规[M]. 北京:中国环境出版集团,2020.

[71]    生态环境部环境影响评价与排放管理司. HJ 2.4—20□□ 环境影响评价技术导则 声环境(征求意见稿)[S].

[72]    生态环境部环境影响评价与排放管理司. HJ/T 19—20□□ 环境影响评价技术导则 生态影响(征求意见稿)[S].

[73]    牛翠娟,娄安如,孙儒泳,等. 基础生态学[M]. 第3版. 北京:高等教育出版社,2015.

[74]    田子贵,顾玲. 环境影响评价[M]. 第2版. 北京:化学工业出版社,2011.

[75]    汪诚文. 环境影响评价[M]. 北京:高等教育出版社,2017.

[76]    王焕校. 污染生态学[M]. 第3版. 北京:高等教育出版社,2012.

[77] 王宁, 孙世军. 环境影响评价[M]. 北京: 北京大学出版社, 2013.

[78] 王岩. 全国环境影响评价工程师职业资格考试模拟试题[M]. 北京: 中国环境出版集团, 2019.

[79] 吴坤, 王海荣. 规划环境影响评价的特点及意义体现[J]. 北方环境, 2011 (11): 231.

[80] 吴明作, 杨玉珍, 张军, 等. 旅游开发影响因子的景观生态学方法评价[J]. 河南农业大学学报, 2007, 41 (1): 47-51.

[81] 吴宗之, 高进东, 魏利军, 等. 危险评价方法及其应用[M]. 北京: 冶金工业出版社, 2001.

[82] 徐颂. 环境影响评价技术方法基础过关800题[M]. 北京: 中国环境出版集团, 2019.

[83] 许士国. 环境水利学[M]. 北京: 中央广播电视大学出版社, 2005.

[84] 杨仁斌. 环境质量评价[M]. 第2版. 北京: 中国农业出版社, 2016.

[85] 于敬磊, 张磊. 基于EDMS模型的机场地面车辆大气污染物排放量估算[J]. 环境工程, 2017, 35 (S1): 58-60, 98.

[86] 袁杰, 王凤春, 刘海涛. 中华人民共和国环境保护法解读[M]. 北京: 中国法制出版社, 2014.

[87] 张宇, 李丽, 李迪强, 等. 基于斑块尺度的神农架川金丝猴生境适宜性评价[J]. 生态学报, 2018, 38 (11): 1-8.

[88] 张宇楠, 赵文晋. 水环境容量总量分配存在的总量及建议[J]. 科学技术与工程, 2010, 10 (4): 1088-1092.

[89] 章家恩. 生态学常用实验研究方法与技术[M]. 北京: 化学工业出版社, 2007.

[90] 章丽萍, 张春晖. 环境影响评价[M]. 北京: 化学工业出版社, 2019.

[91] 赵恒. 烟塔合一预测模式AUSTAL2000落地浓度敏感性分析[J]. 环境保护, 2014 (10): 127-129.

[92] 赵敏, 常玉苗. 跨流域调水对生态环境的影响及其评价研究综述[J]. 水利经济, 2009, 27 (1): 1-4.

[93] 朱俊, 周树勋, 陈通. 建立环境风险防范体系, 加强对环境风险的管理[J]. 环境污染与防治, 2007, 29 (5): 387-389.

[94] 朱晓晨. 我国环境影响评价制度的完善——以美国环境影响评价制度为借鉴[D]. 青岛: 中国海洋大学, 2008.

[95] 张智锋. 环境影响评价技术导则与标准基础过关800题[M]. 北京: 中国环境出版集团, 2019.